Systemgrenzen im Management von Institutionen

W0260174

Wirtschaftswissenschaftliche Beiträge

Band 1
Christof Aignesberger
**Die Innovationsbörse als Instrument
zur Risikokapitalversorgung
innovativer mittelständischer
Unternehmen**
1987. 326 Seiten. Brosch. DM 69,-
ISBN 3-7908-0384-7

Band 2
Ulrike Neuerburg
Werbung im Privatfernsehen
– Selktionsmöglichkeiten des
privaten Fernsehens im Rahmen der
betrieblichen Kommunikations-
strategie –
1988. 302 Seiten. Brosch. DM 69,-
ISBN 3-7908-0391-X

Band 3
Joachim Peters
**Entwicklungsländerorientierte
Internationalisierung von
Industrieunternehmen**
– Eine theoretische und empirische
Analyse des Entscheidungsverhaltens
am Beispiel der deutschen
elektrotechnischen Industrie –
1988. 165 Seiten. Brosch. DM 49,-
ISBN 3-7908-0397-9

Band 4
Günther Chaloupek
Joachim Lamel und Josef Richter (Hrsg.)
**Bevölkerungsrückgang und
Wirtschaft**
– Szenarien bis 2051 für
Österreich –
1988. 478 Seiten. Brosch. DM 98,-
ISBN 3-7908-0400-2

Band 5
Paul J. J. Welfens und
Leszek Balcerowicz (Hrsg.)
**Innovationsdynamik im
Systemvergleich**
– Theorie und Praxis unter-
nehmerischer, gesamtwirtschaft-
licher und politischer Neuerung –
1988. 466 Seiten. Brosch. DM 90,-
ISBN 3-7908-0402-9

Band 6
Klaus Fischer
Oligopolitische Marktprozesse
– Einsatz verschiedener Preis-Mengen-
Strategien unter Berücksichtigung von
Nachfrageträgheit –
1988. 169 Seiten. Brosch. DM 55,-
ISBN 3-7908-0403-7

Band 7
Michael Laker
**Das Mehrproduktunternehmen in einer
sich ändernden unsicheren Umwelt**
1988. 209 Seiten. Brosch. DM 58,-
ISBN 3-7908-0413-4

Irmela von Bülow

Systemgrenzen im Management von Institutionen

Der Beitrag der Weichen Systemmethodik zum Problembearbeiten

Mit 64 Abbildungen

Physica-Verlag Heidelberg

Reihenherausgeber
Werner A. Müller

Autor
Dr. Irmela von Bülow
Eppsteiner Straße 25
D-6000 Frankfurt 1

CIP-Titelaufnahme der Deutschen Bibliothek

Bülow, Irmela von:
Systemgrenzen im Management von Institutionen: d. Beitr. d.
Weichen Systemmethodik zum Problembearbeiten / Irmela von
Bülow – Heidelberg: Physica-Verl., 1989
   (Wirtschaftswissenschaftliche Beiträge; Bd. 8)
ISBN-13: 978-3-7908-0416-4   e-ISBN-13: 978-3-642-46902-2
DOI: 10.1007/978-3-642-46902-2
NE: GT

Dieses Werk ist urheberrechtlich geschützt. Die dadurch begründeten Rechte, insbesondere die der
Übersetzung, des Nachdruckes, des Vortrags, der Entnahme von Abbildungen und Tabellen, der
Funksendungen, der Mikroverfilmung oder der Vervielfältigung auf anderen Wegen und der Spei-
cherung in Datenverarbeitungsanlagen, bleiben, auch bei nur auszugsweiser Verwertung, vorbehalten. Eine Vervielfältigung dieses Werkes oder von Teilen dieses Werkes ist auch im Einzelfall nur
in den Grenzen der gesetzlichen Bestimmungen des Urheberrechtsgesetzes der Bundesrepublik
Deutschland vom 9. September 1965 in der Fassung vom 24. Juni 1985 zulässig. Sie ist grundsätzlich
vergütungspflichtig. Zuwiderhandlungen unterliegen den Strafbestimmungen des Urheberrechtsgesetzes.

© Physica-Verlag Heidelberg 1989

Die Wiedergabe von Gebrauchsnamen, Handelsnamen, Warenbezeichnungen usw. in diesem
Werk berechtigt auch ohne besondere Kennzeichnung nicht zu der Annahme, daß solche Namen
im Sinne der Warenzeichen- und Markenschutz-Gesetzgebung als frei zu betrachten wären und daher von jedermann benutzt werden dürften.

Druck: Weihert-Druck GmbH, Darmstadt
Bindearbeiten: J. Schäffer GmbH u. Co. KG., Grünstadt
7120/7130-543210

Vorwort

Der Begriff des offenen Systems führt zwangsläufig zur Frage, wie das zu untersuchende oder zu beeinflussende System gegenüber seiner Umwelt abzugrenzen sei.
Sie ist insbesondere für die Systemmethodik bedeutsam, d.h. für eine Problemlösungsmethodik, die auf systemtheoretischen Begriffen und Erkenntnissen beruht und demzufolge die jeweils interessierenden Problemsituationen als Systeme mit bestimmten
Merkmalen erfaßt und modelliert. Die Erfahrung hat gezeigt, daß naive Vorstellungen
über objektiv gegebene, nicht zu problematisierende Systemgrenzen sehr oft zu
Ausgangsmodellen führen, die eine erfolgreiche Problemlösung von vornherein
verunmöglichen. Die Frage nach der sinnvollen Abgrenzung eines Systems ist daher
nicht nur von theoretischem Interesse, sondern auch von großer Bedeutung für den
gedanklichen und faktischen Umgang mit dynamischen und hochkomplexen Problemsituationen in der Praxis.

Die vorliegende Studie von Irmela von Bülow verarbeitet die vielen, über eine breite
Literatur verstreuten Ansätze zur Lösung des Abgrenzungsproblems zu einem instrukti-
ven Gesamtbild. Entsprechend der Grundphilosophie der "Weichen Systemmethodik",
mit der sich die Verfasserin intensiv und auch in praktischer Anwendung befaßt hat,
wird darauf verzichtet, allgemeingültige Regeln zur Lösung des Problems angeben zu
wollen; die Arbeit bietet jedoch zahlreiche Ansatzpunkte und Hinweise zu einer
problem- und situationsspezifischen Vorgehensweise. Nicht zuletzt ist es das Verdienst
der Arbeit, auch Entwicklungen des systemischen Denkens in Großbritannien zu verarbeiten, die infolge des Übergewichts der amerikanischen Literatur im deutschsprachigen Raum oft übersehen werden. Das vorliegende Buch verdient die Aufmerksamkeit
all jener, die an neueren Entwicklungen im Bereich von Systemtheorie und
Managementlehre interessiert sind.

Prof. Dr.Dr.h.c. mult. Hans Ulrich

Inhaltsverzeichnis

Abbildungsverzeichnis

Danksagungen

Mein besonderer Dank gilt Herrn Professor Dr.Dr.h.c.mult. Hans Ulrich und dem Schweizerischen Nationalfonds. Ersterer initiierte das Forschungsprojekt, dessen Ergebnis die vorliegende Arbeit ist, und half als Korreferent bei entscheidenden Weichenstellungen. Letzterer ermöglichte durch großzügige finanzielle Unterstützung den wesentlichen Baustein der Arbeit: den Forschungsaufenthalt am Department of Systems an der University of Lancaster (U.K.) bei Professor Peter B. Checkland. Dieser Aufenthalt wurde aufgrund der intensiven Auseinandersetzungen mit Professor Checkland, auch im Rahmen der gemeinsamen Arbeit in einem Aktionsforschungsprojekt, zu einem beeindruckenden Forschungserlebnis.

Meinen ebenso herzlichen Dank richte ich an Herrn Professor Dr. Knut Bleicher dafür, daß er das bereits entworfene Dissertationsprojekt als Hauptreferent übernahm und neuen Entwicklungen im Verlauf der Arbeit stets offen und wohlwollend gegenüberstand.

Schließlich sei den Mitarbeitern der Hochschulbibliothek dafür gedankt, daß sie es trotz steigender Studentenzahlen an der Hochschule St. Gallen weiterhin schaffen, dem Einzelnen immer wieder 'Sonderbetreuung' zukommen zu lassen.

Direkte Zitate werden durch Einrückungen des Textes, nicht durch Anführungszeichen kenntlich gemacht.

1. Fragestellung der Arbeit

Am Anfang jeder Auseinandersetzung mit einer Problemsituation stellt sich die Frage, welche Aspekte der Situation für eine adäquate Problembearbeitung zu berücksichtigen sind. Diese Frage ist besonders dann schwierig zu beantworten, wenn es sich um Managementprobleme handelt. Bei diesen bieten sich dem Problembearbeiter zumeist eine scheinbar unbegrenzte Anzahl von Aspekten an, die nur selten unmittelbar in 'für das Problem relevante' und 'nicht relevante' untergliedert werden können. Ziel der vorliegenden Arbeit ist es, methodische Hinweise dafür zu geben, wie der Problembearbeiter eine solche ihn interessierende Problemsituation sinnvoll umgrenzen kann[1].

Daß diese Umgrenzung im Management besonders problematisch ist, liegt im Wesen von <u>Institutionen</u> begründet[2], die hier in Anknüpfung an den St. Galler Managementansatz verstanden werden als künstliche, zur Erfüllung bestimmter Zwecke geschaffene Gebilde, in denen Menschen zusammenarbeiten, um für die Umwelt Leistungen zu erstellen, die zur Zweckerfüllung geeignet erscheinen[3]. Unternehmungen, die öffentliche Verwaltung und karitative Organisationen sind besondere Ausprägungen solcher Institutionen, deren charakteristisches Merkmal in ihrer <u>Komplexität</u> gesehen wird. Sie erwächst aus zwei Faktoren: aus der Vielfalt der mit der Leistungserstellung verknüpften Aufgaben und Einflüsse und aus dem sozialen Charakter einer Institution, d.h. daraus, daß Institutionen -auch- aus Menschen bestehen. Die <u>Vieldimensionalität</u> des Managements zeigt sich an den z.B. technischen, informationellen, finanziellen, sozialen und zumeist natürlichen Strömen, die es in einer Institution 'zu managen' gibt und die diese gleichzeitig untrennbar mit ihrer Umwelt verbinden. Diese <u>Offenheit</u> jeder Institution gegenüber ihrer <u>Umwelt</u> ist in

---

1   Aufgrund dieser Fragestellung bezieht sich die vorliegende Arbeit ausschließlich auf Problemsituationen, in denen die Benennung relevanter Aspekte schwierig ist. Damit soll nicht gesagt werden, daß nur derartige im Management einer Institution auftreten. Besonders im operationellen Führungsbereich herrschen Problemstellungen vor, deren Umgrenzung unproblematisch ist (vgl. Checkland,1987,130).

2   H.Ulrich betont, daß die Auseinandersetzung mit Managementproblemen ein vorgängiges Verständnis vom Wesen der Institution voraussetzt, da nur ein solches Grundverständnis erlaubt, Verfahren der Problembearbeitung zu entwickeln, die den Problemen angepaßt sind und die insofern Aussicht auf Erfolg geben (H.Ulrich,1985a,8; vgl. Vickers,1983a,121). Nicht ein differenziertes Modell, sondern ein 'Bild' der Institution wird hier angesprochen, welches die für einen Zeitgeist typischen gedanklichen Vorstellungen davon enthält, was eine Institution ist bzw. sein sollte (H.Ulrich,1985b,402).

3   Zum Verständnis des zweckorientierten sozialen Systems im St. Galler Systemansatz vgl. z.B. H.Ulrich,1984a,111f; H.Ulrich,1984b,1. - Der Begriff 'Institution' wird dem des 'zweckorientierten sozialen Systems' vorgezogen, um den Systembegriff für eindeutig konzeptionelle Bedeutungen freizuhalten (vgl. unten 5.3, 'System als ganzheitliches Konstrukt') und dem in der Betriebswirtschaftslehre festzustellenden inflationären Gebrauch des Systembegriffs entgegenzuwirken.

ihrer Marktorientierung konstitutiv angelegt, gewinnt aber heute wegen der zunehmenden politischen und gesellschaftlichen Einflüsse auf Institutionen zusätzlich an Bedeutung[4]. Daß der Mensch die Komplexität des Managements unendlich steigert, liegt in seiner geistigen Dimension begründet, mit der die menschliche <u>Wahrnehmungsfreiheit</u> einhergeht. Wahrnehmung wird hier verstanden als aktiver Prozeß, in dem nur ein Teil aus der Vielfalt der Signale, die wahrgenommen werden könnten, selektiert und diesem dadurch Bedeutung zugeordnet wird, daß der Wahrnehmende ihn in einen Kontext stellt. Das Individuum ist also kein passiver Empfänger von eindeutigen Stimuli. Es ist vielmehr frei, seine Wahrnehmung auf spezielle Ausschnitte der Wirklichkeit zu lenken und diese in bestimmter Weise zu interpretieren[5]. Ist schon die Wahrnehmung eines Individuums nicht gesetzesmäßig an die Existenz von Signalen gebunden, so kann auch sein Verhalten anhand von Stimuli weder vorausgesagt noch kontrolliert werden[6]. Auch die menschliche <u>Handlungsfreiheit</u> als Wahl in einem offenen Horizont von Möglichkeiten[7] prägt insofern den besonderen Charakter von Institutionen.

---

[4]   Vgl. z.B. Dyllick,1982,168ff,188ff; Kubicek/Thom,1976,3978ff; H.Ulrich,1978,25ff, 64ff

[5]   Bateson,1984,50f; Gergen,1982,17. Diese geistig vermittelte Restrukturierung der äußeren Welt ist Gegenstand einer breiten sozialwissenschaftlichen Literatur, die entweder in Anküpfung an den späten Schütz die soziale Dimension dieses Sinngebungsprozesses betont (vgl. z.B. Berger/Luckmann,1982,21ff; Gergen,1982,129ff,157) oder aber in Wiederaufnahme der Phänomenologie Husserls die Konstruktionsleistungen des Individuums in den Mittelpunkt stellen (vgl. z.B. Kelly,1963,21ff; v. Glasersfeld,1981; Neisser,1976, 20ff,110ff; zur Entwicklung des Werkes von Schütz vgl. Eberle,1984,172ff). Zu den Konsequenzen dieser Ansätze für die Managementlehre vgl. Burrell/Morgan,1985,261ff; Dachler,1985a,222ff; Dyllick,1983; Weick,1977,274ff. Es sei betont, daß die Ansätze, die die Strukturierung der Wirklichkeit durch Wahrnehmungsprozesse betonen, über die Möglichkeit unterschiedlicher Interpretationen desselben Signals hinausgehen. Der aktiv auszuführende Part durch das Individuum beginnt nach diesen Ansätzen bereits bei der 'Registrierung' eines Signals. Zur Kontrastierung mag ein Zitat in Hill/Fehlbaum/Ulrich, 1981,57 dienen: "Verhalten wird hier verstanden als Reaktion auf Stimuli (Anreize), die auf das Individuum einwirken. Die Einwirkung von Stimuli auf das Individuum löst als erste Verhaltensreaktion eine Reihe kognitiver Prozesse aus, die der Verarbeitung des Stimulus dienen und mit denen über weitere Verhaltensreaktionen entschieden wird." Auch wenn die Autoren im weiteren differenzierende Aussagen zur Aufnahme des Stimulus machen, so wird dem Individuum doch zunächst eine grundlegend passive Rolle zugeschrieben.

[6]   Die menschliche Handlungsfreiheit wird u.a. mit Bezug auf das fragwürdige Streben nach Gesetzesaussagen in den Sozialwissenschaften thematisiert. Dabei wird betont, daß es Menschen in ihrer Rolle als Probanden stets offen steht, in Experimenten bewußt entgegen den erwarteten Ergebnissen zu handeln. Vgl. z.B. Checkland,1984a,69ff; Frayn,1974,65; Gergen,1982,42ff; Werhahn,1980,368ff. Zur Anwendung dieses Themas auf alltägliches Handeln siehe Gergen,1980,40f und die eher spielerischen Ausführungen bei Frayn,1974, 165ff.

[7]   Spaemann/Löw,1981,282; die Bedeutung des selbstbestimmten Handelns für den Menschen wird auf dem Hintergrund der Ausführungen des Logotherapeuten Frankl deutlich. Laut Frankl hat der nicht über einen 'eingebauten' Sinn verfügende Mensch damit die Möglichkeit, im Gestalten des eigenen Daseins einen Sinn zu finden, der für seine Existenz unentbehrlich ist. Vgl. Ackoff,1971,669; Bryer/Kistruck,1976,7; Checkland,1984a,116; Dyllick,1984a,169; Frankl,1978,40; Lenk,1986,150ff; Spaemann/Löw,1981,279; Susman/Evered,1978,595f.

Die menschliche Wahrnehmungs- und Handlungsfreiheit ist auch Quelle des unausweichlich <u>prozessualen Charakters</u> des Managements. Schon neue Interpretationen von Ereignissen verändern eine Situation, selbst wenn sie nur von einzelnen Individuen vorgenommen werden. Meist wird dies erst im Nachhinein augenfällig, z.B. wenn eine neue Sichtweise der Dinge sich als Element einer Organisationskultur etablieren konnte[8].

Abb. 1.a illustriert dieses Bild des Managements von Institutionen, das der vorliegenden Arbeit zugrundeliegt. Auf seinem Hintergrund wird die Fragestellung der Arbeit erst bedeutungsvoll.

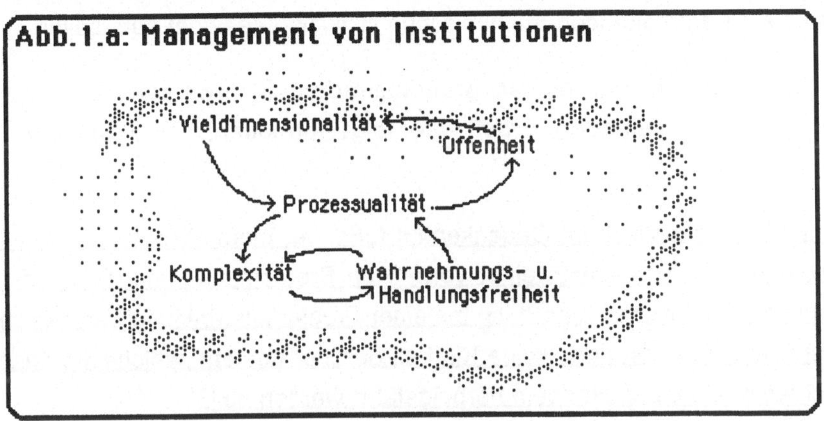

Der <u>Systemansatz</u> stellt nun einen Versuch dar, der in der Vieldimensionalität und Offenheit von Institutionen und in der menschlichen Wahrnehmungs- und Handlungsfreiheit begründeten Komplexität Rechnung zu tragen. Statt Vernetzungen und Abhängigkeiten zu vernachlässigen und sich auf einen überschaubaren Ausschnitt der Wirkungszusammenhänge zu konzentrieren, sollen jene mit einer systemischen Denkweise berücksichtigt werden. Der Vorentscheid, die vorliegende Arbeit auf den Systemansatz als Versuch zu stützen, Komplexität und Prozessualität in Problemsituationen Rechnung zu tragen, wurde mit dem Begriff 'Systemgrenzen' ausgedrückt. Zur Bearbeitung der Fragestellung werden ausschließlich <u>systemorientierte Beiträge</u> herangezogen.

Von einem <u>Problem</u> soll in der vorliegenden Arbeit dann gesprochen werden, wenn jemand die Veränderung einer Situation anstrebt, ohne daß er sich bereits über

---

[8] Vgl. Bleicher,1984,496

die Art der Veränderung klar zu sein braucht, d.h. ohne daß er unmittelbar den Charakter der Veränderung und/oder einen dafür adäquaten Handlungsentwurf angeben zu können braucht[9]. Dieser handlungsorientierte Problembegriff wird an drei Aspekten festgemacht: Erstens muß eine Situation von jemandem für veränderungswürdig erklärt werden. Zweitens muß die situationsverändernde Handlung reflektiert werden, weil entweder über die Art der Veränderung oder aber über die zu ihrer Umsetzung adäquate Vorgehensweise keine Klarheit herrscht. Drittens muß die Person handlungsbereit sein; sie muß die Veränderung 'anstreben'. Auf der Grundlage dieses Problembegriffs beginnt eine <u>Problembearbeitung</u> beim Innehalten im Handlungsfluß und hört bei diesem in Form von Handeln auf. Damit kann jedes reflektierte Managementhandeln als 'Problembearbeiten' gelten[10], das zu unterstützen die zu erarbeitenden methodischen Hinweise geeignet sein sollen.

Auf dem Hintergrund dieser grundlegenden Sichtweisen läßt sich die Fragestellung der vorliegenden Arbeit wie folgt formulieren und in Abb. 1.b[11] darstellen:

<u>Können auf systemischem Gedankengut fußende, methodische Hinweise dafür gegeben werden, welche Aspekte einer vernetzten Problematik jemand, der mit dem Management von Institutionen befaßt ist, bei einer Problembearbeitung berücksichtigen sollte, selbst wenn zunächst noch keine Klarheit darüber besteht, welche Veränderung mittels welchem geeignetem Handeln herbeigeführt werden soll?</u>

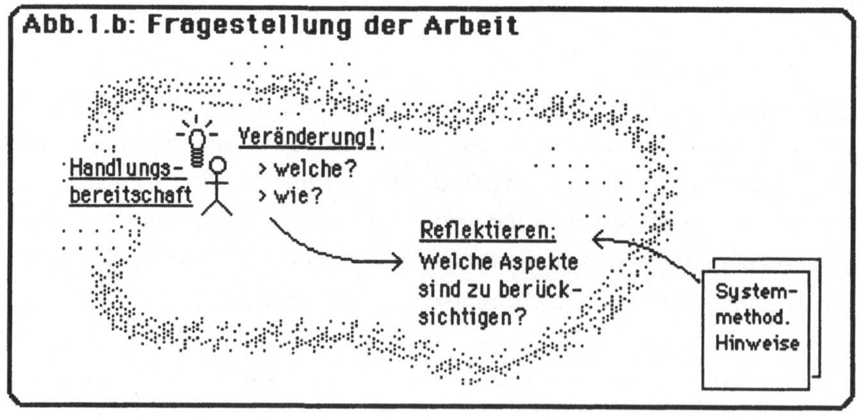

---

9   Dieses Problemverständnis wurde in Anlehnung an Eden/Jones/Sims formuliert (vgl. Eden/Jones/Sims,1983,14). - Daß soziale Prozesse mit dieser Bezugnahme auf ein Individuum weitgehend unberücksichtigt bleiben, soll eine Konzentration ermöglichen, ohne daß deren Bedeutung für die Problembearbeitung in Frage gestellt wird (vgl. dazu Eden/Jones/Sims,1983,16ff).

10   Vgl. Gomez/Probst,1987,3

11   In den folgenden Abbildungen werden die vorstehend erläuterten Sichtweisen mit dem 'erleuchteten Strichmännchen' zum Ausdruck gebracht.

Teil 1 - Konzeptionelle Grundlagen

2. Begründung und Vertiefung der Fragestellung

Vorwissenschaftliche Auswahlentscheide, zu denen die Formulierung einer Fragestellung und die Wahl der zu ihr führenden Grundperspektiven gehört, stellen Wertungen dar: die gewählten Perspektiven werden gegenüber nicht gewählten bevorzugt. Im folgenden sollen die getroffenen Auswahlentscheide begründet und so auch demjenigen einsichtig gemacht werden, der spontan anders gewählt hätte[1]. Mit diesem Begründen geht gleichzeitig eine Vertiefung der Grundperspektiven einher. Eine unterschiedliche Ausführlichkeit in deren Darstellung spiegelt nicht ihre Bedeutung, sondern die Annahme der Verfasserin über ihre Akzeptanz wider.

---

[1] Zur Verankerung von sozialwissenschaftlichen Auswahlentscheidungen in Wertsyndromen i. S. von typischen sozialphilosophischen Grundauffassungen vgl. Werhahn,1980,4f,20ff. Werhahn stellt die Unbegründbarkeit von Wertungen fest, indem er auf die Unmöglichkeit verweist, sprachlogisch zwischen feststellenden und wertenden humanwissenschaftlichen Aussagen zu unterscheiden. Auch der äußeren Erscheinungsform nach feststellende Aussagen bergen Wertungen, z.B. im Verständnis der Grundbegriffe, in sich. Die Position der vollkommenen Subjektivität von Wertungen überläßt diese Entscheide der Willkür des einzelnen Forschers, unbeachtet des wesentlichen Einflusses, die diese wertenden Auswahlentscheide auf die sozialwissenschaftlichen Aussagen und deren Verwendung haben. Werhahn empfiehlt als gangbaren Weg die Explikation der Prämissen i.S. einer Bewußtmachung und Transparenz, sowie eine skeptische Urteilszurückhaltung gegenüber den eigenen Prämissen, indem er von der Existenz mehrerer, vernünftig begründbarer Wertsyndrome ausgeht (vgl. Werhahn,1980,374ff). - Über diese Position wird hier hinausgegangen. Es wird versucht, gute Gründe für die gefällten Werturteile anzuführen. Putnam zeigt, daß ein solches Begründen wertender Urteile möglich ist. Er macht dies anhand des Beispiels deutlich, Argumente darüber zu geben, daß bestimmte Bedürfnisse besser und 'nobler' als andere sind, - ein Bereich, der zumeist als der Inbegriff der subjektiven, Argumenten nicht zugänglichen Wertungen gilt. Bezugspunkt für diese Argumente ist nach Putnam das menschliche Gedeihen, für das wir zwar heute von einer Pluralität ausgehen (Putnam,1981,214ff), - aber, so sagt Putnam: "Der Glaube an ein pluralistisches Ideal ist nicht dasselbe wie der Glaube, daß jedes Ideal menschlichen Gedeihens ebenso gut ist wie jedes andere. Es gibt Ideale menschlichen Gedeihens, die wir als verfehlt, infantil, krankhaft und einseitig ablehnen." (Putnam,1981,148)

2.1 Systemorientierte Grundperspektive

Der Vorentscheid, ausschließlich systemorientierte Ansätze heranzuziehen, liegt im Anerkennen der komplexen Zusammenhänge des Managements begründet. Gerade den systemischen Ansatz zeichnet aus, daß er als Instrument in Situationen benutzt werden kann, die analytischen Methoden nicht zugänglich sind, die aufgrund ihrer praktischen Dringlichkeit jedoch angegangen werden müssen[2]. Das Scheitern des analytischen Denkens in komplexen Zusammenhängen beschreibt v. Hayek wie folgt:

> Während in den exakten Naturwissenschaften allgemein, und wahrscheinlich mit gutem Grund, angenommen wird, daß jeder wichtige Faktor, der die beobachteten Größen mitbestimmt, selbst unmittelbar beobachtbar und meßbar ist, werden bei der Untersuchung komplexer Phänomene wie des Marktes, die von den Handlungen vieler Individuen abhängen, alle die Umstände, die das Resultat des Prozesses bestimmen ... kaum je bekannt oder meßbar sein.[3]

Was v. Hayek hier zum Markt einer Volkswirtschaft sagt, kann bereits für eine Institution als gültig angenommen werden. Auch auf dieser Ebene muß von einer Zahl von Beziehungen als verknüpfte Variable ausgegangen werden, die in ihrer Totalität nie als bekannt gelten kann. Als methodischen Ausweg aus dieser Begrenztheit unseres Detailwissens über komplexe Phänomene verweist v. Hayek auf Muster-Vorhersagen, mit denen zwar nicht individuelle Ereignisse in ihrer spezifischen Ausprägung vorhergesagt, wohl aber Muster als Beziehungsgefüge ausgedrückt werden können, wie dies in mathematischen Gleichungen der Fall ist, in denen auch keine spezifischen Werte für die einzelnen Variablen und Parameter angegeben sind[4].

---

[2]   Ropohl bezeichnet diese praxisorientierte Systemrichtung als eine von vier Wurzeln des modernen Systemdenkens. Daneben stellen nach Ropohl die allgemeine Systemtheorie von v. Bertalanffy, die Kybernetik von Wiener mit ihren regelungs- und nachrichtentechnologischen Nach- und Vorläufern und die moderne Mathematik als allgemeine Strukturwissenschaft die anderen drei Wurzeln dar (Ropohl,1978,11ff). - Lenk bezieht sich in seiner Darstellung des instrumentellen Charakters des Systemansatzes beispielhaft auf die von Forrester entwickelten Weltmodelle (Systems Dynamics), die als Prognoseinstrument für die komplexen Zusammenhänge der ökologischen und bevölkerungsmäßigen Zusammenhänge der Welt nützlich waren, ohne jedoch eine Theorie über diese Zusammenhänge aufzustellen. Diese ist zwar implizit in der Modellstruktur enthalten, erhebt aber nicht den Anspruch einer substantiven Theorie (Lenk,1978,246ff). Zum instrumentellen Verständnis des Systemansatzes vgl. Kast/Rosenzweig,1972,17ff; A.Rapoport,1986,220f; de Rosnay,1979, 73,95,111; Vester,1983,55ff.

[3]   v. Hayek,1975,13; vgl. Taschdijan,1977,45

[4]   v. Hayek,1972,15ff,25ff; A.Rapoport bezeichnet diesen Gebrauch von mathematischen Gleichungen als 'analytischen Ansatz', dessen Fruchtbarkeit er gegenüber einem vagen holistischen Denken herausarbeitet (vgl. A.Rapoport,1986,8f). - Bateson folgt mit seinem Verweis auf verschiedene logische Typen dem gleichen Gedanken: "Das Allgemeine können wir erkennen, aber das Besondere entzieht sich uns." (Bateson,1984,56).

Zu wenig weist jedoch v. Hayek auf die auch für die Aussagekraft von Muster-Vorhersagen geltenden Beschränkungen hin[5], die in der Geschichtlichkeit komplexer Zusammenhänge begründet sind und in Form von Schwellenwerten auftreten. Werden diese Schwellenwerte überschritten, so sind grundlegende Änderungen der Beziehungsgefüge die Folge. Daß solche in komplexen Zusammenhängen auftretenden 'Umkipp-Effekte'[6] mit einem analytischen Ansatz nicht berücksichtigt werden können, liegt an dessen Annahme der Geschichtslosigkeit seines Untersuchungsgegenstandes. Nur auf der Grundlage dieser Prämisse ist eine auf Detailausschnitte beschränkte Betrachtung tragfähig, da nur dann davon ausgegangen werden kann, daß die in diesem Ausschnitt geltenden Funktionsmechanismen verallgemeinert werden können. Auch die Annahme ihrer Extrapolierbarkeit baut auf der Prämisse der Geschichtslosigkeit. Beide Annahmen führen in komplexen, geschichtlichen Zusammenhängen jedoch zu Fehleinschätzungen[7].

Die genannten Unzulänglichkeiten des analytischen Denkens für komplexe Zusammenhänge sollen mit einer systemischen Denkweise überwunden werden[8]. Die folgenden systemischen Denkprinzipien wurden innerhalb des systemorientierten St. Galler Managementmodells im Licht der Unzulänglichkeiten des analytischen Denkens formuliert:

Im Gegensatz zu dem vorherrschenden analytischen Denken anerkennt das systemische Denken die Merkmale der Komplexität, Vernetztheit, Dynamik und Offenheit als wesentlich für die Eigenart seiner Untersuchungsobjekte... Dies hat auf einer konkreten Ebene eine Reihe von Konsequenzen: Zu der Logik der Analyse, die verlangt, ein System aus den Eigenschaften seiner Bestandteile zu

---

[5]   v. Hayek stellt die Unzulänglichkeit des analytischen Denkens mit Bezug auf komplexe, soziale Phänomene primär als Problem der Informationsquantitäten dar. Malik arbeitet diese Position unter Bezugnahme auf das Bremermann'sche Limit aus (Malik,1984,184ff). Demgegenüber muß mit W.Ulrich darauf hingewiesen werden, daß eine solche auf dem syntaktischen Informationsbegriff fußende Argumentation für die soziale Welt bedeutungslos ist. Für diese müssen mit einem pragmatischen Informationsbegriff die Bedeutungsgehalte von Informationen berücksichtigt werden (W.Ulrich,1981a,34f).

[6]   Vester,1983,34f, vgl. auch Bateson,1984,71ff; de Rosnay,1979,89.

[7]   Die von Haken vertretene Synergetik beschäftigt sich ausschließlich mit selbstorganisierenden, geschichtlichen Entwicklungsprozessen, welche durch drastische Veränderungen ausgezeichnet sind. Extrapolationen über Phasenübergänge hinaus sind in derartigen Prozessen nicht möglich (vgl. Haken,1984,180f). Zur Geschichtlichkeit von Prozessen vgl. auch Riedl,1985,74f. - Die Katastrophentheorie, die sich Parameterveränderungen in Gleichungssystemen widmet, stellt eine mathematisch ausgearbeitete Theorie geschichtlicher Phänomene dar (A.Rapoport,1986,67ff).

[8]   Hier wie auch im folgenden ist stets die organisierte Komplexität gemeint, was mit der Einführung des Komplexitätsbegriffs mit dem Verweis auf 'Muster' impliziert wurde. Der unorganisierten Komplexität, die durch eine große Anzahl von Elementen und deren zufallsbestimmte, keine Muster hervorbringende Interaktion charakterisiert ist, ist die Statistik ein geeignetes Instrument (vgl. Gomez,1981,15).

erklären, tritt komplementär (und bedeutungsvoller) die Logik der Synthese hinzu, die das Verhalten eines Systems aus den Eigenschaften seines übergeordneten Systems zu erklären versucht. Die Rolle von Beziehungen und Interaktionen wird bedeutungsvoller als diejenige von Elementen und ihren Eigenschaften. Prozesse werden wichtiger als Strukturen. Rückkoppelungsprozesse nehmen eine bedeutungsvolle Stellung ein und bedingen eine Revision der etablierten Kausalitätsvorstellungen. An die Stelle der linearen Kausalitäten tritt ein Denken in kreisförmigen Kausalitäten. Die Vorstellung eines geschlossenen Systems wird durch die eines offenen Systems abgelöst, wodurch die Beziehungen zur Umwelt eine prominente Stellung erlangen.[9]

Abb. 2.1 illustriert, daß das Systemdenken eine Antwort auf die beiden problematischen Aspekte der Geschichtlichkeit und der mangelnden, detailorientierten Erfaßbarkeit komplexer, sozialer Zusammenhänge darstellt[10]:

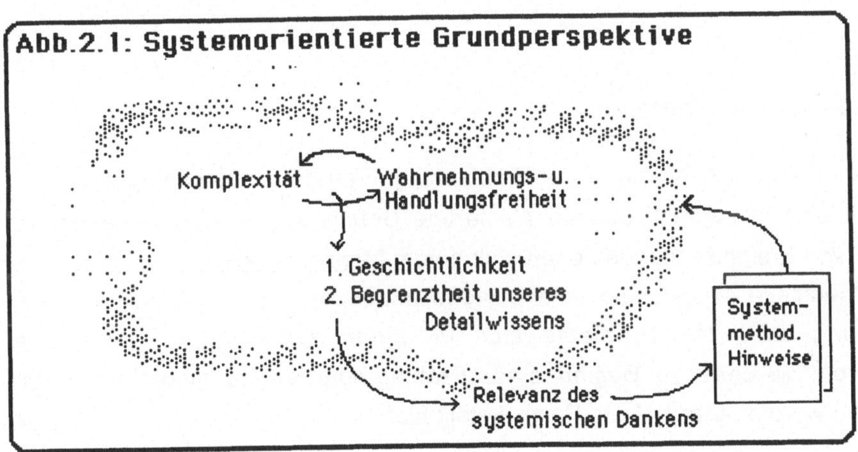

---

9 Dyllick/Probst,1984,12f; vgl. II.Ulrich,1984c,52ff; zu einer Gegenüberstellung des systemischen und des analytischen Denkens vgl. de Rosnay,1979,95ff.

10 Die Symbolik eines aus einem Regelkreis heraustretenden Pfeils wird benutzt, um anzuzeigen, daß der sich an diesen Pfeil anschließende Begriff einem höheren logischen Typ angehört als die Begriffe des Regelkreises (zu Aussagen verschiedenen logischen Typs vgl. Bateson,1984,57ff).

2.2 Grundperspektive eines handlungsorientierten Problembegriffs

Der handlungsorientierte Problembegriff wurde einerseits als fruchtbare Basis für die Bearbeitung der Fragestellung der vorliegenden Arbeit eingeführt, andererseits scheinen mit ihm wesentliche Aspekte von Problemsituationen und vom Problembearbeiten im Management erfaßt zu sein. Nur anhand des zweiten Aspekts können gute Gründe für die Wahl des handlungsorientierten Problembegriffs angeführt werden. Um dessen Relevanz zu zeigen, sollen im folgenden die genannten Dimensionen dieses Problembegriffs beleuchtet werden. Das Vorliegen eines Problems wurde oben daran festgemacht, daß, erstens, jemand eine Situation für veränderungswürdig erklärt, daß, zweitens, über Art der Veränderung und/oder über die ihr angemessene Vorgehensweise reflektiert werden muß, und daß, drittens, eine Handlungsbereitschaft vorliegt. Im Anschluß an die Vertiefung dieser drei Dimensionen soll der handlungsorientierte Problembegriff zu anderen in der Literatur geläufigen Umschreibungen in Beziehung gesetzt werden.

2.21 Dimension des Wertens

Mit dem ersten Aspekt wird der Problembegriff an den Menschen gebunden: die Wirklichkeit enthält keine Probleme als fertige Bausteine, sondern eine unendlich große Zahl von Ereignissen, von denen einige <u>vom Menschen als problematisch erklärt</u> werden. Checkland drückt eine solche menschenbezogene Problemsicht in seiner Beschreibung aus, daß Probleme sich in einem '<u>Gefühl des Unbehagens</u>' manifestieren, welches zu Beginn einer Problembearbeitung nicht immer genau umschrieben werden kann[1]. Auch Polanyi stellt fest:

Es gibt keine Probleme jenseits einer Beziehung zu irgendeiner Art von Person.[2]

Eine Formulierung wie 'ein System hat ein Problem' ist innerhalb dieses Verständnisses folglich bedeutungslos, da sie die Vorstellung nahelegt, Probleme

---

[1] Checkland,1984a,154f; vgl. K.F. Jackson,1975,15.

[2] Polanyi,1957,92; Übers. der Verf.; zu dieser Position vgl. auch Gomez,1981,31; Kühn,1978,132; H.Ulrich,1984d,254f; H.Ulrich,1970,138.

existierten unabhängig vom Menschen[3]. Demgegenüber wird hier betont, daß der Verweis auf ein Problem immer einen wertenden Maßstab impliziert, der nicht der Welt des Seins entnommen werden kann, sondern als Sollen vom Menschen formuliert werden muß[4]. Der Feststellung, 'ein System hat ein Problem', wird meist implizit der Maßstab des Überlebens des Systems zugrundegelegt. Die Überlebenswürdigkeit eines Systems ist als wertende Aussage jedoch im Einzelfall zu begründen[5].

Eine personenbezogene Sicht nehmen auch die Autoren ein, die Probleme mit menschlichen Bedürfnissen oder Motiven verknüpfen[6]. Während dies, als Fortführung des behavioristischen Menschenbilds, einen Automatismus zwischen Bedürfnis und Problem ausdrückt, wird mit dem Bezug auf das Werten das aktive und selektierende Benennen eines Problems betont.

Es ist auch eine Abgrenzung gegenüber der von Eden et al. formulierten personenbezogenen Sicht von Problemen vorzunehmen. Von diesen Autoren wird der sozialen Dimension in jeder Problembearbeitung eine so herausragende Bedeutung

---

3   Es wird damit von einer Tendenz Abstand genommen, 'Systemen' eine dem Menschen entsprechende Existenz zuzusprechen, nach der Systeme 'Bewußtsein', 'Wahrnehmungen' und 'Probleme' haben (vgl. z.B. Dachler,1985a,230). Auch wenn die Notwendigkeit anerkannt wird, mit dem Systemdenken eine Analyseebene einzuführen, die auf die emergenten Eigenschaften komplexer Phänomene ausgerichtet ist, so ist Bewußtsein, Wahrnehmung und Problematisieren doch immer etwas Menschliches. Auch Institutionen können nur über Personen wahrnehmen und problematisieren.

4   Vgl. zu dieser Position Mackie,1977; Poppers Annahme von objektiven, unabhängig vom Menschen bestehenden Probleme ist als Konsequenz aus der von ihm vertretenen 3-Welten-Theorie zu verstehen. Die Welt 3 vereinigt nach Popper die Ideen im objektiven Sinn (für Popper bedeutet dies, daß sie sprachlich formuliert und damit kritisierbar sind, nicht aber unbedingt 'objektiv wahr' sein müssen. Auch die falschen Theorien sind Bewohner der Welt 3, da sie sprachlich formuliert sind; Popper,1984,110f,160). Die Beziehungen zwischen den Theorien der Welt 3 sind logischer Natur. Dies gibt Popper die Grundlage dafür, eine von ihrer Entdeckung unabhängige Existenz von Problemen festzustellen. Popper bezieht sich dabei häufig auf das Beispiel der natürlichen Zahlen: "Was aber noch viel bemerkenswerter ist, es entstehen unerwartete neue Probleme als unbeabsichtigte Nebenprodukte der Folge der natürlichen Zahlen, etwa die ungelösten Probleme der Theorie der Primzahlen ... Diese Probleme sind offensichtlich autonom. Sie werden in keiner Weise von uns geschaffen; vielmehr entdecken wir sie, und in diesem Sinne existieren sie schon, unentdeckt, vor ihrer Entdeckung." (Popper,1984,166). An dieser Stelle sei erstens -immanent- angeführt, daß auch die Logik als 'Menschenwerk' zu gelten hat, der andere Argumentationsprinzipien, z.B. dialektische, gegenüberstehen. Zweitens gehören die mit der vorliegenden Arbeit thematisierten gerade erst im Prozeß ihrer Formulierung begriffenen Managementprobleme nicht zur Welt 3. Nur dort aber lokalisiert Popper die selbständig existierenden Probleme.- Dem Problemverständnis der vorliegenden Arbeit näher stehen Ausführungen bei Schön, der das Entstehen neuer Probleme im Verlauf des Erforschens einer Situation behandelt und diese als Produkt der Konversation zwischen Forscher und Situation versteht. Der Forschende stellt Fragen an die Situation, indem er mit ihr experimentiert, und ist damit an den Resultaten, d.h. auch an den entstehenden Problemen, beteiligt (Schön,1983,76ff).

5   Die Frage nach der Überlebenswürdigkeit eines Monopols kann als Beispiel dafür angeführt werden, daß das Überlebensziel problematisch sein kann und daher unterstützender Argumente bedarf (vgl. Braun,1975,30ff).

6   Vgl. z.B. Dreyfus,1985a,182; K.F.Jackson,1975,5

zugemessen, daß diese den Kern jeder methodischen Auseinandersetzung mit Problembearbeitungsprozessen bilden müßte. In diesem Sinne stellen Eden et al. das zentrale Ergebnis der Auswertung ihrer Beratungstätigkeit wie folgt dar:

> Wir wollen die Position vertreten, daß Organisationen soziale Gebilde sind, in denen Probleme nichts mit objektiven Tatbeständen und Zielen der Organisation zu tun haben, sondern mit subjektivem Empfinden und ausgehandelten Orientierungen. Probleme und Entscheidungsverhalten sind vor allem lokalisiert in politischen Auseinandersetzungen, zwischenmenschlichen Überlegungen, zutiefst individuellen Werten und persönlichen Perspektiven... Unser Verständnis ist also, daß für das Entscheidungsverhalten einer Organisation Ansätze der 'Rationalität' und der 'Objektivität' nicht hilfreich sind, um Wege zu entwickeln, Menschen mit ihren Problemen zu helfen.[7]

Unabhängig davon, ob diese Beschreibung von Problemstellungen in Institutionen Berechtigung hat, wird mit der vorliegenden Arbeit die Frage, wie zur <u>Rationalität</u> in Problembearbeitungsprozessen beigetragen werden kann, auf <u>Denkhilfen</u> ausgerichtet. Auf dem Hintergrund des vorstehend Gesagten müssen als Denkhilfen konzipierte systemische Regeln dem <u>wertenden Charakter</u> jedes Problembearbeitens <u>Rechnung tragen</u>. Diese Sichtweise, daß Probleme stets auf dem Hintergrund von Werten benannt werden, bringt Abb. 2.21 zum Ausdruck. Sie illustriert

---

[7] Eden/Jones/Sims,1983,x; Übers. der Verf.; die Aneinanderreihung der Begriffe von Rationalität und Objektivität ist problematisch, da mit ihr eine vom Positivismus besetzte Bedeutung des Rationalitätsbegriffs akzeptiert und nicht berücksichtigt wird, daß auch mit Werthaltungen rational, d.h. vernünftig, umgegangen werden kann. Vgl. dazu zwei -unterschiedliche- Positionen von Putnam (Fußnote 1 in '2. Begründung und Vertiefung der Fragestellung') und W.Ulrich (unten 9.6, 'Offenlegung des normativen Gehalts einer Grenzdefinition').

darüber hinaus die für Institutionen typische Situation, daß Individuen aufgrund unterschiedlicher Werthaltungen Probleme unterschiedlich benennen.

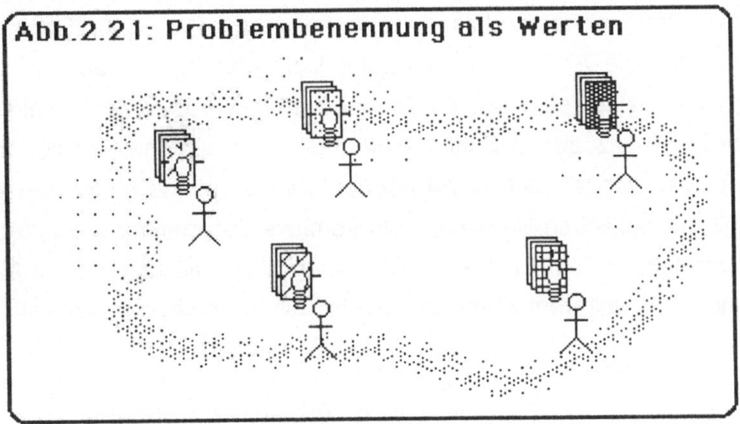

2.22 Dimension des Reflektierens

Daß diese Arbeit einer Denkhilfe gewidmet ist, mit der der intellektuelle Umgang mit komplexen Problemsituationen verbessert werden soll, kommt im zweiten Aspekt des eingeführten Problemverständnisses zum Ausdruck. Dieser sagt aus, daß bei einem Problem über die Art der angestrebten Veränderung und/oder über die ihr adäquate Vorgehensweise reflektiert werden muß. Dieser Auswahlentscheid kann mit den von Dörner et al. gezogenen Schlußfolgerungen aus ausführlich dokumentierten, experimentellen Versuchen[8] begründet werden. Die Versuche galten der Fähigkeit bzw. Unfähigkeit menschlichen Denkens, sehr komlexe Zusammenhänge zu erfassen. Dörner et al. kommen zu dem Ergebnis, daß es vor allem die durch erste Mißerfolge entstehende Angst vor weiterem Kontrollverlust ist, die zu intellektuellen Notfallreaktionen führt.

Das gesamte Handlungssystem wird auf schnelle Reaktionsbereitschaft umgestellt. Der schnellen Reaktionsbereitschaft steht ein allzu hohes intellektuelles Niveau im Wege. ... Das Suchen neuer Handlungsmöglichkeiten durch Denken als 'internes Probehandeln' ist in einer Gefahrensituation fehl am Platz; es dauert viel zu lange. Besser ist es, das fest 'programmierte' Inventar von Verhaltensweisen einzusetzen, welches in gelernten Reiz-Reaktionssequenzen bereits vorliegt. In extremen Fällen wird Denken in Gefahrensituationen ganz ausgeschaltet. Der Mensch wird zu einem 'automatisch' reagierenden Reflexwesen.[9]

Da aber automatisches, reflexartiges Verhalten komplexen Situationen nicht gerecht wird[10], muß Angst vor weiterem Kontrollverlust, die Dörner et al. als Ursache der Notfallreaktionen nennen, mit einer am Beginn jeder Problembearbeitung stehenden Reflexion möglichst vermieden werden. Daß Reflexion gerade in komplexen Zusammenhängen nötig ist, in denen keine vollständige Kenntnis der Situation besteht, kommt in Dörners Arbeiten ebenfalls zum Ausdruck:

---

[8] Vgl. Dörner/Kreuzig/Reither/Stäudel,1983,105ff; in dem Versuch bekamen die Versuchspersonen den Auftrag, eine mittelgroße europäische Kleinstadt, Lohhausen, anhand eines Computermodells zehn Jahre lang als Bürgermeister zu regieren. Mit einer Vielzahl von Maßnahmen konnte die künstliche Realität Lohausens verändert werden. Die Versuchspersonen hatten also die Möglichkeit, die Situation aufgrund von Erfolg und Mißerfolg ihrer Maßnahmen zu regulieren. Um eine der Realität möglichst entsprechende komplexe Situation darzustellen, wurde, erstens, das Ziel des Regierens nur sehr vage umschrieben ('für das Wohlergehen der Bevölkerung sorgen'), zweitens, der Zustand des Systems partiell intransparent gehalten, und, drittens, zu Anfang kein Überblick über die Situation gegeben, so daß gehandelt werden mußte, ohne das System genau zu kennen (Dörner/Kreuzig/Reither/Stäudel, 1983,135ff).
[9] Dörner,1981,171
[10] Vgl. z.B. Forrester,1974,14ff; H.Ulrich,1970,150

Es kommt nun in einer Situation nicht darauf an, daß man irgendwie handelt. Wichtig ist es, sich situationsadäquat zu verhalten. Dafür wiederum ist es wichtig, über ein gutes Bild der Situation zu verfügen. Man muß wissen, von welcher Beschaffenheit die Situation ist, um darin vernünftig handeln zu können. In komplexen Situationen ist es die Regel, daß man nicht über eine volle Kenntnis der Situation verfügt, sondern daß man sich -während man handelt- diese Kenntnisse noch beschaffen muß. Eine ... kognitive Aufgabe einer komplexen Situation ist also die Hypothesenbildung.[11]

Auch der amerikanische, der pragmatischen Tradition zugehörige Philosoph Dewey stellt das reflektierende Denken als eine Prüfung von Hypothesen dar, die der Handelnde aufgrund von wahrgenommenen Aspekten aufstellt, die aber ohne kritische Prüfung nicht mehr als ein Glaube sind[12]. Beim reflektierenden Denken geht es darum,

zu prüfen, wie weit das wahrgenommene Objekt uns berechtigt, dem entstandenen Gedanken Glauben zu schenken.[13]

Auch wenn bei der Diskussion der menschlichen Wahrnehmungsfreiheit und der Komplexität des Managements zum Ausdruck gebracht wurde, daß sich der Problembearbeiter nie einem festgefügten 'Objekt', sondern einer Vielzahl möglicherweise wahrnehmbarer Bereiche gegenübersieht, so ist Deweys Ausführungen zu entnehmen, daß die kritische Prüfung den Kern der Reflexion ausmacht[14]:

Es zwingt uns, den Kampf gegen die Trägheit aufzunehmen, die dazu neigt, Einfälle, in der Form wie sie gerade auftauchen, anzunehmen, und so das geistige Unbehagen zu beenden. Reflektierendes Denken bedeutet

---

11 Dörner,1981,174

12 Die vom Pragmatiker Dewey vertretene enge Verknüpfung von Reflexion und Handeln wird aufgrund des Bezugs dieser Arbeit auf das Management übernommen, - es wird also vom Handlungszwang im Management ausgegangen. Dies steht nur scheinbar der Position gegenüber, mit der Anderegg herausarbeitet, daß Nachdenklichkeit des Freiraums des Nicht-Handeln-Müssens bedarf: "Wenn wir, frei von Zwängen, den Zeitdruck fernhalten und das Handeln suspendieren, um Sinnbildungen zu erproben, so pflegen wir von Nachdenklichkeit zu sprechen." (Anderegg,1985,73) Indem hier mit der Reflexion die Notwendigkeit des Innehaltens im Handlungsstrom betont wird, wird gerade das Abstand-Nehmen thematisiert und damit der Intention der Ausführungen Andereggs entsprochen. Auch Anderegg spricht vom "Suspendieren" des Handelns und damit vom zeitweiligen Zurücktreten vom Handlungszwang, nicht aber von der Entledigung vom Handlungszwang.

13 Dewey,1951,8; vgl. Susman/Evered,1978,598

14 Neben der Reflexion nennt Dewey den Zweifel, der spontanes Handeln hemmt (vgl. Dewey,1951,14).

Bereitwilligkeit, einen Zustand der Unsicherheit zu ertragen und die Bildung eines Urteils aufzuschieben, um weiter zu forschen.[15]

Deweys Verweis auf weiteres Forschen entspricht der Suche nach Argumenten, die die Hypothesen über eine intransparente Situation untermauern und damit vernünftiges Handeln ermöglichen können. Steinmann bringt eine solche Verknüpfung von Argumenten und vernünftigem Handeln mit dem von ihm eingeführten Handlungsbegriff zum Ausdruck:

'Handeln' soll also als <u>argumentationsvorbereitetes</u> und deshalb absichtsgeleitetes (intentionales) Tun verstanden werden im Gegensatz zu einem bloß stimulierten Tun, dem jede Intentionalität fehlt (z.B. physiologische und emotionale Reaktionen) und das Verhalten heißen soll.[16]

Steinmann fordert mit diesem Verständnis des Handelns das <u>explizite Angeben von Argumenten</u> und vertritt damit eine den Konstruktivismus von Lorenzen aufnehmende Position, die die <u>dialogische Qualität jedes Begründens</u> in den Mittelpunkt stellt. Mit ihr wird die Zustimmung der am Dialog Beteiligten zum Beurteilungsmaßstab dafür, ob eine Rede als Begründung gelten kann[17]. Als Konsequenz aus diesem dialogischen Rationalitätsverständnis nennt Steinmann das Tun, das grundsätzlich argumentationszugänglich ist, aber aus praktischen Gründen nicht tatsächlich durch Argumentation vorbereitet wird, 'Quasi-Verhalten'. Ein reflektierendes Problembearbeiten eines Individuums steht nach dieser Begrifflichkeit dem 'stimulierten Tun' näher als dem argumentationsvorbereiteten Handeln. Dies wird mit Bezug auf Problembearbeiten im Management als unangemessen erachtet. In einer großen Zahl von Problemsituationen ist es aus Wichtigkeits- und/oder Dringlichkeits-Überlegungen nicht angemessen, in einen dialogischen Begründungsprozeß einzutreten. Ein reflektierendes Problembearbeiten kann dennoch notwendig sein, wenn es sich nämlich um eine komplexe Situation handelt und Art der Veränderung und/oder die für sie adäquate Vorgehensweise nicht bekannt sind. Dieser Bedeutung der Reflexion eines Individuums im Prozeß des Problembearbeitens, das einem spontanen, reflexartigem Tun gegenübersteht[18], ist in den konzeptionellen

---

[15] Dewey,1951,14

[16] Steinmann,1978,74; Betonung hinzugefügt

[17] Steinmann,1978,88

[18] Die unreflektierte, standardisierte Herbeiführung einer Situationsveränderung wird auch in der Literatur zumeist nicht als Problembearbeitung verstanden (vgl. Polanyi,1957,92). Laut Osterloh bildet dieses spontane Tun einen Pol dichotomischer Konzepte zur Charakterisierung von Entscheidungssituationen. Je nach Ansatz werden dafür auch die Begriffe programmierte Entscheidung, Konditionalprogramm, explizite Verhaltensnormierung oder Routineentscheidung benutzt (vgl. Osterloh,1985,296; Hoefert,1985,124).

Grundlagen dieser Arbeit Rechnung zu tragen. Dies ermöglicht die Einführung des von Schwemmer vertretenen Handlungsbegriffs. Schwemmer bezeichnet <u>Handeln als argumentationszugängliches Tun</u>. Die Argumentation muß nicht notwendigerweise vor der Handlung dialogisch ausgeführt werden, sondern bereits die Möglichkeit des nachträglichen Angebens einer Argumentation, mit dem sich das Handeln begründen läßt, reicht aus, um von 'Handeln' zu sprechen. Da mit diesem Konzept nicht wie bei Steinmann die Zustimmung der Betroffenen als Maßstab dafür dienen kann, was als 'Argumentation' zu gelten hat, verweist Schwemmer auf eine <u>allgemeine Verständlichkeit und Nachvollziehbarkeit des Argumentierens</u>. Auf dieses Verständnis einer Argumentation und einer Begründung soll in der vorliegenden Arbeit Bezug genommen werden, wenn von 'guten Gründen' und 'vernünftig' gesprochen wird[19].

Zusammenfassend ist festzuhalten, daß mit dem Begriff der Reflexion das <u>gedankliche Suchen nach nachvollziehbaren Argumenten</u> gemeint sein soll, die für ein die Situation veränderndes Handeln angeführt werden können, und auch deren <u>kritische Prüfung</u>. Da Reflexion als ein konstitutives Merkmal einer Problembearbeitung angesehen wird, ist Problembearbeiten damit gegenüber einer intuitiv-spontanen Situationsveränderung abgesetzt. Indem nicht auf einen dialogischen Handlungsbegriff zurückgegriffen wird, wird eine Ausrichtung auf die gedankliche Auseinandersetzung mit einer Problemsituation vorgenommen.

2.23 Dimension der Handlungsbereitschaft

Der dritte Aspekt des Problembegriffs, die <u>Handlungsbereitschaft</u>, stellt ein notwendiges Gegengewicht zur Reflexion dar. Wie im Handlungsbegriff von Schwemmer ausgedrückt, soll Reflexion das Handeln vorbereiten, nicht aber ersetzen. Dem ist im Hinblick auf das Management Nachdruck zu verleihen:

Ganzheitliches Denken ist Vorstufe und Begleitung ganzheitlichen Handelns. Darauf, auf sinnvolles, vernünftiges, praktisches Handelns ist es gerichtet, dort muß es sich bewähren.[20]

Oder, wie Schön aus Sicht des Praktikers es ausdrückt:

---

[19] Schwemmer,1978,47; zur Unterscheidung zwischen Argumentieren und Begründen führt Schwemmer aus, daß er mit 'Argumentieren' das syntaktische Aufstellen von Satzfolgen meint, mit 'Begründen' jedoch das pragmatische Verständnis der Verwendung der Satzfolgen, um praktisch eine Zustimmung zu erreichen.

[20] H.Ulrich,1985c,26

Der Praktiker hat ein Interesse, die Situation, wie sie ist, zu überführen in eine von ihm bevorzugte. Er hat ... ein Interesse daran, die Situation zu verstehen, aber als Dienst an seinem Interesse an einer Veränderung.[21]

Handlungsbereitschaft bedeutet, daß der Problembearbeiter bereit ist, zu investieren, sowohl in die Veränderung der Problemsituation wie auch in die dafür notwendige vorgängige Reflexion, ohne daß -gemäß des zu Anfang nur sehr vagen Gefühls des Unbehagens- Gewißheit über das Ergebnis der reflektierenden Bemühungen besteht[22]. Dieses Verständnis knüpft an das einführend dargestellte, den freien Willen des Menschen betonende Menschenbild an: er kann sich zu Handlungen verpflichten. Damit wird eine dem Voluntarismus entsprechende Position eingenommen, die von der deterministischen Richtung in der Managementlehre Abstand nimmt, nach der es im Management primär darum geht, sich den auf das Management einwirkenden Kräften erfolgreich anzupassen und so innerhalb der eng gesetzten Grenzen des Handlungsbereichs ein Überleben zu sichern[23]. Die Wahl des voluntaristischen Standpunkts stellt demgegenüber heraus, daß im Management die Möglichkeit besteht, Handlungsspielräume[24] zu schaffen und diese im eigenen Sinne zu nutzen.

Dem reflektierenden Willensakt zur Handlungsbereitschaft wird hier eine höhere Bedeutung zugemessen als den in der Managementlehre als 'weich' bezeichneten Faktoren[25]. Eine 'weiche' Sicht der Handlungsbereitschaft drückt z.B. zur Bonsen aus:

---

21 Schön,1983,147; Übers. der Verf.
22 Polanyi spricht mit Bezug auf das Problembearbeiten im wissenschaftlichen Kontext von der absichtsgeleiteten Spannung, die als zutiefst persönliches Element von großer Bedeutung für die Durchführung der Bearbeitung von Problemen ist. Dies kommt dem Begriff der Handlungsbereitschaft nahe (vgl. Polanyi,1957,97ff).
23 Vgl. Hill,1985,133ff; Semmel,1984,137f. Semmel weist darauf hin, daß die beiden Positionen des Voluntarismus und des Determinismus Extrempositionen eines Kontinuums darstellen und Managementansätze der Tendenz nach einem der beiden Pole zuneigen. - In Ackoffs Typologie der inaktiven, reaktiven, präaktiven und interaktiven Haltung gegenüber Planung ist es die inaktive, die die Konsequenz aus einer deterministischen Position darstellt. Aus Sicht der inaktiven Haltung sind Interventionen in den Ablauf von Ereignissen nicht dazu angetan, diesen zu verbessern. Sie neigen eher dazu, die Situation für die Betroffenen zu verschlechtern (Ackoff,1974a,22ff).
24 Osterloh weist darauf hin, daß dem objektiven Handlungsspielraum, i.S. von bereits vorgegebenen Elementen von Problemdefinitionen, der subjektive Handlungsspielraum gegenübersteht. Dieser drückt sich in der Problematisierung neuer Aspekte aus und wird laut Osterloh beeinflußt von kognitiven und motivationalen Faktoren (Osterloh,1985,304f).
25 Vgl. Peters/Waterman,1982,9ff

Die Wahrnehmung einer noch nicht verwirklichten Möglichkeit, einer Vision, vermag auf den Beobachter einen Sog auszuüben, der sein Handeln verändert.[26]

Eine in diesem Zitat zum Ausdruck kommende Konzentration auf eine intuitive Vorgehensweise steht jedoch dem Bemühen um gute Gründe für das Handeln im Management gegenüber. Die Handlungsbereitschaft soll in der vorliegenden Arbeit daher nicht in dem von zur Bonsen umschriebenen Sinn verstanden werden, sondern als bewußter, reflektierter Entscheid.

2.24 Bezugnahme auf andere Problembegriffe

Es verbleibt, den handlungsorientierten Problembegriff in Beziehung zu setzen zu zwei weiteren, in der Literatur häufig zugrundegelegten Begriffen, - zu dem der Soll-Ist-Diskrepanz und zu dem von Ackoff eingeführten Begriff des 'Durcheinander'[27].

Der Problembegriff der <u>Soll-Ist-Diskrepanz</u> und die mit diesem implizierten Voraussetzungen können anhand des Grundmodells eines einfachen Reglers (Abb. 2.24) erläutert werden, in dem der Soll-Ist-Vergleich für das Auslösen von Korrekturmaßnahmen Verwendung findet[28].

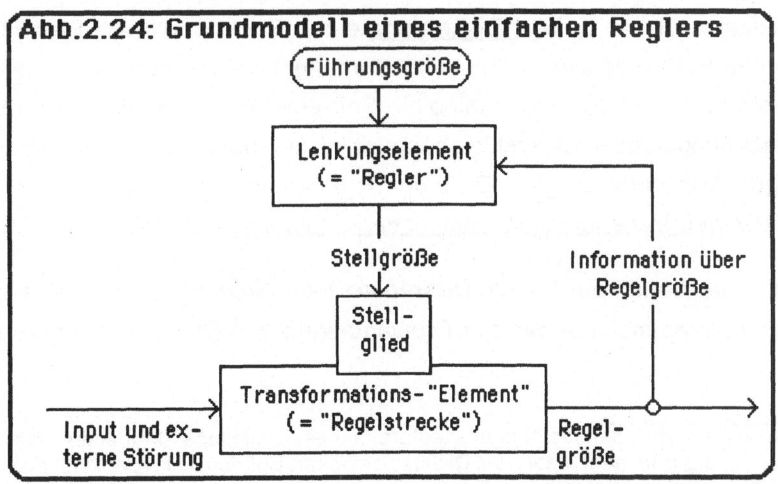

---

[26] zur Bonsen,1985,83; die Charakterisierung des Ansatzes zur Bonsens als 'auf Intuition ausgerichtet' gründet sich auf Verweise auf Wege des Wahrnehmungstrainings, die die Empfänglichkeit für 'sanfte Informationen' und 'geheime Vibrationen' erhöhen sollen (zur Bonsen,1985,84).

[27] Im Original: 'mess', zum Begriff der 'mess' vgl. Ackoff,1974b,237ff; Ackoff,1979,99f.

[28] Darstellung nach Brauchlin,1978,127

Im ersten Schritt der Konstruktion eines Reglers ist die zu regelnde Transformation zu wählen. Es geht hier um die Auswahl eines Ausschnitts der Wirklichkeit der Institution, dem Aufmerksamkeit geschenkt werden soll. Angesichts des vieldimensionalen Beziehungsnetzes, in das eine Institution eingebunden und über das sie auch mit der Umwelt verknüpft ist, ist dieser Schritt als erheblich zu bezeichnen. Auch die Benennung der zu messenden Regelgröße in einem zweiten Schritt stellt eine wesentliche Reduktion von Komplexität dar, wird doch mit dieser aus der Vielzahl der in einer Transformation involvierten Größen diejenige ausgewählt, die als Maßstab für die Beurteilung geeignet erscheint, ob die zu regelnde Transformation als unproblematisch gelten kann oder nicht. Die möglichen Regelgrößen müssen zuvor auf ihre Bedeutung und Gewichtung hin beurteilt werden. Drittens ist mit der Führungsgröße festzulegen, welchen Wert die Regelgröße im Idealfall haben sollte und ab wann eine Abweichung als problematisch zu gelten hat. Bei einer problematischen Abweichung würde der Regler über das Stellglied Korrekturmaßnahmen auslösen. Auch hier ist die Reduzierung auf einen spezifischen Wert gewichtig, stellen doch Fehleinschätzungen bei der Festsetzung der Führungsgröße die Funktionsfähigkeit des gesamten Regelmechanismus in Frage[29].

Wird ein Problemlösungsprozeß als ein Vorgang zunehmender Varietätsreduktion verstanden, in dem alternative Sicht- und Verhaltensweisen Schritt für Schritt ausgeschieden werden bis nur eine Handlungsmöglichkeit offen steht[30], so stellt das Aufzeigen einer Soll-Ist-Diskrepanz einen Punkt in diesem Prozeß dar, an dem ein weites Feld möglicher Sicht- und Verhaltensweisen bereits ausgeschieden und die Systemgrenzen festgelegt sind[31]. Soll eine Methodik aber den gesamten Problembearbeitungsprozeß unterstützen, so ist ihr ein möglichst voraussetzungsfreier Problembegriff zugrundezulegen. Daß der Problembegriff der Soll-Ist-Diskrepanz demgegenüber weitreichende Voraussetzungen impliziert, wurde vorstehend gezeigt.

Der Problembegriff der Soll-Ist-Diskrepanz kann aber dazu benutzt werden, das 'Gefühl des Unbehagens', auf das der Problembegriff von Checkland konzentriert[32],

---

[29] Die Auswahl eines funktionsfähigen Reglers, eines Stellglieds und einer das Stellglied lenkenden Stellgröße geht über die Diskussion einer Soll-Ist-Diskrepanz hinaus und wird daher nicht berücksichtigt.

[30] H.Ulrich,1984e,231; Ulrich weist darauf hin, daß in Ergänzung zur Varietätsvernichtung während der Problembearbeitung auch Varietät erzeugt werden muß, um eine vorschnelle Einengung eines Problemraums zu verhindern.

[31] Dies gilt auch für den Fall, daß nicht vom einfachen Regelmechanismus, sondern vom anspruchsvolleren Modell eines ultrastabilen Reglers ausgegangen wird. Auch dort liegen klare Systemgrenzen vor, da die besprochenen Größen für jeden Sub-Regler angegeben sein müssen (vgl. Gomez/Malik/Oeller,1975,828).

[32] Vgl. oben 2.21, 'Dimension des Wertens'.

auf <u>vier typische Veränderungen</u>[33] zurückzuführen: 1. Idealvorstellungen ändern sich und lassen eine bisher als 'unproblematisch' empfundene Situation problematisch erscheinen; 2. die gegenwärtige, mit Bezug auf bestimmte Idealvorstellungen wahrgenommene Situation ändert sich und wird als problematisch empfunden; 3. es werden Anzeichen dafür festgestellt, daß die Situation zu einer problematischen werden könnte, sofern nicht präventiv gehandelt wird; 4. ein neuer, bisher nicht als relevant erscheinender Bereich gewinnt Aufmerksamkeit und erscheint als problematisch. Mit dem auf die Feststellung einer Soll-Ist-Diskrepanz ausgerichteten Regler ist lediglich die zweite der vier Veränderungen erfaßbar[34]. Es sind aber die anderern drei Veränderungen, die als aktiv herbeizuführende Veränderungen unter den von Ackoff eingeführten Begriff des Ent-Lösens von Problemen fallen, denen Ackoff auch für das Management besondere Bedeutung zuschreibt:

> Ent-Lösen von Problemen, also Lösungen in Probleme verwandeln, ist die Hauptbetätigung von Professoren, Beratern, Kritikern, Rezensenten, Vorgesetzten und Eltern, um nur einige wenige zu nennen. Sie untersuchen Situationen, die andere als 'unter Kontrolle' ansehen, und versuchen, Wege zu finden, um sie für weitere Verbesserungen zu öffnen. Sie versuchen, das Etablierte zu destabilisieren.[35]

<u>Ackoff</u> arbeitet dieses Problematisieren von Situationen auf dem Hintergrund seines Begriffs des '<u>Durcheinanders</u>' heraus, der den Kern einer Gruppe weiterer Problembegriffe bildet, die nun zum eingeführten handlungsorientierten Begriff in Beziehung gesetzt werden sollen. Ein Durcheinander charakterisiert Ackoff wie folgt:

> Manager sind nicht mit Problemen konfrontiert, die unabhängig voneinander sind, sondern mit dynamischen Situationen, die aus komplexen Systemen von sich verändernden und miteinander interagierenden Problemen bestehen. Ich nenne diese Situationen 'Durcheinander'.[36]

---

[33] Bateson betont, daß es in der Welt der Ideen immer durch Veränderungen hervorgerufene Unterschiede sind, die etwas auslösen (Bateson,1984,118; vgl. Krüger,1983,69). Insofern werden mit den Punkten 1. bis 4. Veränderungen angesprochen, die das Gefühl des Unbehagens auslösen .

[34] Vgl. z.B. Pounds, der als Ursache für eine Problemdefinition eine Abweichung der Ist-Situation von einem geistigen, meist wenig spezifizierten Modell nennt. Indem Pounds den dynamischen Charakter dieser Modelle nicht berücksichtigt, kann er lediglich Veränderungen des Typs 2 thematisieren (vgl. Pounds,1986).

[35] Ackoff,1974b,237; Übers. der Verf.; vgl. die Ausführungen K.F.Jacksons zum 'Entlarven' von Problemen (K.F.Jackson,1975,41f).

[36] Ackoff,1979,99; Übers. der Verf.; vgl. Forresters Darstellung der Weltprobleme in Forrester,1971,10.

Jedes Problem, das Teil eines 'Durcheinanders' ist, stellt selbst ein 'Durcheinander' dar[37]. Die Lösung eines Subproblems trägt nicht notwendigerweise zur Lösung des 'Durcheinanders' bei, da dieses als System nicht in seine Teile zerlegt werden kann. Das Benennen, Identifizieren und Formulieren eines Problems ist bereits eine zentrale Leistung[38]. Die Vorstellung, ein solches 'Durcheinander' sei lösbar, ist zu ersetzen durch das Grundverständnis des Lernens[39]:

Die Interaktionen zwischen Problemaspekten hören nirgends auf und die Möglichkeit einer klaren Formulierung von 'dem Problem', gefolgt von dessen Lösung, verfliegt.[40]

Der von Rittel und Webber in den Politikwissenschaften eingeführte Problembegriff der 'heimtückischen', im Gegensatz zu 'zahmen', Problemen ist dem Durcheinander nach Ackoff sehr verwandt[41]. Auch bei heimtückischen Problemen stellt deren Formulierung bereits einen wesentlichen Schritt dar, da eine vollständige Beschreibung bis zu den Wurzeln eines Problems gehen müßte und damit bereits den Ansatzpunkt für eine Lösung gäbe. Ein vorurteilsfreies Rückverfolgen ist aber bei komplexen Problemen, wie z.B. dem der Armut, nicht möglich. Schon bei der ersten

---

[37] Bei dieser systemischen Sicht verliert die Unterscheidung von 'Symptom' und 'Problem' ihre Bedeutung. Jedes 'Problem' kann als 'Symptom' eines tiefer liegenden 'Problems' verstanden werden, und jedes 'Symptom' als 'Problem' eines höher liegenden 'Symptoms'. Entscheidend für die Verwendung einer der Begriffe wird, was als Fokus der Aufmerksamkeit gewählt wird. Eine Bezugnahme darauf, was 'wirklich' das 'Problem' ist, tritt hinter die Anwendung eines wertenden Maßstabs zurück (ein eindeutiges Verständnis von Problemen und deren Symptomen wird z.B. vertreten bei Gomez,1981,31; zur Kritik siehe Rittel/Webber, 1973,165).

[38] Zum zentralen Schritt der Benennung einer Problemsituation vgl. Bryer/Kistruck,1976,19; Cavallo,1979,31; Dreyfus,1985a,252; Eden/Jones/Sims, 1983,13; Eden/Sims,1976,16f; Eden/Sims,1979,120f; K.F.Jackson,1975,16,42f; M.Jackson/Keys,1984,480; Polanyi,1957,98; Pounds,1969,16; Rittel,1972,393, Rittel/Webber,1973,161; Schön,1983,40; W.Ulrich,1983,242; Vickers,1981,15; Watzlawick,1985,375.

[39] Deshalb ist auch die von Watzlawick für den psychotherapeutischen Bereich vorgeschlagene Unterscheidung von Schwierigkeiten und Problemen nicht in den des Managements zu übertragen. Nach Watzlawick sind Schwierigkeiten unerwünschte Situationen, die durch vernünftige Maßnahmen behoben werden können, während Probleme durch falsche Lösungsversuche von Schwierigkeiten erzeugt werden (Watzlawick/Weakland/Fisch,1974, 58). In komplexen Zusammenhängen des Managements ist das Finden 'vernünftiger Maßnahmen' aber außerordentlich problematisch, und häufig ist nicht festzustellen, ob eine als Verschlechterung bezeichnete Situationsveränderung durch eine zuvor ausgeführte Handlung oder durch andere Aspekte der Situation verursacht wurde.

[40] Checkland,1979a,320; Übers. der Verf.; Checkland bezieht sich hier explizit auf Ackoffs Begriff des Durcheinander. Zur Bedeutung des Verständnisses des Lernens im Management vgl. Ackoff,1974b,237; Ackoff,1979,98ff; Bleicher,1979,4; Churchman,1973a,56,123, 204. Eden et al. schlagen als Konsequenz aus der Bedeutung des Lernprozesses vor, nicht mehr von Problemlösung, sondern von 'Problembeendung' zu sprechen: eine Phase des intensiven Lernens in Form einer Problembearbeitung ist dann 'beendet', wenn eine Handlung ausgeführt und die Situation verändert ist (Eden/Jones/Sims,1983,105).

[41] Zur Darstellung heimtückischer Probleme vgl. Rittel/Webber,1973; Rittel,1972,392ff.

Informationssammlung und Beschreibung wird eine Idee einer möglichen Lösung vorausgesetzt. Eine Problembearbeitung muß daher als gleichzeitige, schrittweise Klärung vom Problem und von dessen Lösung verstanden werden. Eine erste Phase einer neutralen Informationssammlung vor der Abklärung des Problems und vor der Formulierung von Handlungsalternativen ist also beim Umgang mit heimtückischen Problemen nicht möglich. Das Ende einer solchen Problembearbeitung ist nicht klar definiert, da kein eindeutiges Indiz dafür besteht, wann der Prozeß der vertiefenden Auseinandersetzung mit dem Problem und dessen Lösung abzubrechen ist. Da prinzipiell immer von einem ausbaufähigen Verständnis der Problemsituation und damit von möglichen Verbesserungen eines Lösungsversuchs auszugehen ist, sind es im wesentlichen die beschränkten Ressourcen, die zu einem Abbruch der Problembearbeitung Anlaß geben. Ein in die Tat umgesetzter Lösungsversuch kann niemals als 'Versuch' als Teil eines Versuch-und-Irrtumsprozesses aufgefaßt werden, da jeder Eingriff Konsequenzen auslöst, die in ihrer Totalität nicht absehbar sind. Diese Folgewirkungen betreffen Personen, und deshalb weisen Rittel/Webber auf die Bedeutung der Interessen der möglicherweise Betroffenen hin. Sie spielen in jedem Lösungsversuch eines heimtückischen Problems eine Rolle, weil unterschiedliche Interessen zu gänzlich unterschiedlichen Sichtweisen einer Problemsituation führen können. Es muß also von gegenläufigen interessenabhängigen Beurteilungen heimtückischer Probleme ausgegangen werden. Lösungsversuche können folglich nicht als 'richtig' oder 'falsch' gelten. Sie sind vielmehr 'gut' oder 'schlecht', - mit Bezug auf bestimmte Interessen.

Im Anschluß an die von Ackoff und Rittel/Webber gesetzten Akzente können zwei Aspekte zur Charakterisierung der Problemsituation[42] genannt werden, denen sich diese Arbeit widmet. In Anknüpfung an den Gedanken des Durcheinanders ist, erstens, ein hoher Komplexitätsgrad dieser Problemsituationen hervorzuheben. Die in der Situation wirkenden Beziehungsgefüge sind derartig eng miteinander verknüpft, daß die Umgrenzung der Problemsituation eine äußerst schwierige Aufgabe ist. Auch sie kann, wie die Bearbeitung des gesamten Problems, nicht mit einem Federstrich 'gelöst' werden. Die der Problemsituation adäquate Umgrenzung muß vielmehr gelernt werden. In Anlehnung an Rittel/Webber ist, zweitens, hervorzuheben, daß Problemsituationen uneinheitlich wahrgenommen werden können. Insbesondere die Betroffenheit von Individuen kann dazu führen, daß sie einzelnen Problemaspekten besondere Bedeutung zuordnen oder den Grundcharakter der Problemsituation unterschiedlich beschreiben. Keine der Problembeschreibungen kann unmittelbar als

---

[42] Vgl. die von Jackson/Keys eingeführten zwei Dimensionen zur Klassifikation einer Problemsituation. Die Autoren unterscheiden einfache und komplexe Situationen und unitaristische und pluralistische (M.Jackson/Keys,1984,473ff).

'richtiger' als die andere gelten, denn jede Beschreibung ist 'richtig' mit Bezug auf bestimmte, hinter ihr stehende Werte, die oben unter 2.21 als konstitutiv für jedes 'Problematisieren' dargestellt wurden. Dieser Bezug auf Werte als Bestimmungsgrößen für unterschiedliche Sichtweisen von Problemsituationen ist Grund dafür, ein gegenüber Rittel/Webber modifiziertes Verständnis der uneinheitlichen Wahrnehmungen zu vertreten. Führen Rittel/Webber mit der Betroffenheit und den durch sie konstituierten Interessen einen Bezugspunkt ein, der Argumentationen schwierig zugänglich ist[43], so soll hier die Möglichkeit betont werden, sowohl Werten, als auch den von ihnen geprägten Wahrnehmungen ein nachvollziehbares Argumentieren zu widmen[44]. Indem unterschiedliche Wahrnehmungen einer Situation also nicht als Ausfluß von fixierten Interessen gesehen, sondern in unterschiedlichen Werten begründet verstanden werden, wird konzeptionell die Möglichkeit geschaffen, eine Auseinandersetzung über verschiedene Sichtweisen einer Problemsituation als Teil einer Problembearbeitung anzusehen[45].

Kirsch betont, daß die beiden genannten Aspekte der Komplexität und der divergierenden wertgeladenen Wahrnehmungen miteinander verknüpft sind:

> Ist ein System simpel, überschaubar und über sehr lange Zeit völlig stabil, so ist die Chance groß, daß sich ein Kontext herausbildet, in dem die Systemprobleme als simplexe Probleme erfaßt werden können. Je komplexer freilich die ... Systeme werden, desto wahrscheinlicher ist es, daß die von den Systemen 'Betroffenen' bzw. am Funktionieren des System 'Interessierten' lediglich partikuläre (Forschungs-) Traditionen mit begrenzter Reichweite entwickeln.[46]

Auf eine solche Verknüpfung wurde bereits dadurch in Abb. 1.a abgezielt, daß Komplexität und Wahrnehmungsfreiheit als Regelkreis dargestellt wurden. Da zu

---

[43] Vgl. als einen sehr radikalen Vertreter dieser Position M.Jackson. Als Anhänger der kritischen Theorie von Habermas ruft er explizit zum Abbruch des Dialogs angesichts nicht durchsetzbarer Interessen auf (M.Jackson,1985,149).

[44] Vgl. W.Ulrich,1984,343; siehe oben 2.22., 'Dimension des Reflektierens', und unten 9.6., 'Offenlegung des normativen Gehalts einer Grenzdefinition'.

[45] Kirsch greift die für Wittgensteins Spätphilosophie zentralen Lebens- und Sprachformen mit der Einführung von 'bösartigen Multi-Kontext-Problemen' auf, und vertritt damit eine dritte Konzeptionalisierung verschiedener Sichtweisen: "Die jeweiligen Sprach- und Lebensformen konstituieren für die Menschen Kontexte, in denen sie Situationen definieren, Werte und Interessen artikulieren, Probleme erfassen und Lösungen generieren bzw. beurteilen. Die Inkommensurabilität dieser Kontexte spiegelt sich in einer Inkommensurabilität der Situationsdefinition und Problemsichten wider." (Kirsch,1984,995)

[46] Kirsch,1985,344; auch Schön faßt beide Dimensionen in seiner Darstellung von Managementproblemen zusammen, indem er diesen die Charakteristika der Komplexität, Ungewißheit, Einzigartigkeit, und des Wert-Konflikts zuschreibt (Schön,1983,39). Komplexität und Ungewißheit sind dabei eher dem ersten, Einzigartigkeit und Wert-Konflikt eher dem zweiten Aspekt zuzuordnen.

Beginn dieser Arbeit aber die grundsätzliche Bedeutung der den Menschen auszeichnenden Wahrnehmungsfreiheit betont wurde, soll gegenüber Kirsch hervorgehoben werden, daß auch in einfacheren sozialen Zusammenhängen verschiedene, wertbezogene Sichtweisen eine zentrale Rolle spielen können.

Wesentlich für die vorliegende Arbeit ist, daß <u>sowohl die Komplexität einer Problemsituation als auch die Existenz verschiedener Sichtweisen dieser Situation im Management praktische Bedeutung</u> haben[47]. Beide Aspekte wurden oben in Anknüpfung an das St. Galler Managementmodell als Grundperspektiven der Arbeit eingeführt und anhand der vorangegangen Ausführungen vertieft. Eine methodische Unterstützung der Umgrenzung einer Problemsituation muß den Problembearbeiter anleiten, mit beiden Aspekten umzugehen.

2.25 Konsequenzen für einen Beitrag zur Umgrenzung einer Problemsituation

Die Ausführungen zum für diese Arbeit relevanten, handlungsorientierten Problembegriff erlauben, Anforderungen und Bedingungen zu formulieren, die an eine methodische Handhabung der Grenzproblematik zu knüpfen sind.

Eine Voraussetzung für eine reflektierte Umgrenzung der Problemsituation bildet die <u>Handlungsbereitschaft</u> einer Person. Daß die Handlungsbereitschaft als <u>Voraussetzung</u> zu werten ist, gründet sich auf die Einsicht, daß nicht nur die tatsächliche Veränderung der Situation, sondern bereits die ersten Schritte einer Auseinandersetzung mit dieser einen Lernprozeß darstellen, deren Ausgang ungewiß ist. Schon die Erarbeitung einer sinnvollen Umgrenzung der Problemsituation setzt also die Bereitschaft, zu investieren, voraus. Die oben dargestellte Typisierung von Situationen, die den Hintergrund für das Aufgreifen eines Problems bilden, können als Möglichkeit dafür angesehen werden, die Problemsensibilität und mit ihr die Handlungsbereitschaft zu erhöhen.

---

[47] Zur Komplexität von Problemstellungen im Management vgl. Steinmann/Schreyögg, 1986,748; Krieg,1985,267. - Zur Existenz unterschiedlicher Sichtweisen von Problemsituationen vgl. die schlecht-strukturierten Probleme bei Mitroff et al., welche selbst innerhalb einer Sichtweise von Widersprüchlichkeiten sprechen, die darin begründet sein können, daß Daten aus verschiedenen Quellen stammen (Mitroff/Mason/Barabba, 1982,1391); vgl. auch die schlecht-definierten Probleme bei Checkland, der die mangelnde Einigkeit bezüglich Zielen als wesentliches Merkmal des Managements und der dort auftretenden schlecht strukturierten Probleme herausstreicht und daher die Rolle des 'Problembesitzers' einführt (Checkland,1979a,324); vgl. ebenso Eden/Sims/Jones,1983, 13; Gomez/Probst,1987,7; Radford,1977,16.

Im Gegensatz zu dieser <u>Bedingung der Anwendung der Methodik</u> sind <u>zwei Anforderungen an die Methodik</u> zur Grenzziehung zu formulieren. Erstens muß sie die Berücksichtigung und <u>Thematisierung von Werten</u> ermöglichen. Dies ist zum einen wesentlich, um Klarheit darüber zu schaffen, warum eine Situation als problematisch angesehen wird. Zum anderen erlaubt dies, daß auch dann mit der Methodik gearbeitet werden kann, wenn verschiedene Sichtweisen einer Problemsituation formuliert werden. Die Methodik unterstützt dann das Argumentieren über die verschiedenen Sichtweisen. Die zweite Anforderung an die Methodik hebt die kritische Prüfung hervor, der das Verständnis vom in der Situation wirkenden Beziehungsgeflecht unterworfen werden muß. Die methodischen Regeln müssen einer <u>reflektierenden Auseinandersetzung mit der Komplexität der Situation</u> dienen, um so eine adäquate Umgrenzung zu ermöglichen, in die ein weitgehendes Verständnis der Zusammenhänge einfließt.

2.3 Grundperspektive einer methodischen Unterstützung

Die Managementlehre verfolgt als anwendungsorientierte Wissenschaft das Ziel, die Praxis zu unterstützen[1]. Diese Unterstützung kann auf zwei Arten erfolgen. Es können <u>inhaltliche oder methodische Handlungsempfehlungen</u> gegeben werden[2].

<u>Inhaltliche</u> Handlungsempfehlungen geben in einer Problemsituation die Art der anzustrebenden Veränderung an[3]. Sie standen lange Zeit im Mittelpunkt der Managementlehre[4]. Bezogen auf die Abgrenzung einer Problemsituation nehmen inhaltliche Empfehlungen die Gestalt von Checklisten an, die die für eine Fragestellung wesentlichen Variablen benennen[5]. Ein Beispiel bilden die Kriterienkataloge der Portfolioanalyse, die 25 für eine Einschätzung der Marktattraktivität zu beurteilende Variablen aufführen[6]. <u>Grundlegende Annahme</u> einer solchen inhaltlichen Handlungsempfehlung ist die <u>Vergleichbarkeit von Problemsituationen</u>. Nur wenn es von z.B. Branche, Größe der Institution, Region und Konkurrenzsituation des Marktes unabhängig ist, welche Variablen für eine Abschätzung der Marktattraktivität wesentlich sind, ist eine standardisierte Variablenliste sinnvoll[7].

Die <u>Stärken</u> inhaltlicher Handlungsanweisungen liegen in ihrer <u>Entlastungsfunktion</u>: Problemsituationen kann unmittelbar mit einer Handlung begegnet werden. Neben dem Sparen der klar dimensionierten Größen 'Zeit' und 'Geld' ist auch an weniger klar erfaßbare Managementkapazitäten, z.B. an

---

[1] Zu den wissenschaftstheoretischen und forschungsmethodischen Besonderheiten einer angewandten Wissenschaft gegenüber einer Grundlagenwissenschaft vgl. H.Ulrich,1981; Probst,1981,25ff. - Während in der englischsprachigen Managementliteratur die Praxisorientierung dieser Disziplin nie umstritten war, begann im deutschsprachigen Raum erst vor 15 Jahren ein noch heute nicht beendeter Disput zwischen einer theoretischen und einer praxisorientierten Betriebswirtschaftslehre (zu den verschiedenen heute vertretenen Positionen vgl. Wunderer,1985; sowie die zusammenfassende Darstellung in Kühn,1978, 16ff). Mit der Verwendung des Begriffs der 'Managementlehre' soll zum Ausdruck gebracht werden, daß im Rahmen dieser Arbeit eine anwendungsorientierte Perspektive eingenommen wird.

[2] H.Ulrich,1981,11

[3] Kühn entwickelt in Anknüpfung an Bunges 'philosophy of technology' eine sehr klare Begrifflichkeit. Er unterscheidet einerseits die -vorstehend nicht erwähnten- problemindividuellen Handlungsanweisungen, die von einem in einer Problemsituation stehenden Praktiker formuliert werden, von andererseits den materiellen und methodischen Handlungsregeln (vgl. Kühn,1978,38ff).

[4] Als Beispiel diene die vielbeachtete Empfehlung von Lawrence/Lorsch, bei hoher Umweltunsicherheit adaptive Organisationsstrukturen für eine Institution zu verwenden (Lawrence/Lorsch,1969).

[5] Vgl. die 'Checkliste zur Situationsanalyse' bei Kramer,1987,23f.

[6] Hinterhuber,1977,73

[7] Der Schwierigkeit der Bezugnahme auf idealtypische, wenig differenzierte Ereignisklassen versucht der Situationsansatz durch eine empirisch fundierte, möglichst feinmaschige Klassifikation von Situationen zu begegnen, auf deren Grundlage situationsadäquate inhaltliche Handlungsempfehlungen gegeben werden können (vgl. die prägnante Darstellung des situativen Ansatzes in der BWL bei Staehle,1976).

Aufmerksamkeits- und Problemlösungspotential zu denken[8]. Die Entlastung bei der Bearbeitung einer Problemstellung kann Kapazitäten für die Auseinandersetzung mit anderen Fragestellungen freisetzen. Die Gefahr inhaltlicher Handlungsempfehlungen liegt in deren nicht adäquater Anwendung. Fehleinschätzungen können dazu führen, daß von einer inhaltlichen Handlungsempfehlung nicht entlastende, sondern belastende Wirkungen ausgehen, wenn nämlich unbeabsichtigte, negativ bewertete Folgewirkungen entstehen, denen zusätzliche Managementkapazität gewidmet werden muß. Sollen also die möglichen Vorteile einer inhaltlichen Handlungsempfehlung genutzt werden, so muß deren situative Adäquanz im Zuge einer Situationsbeurteilung geprüft werden[9]. Um diese möglichst vorurteilslos durchzuführen, sollte sie nicht anhand eines inhaltlichen Konzepts vorstrukturiert sein, sondern anhand einer methodischen Anleitung für eine Situationsbeurteilung, in der lediglich die Vorgehensschritte einer Problembearbeitung benannt sind, deren spezifische Ausführung aber offen bleibt[10]. Selbst wenn es als Hauptaufgabe der Managementlehre betrachtet wird, inhaltliche Handlungsempfehlungen zu geben, so muß sie doch gleichzeitig methodische Richtlinien entwickeln, um eine erfolgreiche Anwendung der inhaltlichen Handlungsempfehlungen zu ermöglichen.

Die Forderung, daß die Managementlehre grundsätzlich stärker methodische Handlungsempfehlungen formuliert und sich von einer Konzentration auf inhaltliche Anleitungen löst[11], findet einen Bezugspunkt in der für das Management charakteristischen Komplexität: je komplexer eine Situation ist, umso einzigartiger ist sie und desto weniger sind Aussagen anwendbar, die auf die Vergleichbarkeit von Situationen bauen. Bei einer methodischen Orientierung tritt im Beispiel der Portfolioanlayse an die Stelle der vorformulierten Variablenliste die methodische Empfehlung: 'Benenne die für

---

[8] Bleicher weist auf die beschränkte Perzeptibilität des Menschen hin. Eine ex-ante Beschränkung auf die in einer Institution besonders gut beherrschten und deshalb präferierten Problemlösungsalternativen wirkt daher entlastend (Bleicher/Meyer,1976, 15).

[9] Vgl. Susman/Evered,1978,593

[10] Brauchlin,1978,30

[11] Zu dieser Position vgl. Brauchlin,1981,305; Kühn,1978,54f; Weber,1985,260ff; H.Ulrich weist darauf hin, daß bereits heute eine zunehmende Methodenorientierung in der Betriebswirtschaftslehre festzustellen ist (H.Ulrich,1985e,28); Werhahn stellt eine dem St. Galler Managementmodell typische Methodenorientierung fest (Werhahn,1980,283ff). Hingegen plädiert Wunderer für eine 'un-praktische Führungslehre', die sich höchstens mit inhaltlichen Gestaltungsvorschlägen beschäftigen sollte (Wunderer,1985b,258ff).

die Beurteilung der Marktattraktivität wesentlichen Dimensionen'[12]. Da die vorliegende Arbeit auf komplexe, von unterschiedlichen Sichtweisen geprägte und daher schwer vergleichbare Handlungszusammenhänge ausgerichtet ist, sind für sie die Handlungsempfehlungen wesentlich, die <u>minimale Annahmen über die Situation voraussetzen</u>. Im Vergleich zu den inhaltlichen sind die methodischen Handlungsanweisungen weitgehend voraussetzungslos, da sie nicht vorgeben, welchen Aspekten der Wirklichkeit sich der Problembearbeiter widmen soll.

Doch auch methodische Richtlinien sind nur 'weitgehend' voraussetzungslos. Die Handlungsempfehlungen enthalten <u>Annahmen</u> über das Anwendungsfeld und den Anwender[13]. Je nachdem, welche grundsätzliche <u>Beschaffenheit</u> der Problemsituation angenommen wird, müssen unterschiedliche Vorgehensschritte in deren Bearbeitung empfohlen werden. Mit den empfohlenen Vorgehensschritten kommt auch zum Ausdruck, welche Charakteristika dem Problembearbeiter, z.B. hinsichtlich seiner Fähigkeiten und Beschränkungen, zugeschrieben werden. Für die vorliegende Arbeit stellt sich folglich die Frage, welche methodischen Ansätze den unter 2. erläuterten Annahmen über <u>Problemsituationen</u> im Management entsprechen und insofern als auf diese Probleme anwendbar gelten können. Oben unter 2.25 wurden folgende Anforderungen an eine Methodik formuliert: sie muß eine individuelle Abgrenzung der Problemsituation anleiten und dabei die Aufmerksamkeit sowohl auf die Abschätzung des Beziehungsgeflechts in einer Situation lenken, wie auch auf verschiedene in der Situation bestehende Sichtweisen. Hinsichtlich des <u>Anwenders</u> wurden dessen Wille zur Auseinandersetzung mit der Problemsituation vorausgesetzt. Von der Methodik wurde gefordert, daß sie reflektierendes Denken anleiten müsse.

Es ist nun der <u>Vorentscheid</u> der vorliegenden Arbeit zu begründen, <u>innerhalb der methodischen Ansätze in der Managementlehre den systemmethodischen</u> zu wählen. Unter 2.1 wurde bereits deren besondere Anwendbarkeit auf komplexe Situationen dargestellt. Es ist nun zu prüfen, inwieweit auch andere methodische Ansätze die

---

12 Es sei darauf hingewiesen, daß bereits die Portfolioanalyse insofern als Indiz für die Hinwendung der Managementlehre auf Methoden zu sehen ist, als mit ihr ein Instrument zur Entwicklung einer Produktstrategie zur Verfügung gestellt wurde. Ihre methodische Handlungsempfehlung lautet: Beurteile das spezifische Produktportfolio deiner Unternehmung anhand der zwei Dimensionen 'Marktwachstum' und 'Wettbewerbsvorteil'. Die von Hinterhuber neben der Umbenennung der Dimension des Marktwachstums zur Marktattraktivität ausgearbeitete Variablenliste stellt insofern <u>auf dieser Ebene</u> eine inhaltliche Konkretisierung dar. An diesem Beispiel wird deutlich, daß die Bezugnahme auf 'inhaltliche' und 'methodische' Ausrichtung eines Bezugspunktes bedarf. Eine methodische Ausrichtung kann grundsätzlich lediglich als Meta-Ebene einer spezifischen inhaltlichen Ebene angesehen werden.

13 Vgl. die Hinweise auf ein 'Bild der Unternehmung', das der Entwicklung einer Methodik zur Problembearbeitung vorausgehen muß, oben '1. Fragestellung der Arbeit', Fußnote 2.

Umgrenzung einer Problemsituaton unterstützen und insofern zur Diskussion der Grenzproblematik herangezogen werden könnten. Schlüsselfrage ist dabei, inwieweit sie Hilfe für, erstens, die Berücksichtigung des Beziehungsgeflechts in der Problemsituation und, zweitens, die Wahl einer Sichtweise der Problemsituation anbieten, und damit auf das reflektierende Lernen in der Problemsituation abzielen.

Der am stärksten ausformulierte methodische Zweig in der Managementlehre ist die <u>Entscheidungsmethodik</u>. Sie stellt präskriptive Regeln dazu auf, wie Entscheidungen im Sinne einer Nutzenkalkulation zu fällen sind:

> Die entscheidungstheoretische Rationalitätsidee fordert ... den Handelnden auf, die verschiedenen Handlungsmöglichkeiten im Licht der eigenen Bedürfnisse, Interessen, Ziele und Werte auf ihren Nutzen hin zu bewerten, die Nutzbewertungen zu vergleichen und dann jene Handlung zu wählen, die den größten Nutzen verspricht.[14]

Mit dieser kurzen Charakterisierung der Entscheidungsmethodik[15] wird deutlich, daß sie an einer <u>strukturierten Problemsituation</u> ansetzt, deren <u>Grenzen</u> bereits <u>vorausgesetzt</u> werden, da beide für die Umgrenzung wesentlichen Dimensionen implizit angenommen werden. Die Wahl einer spezifischen Sichtweise wird als gegeben angenommen, indem auf Bedürfnisse, Interessen, Ziele und Werte verwiesen wird. Das Beziehungsgeflecht in der Situation muß als vorausgesetzt gelten, da auf Nutzenerwartungen Bezug genommen wird. Nutzenerwartungen von Handlungen setzen aber ein Wissen um die Folgen der Handlungen voraus, welches seinerseits auf Hypothesen über die in einer Situation bestehenden Abhängigkeiten fußen muß. Insofern werden von der Entscheidungsmethodik die Hypothesen vorausgesetzt, deren reflektierendes Formulieren oben zum Gegenstand einer Methodik für komplexe Managementprobleme erklärt wurde. Die klassische Entscheidungsmethodik scheidet für die Ausführungen dieser Arbeit also aus, weil sie die ersten Schritte einer

---

[14] Höffe,1984,154

[15] Beispiele von Verfahren der klassischen Entscheidungsmethodik sind das Entscheidungsbaum-Verfahren, die Nutzwertanalyse, die Kostennutzenanalyse (zu den einzelnen Verfahren, vgl. Brauchlin,1978,189ff; Dörner/Kreuzig/Reither/Stäudel,1983, 54ff; Davis,1986; Brauchlin unterscheidet die klassische Entscheidungsmethodik vom sozialwissenschaftlichen und vom systemtheoretischen Ansatz der betrieblichen Entscheidungslehre; Brauchlin,1981,306). Höffe unterscheidet innerhalb der Entscheidungsmethodik drei Gruppen: 1. die Entscheidungsmethodik im engeren Sinn, die ein Macht- und Konkurrenzvakuum annimmt, 2. die Spieltheorie, die Macht- und Konkurrenzkonstellationen berücksichtigt, und 3. die Sozialwahltheorie, die sich mit den Entscheidungen in Gruppen bei konkurrierenden Nutzenvorstellungen der Individuen beschäftigt. Ihnen ist gemein, daß sie an einer in Soll, Ist und verfügbaren Handlungsalternativen strukturierten Situation ansetzen.

Problembearbeitung nicht unterstützt[16]. Die Konsequenzen dieser Beschränkung werden in einer Kritik Höffes an dem ihr zugrundeliegenden <u>Rationalitätsbegriff</u> deutlich:

> Als Nutzenkalkulation verstanden, degeneriert die entscheidungstheoretische Rationalität zu einem rein analytischen Begriff. Die Nutzenkalkulation expliziert nur das, was in die Datenbasis als Information und Vorentscheidung schon eingegangen ist. Die Handlung ist genauso rational oder irrational, genauso gelungen oder mißlungen, wie die Daten angemessen sind, auf deren Grundlage die Kalkulation vorgenommen wurde.[17]

Diese Kritik gibt einen wesentlichen Hinweis auf die Bedeutung der Fragestellung der vorliegenden Arbeit und kann insofern als Begründung für ihre Bearbeitung gelten: es soll gerade das thematisiert und damit dem Streben nach Rationalität zugänglich gemacht werden, was in den meisten in der Managementlehre angebotenen Methodiken vorausgesetzt und einer kritischen Argumentation entzogen ist.

Auch <u>heuristische Methoden</u>, die lediglich die Vorgehensweise der Optimierung der klassischen Entscheidungsmethodik modifizieren und dabei häufig das Potential eines Computers nutzen, setzen eine strukturierte Problemsituation voraus[18]. Dies zeigt folgendes Zitat von Feigenbaum, einem der Wegbereiter der Versuche, die

---

[16] Die Vernachlässigung des Schrittes der Problemformulierung in der Entscheidungsmethodik ist eine Konsequenz auch daraus, daß Probleme meist als etwas objektiv Gegebenes angesehen werden. Als Beispiel diene eine Dissertation, die dem Entscheidungsproblem gewidmet ist, ob interne oder externe Berater zur Bearbeitung einer Problemstellung heranzuziehen sind. 'Das Problem' wird dort völlig unproblematisch als gegeben angenommen. So wird festgestellt: "Da die Beratungsaufgaben Ausgangspunkt zu der Entscheidung sind, ob interne oder externe Berater, müssen sie möglichst exakt charakterisiert werden." (Oefinger,1986,40)

[17] Höffe,1984,157; Stimson/Thompson zeigen sehr eindrücklich, wie unreflektierte Grundannahmen über 'das Problem' die Intentionen der Problembearbeitung unterlaufen können, anhand des in den USA prominenten Problems des 'school busing', also des Versuchs, Rassenproblemen dadurch entgegenzutreten, daß Kinder mit dem Ziel einer Ausgeglichenheit der Rassen zu bestimmten, außerhalb ihres Wohnbereichs gelegenen Schulen gefahren werden (Stimson/Thompson,1975,1128f).

[18] Zur begrifflichen Abgrenzung heuristischer Methoden vgl. Kühn,1978,144ff. Kühn stellt eine mangelnde Anwendbarkeit heuristischer Methoden auf Problemstellungen des Managements fest, "weil viele der die Betriebswirtschaftslehre interessierenden, für die Erreichung der Unternehmungsziele bedeutungsvollen Entscheidungsprobleme zumindest in dem Zeitpunkt, in dem der Aktor sie als konkrete Entscheidungsnotwendigkeiten anerkennt, als unvollständig umschrieben (Fehlen eines Lösungsalgorithmus, IvB) <u>und</u> schlechtdefiniert (Fehlen eines Indikators, wann das Problem als gelöst gilt, IvB) qualifiziert werden müssen, die übergroße Mehrzahl der bis heute entwickelten und in der Literatur dargestellten heuristischen Entscheidungsmethoden ... aber zur Lösung zwar unvollständig formulierter aber wohl-definierter Probleme bestimmt sind." (Kühn,1978,164f)

Lösung komplexer Probleme mittels heuristischer Computerprogramme zu ermöglichen:

> In heuristischen Problemlösungsprogrammen wird die Suche nach Lösungen innerhalb eines Problemraums nach heuristischen Regeln ausgeführt und gesteuert. Die <u>Darstellung</u>, die diesen <u>Problemraum</u> definiert, ist das 'Problemverständnis' des Problemlösers und <u>spezifiziert zugleich die Form der Lösungen</u>. Die Wahl einer Darstellung, die für ein Problem geeignet ist, kann die Effizienz des Lösungsfindungsprozesses spektakulär verbessern. Die Wahl der Problemdarstellung ist die Arbeit des menschlichen Programmierers und damit ein <u>schöpferischer Akt</u>.[19]

Die vorliegende Arbeit zieht aus der Bedeutung, die Feigenbaum der Strukturierung des Problemraums zuordnet, nicht die Konsequenz, sie als 'schöpferischen Akt' zu bezeichnen und damit nicht weiter zugänglich zu machen. Vielmehr soll versucht werden, einen Aspekt der Strukturierung, die Umgrenzung der Problemsituation, mit methodischen Hinweisen zu unterstützen.

Es rücken folglich Methoden in den Vordergrund, die nicht erst am Punkt der Wahl zwischen Handlungsalternativen ansetzen, sondern bereits dort, wo im Handlungsfluß innegehalten wird, um über eine angestrebte Veränderung der Situation zu reflektieren. Auch sollten Methoden für das Management, um ein Lernen im Handlungsfluß zu ermöglichen, das Handeln, im Sinn des 'Beendens' einer Problembearbeitung, als integralen Bestandteil berücksichtigen. Für solche, im Handlungsfluß ansetzende und im Handlungsfluß endende Methodiken soll hier der Begriff <u>Handlungsmethodik</u> eingeführt werden. Er bringt zum Ausdruck, daß jedes <u>Problembearbeiten</u> im Management nur durch den Bezug zum Handeln eine Rechtfertigung und einen Maßstab zur Beurteilung erhält. Handlungsmethodiken sind damit klar gegenüber Entscheidungs- und Problemlösungsmethoden abzusetzen. Letztere sind auf den geistigen Akt des Lösens eines bereits formulierten Rätsels anzuwenden. Handlungsmethodiken zielen im Gegensatz dazu auf ein <u>fortlaufendes, in den Handlungsfluß eingebettetes Lernen</u> ab[20].

---

[19] Feigenbaum,1968; zitiert in Dreyfus,1985a,252; Betonungen hinzugefügt.

[20] Der Begriff 'Methodik' wird für diese, auf den gesamten Problembearbeitungsprozeß anzuwendenden methodischen Handlungsempfehlungen benutzt, die Problembearbeitungsschritte benennen, deren Ausführung und Konkretisierung aber dem Problembearbeiter überlassen. Das Ergebnis der Anwendung einer Methodik ist daher nicht prognostizierbar. Im Gegensatz dazu soll mit 'Methode' eine punktuell anzuwendende Technik bezeichnet werden, die aus einer präzis definierten Programmierung besteht und die daher zu einem voraussagbaren und überprüfbaren Standardergebnis führt (vgl. zu dieser Terminologie Checkland, 1984a,161f).

Dörner et al. stellen derartige Methodiken zum Umgang mit komplexen Problemsituationen wie folgt vor. Mit ihnen ...

... werden explizit der gesamte Problemlösungsprozeß und die dabei nötigen einzelnen Schritte berücksichtigt und im Hinblick auf eine möglichst optimale Lösung zu effektivieren gesucht. Die Verfahren der klassischen Entscheidungstheorie ... gehen als spezifische Techniken im Rahmen einer übergeordneten Planung mit ein.[21]

Die bei Dörner et al. angeführten nicht-systemorientierten Methodiken, diejenige von Kepner-Tregoe und die 'Systematische Heuristik' von Müller, können strenggenommen jedoch nicht als Handlungsmethodik verstanden werden. Auch wenn sie auf den gesamten Problembearbeitungsprozeß abzielen, so enden sie doch bei der Ausarbeitung eines Lösungsversuchs, ohne dessen praktische Umsetzung als Teil der Methodik anzusehen[22].

Für systemorientierte Methodiken ist die ganzheitliche Einbettung in den Handlungsfluß, so auch die Eingliederung des Handlungsvollzugs als Teil der Methodik, deshalb konstitutiv, weil aufgrund des vieldimensionalen Charakters jeder Problemsituation von ihrer Komplexität, ihrer nicht vollständigen Erfaßbarkeit und deshalb von grundsätzlich notwendigen Kontrollmaßnahmen ausgegegangen wird[23]. Sie alle sind also als Handlungsmethodiken zu verstehen und müßten daher gleichermaßen geeignet sein, den Ausgangspunkt der Diskussion von Systemgrenzen zu bilden. Dies ist wieder anhand der Anforderungen an eine Methodik zu prüfen, die unter 2.24 formuliert wurden.

Mit Systemmethodiken werden zirkuläre Verknüpfungen zwischen Elementen in den Mittelpunkt gestellt, die als typisch für alle komplexen Bereiche gesehen werden[24]. Indem das Zusammenwirken verschiedenster Bereiche berücksichtigt wird, welche zuvor innerhalb einzelner Disziplinen isoliert betrachtet wurden[25], wird für die Systemmethodiken interdisziplinäre Gültigkeit und Anwendbarkeit auf komplexe praktische Problemstellungen beansprucht. Dies gilt auch für die in den späten

---

21 Dörner/Kreuzig/Reither/Stäudel,1983,70
22 Dörner/Kreuzig/Reither/Stäudel,1983,70f
23 Dörner/Kreuzig/Reither/Stäudel,1983,73; Gomez/Malik/Oeller,1975,742ff; Gomez betont, daß es auch Problembearbeitungstechniken gibt, die als systemisch zu verstehen sind. Sie zielen mit einer ganzheitlichen Vorgehensweise darauf ab, die Komplexität der Problemsituation zu reduzieren, ohne sie zu zerstören (Gomez,1981,33). Die für die Systemabgrenzung angebotene Technik der Entwicklung eines Netzwerk-Diagramms wird unten unter 9.2, 'Grenzdefinition durch Integration verschiedener Perspektiven', diskutiert werden.
24 H.Ulrich,1985e,28
25 Vgl. z.B. Optner,1965,4; Wymore,1976

sechziger Jahren in den USA zur Verwirklichung großer technologischer Projekte, wie des BELL-Telephonsystems oder der Weltraumfahrt, entwickelten Systemmethodiken des Systems Engineering, RAND und des Systems Analysis. Zur Beurteilung der durch diese Systemmethodiken gegebenen Abgrenzungskonzepte können die ersten Schritte der von ihnen aufgestellten Phasenschemata betrachtet werden[26]. Es zeigt sich hier ein <u>Bewußtsein um die Schwierigkeit einer Grenzziehung</u>, die das Wirkungsgefüge der komplexen Zusammenhänge berücksichtigt:

> Die Systemgrenzen liegen ... in der Regel nicht klar und eindeutig vor, sondern müssen herausgearbeitet werden. Sie brauchen keinesfalls mit physischen, organisatorischen oder ähnlichen Grenzen eines Objekts zusammenzufallen. In vielen Fällen kann es jedoch von Vorteil sein, derartige empirische Grenzen zunächst als Arbeitshypothese zu übernehmen, um den in Frage kommenden Bereich überhaupt kennzeichnen zu können. Eine nähere Untersuchung der Umweltbeziehungen kann jedoch zu einer nachträglichen Veränderung der Grenzen führen.[27]

<u>Unterstützende Hinweise</u> zur Handhabung der schwierigen Grenzdefinition werden jedoch meist nicht gegeben. Auch die hier von Daenzer formulierte Anleitung, Systemgrenzen anhand von "physischen, organisatorischen oder ähnlichen Grenzen" zu bestimmen, ist nur als Notbehelf anzusehen, denn Stoßrichtung einer systemischen Sichtweise ist gerade, die über organisatorische und physische Grenzen hinweg bestehenden Vernetzungen zu berücksichtigen. Die Schwierigkeit der Grenzziehung wird also hier an den Benutzer der Methodik weitergeleitet, ohne ihn methodisch für die praktische Bewältigung dieser Aufgabe auszustatten[28]. Daenzer selbst fügt in diesem Sinne zu seinem Grenzverweis hinzu:

> Theoretische Richtlinien für die Grenzziehung gibt es kaum, da für diese vor allem Zweckmäßigkeitsüberlegungen maßgebend sind.[29]

Die zweite Dimension der Grenzthematik, die Berücksichtigung <u>verschiedener Sichtweisen einer Problemsituation</u>, wird von den genannten Systemansätzen hingegen nicht einmal erwähnt. Als Ausfluß der durch sie ausgeführten Auftragsforschung und ihrer technologischen Herkunft orientieren sich diese Ansätze primär an

---

[26] Vgl. die synoptische Zusammenstellung bei Checkland,1984a,140.
[27] Daenzer,1986,59
[28] Vgl. z.B. Baetge,1983,17
[29] Daenzer,1986,59; der Autor verweist auf das 'Übergewicht der inneren Bindung' als Orientierungsmaßstab für eine Grenzziehung. Zur Kritik dieses Verweises siehe unten 5.4., 'Methodische Hinweise zur Definition von Systemgrenzen'.

der durch den Auftraggeber formulierten Sichtweise der Problemsituation[30]. Checkland nennt als weiteren Grund für dieses mangelnde Problembewußtsein die Ausrichtung der von ihm als 'hart' bezeichneten Systemansätze auf eine Mittelanalyse:

> Systems Engineering und Systems Analysis waren darin fraglos erfolgreich, systematische Rationalität in den wichtigen Bereich menschlicher Entscheidungsfindung zu bringen, wo das Problem ist, aus einer Anzahl von Alternativen ein effizientes Mittel zur Erreichung des Ziels zu wählen, dessen Wünschbarkeit als bekannt vorausgesetzt wird.[31]

Die harten Systemmethodiken stellen folglich eine verfeinerte, über die Begrenzungen einzelner Disziplinen hinausgehende und auf die Kapazitäten eines Computers zugeschnittene Version der oben dargestellten Entscheidungsmethoden dar[32]. Auch bei ihnen wird mit der Festlegung auf ein bestimmtes Ziel eine Sichtweise der Problemsituation vorausgesetzt. Diese Vernachlässigung der menschlichen Freiheit in der Wahrnehmung von Problemsituationen kann darin begründet gesehen werden, daß sie auf den für die technologische Orientierung der 60er Jahre maßgeblichen Maßstab der Effizienz ausgerichtet sind[33], ohne daß andere Werte, die zu einer gänzlich anderen Sichtweise einer Problemsituation führen würden, berücksichtigt werden. Die harten Systemmethodiken sind folglich für die Problemstellungen nicht angemessen, in denen nicht Effizienzfragen, sondern z.B. die Suche einer neuen Orientierung innerhalb einer Institution im Mittelpunkt stehen[34]. Insofern ist der von den harten Systemmethodiken vertretene Anspruch, auf jegliche Problemstellung anwendbar zu sein[35], nicht haltbar. Gleichzeitig scheiden sie als Ausgangspunkt für die Diskussion von Systemgrenzen aus, weil sie keine Unterstützung für den Umgang mit der Grenzproblematik anbieten.

Einen fruchtbaren Ausgangspunkt bilden hingegen die weichen Systemmethodiken. Sie wurden im Lichte der genannten Unzulänglichkeiten der harten Systeman-

---

[30] Vgl. z.B. Quade,1975,46: "Die Kennzeichen dafür, was optimal ist, d.h. was am meisten wünschenswert und zufriedenstellend ist, werden vom Entscheidungsträger festgesetzt, nicht vom Analysten." (Übers. der Verf.)

[31] Checkland,1984a,141; Übers. der Verf.

[32] Jenkins,1969,8f; vgl. Rittels Kritik am ihnen zugrundeliegenden Rationalitätsbegriff, die der oben aufgeführten Kritik Höffes am Rationalitätsbegriff der Entscheidungsmethodik stark ähnelt (Rittel,1972,392f).

[33] Checkland,1984a,144ff

[34] Es geht hier um den qualitativen Sprung zwischen einer funktionalen und einer sinnorientierten Betrachtung von sozialen Phänomenen, wie er in den vergangenen Jahren im St. Galler Managementmodell verstärkt herausgearbeitet wurde (vgl. Dyllick,1984a; H.Ulrich, 1984b).

[35] Cavallo,1979,11; Cavallo/Klir,1978,220ff; eine Darstellung dieses Anspruchs gibt Lenk, vgl. Lenk,1978,239f.

sätze entwickelt und stellen einen Versuch dar, insbesondere die ersten Schritte im Prozeß einer Problembearbeitung anzuleiten. Mit ihnen soll also ernst genommen werden, was Ulrich als Merkmal jeder Systemmethodik bezeichnet:

> Von größter Bedeutung ist auch die sogenannte Systemabgrenzung, d.h. die Frage, welche Faktoren und Beziehungen als systeminhärent betrachtet werden sollen.[36]

Die <u>Weiche Systemmethodik</u> (WSM) scheint als Fokus für die Bearbeitung der Fragestellung besonders geeignet zu sein. Ihr liegen sowohl die Annahme einer vernetzten Wirklichkeit zugrunde, auf die vorzugsweise systemische Denkprinzipien anzuwenden sind, wie auch die Annahme verschiedener, in Werthaltungen begründeter Sichtweisen einer Problemsituation. Ihr Ziel ist, die reflektierende Wahrnehmung komplexer Situationen zu verbessern und auf dieser Grundlage Handlungen zu erarbeiten, die diese Situationen erfolgreich verändern können[37]. Die Umgrenzung der Problemsituation wird nicht als gegeben betrachtet, sondern ist auch Gegenstand des methodisch angeleiteten Lernprozesses. Die Weiche Systemmethodik erfüllt insofern die Anforderungen, die an eine Handlungsmethodik gestellt wurden. Darüber hinaus baut die Glaubwürdigkeit dieser Methodik auf einem seit 20 Jahren durchgeführten Aktionsforschungsprogramm.

Abb. 2.3 gibt einen Überblick über die vorstehend diskutierten methodischen Ansätze:

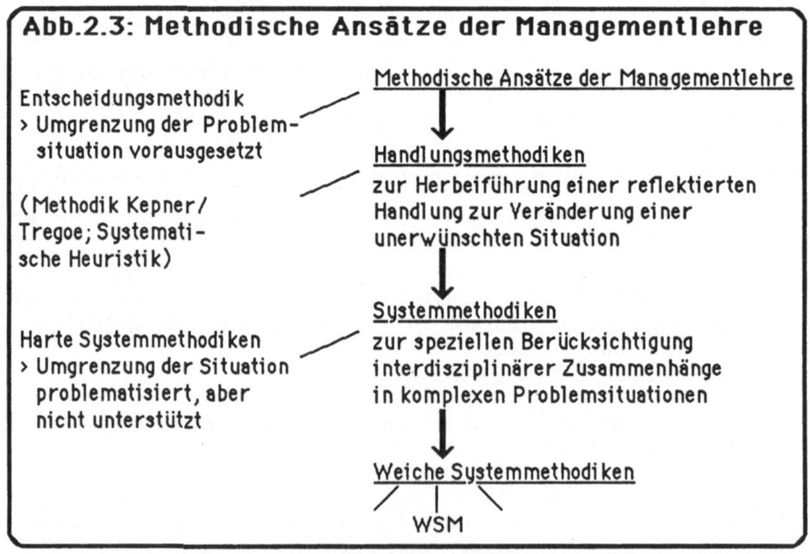

---

[36] H.Ulrich,1985e,28
[37] Vgl. Checkland,1980

3.   Bedeutung der Aktionsforschung

Der vorangegangene Abschnitt zeigte, daß die Umgrenzung einer Problemsituation von der weit überwiegenden Zahl methodischer Ansätze in der Managementlehre vorausgesetzt wird, daß dies aber für viele Problemsituationen des Managements ein wesentlicher Schritt der Problembearbeitung ist. Unter den Systemmethodiken, die sich dieser Fragestellung widmen und methodisches Instrumentarium für ihre Bewältigung zu entwickeln suchen, wurde die Weiche Systemmethodik als ein vielversprechender Ausgangspunkt für die Bearbeitung der Fragestellung der vorliegenden Arbeit gewählt. Der Umstand, daß die Weiche Systemmethodik das Ergebnis eines Aktionsforschungsprogramms ist, wurde dabei als Quelle der Glaubwürdigkeit[1] aufgeführt. Die Glaubwürdigkeit dieser Quelle ist im folgenden in zwei Schritten zu erläutern, indem zunächst die Aktionsforschung als geeigneter Forschungsrahmen für die Entwicklung einer Handlungsmethodik vorgestellt und dann das konkrete, hinter der Weichen Systemmethodik stehende Forschungsprogramm erläutert wird.

---

[1] Semmel führt den Begriff der 'Quelle der Glaubwürdigkeit' ein als Argumentationsmuster, das zur Abstützung des Glaubens an die Richtigkeit einer Position angeführt wird (Semmel, 1984,386). Im Fall des hinter dieser Arbeit stehenden Forschungsverlaufs konnte sich ein relativ frühzeitiger Entscheid, das Verständnis insbesondere der Weichen Systemmethodik zu vertiefen, lediglich auf 'Quellen der Glaubwürdigkeit' stützen. Neben der über die Weiche Systemmethodik vorliegenden Literatur war dies im wesentlichen die hinter ihr stehende Aktionsforschung.

3.1 Aktionsforschung für eine anwendungsorientierte Managementlehre

Der anwendungsorientierte Charakter der Managementlehre wurde oben mit der Zielsetzung umschrieben, die Praxis mit der Formulierung von Handlungsempfehlungen zu unterstützen, die besseres Management ermöglichen. Diese Zielsetzung wirft zwei Probleme auf, - das eines geeigneten Bewertungsmaßstabs und das der Zurechenbarkeit von Ergebnissen: wann kann von einem 'besseren Management' gesprochen werden? Und inwieweit kann 'besseres Management' den Handlungsempfehlungen der Managementlehre zugerechnet werden?

Die Schwierigkeiten, die sich bei der Benennung eines Maßstabs für 'gutes Management' ergeben, werden in den Ausführungen Bleichers zur 'Bestandesformel' und zur 'Problemlösungsformel' deutlich. Nach ersterer gälte das als gutes Management, was zum 'Überleben' der Institution beiträgt.

Da es empirisch außerordentlich schwierig ist, einen das Überleben kennzeichnenden 'wesentlichen' Komplex von Elementen und Beziehungen zu definieren, der innerhalb eines 'gewissen' Zeitraumes unverändert bleibt, der sich gewissermaßen als Bodensatz bei aller Systemwandlung als unverändert erweist, ließe sich Überleben besser an der 'Problemformel' messen.[2]

Mit der Problemformel wird die Erhaltung und Entwicklung des Problemlösungspotentials der Institution zum Erfolgsmaßstab. Auch wenn dieser Maßstab von größerem heuristischen Wert ist, so erscheint es doch schwierig, in einer konkreten Managementsituation zu beurteilen, ob eine Handlung zum Problemlösungspotential der Institution beiträgt. Darüber hinaus ergibt sich das Problem, eine rein instrumentale Bewertung von 'Management' um eine lebenspraktische zu erweitern[3]. Der Maßstab für 'gutes Management' müßte dann über eine Zweck-Mittel-Betrachtung hinaus eine Beurteilung der Güte der angestrebten Zwecke erlauben.

Mit der Frage nach der Zurechnung von Ergebnissen rücken die Schwierigkeiten des Vergleichs von Managementmaßnahmen hinsichtlich ihrer Zweckdienlichkeit in den Vordergrund. Da praktische Problemstellungen des Managements stets einmalig sind, steht hier - anders als in Laborversuchen- die Möglichkeit nicht offen, verschiedene Methoden nacheinander zur Bearbeitung derselben Problemsituation anzuwenden, um zu vergleichenden Aussagen über deren Wirksamkeit zu gelangen. Eine als Lösungsversuch herbeigeführte Veränderung der Problemsituation

---

[2] Bleicher,1979,5
[3] Vgl. zu diesem für die Managementlehre angesichts externer Kosten des Managements dringlicher werdenden Problem P.Ulrich,1986,219ff; W.Ulrich,1983,152ff.

macht diese zu einer neuen, die nicht mehr für einen vergleichenden zweiten Lösungsversuch dienen kann[4]. Die Geschichtlichkeit des Managements steht vergleichenden
Aussagen insofern entgegen.

Ist eine abstufende Bewertung der von der Managementlehre empfohlenen
Handlungsempfehlungen mit erheblichen Schwierigkeiten belastet[5], so bietet sich eine
pragmatische, an das evolutionäre Denken anschließende Lösung des Problems an.
Mit dem Rückgriff auf die 'Bewährung' und die 'Brauchbarkeit'[6] von Handlungsempfehlungen im Anwendungszusammenhang muß nicht -positiv- deren Erfolg nachgewiesen
werden, sondern es wird -negativ- auf deren Nicht-Scheitern verwiesen[7]. Auch wenn
diese Referenz für wenig durchschlagend gehalten werden mag, so ist sie doch aus -
angedeuteten- theoretischen Überlegungen die einzig mögliche[8]. Sie kann anhand
der personenbezogenen Sichtweise konkretisiert werden, die bei der Erörterung des
dieser Arbeit zugrundeliegenden Problembegriffs eingeführt wurde[9]: solange bei der
Anwendung keine Stimmen laut werden, die auf die Unbrauchbarkeit von Handlungs-

---

4   Eden/Harris,1975,28
5   Es sei hier auf den von H.Ulrich vorgeschlagenen Erfolgsmaßstab verwiesen, eine
     Beurteilung von Handlungsempfehlungen der Managementlehre auf gesellschaftlichem
     Niveau, nicht auf dem der einzelnen Institution, d.h. anhand des gesellschaftlichen
     Wertsystems vorzunehmen (H.Ulrich,1984a,126). Diesem Vorschlag geht die Überlegung
     voraus, daß, da wissenschaftsgeleitetes Handeln immer im sozialen Kontext erfolgt, dessen
     Auswirkungen auf diesen sozialen Kontext zu beurteilen sind (H.Ulrich,1982,4f). - Eine
     Operationalisierung auch dieser Empfehlung erscheint angesichts der heute divergierenden
     gesellschaftlichen Werthaltungen schwierig.
6   Dem gewöhnlich aufgeführten Kriterium der 'Bewährung' wird hier das der 'Brauchbarkeit'
     zur Seite gestellt, da ersteres einen längeren Zeitraum für eine umfassende retrospektive
     Beurteilung voraussetzt. Mit 'Brauchbarkeit' wird ausgedrückt, daß auch ein kürzerer
     Zeitraum bereits Rückschlüsse auf die Anwendbarkeit von Handlungsempfehlungen zuläßt.
7   Zum systemischen Konzept der Negativ-Auswahl vgl. Ashby,1974,192f; v. Hayek,1972,23;
     zu dem der Bewährung vgl. v. Glasersfeld,1981,30ff; Lorenz,1982,114ff; Riedl,1987,
     206. - Diese Kriterien scheinen überzeugender als der von Eden/Harris empfohlene Weg aus
     dem Begründungsdilemma: "In unserer Gesellschaft gibt es Personen, die, so sind wir
     überzeugt, besonderes Vermögen im logischen, rationalen und nützlichen Denken besitzen.
     Diese Personen haben eine Reihe von Ansätzen für die Entscheidungsmethodik entwickelt.
     Wenn wir bereit sind, die Axiome und die Logik ihrer Argumente zu akzeptieren, dann
     können wir spezifische Aspekte eines Entscheidungsverhaltens identifizieren, von denen wir
     glauben, daß sie gute Entscheidungen charakterisieren. Damit wird ein Mittel des Messens
     der Qualität offensichtlich, auch wenn es letztlich ein Akt des Glaubens ist." (Eden/Harris,
     1975,29; Übers. der Verf.) Die Berücksichtigung der impliziten Annahmen einer Methodik
     wurde bereits unter 2.3, 'Grundperspektive einer methodischen Unterstützung', als ein
     Ansatz zu ihrer Beurteilung benutzt. Doch auch dieser gilt lediglich als Negativ-Kriterium:
     wenn Annahmen unzureichend sind, kann nur deren Scheitern angenommen werden. Ihre
     theoretische Akzeptierbarkeit ist jedoch noch kein Garant für die Brauchbarkeit der von
     ihnen abgeleiteten Handlungsempfehlungen, die nur in deren Anwendung beurteilt werden
     kann. Das Argument von Eden/Harris empfiehlt insofern einen zwar notwendigen, aber nicht
     hinreichenden Beurteilungsmaßstab.
8   Zu den theoretischen, aus dem Problem der Induktion erwachsenden Schwierigkeiten vgl.
     W.Ulrich,1983,56.
9   Vgl. oben 2.21, 'Dimension des Wertens'.

empfehlungen hinweisen, kann mit gutem Grund von deren 'Brauchbarkeit' ausgegangen werden.

Wenn der Maßstab für die Beurteilung von Handlungsempfehlungen der Managementlehre also in deren Akzeptanz bei der Umsetzung in der Praxis gesehen wird, ist ein enger Schulterschluß einer angewandten Wissenschaft mit dieser Praxis von Interesse. Will die Managementlehre sichergehen, daß die 'Brauchbarkeit' ihrer Handlungsregeln kritisch geprüft wird, und will sie Gründe für eine mangelnde Akzeptanz verstehen, so sollte sie den Prozeß der Anwendung der von ihr formulierten Handlungsempfehlungen begleiten, um Handlungsempfehlungen sinnvoll weiterentwickeln zu können. Eine Forschungsrichtung, für die ein enger Schulterschluß von Wissenschaft und Praxis konstitutiv ist, ist die Aktionsforschung, wie dies in folgender regelmäßig zitierten Definition von R. Rapoport zum Ausdruck kommt[10]:

Aktionsforschung zielt darauf ab, sowohl zu den praktischen Anliegen von Personen in einer unmittelbar problematischen Situation, wie auch zu den Zielen der Sozialwissenschaft durch gemeinsame Zusammenarbeit in einem beidseitig akzeptierbaren ethischen Bezugsrahmen beizutragen[11].

Der Praxisbezug ist für die Aktionsforschung also deshalb konstitutiv, weil es um die Verbindung der Bewältigung eines praktischen Problems und der Beantwortung

---

[10] Für differenzierte, prägnante Darstellungen der hier vertretenen angelsächsischen Konzeption der Aktionsforschung vgl. Kirsch,1984,774ff; Kühn/Grünig,1986; Susman/ Evered,1978. - Kühn/Grünig treffen die Unterscheidung einer angelsächsischen und deutschen Konzeption. Erstere bezeichnen sie als sozialtechnologisch. Bezüglich der deutschen Konzeption heben sie deren gesellschaftskritischen Akzent hervor (Kühn/Grünig, 1986,122). Für einen Überblick über die deutschen Strömungen in der Aktionsforschung vgl. Heinze, der das Praxis-Defizit der Kritischen Theorie als Ausgangspunkt für die Konstituierung der Aktionsforschung in Deutschland nennt (Heinze,1987,29f; vgl. auch Sievers,1978). Es sei jedoch darauf hingewiesen, daß sich sowohl im deutschsprachigen Raum wie auch in England beide Richtungen der Aktionsforschung formiert haben (zum gesellschaftskritischen Zweig in England vgl. M.Jackson,1985 und die dort zitierte Literatur; zur 'sozialtechnologischen' Richtung in Deutschland siehe die Arbeit um Kirsch; vgl. Kirsch,1984,773ff). Eine Auseinandersetzung mit den beiden Strömungen erscheint im Rahmen dieser Arbeit nicht nötig. Mit der Ausrichtung auf eine 'anwendungsorientierte Managementlehre', wie Ulrich sie beschreibt (H.Ulrich,1981), ist bereits eine Anknüpfung an die 'angelsächsische Orientierung' vorgenommen. Gleichzeitig ist der von Kühn/Grünig benutzte Begriff der 'Sozialtechnologie' zurückzuweisen, da er ein vorbehaltloses Akzeptieren der vom Auftraggeber formulierten Zielvorstellungen impliziert. Demgegenüber betont Ulrich stets, daß die Managementlehre eine kritische Funktion gegenüber den in der Praxis herrschenden Nutzenvorstellungen auszuüben habe (H.Ulrich,1982,5). Im Einklang damit gehen Aktionsforscher im Bereich der Managementlehre nicht von klar vorgegebenen Zielen des Auftraggebers aus, sondern von einer gemeinsamen Problembeschreibung (Eden/Jones/ Sims,1983,15ff; Susman/Evered,1978,593).

[11] R.Rapoport,1970,499; Übers. der Verf.; die von Kühn/Grünig festgestellte gesellschaftskritische Tendenz der deutschen Aktionsforschung zeigt sich in einer Übersetzung, die den bei Rapoport benutzten Begriff 'concern' mit 'Interesse' übersetzt (R.Rapoport,1970; zitiert in Kirsch,1984,774).

<u>einer wissenschaftlichen Frage</u> geht[12]. Daß für die anwendungsorientierte Managementlehre die wissenschaftliche Frage diejenige nach der Brauchbarkeit der von ihr formulierten Handlungsempfehlungen ist, illustriert Abb. 3.1a:

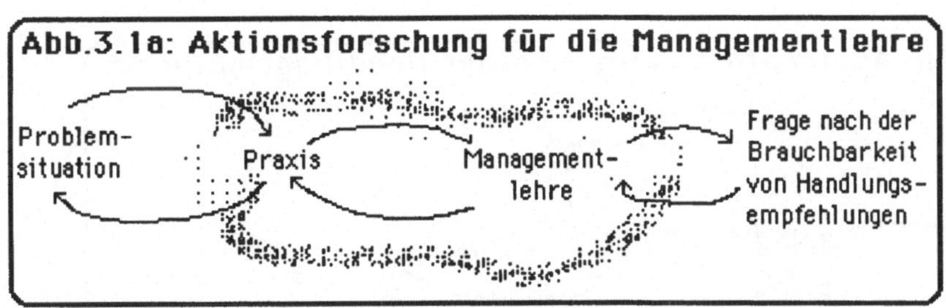

Kann die Aktionsforschung also für die Managementlehre allgemein als ein fruchtbarer Forschungsrahmen gelten, so wird ihre Bedeutung für eine auf methodische Handlungsempfehlungen ausgerichtete Managementlehre besonders deutlich, wenn mit Susman/Evered eine dreifache Zielsetzung der Aktionsforschung postuliert wird:

> Zu der Absicht, zu den praktischen Anliegen von Personen und zu den Zielen der Sozialwissenschaften beizutragen, fügen wir ein <u>drittes Ziel</u> hinzu, - die <u>Kompetenz zur Selbsthilfe der Personen zu entwickeln</u>, die Problemen gegenüberstehen.[13]

Diese Erweiterung erscheint als eine konsequente Umsetzung der praktischen Zielsetzung der Aktionsforschung. Wird den Betroffenen über die Hilfe in der konkreten Situation hinaus die Fähigkeit zur Selbsthilfe in kommenden Situationen vermittelt, so kann dies ihren 'Anliegen' nur umso mehr dienen. Die dreifache Zielsetzung macht die Aktionsforschung gleichzeitig für die nach methodischen Handlungsempfehlungen strebende Managementlehre zum idealen Forschungsrahmen. Die wissenschaftliche Fragestellung ist in diesem Fall die 'Brauchbarkeit der Methodik', die sich, erstens, in der erfolgreichen Bearbeitung einer konkreten Problemsituation zeigen muß. Damit ist der praxisorientierten Zielsetzung der Aktionsforschung Rechnung getragen. Die Brauchbarkeit der Methodik ist aber, zweitens, anhand ihrer <u>Lernbarkeit</u>[14] zu prüfen, da dies die Voraussetzung ihrer erfolgreichen Anwendung ist. Wird die dritte Zielsetzung der Aktionsforschung, die Befähigung zur Selbsthilfe, als Befähigung zur Anwendung der Methodik aufgefaßt, so wird also die Überprüfung der Lernbarkeit der

---

[12] Kühn/Grünig,1986,12
[13] Susman/Evered,1978,587f; Übers. der Verf.; Betonung hinzugefügt.
[14] Zur Anforderung der Lernbarkeit einer Methodik vgl. Kühn,1978,55; Radford,1977,14.

Methodik zu einem konstitutiven Bestand der Aktionsforschung (Abb. 3.1b). Die Aktionsforschung ist insofern als überaus geeigneter Forschungsrahmen für die Entwicklung einer Handlungsmethodik zu bewerten, da in ihr sowohl die Lernbarkeit der Methodik wie auch ihr Problemlösungspotential laufend kritisch überprüft werden.

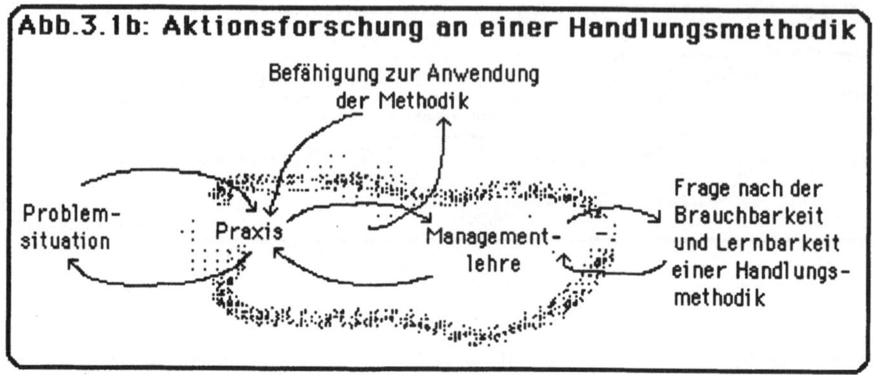

3.2 Aktionsforschung als Forschungsrahmen für die Entwicklung der Weichen Systemmethodik

Wurde vorstehend die Relevanz der Aktionsforschung für eine auf methodische Handlungsempfehlungen ausgerichtete Managementlehre aufgezeigt, so ist nun der konkrete, als Aktionsforschung entworfene Forschungsrahmen für die Entwicklung der Weichen Systemmethodik darzustellen und auf seine Glaubwürdigkeit zu prüfen[1].

Ausgangspunkt des Aktionsforschungsprogramms bildete die Gründung des 'Department of Systems Engineering' für die Erforschung angewandter Systemkonzepte durch die University of Lancaster. 'Systems Engineering' wurde verstanden als

die Anwendung des Systemansatzes auf das Problemlösen. Es wurde beschlossen, daß die realistischste Vorgehensweise zur Erforschung dieses Konzept war, ein Verständnis von Systemkonzepten dadurch zu entwickeln, daß sie in wirklichen Problemsituationen benutzt würden.[2]

Die Grundlage für diese Anwendung von Systemkonzepten bildete der einjährige <u>Master's Course</u> in Systems Engineering[3], der bis heute nach dem gleichen Grundkonzept abgehalten wird. Der Kurs wird von im Durchschnitt 30-jährigen Akademikern besucht, die in der Regel über fünf Jahre Berufserfahrung verfügen. Die Auswahl der Studenten für diesen Kurs wird u.a. von der Absicht geleitet, ein möglichst <u>breites Feld an beruflicher Herkunft</u> abzudecken[4]. Zum einen soll der Forschung damit verschiedenartiger Umgang mit Systemkonzepten zugänglich gemacht werden, wird doch angenommen, daß ein Ingenieur einen anderen Zugang zu Systemkonzepten als z.B. ein Historiker hat. Zum anderen werden damit qualifizierte Projekte der Aktionsforschung ermöglicht, die sich sehr unterschiedlichen Problemsituationen widmen. Die verbindende Idee dieser sehr verschiedenen Projekte stellt Checkland wie folgt dar:

Dieser Gebrauch der Aktionsforschungsprojekte als Vehikel einer breit angelegten Forschung ist deshalb zulässig, weil, und wahrscheinlich nur weil das Forschungsziel sehr allgemein ist, nämlich eine Methodik für den Umgang

---

1 Zu der folgenden Darstellung vgl. Checkland,1972,93f; Jenkins,1971,170f; Checkland/ Jenkins,1974; Checkland,1984a,151ff; Jenkins/Youle,1971,170.
2 Checkland/Jenkins,1974,42; Übers. der Verf.
3 Als eine Konsequenz der Veränderungen der Methodik im Prozeß der Aktionsforschung wurde der Kurs im Jahre 1975 umbenannt in 'Systems in Management'.
4 Diese Absicht schlägt sich auch in der fachlichen Herkunft der Dozenten am Department nieder, die von Hause aus Chemiker, Ingenieure und Mathematiker sind. Sie haben in verschiedensten Bereichen des öffentlichen und privaten Sektors gearbeitet.

mit 'weichen', schlecht strukturierten Problemen zu entwickeln und diese Erfahrung als eine Quelle des Verständnisses für die besonderen Eigenschaften sozialer Systeme zu gebrauchen.[5]

Mit dem Verweis auf die Besonderheiten sozialer Systeme als Gegenstand der Aktionsforschung bringt Checkland zum Ausdruck, daß auch die impliziten Annahmen der Methodik Teil der expliziten Fragestellung der Aktionsforschung sind. Auf dem Hintergrund der Bedeutung, die den impliziten Annahmen einer Handlungsmethodik über Anwendungsfeld und Anwender zugesprochen wurde[6], stärkt dies die Glaubwürdigkeit der Weichen Systemmethodik.

Es ist nun zu fragen, ob über die Absichtserklärungen hinaus, erstens, die Vorgehensweise bei der Aktionsforschung an der Weichen Systemforschung und, zweitens, die bei einem ersten Überblick zu beurteilenden Resultate glaubwürdig sind. Die Durchführung der Projekte schließt sich einer einführenden halbjährigen Auseinandersetzung mit Systemkonzepten im allgemeinen und mit der Weichen Systemmethodik im besonderen an. Die Projektteams werden typischerweise von zwei Studenten, einem Dozenten des Departments und einem Vertreter der Institution gebildet, in dessen Auftrag das Projekt ausgeführt wird[7]. Die Dauer der Projekte ist aufgrund des einjährigen Master's Course vorgegeben. Sie beträgt fünf Monate. Während dies einerseits als Beschränkung gewertet werden kann, ermöglicht es andererseits die Durchführung einer Vielzahl von Projekten. Insofern konnten Veränderungen an der Methodik in einem relativ kurzen Zeitraum in den seit der Einführung des Kurses (1966) ca. 300 durchgeführten Projekten ausprobiert werden.

Die Anbindung an den Master's Course erlaubt außerdem, einer Eigendynamik der Beratertätigkeit entgegenzuwirken, in der die praktische Zielsetzung gegenüber der theoretischen, auf die Entwicklung der Methodik ausgerichteten Zielsetzung, ein stärkeres Gewicht bekäme. Zwei Präsentationswochen, in der Mitte und nach Ende des Projekts, dienen dazu, die Erfahrungen jedes Projekts dem Department zugänglich zu machen und einen Rahmen dafür zu schaffen, daß von Außenstehenden, die nicht unmittelbar am Projekt beteiligt sind, Anregungen zum Einsatz systemischer Konzepte gegeben, und daß nach Beendigung der Projekte die Erfahrungen in der Anwendung der Weichen Systemmethodik diskutiert werden. Von dem fünfmonatigen Projekt ist mindestens ein Monat für das Reflektieren über das Projekt und über die Konsequenzen für die Methodik zu verwenden. Die von den Studenten zu erstellenden

---

[5] Checkland,1984a,154; Übers. der Verf.
[6] Vgl. oben 2.3, 'Grundperspektive einer methodischen Unterstützung'.
[7] Zusätzlich werden einige Projekte von einer 1970 durch das Department gegründeten Beratungsfirma und von Doktoranden ausgeführt.

Abschlußarbeiten haben sich der Rückkoppelung der Projekterfahrungen auf die Weiterentwicklung der Weichen Systemmethodik zu widmen. Da die Abschlußarbeit zusammen mit der Projektleistung 40% der Kurszensur ausmacht, muß es den Studenten ratsam erscheinen, die für die Arbeit in der Institution und für das Abfassen der Dissertation gültigen Leitlinien zu beachten. Bezüglich der Dissertation besagen diese:

> Ihre Dissertation dient dazu, die Erfahrungen, die Sie in der 'wirklichen Situation' gemacht haben, zum zuvor Erarbeiteten und zum grundsätzlichen Ziel des Departments, Wissen und Erfahrung in der Anwendung von Systemkonzepten zu entwickeln, in Beziehung zu setzen. ... Vor allem sollte Ihre Dissertation diskutieren, was Sie über die Anwendung von Systemkonzepten während der Durchführung Ihres Projekts gelernt haben[8].

Die an den erläuterten Master's Course angebundene Aktionsforschung an der Weichen Systemmethodik erscheint insofern als durchaus glaubwürdig. Hinsichtlich der <u>Ergebnisse der Aktionsforschung</u>, die bei der Beurteilung ihrer Glaubwürdigkeit ebenfalls berücksichtigt werden sollten, kann an dieser Stelle lediglich auf den <u>Grad der Veränderungen</u> verwiesen werden, die die Weiche Systemmethodik seit Beginn der Aktionsforschung durchlaufen hat[9].

Die konkrete Ausgestaltung der Aktionsforschung wurde damit als eine Quelle der Glaubwürdigkeit der Weichen Systemmethodik erläutert und der Vorentscheid der vorliegenden Arbeit begründet, die Weiche Systemmethodik als Ausgangspunkt für die Erarbeitung methodischer Hinweise zur Umgrenzung einer Problemsituation zu wählen.

---

8 Checkland,1986,8
9 Vgl. etwa Jenkins,1969 und Checkland,1987

4. Vorgehensweise und methodische Besonderheiten der Arbeit

Vorstehend wurden die der vorliegenden Arbeit zugrundeliegenden Vorentscheide begründet, die kurz zusammengefaßt werden sollen. Das Grundverständnis, daß für das Management von Institutionen die Komplexität dieser Aufgabe und die menschliche Wahrnehmungs- und Handlungsfreiheit wesentliche Bestimmungsgrößen sind, führte zu einer systemmethodischen Ausrichtung der vorliegenden Arbeit. Ein systemischer Ansatz scheint für die Berücksichtigung von Komplexität, eine methodische Ausrichtung für die Erfassung der Einzigartigkeit einer Problemsituation im Management geeignet zu sein. Nach der Entwicklung eines handlungsorientierten Problembegriffs, der insbesondere die personen- und damit auch wertbezogene Dimension des Managements stärker herausarbeitete, konnten Anforderungen an eine im Handlungsfluß verankerte Systemmethodik formuliert werden, anhand derer aus den methodischen Beiträgen der Managementlehre die Weiche Systemmethodik als glaubwürdiger Ausgangspunkt für die Diskussion der Grenzproblematik gewählt wurde.

Neben dem Beitrag der Weichen Systemmethodik sind auch die übrigen in der systemorientierten Literatur entwickelten Ansätze zum Konzept der Systemgrenzen zu behandeln. Das Anliegen, diese unverbunden nebeneinanderstehenden Beiträge so aufzuarbeiten, daß sich Entwicklungmöglichkeiten für die systemmethodische Behandlung der Grenzproblematik ergeben, führt zu folgender Vorgehensweise der Arbeit. In Teil 2 soll ein Grenzkonzept erarbeitet werden, das die von systemtheoretisch orientierten Autoren weitgehend geteilten Vorstellungen integriert und das methodisch umgesetzt werden kann. Im folgenden Teil 3 kann dieses Konzept dann als Bezugspunkt für die Erörterung des Grenzkonzepts der Weichen Systemmethodik dienen. Zu Beginn von Teil 4 können diese Ergebnisse zu einer Grenzkonzeption für eine Systemmethodik integriert werden, deren Glaubwürdigkeit sich darauf gründet, auf akzeptierten systemtheoretischen Konzepten zu fußen und in den grundlegenden Aspekten Teil einer bewährten, systemischen Handlungsmethodik zu sein. Diese Grenzkonzeption wird ihrerseits für den restlichen Teil 4 einen Bezugspunkt für die Darstellung der Grenzbeiträge bilden, die von einzelnen Forschern oder Forschergruppen formuliert wurden. Eine Integration dieser Ansätze wird aufgrund ihrer sehr unterschiedlichen Ausrichtungen nicht möglich sein. Abb. 4 illustriert diese Vorgehensweise und ihre Herleitung aus den zuvor erläuterten Vorentscheiden. Die Bezüge zwischen den einzelnen folgenden Kapiteln werden durch die in Klammern stehenden Zahlen verdeutlicht.

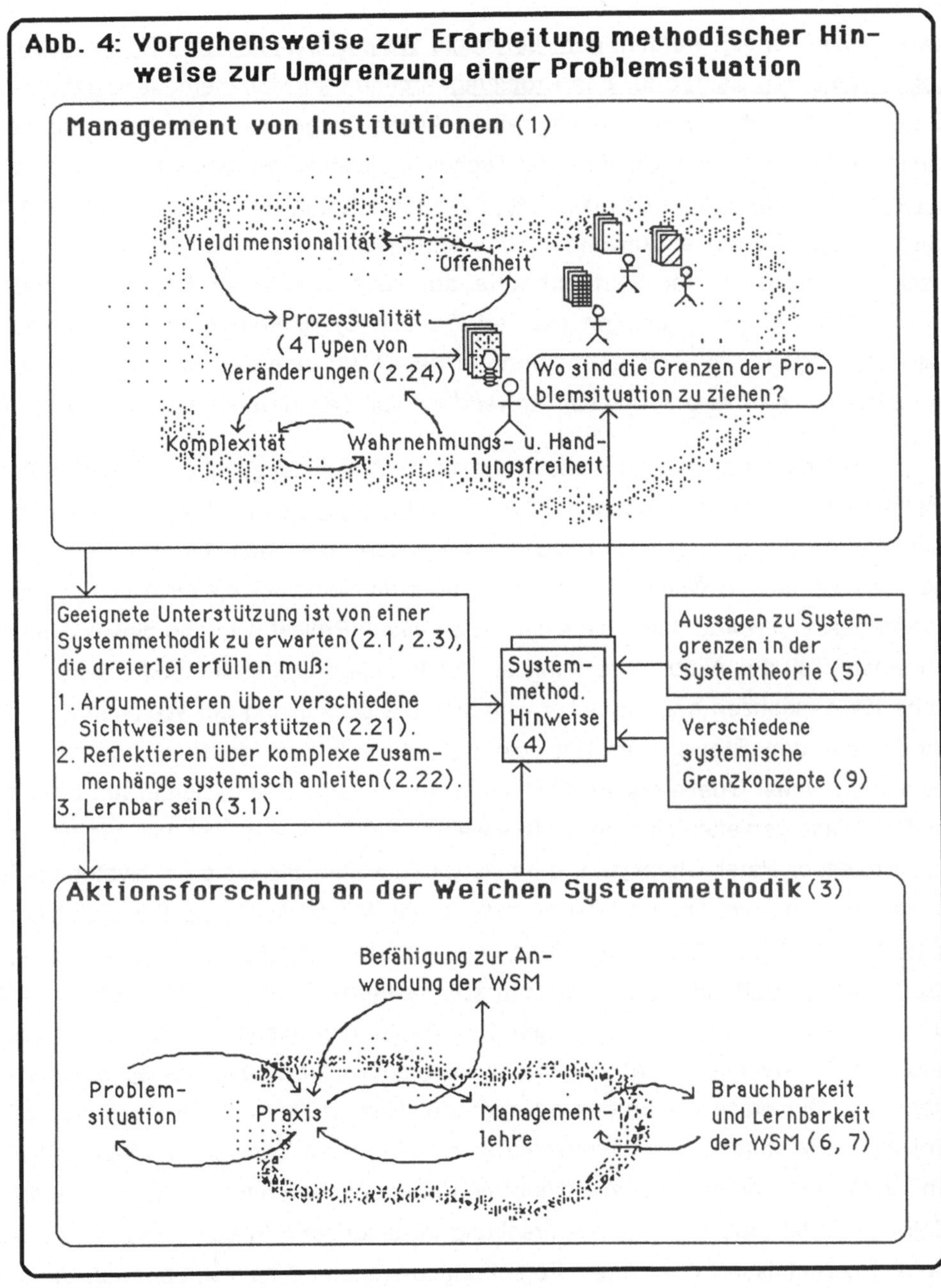

Aus diesem Entwurf der Bearbeitung der Fragestellung der Arbeit ergibt sich die Möglichkeit, eine <u>zweite, sekundäre Zielsetzung</u> aufzunehmen, die im Untertitel der Arbeit zum Ausdruck gebracht wurde. Da eine Erörterung des in der Weichen System-methodik implizierten Grenzkonzepts ein Verständnis der Methodik als Ganzheit und der ihr zugrundeliegenden Konzepte verlangt, kann mit der vorliegenden Arbeit als

zweites Ziel verfolgt werden, dem Leser die Weiche Systemmethodik als -grundsätz-
lich- fruchtbaren Beitrag für das Problembearbeiten im Management nahezubringen.
Dafür eignet sich die Darstellung eines Anwendungsfalls besonders, mit der die
einzelnen methodischen Schritte und Techniken illustriert werden können. Ein solches
Beispiel der Anwendung der Weichen Systemmethodik wird in Teil 3 aufgenommen.
Gleichzeitig wird dieser Anwendungsfall ermöglichen, die aufgrund des metatheore-
tischen Charakters der Systemtheorie auf sehr abstrakten Regeln fußende, zu
entwickelnde Grenzkonzeption (Kapitel 7.3 und 8) zu konkretisieren und in ihrem
Bedeutungsgehalt zu illustrieren. Auch in der Diskussion der verschiedenen Grenzkonzepte in Teil 4 wird auf diesen Anwendungsfall Bezug genommen werden.

Daß es der Verfasserin möglich ist, einen Anwendungsfall der Weichen Systemmethodik beschreiben zu können, ist in ihrem Forschungsaufenthalt am Department of
Systems an der University of Lancaster begründet, der nach dem Entscheid möglich
gemacht wurde, die Weiche Systemmethodik zum Kernstück dieser Arbeit zu machen.
Die Verfasserin wurde durch die Mitarbeit an einem Projekt während dieses Aufenthalts
zu einem Teil der Aktionsforschung an der Weichen Systemmethodik, was methodische Konsequenzen hat. Zunächst wird sich die Darstellung der Weichen Systemmethodik auf den Stand ihrer Entwicklung während des Master's Course 1985/86
beziehen, wobei Quelle dieser Kenntnis in erster Linie Diskussionen am Department
bilden. Diese vertieften sich besonders während des Projekts, bei dem die Verfasserin
mit Professor Peter Checkland, dem geistigen Vater der Weichen Systemmethodik,
zusammenarbeitete. Die Verfasserin hatte so die Möglichkeit, 'den Geist' der Weichen
Systemmethodik in ihrer Anwendung und auch die impliziten, (noch) nicht dokumentierten und veröffentlichten Standpunkte kennenzulernen[1]. Während ein solcher
unmittelbarer Zugang ein grundlegendes Verständnis dieses Ansatzes ermöglichte,
liegt die Schwierigkeit einer solchen Wissensquelle für eine wissenschaftliche Arbeit
darin, daß für diese die Forderung nach der Nachprüfbarkeit der Aussagen gilt, die
üblicherweise durch Literaturverweise geschaffen wird. Wird es an einzelnen Stellen
im folgenden nicht möglich sein, dieser Forderung nachzukommen, so sei dies als Indiz
dafür gewertet, daß eine Aktionsforschung in besonderer Weise geeignet ist, laufend
neue Erkenntnissen über ihren Forschungsgegenstand hervorzubringen, in diesem
Fall über die Weiche Systemmethodik[2].

---

[1] In seinem außerordentlich aufschlußreichen Buch nennt Schön dieses Wissen 'knowing-in-
action' (Schön,1983,49ff).
[2] Vgl. Checkland/Jenkins,1974,43

5.   Systemgrenzen in der Systemtheorie

In diesem Kapitel sollen die Grenzkonzepte, die in der Systemtheorie entwickelt wurden, aufgearbeitet und zu einer Position fortentwickelt werden, die den Besonderheiten komplexer Problemsituationen im Management und den sich aus diesen ergebenden Anforderungen an eine Systemmethodik gerecht wird.

Es werden dafür die in der systemtheoretischen Literatur vertretenen Aussagen zu Systemgrenzen auf drei Positionen verdichtet[1]. Als organismische Systemsicht wird die Position vorgestellt, daß Systemgrenzen in der Natur vorgegeben und damit offensichtlich und unzweideutig gegeben sind. In der dieser Sichtweise entgegengesetzten Position gelten Systemgrenzen als allein von der Beobachterperspektive abhängig, die Anlaß zu einer spezifischen systemischen Betrachtung ist. Eine zwischen beiden Positionen vermittelnde Sichtweise versteht Systemgrenzen maßgeblich als Ausfluß einer Beobachterperspektive, betont aber gleichzeitig, daß Systemgrenzen anhand empirisch bewährter Regeln hinsichtlich ihrer Validität beurteilt werden können.

Die in der systemtheoretischen Literatur auch vorliegenden methodischen Hinweise zur praktischen Bestimmung von Systemgrenzen sind abschließend zu erörtern.

---

[1] Dies ist eine praktikable Vorgehensweise, um das kaum überschaubare Feld systemorientierter Veröffentlichungen zu bewältigen, das aufgrund des interdisziplinären Charakters der Systemtheorie annähernd alle Disziplinen umfaßt. Die in diesen Veröffentlichungen zu findenden Aussagen zu Systemgrenzen haben jedoch meist beiläufigen und darüber hinaus sich wiederholenden Charakter, so daß sie ohne Verlust auf die drei Konzepte verdichtet werden können.

5.1 System als Organismus

Wird <u>Ludwig v. Bertalanffy</u> als Begründer der Systemtheorie genannt, so wird damit der Blick auf das <u>organismische Paradigma der Systemtheorie</u> gelenkt[2], das anhand von zwei grundlegenden Sichtweisen eingeführt werden kann: anhand des Verständnisses eines Systems als Ganzheit und anhand der Sichtweise eines Systems als Teil einer Systemhierarchie.

5.11 Systemgrenzen einer Ganzheit

Die Anfänge der organismischen Systemsicht umreißt Ludwig v. Bertalanffy wie folgt:

> Wie schon erwähnt, gelangte (ich) zu einer 'organismischen' Auffassung in der Biologie, welche die Notwendigkeit der Erforschung lebender Systeme als ganzer und ihrer Gesetzmäßigkeiten betonte, im Gegensatz zu der Auflösung der Lebenserscheinungen in elementare Teile und Vorgänge nach dem 'mechanistischen' Programm in der Biologie ... Von hier aus wurde (ich) zu einer noch weiteren Verallgemeinerung geführt, die (ich) 'allgemeine Systemtheorie' nannte und die eine Theorie 'von Systemen überhaupt' als Ziel setzte.[3]

Nach organismischem Systemverständnis werden also Ganzheiten betrachtet, die nicht auf der Ebene ihrer Teile erfaßt werden können, sondern auf der <u>Ebene der Ganzheit</u> verstanden werden müssen, weil sie <u>emergente Eigenschaften</u> besitzen, die erst auf der Ebene des Systems auftreten, in dessen Teilen jedoch nicht existieren[4]. Lorenz nennt dieses Auftreten von etwas völlig Neuem, das in den Teilen noch nicht da war, '<u>Fulguration</u>', d.h. 'Blitzstrahl'[5]:

---

2 Rapoport beschreibt das von v. Bertalanffy begründete und in den Arbeiten von Miller und Gerard unmittelbar fortgeführte organismische Paradigma der Systemtheorie als eine fruchtbare Wurzel der an Analogien orientierten systemtheoretischen Suche nach interdisziplinär gültigen Aussagen (A.Rapoport,1986,19f).

3 v. Bertalanffy,1970,114; vgl. v. Bertalanffy,1972,30f

4 Wegen dieser Ausrichtung auf Ganzheiten wird das hier als 'organismisch' benannte Systemverständnis von einigen Autoren als 'holistisch' bezeichnet (vgl. Rapoport,1986). In seiner Darstellung der Entwicklung und Bedeutung der Konzepte der Ganzheit, der Gestalt und des Systems zeigt Strombach jedoch, daß der Begriff des Holismus stark vom Vitalismus und damit von der Vorstellung belegt ist, daß auch die nicht-menschliche Natur von teleologischen Prozessen gekennzeichnet ist. Mit der Bezugnahme auf ein organismisches, statt auf ein holistisches Systemkonzept kann dieser Bedeutungsgehalt von vornherein ausgeklammert werden (vgl. Strombach,1983,66).

5 Lorenz,1982,47

Dieser Terminus (trifft) den Vorgang des In-Existenz-Tretens von etwas vorher nicht Dagewesenem. ... (Es) entstehen damit schlagartig völlig neue Systemeigenschaften, die vorher nicht, und zwar auch nicht in Andeutungen, vorhanden gewesen waren.[6]

Emergente Eigenschaften, z.B. die Sprachfähigkeit des Menschen, sind im Zusammenwirken der Teile begründet, die in einem Geflecht von Kommunikations- und Kontrollbeziehungen miteinander interagieren[7]. Während kein Teil des Systems 'Mensch' für sich genommen Sprachfähigkeit besitzt, so schafft deren koordiniertes Zusammentreten die Sprachfähigkeit auf der Systemebene. Zum einen sind also die Kommunikations- und Kontrollbeziehungen des Systems für das Auftreten der emergenten Systemeigenschaften verantwortlich. Zum anderen erlauben sie dem System, in einer sich wandelnden Umwelt zu überleben. Diese Fähigkeit offener Organismen, bei sich verändernden Umwelteinflüssen ein überlebensfähiges Gleichgewicht aufrechtzuerhalten, hatte für v. Bertalanffy einen zentralen Stellenwert für die Allgemeine Systemtheorie.

Ein offenes System kann (unter Voraussetzung bestimmter Bedingungen) einen zeitunabhängigen Zustand erreichen, in dem das System als Ganzheit und in seinen Phasen konstant bleibt, obgleich sich die Teile in einem ständigen Fluß befinden. Dies wird Fließgleichgewicht genannt[8].

---

6   Lorenz,1982,49; Spaemann/Löw kritisieren von einer teleologischen Position aus die Verwendung des Begriffs der Fulguration innerhalb der Evolutionstheorie als eine Notlösung, die eine naturwissenschaftliche Erklärung des Auftretens von Seinsschichten dort retten soll, wo keine Erklärung mehr formuliert werden kann (vgl. Spaemann/Löw,1981,273,297 [Fußnote 5]). Die evolutionäre Fragestellung ist für diese Arbeit nicht bedeutend. Bezüglich des Begriffs der Fulguration im allgemeinen ist jedoch gegenüber Spaemann/Löw auf zweierlei hinzuweisen. Erstens muß der unausgereifte Charakter einer Theorie nicht Anlaß zu der Feststellung sein, daß der Erklärungsansatz der Theorie unmaßgeblich sei. Riedl z.B. betont, daß die ungenügende Ausarbeitung von Erklärungsversuchen zur Fulguration Anlaß für Forschungsanstrengungen sein müsse, um zu einer substantiellen Theorie zu kommen (Riedl,1985,114; vgl. Laszlo,1972,26). Zweitens stellen andere Autoren durchaus die Erklärungskraft bestehender Ansätze zur Fulguration fest. Lorenz selbst, der von Spaemann/Löw kritisiert wird, führt das Beispiel der Verbindung von zwei Stromkreisen und das Enstehen der emergenten Eigenschaft eines Schwingungskreises an, das als erklärt gelten kann. A.Rapoports Ausführungen zur Katastrophentheorie zeigen, daß mit ihr eine Erklärung der Fulguration von Instabilitäten vorliegt (vgl. A.Rapoport,1986,66ff). Diesen auf das Auftreten von Fulgurationen ausgerichteten Theorien ist gemein, daß sie an einer gegenüber den in der Fulguration involvierten Teilen übergeordneten Ebene ansetzen (vgl. unten 5.12, 'Systemgrenzen eines Teils').

7   Vgl. Bateson,1984,114; Blauberg/Sadovsky/Yudin,1977,127ff; Boulding,1956,201; Checkland,1984,82ff; Hassenstein,1972,33ff; Kast/Rosenzweig,1972,14; A.Rapoport, 1986,8,29f; Ropohl,1978,14; Strombach,1983,68; Waddington,1977,20f

8   v. Bertalanffy,1981a,84; Übers. der Verf.; Betonung hinzugefügt; vgl. Buckley,1972a, 155ff; Kast/Rosenzweig,1972,21.

Die systemische Eigenschaft der Homöostase hält die Werte gewisser, für den Organismus zentraler Größen innerhalb eines Bereichs, der nicht überschritten werden darf, sofern das Überleben des Organismus nicht gefährdet werden soll[9]. Da diese Größen nicht fixiert sind, sondern lediglich innerhalb tolerierbarer Spannen gehalten werden, liegt nie ein statisches, sondern ein sich laufend veränderndes Fließ-Gleichgewicht vor. Diese 'Dauer im Wandel' bezeichnet v. Bertalanffy als das tiefste Kennzeichen des Lebens[10]. Ihm kommt für jede systemische, an der organismischen Systemsicht orientierten Betrachtung zentrale Bedeutung zu[11].

Auf dem Hintergrund des Gesagten gewinnt der Leitsatz des Systemansatzes, 'das Ganze ist mehr als die Summe seiner Teile', eine klare Bedeutung. Das Ganze ist mehr als die Summe seiner Teile, weil es durch emergente Eigenschaften ausgezeichnet ist, die in keinem der Teile anzutreffen sind. Diese Fulguration neuer Eigenschaften auf der Systemebene kommt nicht durch die Addition der Teile, sondern durch deren koordinierte Interaktionen zustande[12]. Das Ganze ist aber auch weniger als die Summe seiner Teile, weil die Kommunikations- und Kontrollbeziehungen zwischen den Teilen den Freiheitsgrad jedes einzelnen Teils einschränken. Nicht alle Verhaltensweisen, die einem Teil für sich genommen möglich wären, sind nach dessen

---

[9] Vgl. Ackoff,1971,664; Ashby,1974,2285ff; Lindemann,1975,107; A.Rapoport,1986,22, 100; Waddington,1977,80f

[10] Vgl. v. Bertalanffy,1970,128; es sei darauf hingewiesen, daß das Konzept der Äquifinalität eine Konkretisierung des Prinzips 'Dauer im Wandel' und einen wesentlichen Baustein in v. Bertalanffys systemischer Erfassung eines Organismus darstellt, das jedoch für die vorliegende Arbeit vernachlässigt werden kann (vgl. z.B. v. Bertalanffy,1972,35f; Kast/ Rosenzweig,1972,21; Lenk,1978,257; Rapoport,1978,177). - Es sei auch auf die Diskussionen hingewiesen, die sich den Schwierigkeiten bei der Unterscheidung von 'Dauer' und 'Wandel' widmen und in denen darauf hingewiesen wird, daß dasselbe gleichzeitig als 'Dauer' und als 'Wandel' angesehen werden kann, je nachdem, wie lang der Zeitraum der Beobachtung ist, und welche Vergleichsgröße als Beurteilungsmaßstab benutzt wird (Ackoff, 1971,664; Ashby,1981,116f; Bateson,1984,118; Bryer/Kistruck,1976,10; Cavallo, 1979,52).

[11] A.Rapoport,1986,8,12,29,79; mit der Einführung des Kriteriums 'Dauer im Wandel' ist das Systemkonzept nicht auf statische Gebilde anwendbar; vgl. den Bezug auf Homöostase und Homöorhese als die Funktionen, die in einem System Dauer und Wandel bewirken (vgl. Waddington,1977,105f; Wilden,1980,345).

[12] Der Kritik an der "Fragwürdigkeit der Leerformel 'Das Ganze ist mehr als die Summe seiner Teile'" (Schneider,1974,53; vgl. Nagel,1980,241; A.Rapoport,1986,10,190) wird also mit der Bedeutung der Beziehungen zwischen den Teilen begegnet, die zusätzlich zu den Teilen den Charakter der Ganzheit ausmachen. Rapoport stellt fest, daß dieses Verständnis einen Zusammenschluß des analytischen, die Teile in den Vordergrund rückenden Blickwinkels und des organismischen Standpunktes erlaubt: "Obwohl das Systemverhalten im Prinzip anhand der interagierenden Verhaltensmuster der Teile beschrieben werden kann (der analytische Blickwinkel), braucht das Verhalten des Ganzen keinerlei Ähnlichkeit mit dem Verhalten der Teile zu haben." (A.Rapoport,1986,191; Übers. der Verf.; Betonung hinzugefügt).

Integration in das innere Beziehungsgeflecht eines Systems mehr zugelassen[13]. Das Ganze ist also etwas grundlegend anderes als die Summe seiner Teile[14].

Ausgehend von diesen für die organismische Systemsicht grundlegenden Konzepten wird innerhalb der Allgemeinen Systemtheorie versucht, die besonderen Eigenschaften von Systemen zu beschreiben und deren Allgemeingültigkeit zu zeigen. Damit werden Aussagen über Isomorphien zwischen Systemen angestrebt, die traditionell Gegenstand unterschiedlicher wissenschaftlicher Disziplinen sind[15]. Zu diesen allgemeinen Systemeigenschaften, die für unterschiedlichste Systeme Geltung besitzen sollen, gehören die Systemgrenzen, die bereits mit den ersten systemtheoretischen Arbeiten v. Bertalanffys angesprochen wurden. Indem v. Bertalanffy die Offenheit lebender Systeme gegenüber physikalischen, geschlossenen Systemen herausstellte und damit offene Systeme zum eigentlichen Untersuchungsgegenstand der Systemtheorie machte[16], wurde die Durchlässigkeit der Grenzen lebender Systeme betont. Daß lebende Systeme nur offen sein können, begründet v. Bertalanffy anhand des scheinbaren Widerspruchs zwischen der beobachtbaren Selbstorganisation lebender Systeme und dem zweiten Hauptsatz der Thermodynamik. Lebende Systeme organisieren sich selbst, indem sie sich differenzieren und einen zunehmenden Organisationsgrad erreichen, was eine abnehmende Entropie im System bedeutet. Der Entropiesatz besagt aber, daß isolierte Systeme sich spontan in Richtung Unordnung, d.h. in Richtung zunehmender Entropie bewegen[17]. Dieser Widerspruch wird gelöst, wenn lebende Systeme als offene Systeme angesehen werden:

> Selbstdifferenzierende Systeme, die in Richtung höherer Komplexität (abnehmende Entropie) evolvieren, sind aus thermodynamischen Gründen nur als offene Systeme möglich, d.h. als Systeme, die Materie mit freier Energie in dem Maße importieren, daß die Zunahme an Entropie überkompensiert wird, die

---

[13] Dies wird von Ashby mit den Konzepten der Einschränkungen, der Freiheitsgrade und der aktuellen gegenüber der potentiellen Varietät thematisiert. Der Freiheitsgrad stellt darin einen Maßstab für das Verhältnis der aktuellen gegenüber der potentiellen Varietät eines Systems dar, d.h. dafür, wie sehr der in den Teilen prinzipiell verfügbare Bereich von (potentiellen) Möglichkeiten begrenzt ist auf einen (aktuell) zugelassenen Bereich von Möglichkeiten (vgl. Ashby,1974,187ff; sowie eine ausführliche Darstellung bei Gomez/ Malik/Oeller,1975,207ff).

[14] Vgl. Hassenstein,1972,32; H.Ulrich,1985c,5; Vickers,1983,14

[15] A.Rapoport,1986,26f

[16] Ackoff,1971,663; v. Bertalanffy,1972,40

[17] Capra,1983,74

aufgrund von irreversiblen Prozessen im System entsteht ('Import von Negentropie').[18]

v. Bertalanffy postuliert hier also <u>Systemgrenzen, die Austauschströme zwischen System und Umwelt erlauben</u>[19]. Er hebt regelmäßig hervor, daß diese Offenheit lebender Systeme mit dem Bezug auf Entropieströme in allgemeinster Form thematisiert wird. Im Einzelfall manifestieren sie sich in <u>Materie-, Energie- oder Informationsströmen</u>[20].

Ein weiterer Aspekt des organismischen Grenzkonzepts ist, daß die Systemgrenze als solche gegenüber der Umwelt angesehen wird:

Sobald wir ein System beschrieben haben, haben wir notwendigerweise die Elemente, die zu dem System gehören, von denen getrennt, die zu seiner Umwelt gehören.[21]

Für diese Sichtweise der Grenze soll der <u>Begriff der Schnittfläche</u> verwendet werden[22], mit dem zum Ausdruck gebracht wird, daß nicht das System als solches umgrenzt, sondern das <u>System gegen dessen Umwelt abgegrenzt</u> wird.

---

[18] v. Bertalanffy,1972,33f; in jüngerer Zeit wird über den Ansatz von v. Bertalanffy hinausgegangen, indem die Geltung des Entropiegesetzes, das ein Gesetz der physikalischen Sphäre ist, für die Lebenswelt generell in Frage gestellt wird (vgl. Vester,1985,320f; Koestler,1978,258f).

[19] Vgl. v. Bertalanffy,1968,38ff; v. Bertalanffy,1972,33; zum Konzept des offenen Systems bei v. Bertalanffy vgl. Brown,1966,320f; Emery/Trist,1965,21f; Kast/Rosenzweig,1972, 15,18; A.Rapoport,1985,159f; A.Rapoport,1986,82,176.

[20] Vgl. z.B. v. Bertalanffy,1968,38ff,102ff,146ff; v. Bertalanffy setzt sich damit explizit gegenüber Ashbys Systemdefinition ab, die die Offenheit der Grenzen lediglich bezüglich Information postuliert: "Seine (Ashbys, lvB) 'moderne Definition' eines Systems als eine 'Maschine mit Input' ... ersetzt das allgemeine Systemmodell durch ein recht spezielles: das kybernetische Modell, d.h. ein System, das offen bezüglich Information, aber geschlossen bezüglich Entropietransfer ist." (v. Bertalanffy,1972,33; Übers. der Verf.) - Die unterschiedlichen Aussagen dazu, hinsichtlich welcher Ströme die Systemgrenzen durchlässig sind, können als Konsequenz aus der Verschiedenheit der Absichten verstanden werden, die Ashby und v. Bertalanffy mit ihren Ansätzen verfolgen. Ashby zielt auf die Konstruktion eines Modells ab, das die <u>Logik</u> von Regelmechanismen abbilden kann. Daher ist eine Maschine im Ashbyschen Sinn nicht als etwas Materielles, sondern als Koordination von Verhaltensweisen zu verstehen (Ashby,1974,15f,46). Für eine solche Betrachtung sind nur Informationen relevant. v. Bertalanffys hingegen zielt auf eine adäquate Beschreibung <u>lebender Organismen</u> ab, welche für den Prozeß der Selbstorganisation wie gezeigt auf Austauschströme von Energie und Materie angewiesen sind (vgl. die Diskussion der Bedeutung einer Beobachterperspektive unter 5.2., 'System als perspektivisches Konstrukt').

[21] Brown,1966,321; Brown kann aufgrund seines Bezugs auf die Konzepte der Homöostase, der Entropie und des Fließgleichgewichts als Vertreter des organismischen Paradigmas gelten.

[22] Im Englischen 'interface' bei Kast/Rosenzweig,1972,20; Laszlo,1972,24; Vickers,1978, 10; Vickers,1983a,120 ; v. Hayek spricht ähnlich von den 'Kontaktstellen' zwischen dem System und dem übrigen Universum (v. Hayek,1972,14).

Mit einer dieses Verständnis ergänzenden Sichtweise werden die internen Beziehungen in einem System stärker als dessen Abgrenzung gegenüber der Umwelt betont. Auch diese ist für die organismische Systemsicht charakteristisch, da sie an die Position anknüpft, über die Identität eines Systems anhand seiner Erkennbarkeit zu entscheiden. Erkennbar aber ist ein System an seinen emergenten Eigenschaften, die aufgrund des koordinierten Zusammenwirkens der Teile, d.h. aufgrund der internen Beziehungen des Systems, auftreten[23]. Ein an den internen Beziehungen orientiertes Grenzkonzept betont die Umgrenzung des Systems und soll mit dem Begriff der Systemgrenze bezeichnet werden. Nicht die Abgrenzung des Systems gegenüber der Umwelt, sondern die Umgrenzung des internen Beziehungsgeflechts, das mit den emergenten Eigenschaften des Systems verknüpft ist, steht hier im Vordergrund[24].

Als letzter Aspekt des Grenzkonzepts einer organismisch-ganzheitlichen Sichtweise ist die nicht problematisierte Annahme zu nennen, daß die aufgrund der Körperlichkeit des Organismus offensichtliche Grenze auch die relevante Grenze für eine systemische Betrachtung ist:

... der Organismus selbst scheint intuitiv eine Grenze zu markieren, da Organismen eine offensichtliche Identität als Ganzheiten haben und so eine Grenze besitzen, die sie von der restlichen physischen Welt trennt, auch wenn es grenzüberschreitende Ströme gibt.[25]

Zusammenfassend kann gesagt werden, daß die organismisch orientierte allgemeine Systemtheorie als hervorstechendes Merkmal von Systemen deren emergente Eigenschaften ansieht. Emergente Eigenschaften entstehen aufgrund der systeminternen Kommunikations- und Kontrollbeziehungen und repräsentieren die Dauer im Wandel eines selbstregulierenden Systems. Daß der Organismus als offensichtliche Ganzheit im Universum den Ausgangspunkt für die Suche nach allgemeinen Systemeigenschaften bildet, führt dazu, daß die physikalische Grenze des Organismus, die gegenüber Materie-, Energie- und Informationsströmen durchlässig ist, als relevante Systemgrenze gilt. Sie vereinigt zwei Aspekte. Als Systemgrenze der Ganzheit

---

[23] A.Rapoport,1986,8

[24] Im folgenden wird dieses Verständnis der Systemgrenze gegenüber dem der Schnittfläche im Vordergrund stehen (zur Begründung siehe unten 5.12, 'Systemgrenzen eines Teils', und 6.3, 'Systemgrenzen in der Weichen Systemmethodik'). Um allzu schwerfällige Begrifflichkeiten zu vermeiden, wird der Begriff der 'Systemgrenze' daher gleichzeitig als Oberbegriff in der Grenzdiskussion benutzt. Die Verwendung des Begriffs 'Schnittfläche' wird hingegen der Sichtweise vorbehalten bleiben, in der es um die Abgrenzung des Systems gegenüber der Umwelt geht.

[25] Checkland,1984a,76; Übers. der Verf.; vgl. die Anmerkungen zum Systemrealismus bei Blauberg/Sadovsky/Yudin,1977,153f; Lenk,1978,258; Jones,1982,42,50; vgl. den Systemrealismus bei z.B. Laszlo,1972,30; Miller,1969; de Rosnay,1979,85.

umgrenzt sie die internen Beziehungen des Systems. Als Schnittfläche grenzt sie das System gegenüber der Umwelt ab. Diese Aspekte werden in Abb. 5.11 festgehalten:

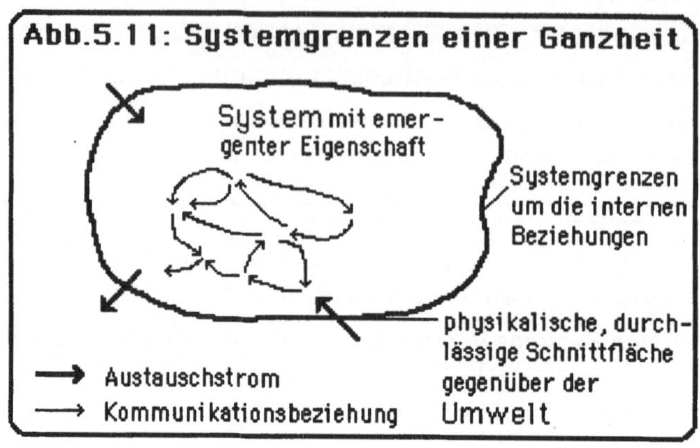

5.12 Systemgrenzen eines Teils

Das Konzept der hierarchischen Organisation von Systemen steht ebenso wie das der emergenten Eigenschaften und der systeminternen Kommunikations- und Kontrollbeziehungen im Kern der organismischen Perspektive[26], wie folgendes Zitat von v. Bertalanffy zeigt:

Allgemein gesagt können lebende Systeme als hierarchisch organisierte offene Systeme definiert werden, die sich selbst erhalten, oder die sich auf ein Fließgleichgewicht hinbewegen.[27]

In Anknüpfung an die Ausführungen v. Bertalanffys zum hierarchischen Aufbau von Systemen wurden verschiedene Versuche unternommen, empirisch relevante Systemhierarchien zu benennen. Miller und Gerard formulierten als Ausgangspunkt für die Suche nach Isomorphien hierarchische Ordnungen lebender Systeme. Beide Autoren nennen folgende Hierarchieebenen: Zelle, Gewebe oder Organ, einzelner

---

[26] In seiner sehr klaren Einführung in systemtheoretische Konzepte und deren Herkunft identifiziert Checkland vier Konzepte als den Kern systemischen Denkens, von denen je zwei eng verknüpft sind: emergente Eigenschaften und hierarchische Organisation, Kommunikation und Kontrolle (vgl. Checkland,1984a,74ff).

[27] v. Bertalanffy,1972,36; Übers. der Verf.; vgl. Blauberg/Sadovsky/Yudin,1977,127

Organismus, Kleingruppe, große Gruppe oder Organisation, Gesellschaft[28]. Einen neueren, umfassenden Entwurf hierarchischer Ordnungen legte Riedl vor[29]. Er geht über die These des hierarchischen Aufbaus der Welt hinaus und postuliert einen diesen widerspiegelnden hierarchischen Aufbau unserer Begriffe und unseres Wissens[30].

Das <u>theoretische Konzept</u>, das hinter derartigen, auf empirischen Gehalt zielenden Entwürfen steht, ist das einer Systemhierarchie, in der jedes System aus Teilen besteht, welche selbst Systemcharakter haben und insofern ihrerseits aus Teilen bestehen. Jedes System ist in einer solchen Systemhierarchie auch selbst ein Teil, - Teil nämlich des übergeordneten Systems, welches ebenfalls Ganzheitscharakter hat[31]. Hier wird die enge Verknüpfung zwischen der Vorstellung der emergenten Eigenschaft und der einer hierarchischen Ordnung deutlich[32]: jede Hierarchieebene ist durch Ganzheiten mit emergenten Eigenschaften gekennzeichnet, die auf der ihr untergeordneten Ebene nicht existieren[33]. Die Beschreibung einer Ganzheit ist also nur auf der Ebene möglich, der ihre emergente Eigenschaft zugeordnet werden kann. Auf jeder tieferen Ebene bestehen die für ihre Erfassung notwendigen Begriffe nicht, d.h. sie sind dort 'Sinn-los'. Hassenstein weist auf diese Entsprechung zwischen logisch unterschiedlichen Begriffen und Ebenen einer hierarchischen Ordnung hin:

> Will man das Verhalten von Systemen begrifflich erfassen, so stößt man auf eine
> Eigentümlichkeit. Die Systemerscheinungen lassen sich aus den Eigenschaften

---

[28] Gerard,1958; Miller,1978; vgl. die Darstellung bei A.Rapoport,1986,20ff. - Der Ökonom Boulding präsentierte ebenfalls einen frühen Versuch der Formulierung einer Systemhierarchie. Diese stellt jedoch im Unterschied zu den Hierarchien von Miller und Gerard nicht eine Beschreibung von offensichtlichen, in der Welt bestehenden Ganzheiten dar, sondern bereits eine Konzeptionalisierung solcher Ganzheiten. Sein Anliegen war die Entwicklung eines Bezugsrahmens für die Allgemeine Systemtheorie. Dafür stellte er ein 'System von Systemen' vor, das neun Systemtypen zunehmender Komplexität umfaßt. Jedem Typ können die verschiedensten Erscheinungen der Wirklichkeit zugeordnet werden. Boulding siedelt z.B. auf der vierten Ebene der 'offenen Systeme' neben der 'Zelle' auch die 'Flamme' und den 'Fluß' an (Boulding,1956,203).

[29] Riedl,1985,66; vgl. Riedl,1987

[30] Zu weiteren Entwürfen vgl. eine detaillierte Darstellung bei Dyllick,1982,235ff.

[31] Simon argumentiert, daß alle komplexen Zusammenhänge hierarchisch organisiert sind, d.h. aus stets weiter auflösbaren Teilen bestehen, wobei innerhalb der Teile eine höhere Interaktionsdichte besteht als zwischen den Teilen. Indem Simon diese Teile als relativ stabil beschreibt, kann er den hohen evolutiven Entwicklungsstand als Indiz dafür anführen, daß dieser nur hat erreicht werden können, weil im Verlauf der Evolution stabile, hierarchisch organisierte Untergruppen gebildet wurden, weil die Welt also hierarchisch organisiert ist (vgl. Simon,1978,101ff). - Es sei darauf hingewiesen, daß Luhmann eine Gegenposition einnimmt und argumentiert, daß die Hierarchisierung lediglich eine unter verschiedenen Formen der Differenzierung ist. Luhmann nennt die Segmentierung als Differenzierung gleicher Einheiten, die Differenzierung nach Zentrum und Peripherie und die funktionale Differenzierung als Alternativen (vgl. Luhmann,1984,38f,261).

[32] Checkland,1984a,75

[33] Vgl. A.Rapoport,1986,20; Kast/Rosenzweig,1972,20f; Koestler,1978,35ff; Laszlo,1972, 32; Simon,1960,40ff.

der Elemente und aus den Besonderheiten ihres Zusammenwirkens restlos ableiten. <u>Die Systemerscheinungen verlangen jedoch zu ihrer Beschreibung besondere Begriffe; diese Begriffe sind aber auf die Elemente und ihr Zusammenwirken nicht anwendbar</u>. Man findet in der Ebene der Elemente nichts Entsprechendes für diejenigen Begriffe, die in der Ebene der Systemerscheinungen für die Beschreibung notwendig sind.[34]

Die <u>Frage, welche Beziehungen zwischen den Systemebenen</u> anzunehmen sind, wird in der Literatur auf dreierlei Weise beantwortet: es wird von einem Einfluß von der jeweils untergeordneten auf die übergeordnete Systemebene ausgegangen; der Einfluß wird umgekehrt von der höheren Systemebene auf die ihr untergeordnete gesehen; es wird ein wechselseitiger Einfluß der beiden übereinandergeschichteten Systemebenen angenommen.

In der kurzen Darstellung des Ganzheitskonzepts in der organismischen Systemtheorie wurde oben die erste Argumentation eines Einflusses von der untergeordneten auf die übergeordnete Systemebene aufgenommen: die emergenten Eigenschaften und damit die Identität eines Systems wurden als Ausfluß eines bestimmten <u>Beziehungsgeflechts zwischen dessen Teilen</u> betrachtet. Die Kommunikations- und Kontrollbeziehungen wurden insofern vorausgesetzt und als <u>Einschränkungen</u> betrachtet, die lediglich bestimmte <u>emergente Systemeigenschaften</u> zulassen. Die zweite Argumentationslinie setzt umgekehrt die emergente Eigenschaft auf der Systemebene voraus und thematisiert deren Einfluß auf die untergeordneten Teile. Es wird hier von einem Kontrollprozeß von der übergeordneten gegenüber der untergeordneten Ebene gesprochen, weil die <u>den Teilen auferlegten Einschränkungen</u> lediglich das spezifische Kommunikationsgeflecht zwischen den Teilen zulassen. Beide Ansätze beziehen sich also auf Einschränkungen, die sich aus dem Zusammenwirken von übereinandergelagerten Hierarchieebenen ergeben, - ein Aspekt, den Checkland betont, wenn er auch der zweiten Argumentation folgt:

Eine hierarchische Theorie ist auf die fundamentalen Unterschiede zwischen einer Komplexitätsebene und einer anderen ausgerichtet. Ihr eigentliches Ziel muß sein, sowohl eine Darstellung der Beziehungen zwischen den verschiedenen Ebenen wie auch eine Darstellung dessen zu geben, wie Hierarchien sich bilden: was bringt die Ebenen hervor, was trennt sie, was verbindet sie? Eine solche Theorie steckt noch in den Kinderschuhen, aber wie auch immer sie schließlich aussehen wird, sie wird wahrscheinlich auf der Tatsache aufbauen,

---

[34] Hassenstein,1972,35; Betonung hinzugefügt; vgl. Checkland,1984a,78; Dyllick,1982,223f; Gadalla/Cooper,1978,349; Wilden,1980,354.

daß _emergente Eigenschaften, die mit einer Reihe von Elementen auf einer
Hierarchieebene verbunden sind, mit ... Einschränkungen des Freiheitsgrades
dieser Elemente zusammenhängen_ [35]. ... Es ist nötig, sich auf das Konzept der
hierarchischen Kontrolle zu beziehen. Kontrolle hängt immer damit zusammen,
daß Einschränkungen auferlegt werden, und eine Darstellung eines _Kontrollpro-
zesses_ verlangt notwendigerweise, zwei hierarchische Ebenen zu betrachten, ...
eine höhere Ebene, die _einer tieferen Ebene Einschränkungen auferlegt._[36]

Soll eine der beiden dargestellten Konzeptionalisierungen des Einflusses
zwischen System und Teil gegenüber der anderen bevorzugt werden, so ergibt sich
eine Frage des Typs um die Priorität zwischen Henne und Ei: was besteht zuerst, - die
Identität des Systems in Form einer bestimmten emergenten Eigenschaft, die den
Teilen Einschränkungen auferlegt; oder die Teile mit den zwischen ihnen bestehenden
Beziehungen, die nur bestimmte emergente Eigenschaften des Systems zulassen?
Eine solche lineare Fragestellung soll aber mit dem systemischen Denken überwunden
und die _wechselseitige Abhängigkeit von Teil und Ganzem_ anerkannt werden[37]. Riedl
argumentiert für diese Sichtweise einer wechselseitigen Beeinflussung übereinander-
gelagerter Hierarchieebenen. Bei der Betrachtung eines Systems müssen daher die
Einschränkungen von beiden Seiten berücksichtigt werden: die, die im Obersystem,
und die, die in den Teilen angelegt sind.

Die beiden Seiten des Abstimmungserfolgs sind die Vorbedingungen des
Lebens- und Überlebenserfolges jeder Kreatur, im allgemeinen die Erhaltungs-
bedingungen eines Systems.[38]

Riedl begründet diese Position mit seiner evolutionären Theorie der Entstehung
dieser Welt. Die _Evolution_ stellt für Riedl einen Differenzierungsprozeß dar, der durch
Einschübe zwischen untergeordneten Teilen und einem übergeordneten Ganzen

---

[35] Checkland,1984a,81; Übers. der Verf.; Betonung hinzugefügt

[36] Checkland,1984a,87; Übers. der Verf.; Betonung hinzugefügt; die Position einer
Kontrollfunktion auf einer hierarchisch höheren Ebene wurde von Beer detailliert
ausgearbeitet (vgl. z.B. Beer,1972,57; vgl. auch Jenkins/Youle,1971,47; sowie die
funktionalistische, dem Obersystem eine dominierende Rolle zuerkennende Sichtweise bei
Luhmann,1984,43).

[37] Vgl. Bateson,1984,81; Bateson,1985,398,588f; Dyllick,1982,214; Koestler,1978,38ff;
A.Rapoport,1986,11f; H.Ulrich,1985c,25; Vester,1985,320; oben 2.1, 'Systemorientierte
Grundperspektive'; eine andere Position vertritt z.B. Krüger, der eine auf den Ganzheitscharakter des Fühlens und Erlebens aufbauende Psychologie zu begründen beabsichtigt und in
ihr die Dominanz der gefühlten und erlebten Ganzheit gegenüber ihren 'Teilbestimmtheiten'
betont. Diese Dominanz des Ganzen sieht Krüger auch dann bestätigt, wenn einzelne
Teilbestimmtheiten die Ganzheit prägen, da dies stets die Teilbestimmtheiten sind, welche am
meisten 'ganzheitsbezogen' sind (vgl. Krüger,1953,48,213ff).

[38] Riedl,1987,206

charakterisiert ist[39]. Die Rolle, die in diesem Prozeß den Teilen als 'Materialien' und dem Ganzen als 'Formbestimmung' zukommt, beschreibt Riedl wie folgt:

> Von der Seite der <u>Materialien</u> geht es um die Disponibilität oder <u>Verfügbarkeit von Bauteilen</u> zum jeweiligen Obersystem; und darum, in welcher Weise sich diese Bausteine vertragen oder vereinigen lassen. Wir können auch sagen, welche neuen Systeme und Systemeigenschaften sie nach ihren <u>Binnenbedingungen</u> im Prinzip gemeinsam bilden könnten. Von der Seite der <u>Formbestimmung</u> geht es um die <u>Auswahl unter den Möglichkeiten</u>, welche die verfügbaren Materialien zusammensetzen könnten; darum, welche von diesen und in welcher Form sie Bestand haben können. Genauer: nach den Auswahlgesetzen entscheidet es sich, welche Materialformen längeren Bestand haben und daher übrigbleiben.[40]

Mit dieser evolutionären Sichtweise argumentiert Riedl, daß für das Verständnis eines Systems dessen Beziehungen zu seinem Obersystem und zu seinen Teilen in einer wechselseitigen Betrachtung zu erfassen sind[41]. Dieselbe Ganzheit kann dabei entweder als Teil, als System oder als Obersystem verstanden werden (siehe Abb. 5.12a):

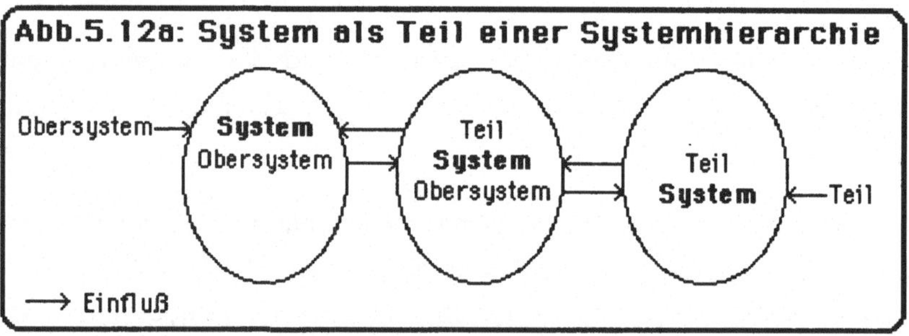

---

39 Riedl,1985,77; vgl. Koestler,1978,263
40 Riedl,1985,76; Betonungen hinzugefügt
41 Riedl betont immer wieder, daß der menschlichen Anschauung eine solche wechselseitige Betrachtung geläufig und intuitiv einsichtig ist (vgl. Riedl,1985,14,35,53,218). Mit Bezug auf eine Unternehmung ist es tatsächlich unmittelbar einleuchtend, bei ihrer Beurteilung sowohl ihre Stellung auf dem Markt, dem Obersystem, zu klären, wie auch ihre innere Verfassung, z.B. die Qualität der Mitarbeiter, deren Kooperation und das Betriebsklima, zu beleuchten. Vgl. die Verweise verschiedener Autoren auf die inneren und äußeren Relationen eines Systems, mit denen ebenfalls eine zweiseitige Betrachtung eingeführt wird: Bateson,1984,81,180; Blauberg/Sadovsky/Yudin,1977,128; Kast/Rosenzweig,1972, 22.

Es ist hier zu fragen, welche Konsequenzen sich für die oben dargestellten Aspekte eines organismisch-ganzheitlichen Konzepts der Systemgrenzen aus der hierarchischen Sichtweise ergeben. Wurde oben bei der Diskussion der Systemgrenzen die System/Umwelt-Unterscheidung berücksichtigt, so ist nun das Verhältnis dieser Sichtweise zu der <u>System/Obersystem</u>-Perspektive zu klären, die sich erst aus dem hierarchischen Konzept ergibt[42]. Mit Bezug auf die Kontrolltheorie kann als Unterscheidung von 'Umwelt' und 'Obersystem' eingeführt werden, daß das Obersystem gegenüber dem System eine Kontrollfunktion besitzt, die Umwelt jedoch nicht[43]. Wird die Kontrollfunktion des Obersystems auf das für die organismische Perspektive zentrale Kriterium des Überlebens bezogen, so müßte bei dieser Sichtweise das Obersystem das Überleben des Systems sicherstellen können. Diese Feststellung läßt eine Überschneidung zwischen diesem Verständnis eines kontrollierenden Obersystems und dem von v. Bertalanffy formulierten Umweltkonzept sichtbar werden. v. Bertalanffy betonte, daß die Austauschströme zwischen System und Umwelt für das System überlebensnotwendig sind, da sie das System vor dem Entropietod bewahren. Der Umwelt kommt in diesem Verständnis also eine Kontrollfunktion bezüglich des Überlebens des Systems zu. Die Unterscheidung zwischen Obersystem und Umwelt kann folglich nicht auf der ausschließlich dem Obersystem zuzuschreibenden Kontrollfunktion gegenüber dem System beruhen, sofern das von v. Bertalanffy formulierte Konzept der System/Umwelt-Beziehung nicht revidiert werden soll. In einem Versuch, das Verständnis einer Kontrollfunktion des Obersystems aufrechtzuerhalten, könnte für die Verschmelzung der Konzepte des Obersystems und der Umwelt plädiert werden: die Umwelt im Verständnis v. Bertalanffys wäre in diesem Fall als kontrollierendes Obersystem aufzufassen. Jedoch ist die entscheidende Dimension im Umweltkonzept v. Bertalanffys die Negentropie. Das System kann nur dann langfristig überleben, wenn es der Umwelt Negentropie entnehmen kann. Negentropie stellt aber eine physikalische Größe dar. Sie kann daher nicht eine emergente Eigenschaft des Obersystems des lebenden Organismus sein. Als physikalische Größe ist sie auf einer der biologischen untergeordneten hierarchischen Ebene anzusiedeln. Auch die Verschmelzung der Konzepte 'Umwelt' und 'Obersystem' auf ein einziges Konzept führt also nicht zu einer inhaltlichen Klärung der beiden Konzepte.

Einen Ansatzpunkt zur Erhellung bieten die Arbeiten Riedls, auch wenn Riedl selbst den Begriff der 'Umwelt' nicht explizit verwendet. Es erscheint aber möglich und sinnvoll, anhand seiner Ausführungen zu den 'Ursachen' und den 'Vorbedingungen'

---

[42] In der Literatur wird eine inhaltliche Unterscheidung zwischen der System/Umwelt- und der System/Obersystem-Perspektive durch unklare und wechselnde Begrifflichkeiten nahezu unmöglich gemacht (vgl. z.B. Kast/Rosenzweig,1972,20; Laszlo,1972,68).

[43] Jenkins,1971,172

des Entstehens von Systemen zu einer inhaltlichen Unterscheidung der Konzepte 'Umwelt' und 'Obersystem' zu gelangen[44]. Riedl knüpft an seine Theorie des Entstehens von Systemen als Einschübe zwischen Ober- und Untersystemen an und nennt das Obersystem und die Teile eines Systems dessen 'Ursachen'. Die Teile und das Obersystem sind die Ganzheiten, die das Entstehen des Systems am stärksten beeinflussen. Sie sind unmittelbar ursächlich für die spezifische Ganzheit, die das System darstellt. Die 'Vorbedingungen' sind hingegen die Aspekte der Wirklichkeit, die das Entstehen der Ursachen mittelbar oder unmittelbar beeinflußt haben. Für das System selbst sind sie lediglich von mittelbarer Bedeutung. Da die verzweigten Wirkungsnetze in ihrer Totalität ohnehin praktisch nie erfaßbar sind, können die Vorbedingungen bei der Betrachtung eines Systems vernachlässt werden.

Es wird hier vorgeschlagen, dieses Verständnis auf die problematische Unterscheidung von Obersystem und Umwelt anzuwenden. Dem Obersystem kommt dann, gemeinsam mit den Systemteilen, eine unmittelbar ursächliche Bedeutung für den spezifischen ganzheitlichen Charakter des Systems und dessen Grenzen zu, die in einer wechselseitigen, zu Teil und übergeordneter Ganzheit gerichteten Betrachtung zu erfassen sind. Die Umwelt des Systems kann demgegenüber als Vorbedingung für das Entstehen und Fortbestehen des Systems gelten. Weil ihr keine unmittelbar ursächliche Beeinflussung des Ganzheitscharakters des Systems zuerkannt wird, kann sie bei einer Betrachtung unberücksichtigt bleiben, die der Erfassung des Systems als Ganzheit gewidmet ist. Abb. 5.12b illustriert die beeinflussenden Beziehungen, die bei einer Bestimmung der Ganzheit und der Systemgrenzen zu erfassen sind, um dem Eingebunden-Sein des Systems in eine Systemhierarchie gerecht zu werden:

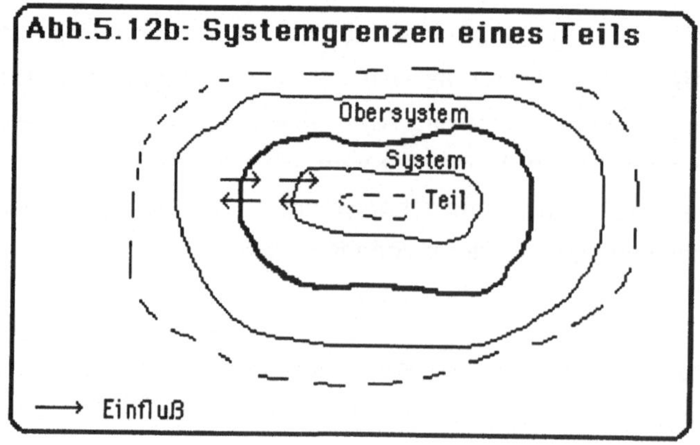

---

44 Riedl,1985,71f

Diese Sichtweise kann anhand der Systemhierarchien gestützt werden, die Riedl zur Erläuterung seiner Theorie aufführt. Es zeigt sich, daß die <u>Ströme, die zur Erhaltung eines Systems notwendig</u> sind, in der Systemhierarchie, der das System angehört, vernachlässigt sind. Weil Riedl nach den Ursachen für den besonderen Ganzheitscharakter eines Systems fragt, betrachtet er ausschließlich die unmittelbar über- und untergeordneten Systeme. Dies bestätigt die eingeführte Unterscheidung der Konzepte 'Umwelt' und 'Obersystem': das <u>Obersystem</u> trägt, gemeinsam mit den Systemteilen, im Unterschied zur Umwelt zum <u>spezifischen ganzheitlichen Charakter des Systems</u> bei, während das System der <u>Umwelt</u> die <u>Ressourcen</u> entnimmt, die <u>zur Aufrechterhaltung des Fließgleichgewichts dieses Systems</u> notwendig sind.

5.13 Systemgrenzen aus organismischer Systemsicht

Das Grenzkonzept des organismischen Systemverständnisses, das in einer ersten Annäherung anhand des Ganzheitsbegriffs unter 5.11 bestimmt wurde, ist nun aufgrund der Erörterungen der hierarchischen Sichtweise zu präzisieren. Oben wurde unterschieden zwischen, erstens, dem Verständnis einer Systemgrenze, die die mit einer emergenten Eigenschaft gekennzeichnete systemische Ganzheit umgrenzt und damit in Beziehung steht zum systeminternen Beziehungsgeflecht, und, zweitens, der Sichtweise der Grenze als Schnittfläche, die das System gegenüber seiner Umwelt abgrenzt. Die Betonung der Bedeutung, die das Obersystem und die Systemteile für den spezifischen ganzheitlichen Charakter eines Systems haben, lassen nun eine Erweiterung des Grenzkonzepts zu. Die <u>Erfassung der Systemgrenzen</u> hat sich nicht nur am internen Beziehungsgeflecht eines Systems, sondern auch an den über- und untergeordneten Ganzheiten zu orientieren, denn es sind gerade diese Ganzheiten, die ursächlich für das spezifische Beziehungsgeflecht und die emergente Eigenschaft eines Systems sind. Systemgrenzen sind also <u>anhand einer wechselseitigen Betrachtung zu bestimmen, die das Obersystem, die Teile und die systeminternen Kommunikationsbeziehungen</u> berücksichtigt, d.h. auf drei Hierarchieebenen auf- und abwärts steigt[45]. Bezüglich der <u>Schnittfläche</u> des Systems ist die Aussage aufrechtzuerhalten, daß diese durchlässig ist und das System gegenüber der Umwelt abgrenzt. Die alternative Interpretation, daß die Schnittfläche gegenüber dem Obersystem besteht, wurde verworfen, da in ihr vernachlässigt wird, daß jede Hierarchieebene durch eine ihr eigene, emergente Begrifflichkeit und Logik ausgezeichnet ist.

---

[45] Die stärkere Berücksichtigung dieser Sichtweise fordert Weber für die Managementlehre, indem er dafür plädiert, die Innen-/Außen-Perspektive durch die Teil-Ganzheit-Perspektive abzulösen (Weber,1985,77f).

Die Abgrenzung eines Systems gegenüber seinem Obersystem würde die gleichzeitige Anwendung von zwei verschiedenen Begrifflichkeiten verlangen und ist daher nicht möglich. Eine Ganzheit kann nicht gegenüber einer anderen Ganzheit abgegrenzt werden, die nicht in Begriffen der ersten zu erfassen ist[46]. Das oben entwickelte Verständnis einer Grenze als Schnittfläche gegenüber der Systemumwelt ist insofern nicht zu revidieren, sondern um den Hinweis zu erweitern, daß auch die Umwelt in der Begrifflichkeit der Systemebene auszudrücken ist, auf der die Systembetrachtung angesiedelt wurde. Dies deutet darauf hin, daß die <u>Bestimmung der Schnittfläche</u> eines Systems gegenüber seiner Umwelt <u>logisch der Erfassung der Systemgrenzen nachgeordnet</u> ist. Erst nachdem eine Ganzheit umschrieben und damit die gewählte Systemebene verdeutlicht ist, kann eine Abgrenzung gegenüber der Umwelt vorgenommen werden, da auch die Umwelterfassung der Begrifflichkeit der Systemebene entsprechen muß. Laszlo drückt diesen Gedanken aus, daß auf jeder Hierarchieebene eine spezifische Umwelt zu erfassen ist[47]:

> ... weite Bereiche des Universums, die unserer Untersuchung zugänglich sind, können konzeptionell als Hierarchien 'abgebildet' werden, d.h. als Reich der Systeme-in-Umwelten, die Systeme höherer Ordnung darstellen, welche, in ihren spezifischen Umwelten, Systeme noch umfassenderer Art darstellen.[48]

Das in der organismischen Systemsicht verankerte Grenzkonzept kann wie folgt zusammengefaßt werden. Die Grenzen eines Systems gelten als offensichtlich, weil als relevantes System der Organismus betrachtet wird, der in seiner Körperlichkeit eine <u>eindeutige, physikalische Grenze</u> markiert. Diese grenzt das System als <u>Schnittfläche</u> gegen die Umwelt ab, ist aber <u>durchlässig für Austauschstöme</u> zwischen System und Umwelt. Die Grenze gehört gleichzeitig zum ganzheitlichen Charakter des Systems und kann insofern als <u>Systemgrenze</u> verstanden werden, die das System als <u>Ganzheit</u> umgrenzt. Der Ganzheitscharakter des Systems zeigt sich in der <u>emergenten Systemeigenschaft</u>, die in den <u>Wechselwirkungen</u> zwischen System und dessen <u>Obersystem</u> sowie <u>Teilen</u> begründet ist und mit dem systeminternen Beziehungsgeflecht

---

[46] Damit wird eine Position eingenommen, die der gegenübersteht, die Emery/Trist in ihrem vielbeachteten Beitrag, 'The Causal Texture of Environment', verteten. Sie stellen dort fest, daß die Umwelt eines Systems nicht in denselben Begriffen erfaßt werden kann, die für das System relevant sind (Emery/Trist,1965,22). In ihrem Beispiel verweisen sie auf die Unterschiedlichkeit der Erklärungskonzepte, die auf die Handlungen eines Speerwerfers (das System) und auf die Flugbahn des Speers (die Umwelt) anzuwenden sind. Aufgrund dieser in ihnen zur Anwendung kommenden unterschiedlichen Begriffe gehören sie nach dem oben eingeführten Verständnis verschiedenen hierarchischen Ebenen an, nicht aber System und Umwelt. Emery/Trist verwenden das hierarchische Konzept nicht und können daher nicht diese Unterscheidung treffen.

[47] Vgl. Wilden,1980,220

[48] Laszlo,1972,19; Übers. der Verf.

verknüpft ist. Da die Systemgrenze ein Aspekt des Ganzheitscharakters des Systems ist, ist sie zum einen ebenfalls Ergebnis dieser Einflüsse und Wechselwirkungen. Zum anderen gehört sie in einer hierarchischen Darstellung derselben Ebene an, auf der die Systemganzheit angesiedelt ist. Sie ist daher in den, für diese Ebene relevanten, spezifischen Begriffen auszudrücken, die sich logisch unterscheiden von den Begriffen, die den Ebenen der Systemteile und des Obersystems entsprechen. Auch die Umwelt eines Systems ist in den logischen Begriffen der Systemebene zu erfassen. Die Schnittfläche, die die Abgrenzung des Systems gegenüber der Umwelt ist, kann insofern erst benannt werden, nachdem das System als Ganzheit mit seinen Systemgrenzen beschrieben und damit auf einer spezifischen hierarchischen Ebene angesiedelt ist. Abb. 5.13 stellt diese Aspekte dar:

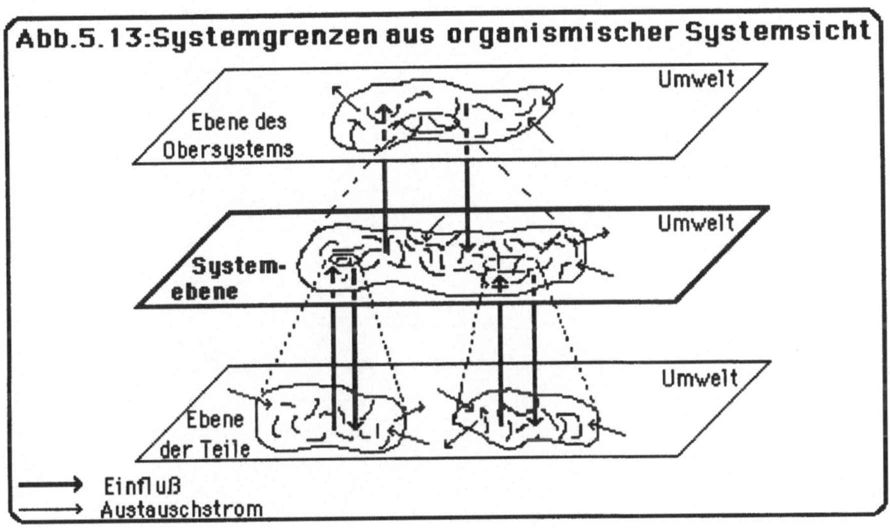

Der Frage, ob auf bestimmten Hierarchieebenen bestimmte Ausformungen der Grenzen gelten, soll hier in der allgemeinen Diskussion systemtheoretischer Grenzkonzepte nicht nachgegangen werden. Es sei lediglich darauf hingewiesen, daß Kast/Rosenzweig mit Bezug auf Managementsysteme auf eine unterschiedliche Durchlässigkeit der Grenzen hinweisen, je nachdem, ob die Grenzen auf der technischen, der organisationellen oder der institutionellen Ebene betrachtet werden:

Zwischen den Perspektiven des Managementsystems dieser verschiedenen Ebenen bestehen allerdings grundlegende Unterschiede. Der technischen Ebene geht es vorrangig um ökonomisch-technische Rationalität und sie versucht, Sicherheit durch das Schließen des 'technischen Kerns' gegenüber vielen Variablen zu erzeugen. ... Die Sichtweise eines 'geschlossenen Systems' paßt zum technischen Kern von Organisationen. Im Gegensatz dazu begegnet die Organisation auf institutioneller Ebene einem äußersten Grad an Unsicherheit in Form von Inputs aus der Umwelt, die sie nicht kontrollieren kann. Daher sollte das Management auf dieser Ebene die Perspektive des 'offenen Systems' anwenden ...[49]

---

[49] Kast/Rosenzweig,1972,23; Übers. der Verf.

5.2 System als perspektivisches Konstrukt

Im vorangegangenen Abschnitt wurde die Position der organismischen Systemtheorie herausgearbeitet, die sich den offensichtlichen Systemen des Universums
widmet. Entscheidend für den ganzheitlichen Charakter dieser Systeme werden deren
emergente Eigenschaften angesehen, die als eng verknüpft gelten mit den systeminternen Beziehungen und mit dem Eingebunden-Sein des Systems in eine Systemhierarchie. In diesem Abschnitt ist die Gegenposition des <u>Perspektivismus</u> zu erläutern.

5.21 Auflösung des organismischen Grenzkonzepts

Die Auflösung der Annahme, daß Systeme mit eindeutigen Grenzen intuitiv und
unproblematisch erkennbar sind, war bereits im Fokus der Systemtheorie auf offene,
dynamische Systeme angelegt. Je mehr Bedeutung den <u>Austauschbeziehungen</u>
<u>zwischen System und Umwelt</u> und der <u>Dynamik des Systems</u> zugeordnet wird, desto
stärker verliert dieses System seine eindeutigen Konturen, und <u>Systemgrenzen</u> können
nicht mehr im Sinne einer offensichtlichen Grenzlinie verstanden werden. Sie werden
zu einem <u>problematischen Konzept</u>. Darauf wies bereits v. Bertalanffy hin:

> Jedes System, das als Gebilde an sich untersucht werden kann, muß Grenzen
> besitzen, entweder räumliche oder dynamische. Im Grunde genommen gibt es
> räumliche Grenzen nur in der naiven Beobachtung, und alle Grenzen sind
> letztlich dynamisch. Man kann die Grenzen eines Atoms nicht genau ziehen (mit
> gleichsam herausstechenden, andere Atome anziehenden Valenzen); oder die
> eines Steins (ein Aggregat von Molekülen und Atomen, die weitgehend aus
> leerem Raum bestehen, mit Partikeln in Abständen wie bei Planeten); oder die
> eines Organismus (der stetig Materie mit seiner Umwelt austauscht).[1]

Waddington hebt hervor, daß die verstärkte Berücksichtigung der Systemdyna-
mik und der Austauschströme zwischen System und Umwelt die Systemgrenzen immer
unklarer erscheinen lassen:

> Mit einer Sichtweise, die den prozessualen Charakter von Gegenständen und
> die Wichtigkeit der Beziehungen zwischen ihnen betont, müssen die Grenzen
> eines jeden Gegenstandes als irgendwie unbestimmt erscheinen, denn nichts

---

v. Bertalanffy,1981b,119; Übers. der Verf.; vgl. v. Bertalanffy,1968,227f; H.Ulrich,
1970,108,112; Wood/Talmon,1983,352.

kann vollständig für sich selbst bestehen, ohne Verzahnung mit irgend etwas anderem.[2]

Die Auflösung systemischer Untersuchungseinheiten stellt auch Laszlo fest:

Das neue Organismuskonzept ist das einer Ganzheit, die nicht aus dem mechanischen Zusammenwirken diskreter Teile (Organe, Zellen, Moleküle und Atome) besteht, sondern die ein System bildet, in welchem Elemente als koordinierte Subsysteme wahrnehmbar und mit Grenzen versehen sind, die aus halbdurchlässigen Oberflächen, Konzentrationsgradienten und Schnittflächen des Energietransfers bestehen. _Ferner wird selbst der ganze Organismus nicht mehr als klar abgegrenztes, rigoros umgrenztes System gedacht. Man stellt sich vielmehr vor, daß es mit seiner Umwelt über eine Reihe weiterer Grenzen verschmilzt_, von denen keine eine absolute Mauer ist. Die organischen Grenzen sind Schnittflächen, durchlässig für einige, wenn auch nicht für alle Informationen, Energieflüsse und Substanzen. ... Die bemerkenswerte Tatsache ist, daß die heutige Wissenschaft tatsächlich, wenn auch zu weiten Teilen vorsichtig, die _Vorstellung von isolierten eindeutigen Einheiten als Untersuchungsgegenstände aufgegeben_ hat.[3]

Die Betonung der _gegenseitigen Durchdringung aller Systeme_[4] und das Anliegen, diese Vielfalt von Beziehungen, die ein System unterhält, in einer Systembetrachtung zu erfassen, führt notgedrungen zu _expandierenden Systemgrenzen_. Warfield sieht in der hier als Auflösung der organismischen Sichtweise bezeichneten Entwicklung eine Verschiebung der _Lehre von den externen zu den internen Beziehungen_. Deren Konsequenzen für die Beurteilung der Systemgrenzen erläutert er am Beispiel des Systems Mensch:

Die Lehre der externen Beziehungen setzt voraus, daß die Grenze eines Objekts auf einer volumetrischen Basis definiert wird und fortlaufend ist. Ein Mann ist danach ein Wesen, das anhand seiner Größe, seines Gewichts, seines Umfangs und ähnlichem zu einer klar definierten Form zu definieren ist. Aber ein anderer Standpunkt, die Lehre der internen Beziehungen, setzt nicht eine volumetrische Begrenzung der Grenze voraus, sondern definiert das Objekt anhand seiner Verbindungen. _Von diesem Standpunkt aus muß man, um einen Mann zu definieren, alle Verbindungen identifizieren, die er mit anderen Elementen des Universums hat_. Von diesem Standpunkt aus ist ein Mann nicht nur ein

---

2 Waddington,1977,22; Übers. der Verf.
3 Laszlo,1972,24; Übers. der Verf.; Betonung hinzugefügt
4 Vgl. z.B. Probst,1981,224; A.Rapoport,1986,Vorwort

physikalisches Objekt mit Größe, Gewicht, Umfang und ähnlichem, sondern er ist auch eine Vielzahl von Beziehungen mit anderen Menschen, mit Tieren, mit der Natur, mit seinen Berufungen und so weiter.[5]

Die Tendenz, die Betrachtungseinheiten, die vormals als klar umgrenzte Systeme galten, immer mehr auszudehnen, zeigt sich in <u>verschiedensten Disziplinen</u>. In der Evolutionstheorie wird dafür plädiert, den Organismus zusammen mit seiner Umwelt als relevantes, zu untersuchendes System aufzufassen[6]. Der Anthroposoph Bateson hält es für das Verständnis des Menschen für notwendig, als relevantes System den Menschen mit den von ihm unterhaltenen Beziehungen anzusehen[7]. v. Bertalanffy fordert, die prinzipiell unlimitierte symbolische Umwelt, in der der Mensch lebt, zu einem integrierten Teil jeder systemischen Betrachtung des Menschen zu machen[8].

Auch in der <u>Organisationstheorie</u> zeigt sich Unsicherheit darüber, wo die Systemgrenzen von dynamischen, mit ihrer Umwelt eng verflochtenen Gebilden zu ziehen sind[9]. Schienen die Systemgrenzen ursprünglich mit dem Bezug auf die Organisationsmitglieder klar definiert[10], so wird die Eindeutigkeit dieses Kriteriums zunehmend in Frage gestellt: sind Kunden[11] und Lieferanten[12] als Teil eines Systems zu verstehen? Sollte für die Beurteilung der Durchlässigkeit der Organisationsgrenzen der grenzüberschreitende Fluß nicht nur von Personen, sondern auch von Informationen berücksichtigt werden[13]? Oder sollten die Grenzen vielmehr anhand der Personen, der Aufgaben und der Sachmittel der Organisation bestimmt werden[14]? Oder ausschließlich anhand der Aktivitäten und Funktionen[15], so daß Verhaltensweisen als Systemteile zu verstehen wären[16]? Wäre die Grenzdefinition in diesem Fall anhand

---

5 Warfield,1976,167; Übers. der Verf.; Betonung hinzugefügt; Warfield bezieht sich hier auf die prozeßorientierte Philosophie Whiteheads; zur Betonung der Beziehungen gegenüber der Substanz vgl. Buckley,1972,173; Vickers,1983,15.
6 Semmel,1984,99; vgl. Wilden,1980,218ff; sowie die Übertragung dieses Gedankens in die Managementlehre bei Dyllick,1982,165,193ff,374.
7 Bateson,1984,164ff; anknüpfend an diese Position Batesons führen Gadalla/Cooper den Begriff des 'Ökologischen Humanismus' ein, in dem die System/Umwelt-Unterscheidung als hinderliche Punktuation angesehen wird. Ein System sollte demgegenüber vielmehr als integraler Bestandteil seiner Umwelt angesehen werden (vgl. Gadalla/Cooper,1978,357). - Sampson stellt mit dem Systemansatz, dem Post-Strukturalismus und dem Marxismus drei Traditionen innerhalb des westlichen Denkens vor, die die Einheit der Person, welche das westliche Denken ansonsten stets voraussetzte, in Frage stellen (Sampson,1983).
8 v. Bertalanffy,1968,208,227f
9 Vgl. die Darstellung des Grenzproblems bei Kubicek/Thom,1976,3983ff
10 Aldrich/Herker,1977,217; Kirsch,1984,988f
11 Dachler,1985a,217; Weick,1969,27
12 Kubicek/Thom,1976,3982f
13 Brown,1966,321
14 Bleicher,1979,10; Bleicher,1983,50
15 Kast/Rosenzweig,1972,20
16 Weick,1969,46; Pfeffer/Salancik,1978,30

der Aktivitäten vorzunehmen, mit denen Mitglieder Kontakte zu Nicht-Mitgliedern aufnehmen[17]? Könnten potentielle Elemente eines Systems prognostisch dem System zugerechnet werden, so daß der Wandel des Systems in der Zeit bei der Grenzziehung berücksichtigt wäre[18]? Oder sollte die Berücksichtigung der zeitlichen Komponente dem Obersystem des in Frage stehenden Systems zugeordnet werden[19]? Welche Bedeutung hat es für das Grenzkonzept, wenn eine Organisation als 'organisierte Anarchie' verstanden wird, die sich gerade durch unsichere und ständig ändernde Grenzen auszeichnet[20]? Wären angesichts der Bedeutung der Austauschbeziehungen zwischen Organisation und Umwelt[21] Versuche einer allgemeingültigen Definition von Systemgrenzen im Hinblick auf Organisationen aufzugeben und Systemgrenzen nur spezifisch anhand einer konkreten Fragestellung zu definieren[22]? Die Auflistung dieser Fragen, deren Beantwortung in der Organisationsliteratur umstritten ist, kann als Illustration der Feststellung Starbucks gelten, daß die Abgrenzung der Unternehmung von der Umwelt einer Wolke ähnelt. Aus größerer Entfernung erscheinen die Konturen relativ deutlich. Je mehr man sich ihr aber nähert, umso mehr lösen sich die Grenzen auf[23].

Auch in der Diskussion der Grenzproblematik in der Organisationstheorie ist die <u>Tendenz zur Ausweitung der Systemgrenzen</u> festzustellen. War zunächst akzeptiert, mit den Systemgrenzen die Organisationsmitglieder zu umgrenzen, so wird nun empfohlen, möglicherweise auch die Kunden, Lieferanten und andere Anspruchsgruppen als Teil des Systems 'Unternehmung' zu verstehen[24]. Eine weitere Expansion der Grenzen wird erreicht, wenn nicht nur Personen, sondern darüber hinaus Information und Aufgaben bzw. Verhaltensweisen mit der Grenzziehung zu umgrenzen sind.

Neben dieser bereits im organismischen Systemverständnis angelegten Tendenz zu expandierenden Systemgrenzen wird ein zweiter Aspekt bei der Grenzdiskussion in der Organisationstheorie deutlich, der ebenfalls die Eindeutigkeit von Systemgrenzen unterläuft. Es wird darauf verwiesen, daß Systemgrenzen lediglich mit Bezug auf eine spezifische Fragestellung, jedoch nicht allgemein zu definieren sind:

---

[17] Aldrich/Herker,1977,221; Aldrich/Herker benutzen das Konzept der 'boundary spanning roles'; vgl. den Hinweis auf die Bedeutung des 'boundary agent' bei Kast/Rosenzweig (Kast/Rosenzweig,1972,20).
[18] Bleicher,1979,11
[19] Jones,1982,54
[20] Cohen/March/Olsen,1972,1
[21] Bleicher,1983,45; Jackson/Keys,1984,475
[22] Dachler,1984,103,105
[23] Starbuck,1976; Kubicek/Thom,1976,3983
[24] Dachler,1985,356; Mitroff,1983,22

Obwohl gegenständliche Systeme und ihre Umwelten objektive Dinge sind, sind sie auch subjektiv, insofern als die bestimmte Zusammenstellung der Elemente, die System und Umwelt sind, von den Interessen des Forschers diktiert sind. Verschiedene Beobachter desselben Phänomens konzeptionalisieren dies möglicherweise als zwei verschiedene Systeme und Umwelten.[25]

Nach dieser Position ist ein System also zunächst in einen Sinnzusammenhang zu stellen, bevor seine Grenze benannt werden kann[26]. Diese Feststellung kann in Beziehung zur Wahrnehmungsfreiheit des Menschen gesetzt werden. Einem Betrachter steht es grundsätzlich frei, ein System mit engeren oder weiteren Grenzen zu definieren und darin eine plausible Darstellung der Realität zu sehen. So sind auch die oben aufgeführten Vorschläge zur Abgrenzung des Systems 'Unternehmung' jede für sich genommen plausibel. Argumente für die eine oder die andere Abgrenzung müssen sich auf eine Fragestellung bzw. eine Absicht beziehen, auf die hin die Systemabgrenzung vorgenommen wurde und anhand der sie zu beurteilen ist. Mit dieser Argumentation wird die Eindeutigkeit der Systemgrenzen also dadurch in Frage gestellt, daß auf die Wahrnehmungsfreiheit des Menschen hingewiesen wird, die die Möglichkeit in sich birgt, Systeme im Hinblick auf unterschiedliche Fragestellungen bzw. ein Anliegen unterschiedlich abzugrenzen[27]. Dasselbe Objekt der Wirklichkeit kann unterschiedlich abgegrenzt werden abhängig davon, von welchem Standpunkt aus die Grenzen definiert werden. Anderton bezeichnet gerade die Vielzahl der Standpunkte, die innerhalb einer systemischen Betrachtung eingenommen werden können, als deren besondere Stärke:

> Eine zentrale Eigenschaft einer guten systemischen Vorgehensweise ist ihre Flexibilität, Darstellungen vieler verschiedener Situationen von einer Vielzahl von Standpunkten aus zu entwickeln.[28]

Diese Argumentation gewinnt besondere Brisanz, wenn es um die Abgrenzung sozialer Systeme geht. Deren Abgrenzung hätte zu berücksichtigen, welche Systemgrenzen von den Systemmitgliedern selbst gesehen werden[29]. Da aber die Systemmitglieder die Aspekte der Wirklichkeit unterschiedlich wahrnehmen und gewichten werden, werden sie die Systemgrenzen unterschiedlich und untereinander widersprüchlich definieren. Diesem Phänomen, daß die Teile eines sozialen Systems selbst

---

25 Ackoff,1971,663; Übers. der Verf.
26 Vgl. Vickers,1980a,70; Vickers,1981,15
27 Zum selektierenden, wertenden Charakter einer Problembenennung vgl. oben 2.21, 'Dimension des Wertens'.
28 Anderton,1980,122; Übers. der Verf.
29 Vgl. Mitroff,1983,3

Systemgrenzen definieren, die voneinander abweichend und möglicherweise widersprüchlich sind, muß eine Diskussion der Systemgrenzen in sozialen Zusammenhängen gerecht werden.

Die Bedeutungsvielfalt und Komplexität der symbolischen Welt, die, wie v. Bertalanffy betont, für die menschliche Welt konstitutiv ist, macht nicht nur die Systemgrenzen selbst problematisch, sondern auch das in der organismischen Systemsicht verankerte Vorgehen, die Systemganzheit mit ihren Grenzen anhand der Beziehungen zwischen System und Obersystem bzw. zwischen System und seinen Teilen zu bestimmen. Das Vorgehen verliert deshalb seinen unproblematischen Charakter, weil in der symbolisch getränkten, sozialen Welt die Eindeutigkeit des Obersystems und der Teile nicht mehr besteht. Bevor das Obersystem und die Teile des Systems bestimmt werden können, muß das System in einen Sinnzusammenhang eingeordnet und ihm damit eine Bedeutung zugewiesen werden. Erst dieser Sinnzusammenhang läßt das Relevanzkriterium deutlich werden, anhand dessen Obersystem und Systemteile zu benennen sind[30]. Daß die Benennung der über- und untergeordneten Systeme einen Sinnzusammenhang voraussetzt, kann am Beispiel des Systems 'Individuum' erläutert werden. Ein Individuum kann z.B. als Teil folgender

---

[30] Koestler spricht von Relevanzkriterien, die das 'Rückgrat' einer Systemhierarchie bilden und mit Hilfe derer wir unsere Begriffe und Wahrnehmungen organisieren (Koestler,1978,65). - Die Ausführungen Koestlers zu den Wechselwirkungen zwischen verschiedenen Hierarchien sind angesichts der hier hervorgehobenen Möglichkeit des Menschen, die Relevanzkriterien zu wählen und zu wechseln, zu erweitern. Koestler selbst betont die Verflechtungen, die zwischen Systemhierarchien bestehen und die es erschweren, deren Wirkungsweise zu erkennen: "Wenn man vor einer gepflegten Hecke steht, die einen Garten umgibt, kann man beim Anblick des üppigen Blätterwerks der miteinander verflochtenen Äste leicht vergessen, daß diese zu getrennten Büschen gehören. Die Büsche sind senkrechte baumbildende Strukturen. Die miteinander verflochtenen Äste bilden waagerechte Geflechte auf zahlreichen Stufen. Ohne die einzelnen Pflanzen gäbe es keine Verflechtung und kein Netz. Ohne das Netzwerk stünde jede Pflanze isoliert, und es gäbe keine Hecke und keine Integration von Funktionen. Arborisation (Verzweigung) und Retikulation (Verflechtung) sind Komplementärprinzipien der Architektur von Organismen und Gesellschaften. Das vom Herzen gesteuerte Blutkreislaufsystem und das von der Lunge gesteuerte Atmungssystem arbeiten als quasi autonome, selbstregulierende Hierarchien, aber sie stehen auf verschiedenen Stufen miteinander in Verbindung." (Koestler,1978,61; vgl. eine entsprechende Darstellung von untereinander verzweigten Hierarchien, die insofern als 'Netzwerke' anzusehen sind, bei Waddington,1977,87). Koestlers Verweis auf die Systeme 'Atmung' und 'Blutkreislauf' kann gut mit den im folgenden aufgeführten Systemen 'Unternehmung' und 'Glaubensgemeinschaft' kontrastiert werden. Während die Teile der Koestlerschen Systeme keine Wahl haben, sondern als Teile unwiderruflich in der Hierarchie verankert sind, kann dasselbe Individuum sowohl Teil einer Unternehmung wie auch Teil einer Glaubensgemeinschaft sein und hat sowohl über diese Zugehörigkeit zu beiden Obersystemen wie auch über die Art der Ausformung des Teil-Seins freie Gestaltungsmöglichkeit. Insofern sind die Verflechtungen zwischen Hierarchien sozialer Systeme ungleich höher und die Wirkungsweise einer solchen Hierarchie unvergleichlich komplexer als die biologischer Hierarchien, auf die Koestler sich hier bezieht und auf deren Komplexität er hinweist.

Obersysteme verstanden werden[31]: als Teil seiner Familie, als Teil der Institution, in der es tätig ist, als Teil einer Glaubensgemeinschaft, als Teil eines Geschichtsablaufs, als Teil eines Sendungsauftrags, als Teil der Schöpfung usw. Ebenso können seine Teile verschieden definiert werden. Verschiedene Vergangenheitsabschnitte können als die Teile gelten, die für die unverwechselbare Ganzheit des Individuums ursächlich sind, oder die Eltern, oder die körperlichen Teile, oder die Beziehungen, die es zu anderen Menschen unterhält, oder die Pläne, mit denen es auf die Zukunft hin lebt. Diese Beispiele geben eine Vorstellung davon, wie unterschiedlich die Sinnzusammenhänge sein können, innerhalb derer ein System betrachtet wird und wie unterschiedlich in der Konsequenz Obersystem und Systemteile benannt werden. Es wird anhand der Beispiele auch deutlich, daß Obersystem und Teile nicht unabhängig voneinander bestimmt werden können, sondern daß es ein Sinnzusammenhang ist, der die Richtschnur dafür gibt, was als Obersystem und was als Systemteil anzusehen ist. Wärend in der organismischen Systemsicht der biologische Sinnzusammenhang unbestritten ist und die hierarchische Ordnung mit den Ebenen Zelle, Gewebe, Organ, Organismus daher als offensichtlich gilt[32], löst sich diese Eindeutigkeit in der sozialen Welt auf. In ihr muß ein <u>System zunächst in einen Sinnzusammenhang gestellt werden</u>, in dessen Licht es betrachtet wird[33]. Erst diesem Sinnzusammenhang kann das <u>Relevanzkriterium</u> entnommen werden, anhand dessen <u>Obersystem und Systemteile bestimmt</u> werden. Abb. 5.21a veranschaulicht diese potentielle Vieldeutigkeit eines sozialen Systems, die darin begründet liegt, daß das System als Teil einer Vielzahl von Systemhierarchien angesehen werden kann, von denen eine jede dem System eine besondere Bedeutung verleiht. Angesichts dieser Vieldeutigkeit werden die Systemgrenzen zu unklaren Konzepten.

---

[31] Vickers hebt regelmäßig hervor, daß alle sozialen Gebilde sich -gleichzeitig- einer Vielzahl von Obersystemen zugehörig fühlen können (Vickers,1978,10). Luhmann gibt dazu die in der Literatur wohl prägnanteste Veranschaulichung: "Soziale Systeme konstituieren durch ihren Sinn zugleich ihre Grenzen und Möglichkeiten der Zurechnung von Handlungen. Ein Beamter, der im Dienst sein Butterbrot ißt, handelt im System der Staatsverwaltung, mag er eine Pause benutzen oder unerlaubt handeln, und außerdem im System seiner Familie. Er kann diese verschiedenen Systeme auch auseinanderhalten. Seinen Ärger darüber, daß ihm seine Frau wieder Käse und nicht Wurst mitgegeben hat, wird er nicht ohne weiteres seinem Vorgesetzten oder seinen Kollegen gegenüber ausdrücken..." (Luhmann,1970a,116).

[32] Die Ausdifferenzierung der Hierarchie durch die Benennung neuer, eingeschobener Schichten ändert an der Grundperspektive dieser hierarchischen Ordnung nichts.

[33] Als Indiz für die Möglichkeit des Menschen, ein System in unterschiedlichen Sinnzusammenhängen wahrzunehmen, ist auf den 'Witz' hinzuweisen. Dessen komische Wirkung beruht auf der Unvereinbarkeit der Sinnzusammenhänge, in denen ein System 'Satz' gleichzeitig wahrgenommen wird (Koestler,1978,135).

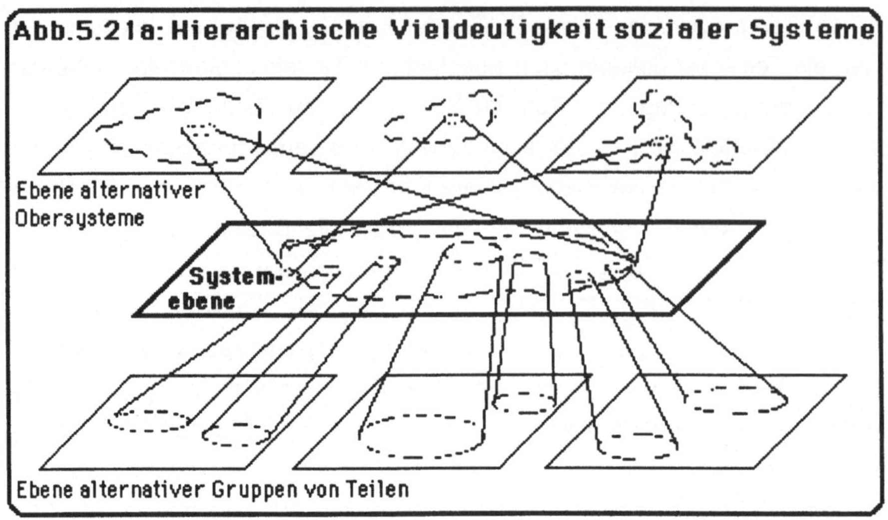

Die Darstellungskraft einer graphischen Abbildung ist, wie Abb. 5.21a zeigt, bereits erschöpft, wenn ein System lediglich drei Sinnzusammenhängen zugeordnet wird und wenn nur zwei Teilsysteme in jedem Sinnzusammenhang unterschieden werden. Das Beispiel des Systems 'Individuum' zeigte jedoch, daß die Zahl möglicher Sinnzusammenhänge in der symbolischen Wirklichkeit und die Zahl der Teile, die innerhalb eines Sinnzusammenhangs unterschieden werden können, ungleich größer ist.

Abb. 5.21a bringt über das bisher Gesagte hinaus zum Ausdruck, daß die Sinnzusammenhänge auch dafür Bedeutung haben, was als Umwelt eines Systems betrachtet wird. Deshalb wurden die Gruppen von Teilen in für sie spezifische Umwelten gestellt. Auch dies kann angesichts des obigen Beispiels als unmittelbar einleuchtend gelten: die Umwelt der Arme, der Beine, des Kopfes und des Rumpfes eines Individuums ist nur als eine denkbar, die gegenüber der Umwelt der Kindes-, Jugend- und Berufserfahrungen desselben Individuums grundlegend unterschiedlich ist. Die Zuordnung eines Systems zu einem Sinnzusammenhang ist also nicht nur maßgeblich dafür, was als Obersystem, und was als Systemteile angesehen wird, sondern auch wie die Umwelten dieser Ganzheiten beschrieben werden[34].

Die Position der Eindeutigkeit von Systemgrenzen, die für das organismische Systemverständnis galt, wird also durch zwei Aspekte aufgelöst, - durch die Bedeutung der Austauschbeziehungen zwischen System und Umwelt und durch die Vieldeutigkeit

---

[34] Vgl. unten 5.4, 'Methodische Hinweise zur Definition von Systemgrenzen'.

der sozialen, symbolisch getränkten Welt. Ersteres zieht die Tendenz nach sich, Systemgrenzen immer umfassender zu ziehen und die systemische Betrachtungseinheit damit stetig auszuweiten. Letzteres nimmt die Eindeutigkeit nicht nur den Systemgrenzen selbst, die nun als vieldeutig gelten, abhängig davon, welchem Sinnzusammenhang das System zugeordnet wird. Es nimmt auch der Vorgehensweise die erhoffte Klarheit, den spezifischen Charakter einer Ganzheit und ihrer Grenzen anhand ihrer Beziehungen zum Obersystem und zu den Teilen zu bestimmen, weil auch die Benennung von Obersystem und Systemteilen nur auf dem Hintergrund eines Sinnzusammenhangs erfolgen kann. Der Definition der Grenzen eines sozialen Systems muß also die Einordnung des Systems in einen Sinnzusammenhang vorausgehen. Erst im Lichte dieses Sinnzusammenhangs kann ein Relevanzkriterium deutlich werden, anhand dessen Obersystem und Teile des Systems zu benennen sind. Mit deren Hilfe können dann die Systemgrenzen bestimmt werden. Abb. 5.21b veranschaulicht diese zweifache Auflösung der Eindeutigkeit von Systemgrenzen.

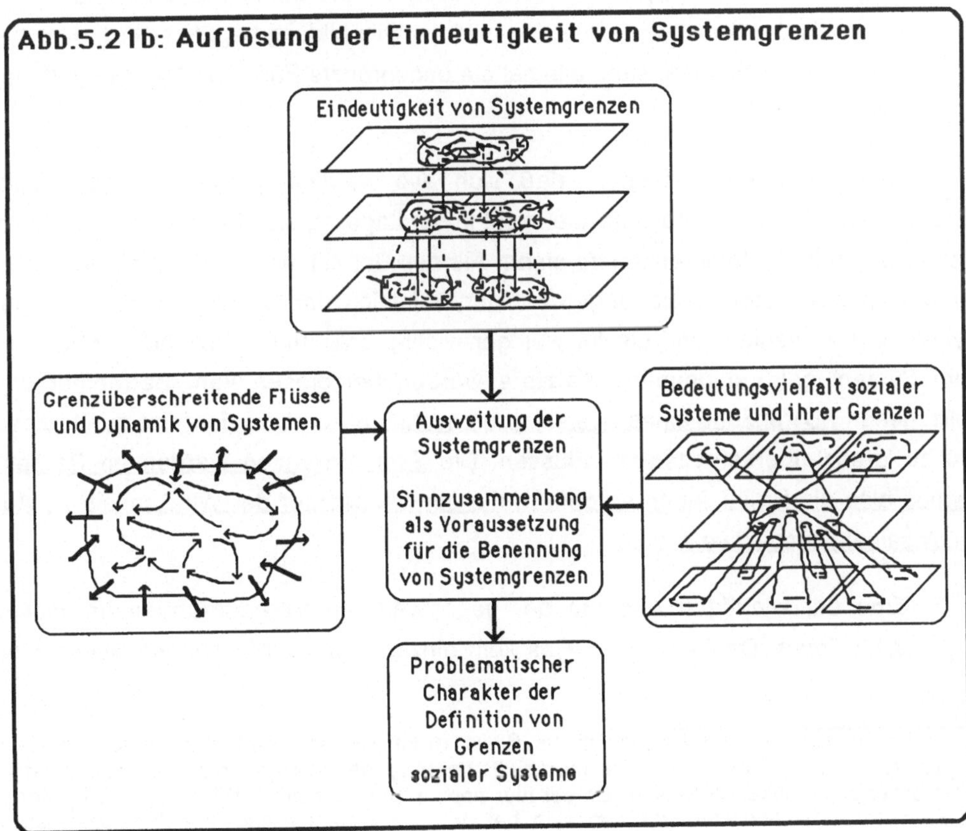

5.22 Systemgrenzen im Perspektivismus

Mit dem Perspektivismus wird an die Auflösung des Verständnisses angeknüpft, daß Systemgrenzen offensichtlich und eindeutig gegeben sind. Es wird auch davon ausgegangen, daß jede Darstellung eines Systems die Wahl eines Sinnzusammenhangs voraussetzt. Gegenüber dem Plädoyer für die Ausweitung der Systemgrenzen wird aber betont, daß jeder Versuch, das Ganze im Sinne der Totalität zu erfassen, die menschlichen Beschränkungen in der Erfassung der Wirklichkeit unberücksichtigt läßt. Es wird daher der stets <u>ausschnitthafte Charakter jeder Darstellung</u> anerkannt, den Anderegg anschaulich umschreibt:

> Die Zusammenhänge oder Ganzheiten, auf die hin sich unser Begreifen vollzieht, bleiben allemal fragwürdig; die Welten, die wir sinnbildend erproben, die wir konstituieren und die wir wohl auch zuweilen zu 'haben' meinen, sind weder lückenlos noch umfassend. Dem Patchwork lassen sie sich eher vergleichen als dem geschlossenen System, und dem Fragment sind sie viel näher als der Ganzheit. ... Dem, was in der Sinnbildung begriffen wird, dem stets begrenzt Begriffenen, steht allemal die unbegrenzte Fülle von Nicht-Begriffenem gegenüber.[35]

Das Anerkennen dessen, daß sich alle wirklichen Systeme gegenseitig durchdringen, daß der Betrachter aber nicht in der Lage ist, sie alle zu erfassen, läßt die Benennung von Systemgrenzen zu einem Akt des Betrachters werden, mit dem er die für wichtig erachteten Beziehungen mit der Definition der Systemgrenzen zu einem System zusammenfaßt und die für weniger wichtig erachteten Beziehungen als nicht zum System gehörig definiert. Letztere werden bei dieser, vom Betrachter aktiv vollzogenen <u>Abgrenzung eines Systems durchschnitten</u> und werden erst durch diesen Akt zu 'grenz'-überschreitenden Flüssen. Die <u>Systemgrenzen werden im Perpekti-</u> <u>vismus also als Projektionen aufgefaßt, die ein Beobachter der Wirklichkeit als Aus-</u> <u>druck seiner Perspektive auflegt</u>:

> Eine der wichtigen Aspekte der gegenwärtigen Veränderungen im wissenschaftlichen Denken ist, daß es kein einziges und umfassendes 'Weltsystem'

---

[35] Anderegg,1985,52; Anderegg an dieser Stelle zu zitieren soll nicht eine Zuordnung dieses Germanisten zu einer nur vermeintlich bestehenden Gruppierung perspektivistisch orientierter Forscher darstellen. Es sei hier noch einmal auf die Erläuterung oben unter 5., Fußnote 1, hingewiesen, daß es sich bei den als 'organismisch' und 'perspektivistisch' genannten Positionen in der Systemtheorie um Verdichtungen handelt, die der Klarheit des Arguments dienen, nicht aber die systemtheoretischen Diskussion mit den an ihr teilhabenden Forschern akkurat abbilden sollen, die aber für die vorliegende Diskussion für äußerst relevant gehalten werden.

gibt. Alle wissenschaftlichen Konstrukte stellen gewisse Aspekte oder Perspektiven der Realität dar. ... Die verschiedenen 'Systemtheorien' sind ebenfalls Modelle, die unterschiedliche Aspekte widerspiegeln.[36]

Diese Feststellung, daß jedes Konstrukt, das die Wirklichkeit erfassen soll, lediglich eine Perspektive aus einer grundsätzlich unbeschränkbaren Anzahl möglicher Perspektiven darstellt, führt dazu, die Fragestellung der Untersuchung als zentrale Bezugsgröße für die Modellierung eines Systems anzusehen. Aufgrund der Fragestellung ist zu entscheiden, welche Objekte der Wirklichkeit, welche ihrer grundsätzlich unbegrenzten Zahl von Eigenschaften und welche der Beziehungen zwischen Objekten bzw. deren Eigenschaften als System gelten sollen[37]. Ashby drückt den auswählenden Charakter des Modellierens eines Systems besonders klar aus:

Jedes materielle Objekt enthält nicht weniger als eine Unendlichkeit von Variablen und somit von möglichen Systemen. ... Das Unterfangen, 'alle' Daten zu untersuchen, wäre unrealistisch, und tatsächlich wurde ein solcher Versuch auch nie unternommen. Nötig ist stattdessen, die Daten herauszugreifen und zu erforschen, die für ein bereits festgelegtes Forschungsziel von Bedeutung sein könnten.[38]

Hall/Fagen betonen, daß auch die Schnittfläche zwischen System und Umwelt allein aufgrund der Fragestellung der Untersuchung zu benennen ist:

Eigentlich bildet ein System zusammen mit seiner Umwelt das Universum aller in einem Kontext interessierenden Dinge. Die Untergliederung dieses Universums in zwei Mengen, System und Umwelt, kann auf vielen Wegen vorgenommen werden, die im Grunde recht beliebig sind. Letztlich hängt es von den Absichten desjenigen ab, der das bestimmte Universum untersucht, welche der möglichen Konfigurationen von Objekten als System genommen wird.[39]

Diese Ausrichtung auf die Beobachterperspektive als die zentrale Bestimmungsgröße bei der stets nur ausschnitthaften Erfassung der Wirklichkeit wird in der Systemtheorie gegenwärtig am konsequentesten vom radikalen Konstruktivismus vertreten. Im radikalen Konstruktivismus gelten unsere Wissenskonstrukte als bewährt lediglich

---

[36] v. Bertalanffy,1972,32; Übers. der Verf.
[37] Vgl. Ackoff,1971,662; Brauchlin,1978,121; Buckley,1972,174; Hall/Fagen,1968,82; Lenk,1978,258; Vickers,1981,15
[38] Ashby,1974,68
[39] Hall/Fagen,1968,83; Übers. der Verf.; vgl. Beer,1972,40; Probst,1981,225

bezüglich der Absichten, die wir in der Anwendung dieser Konstrukte verfolgen[40]. Welche Wissenskonstrukte sich bewähren, hängt also von der Absicht der Handelnden, d.h. von deren Beobachterperspektiven, ab. Erkenntnistheoretisch wird im radikalen Konstruktivismus das systemische Prinzip der Negativauswahl für die Beurteilung unseres Wissens angewendet: unsere Wissenskonstrukte können nie als 'richtig' gelten, sondern bestenfalls als 'nicht-falsch'. Die geistigen Konstrukte, die wir für Wirklichkeitsbeschreibungen halten, stellen Versuche dar, den ordnungslosen Fluß von Ereignissen für uns sinn-voll zu machen, wobei sich deren Sinnhaftigkeit in unserem absichtsgeleiteten Handeln erweisen muß[41]. Die Nicht-Falschheit der Konstrukte bildet lediglich die Mindestanforderung für erfolgreiches Handeln. Im Umkehrschluß auf die Richtigkeit der Konstrukte zu schließen, ist unzulässig, da sie sich nur bezüglich der Zwecke unseres Handelns bewährt haben. Die tatsächliche Beschaffenheit der Wirklichkeit, unabhängig von unserem Handeln in ihr, können wir nie erfahren.

v. Glasersfeld illustriert die Beziehung zwischen bewährtem Wissen und Wirklichkeit mit der <u>Metapher eines Schlüssels</u>[42]. Paßt ein Schlüssel in ein Schloß, so ist er funktional bezüglich unserer Absicht, das Schloß zu öffnen. Er bildet das Schloß aber nicht ab. Aus der Form des Schlüssels kann lediglich geschlossen werden, wie das Schloß nicht ist, d.h. wo es keine Ausbuchtungen und Vorsprünge besitzen kann, nicht aber wie das Schloß ist. Gibt es viele unterschiedliche Schlüssel, die das Schloß öffnen können, so repräsentieren sie unterschiedliche Aussagen darüber, wie das Schloß nicht ist, von denen keine richtiger oder besser als die anderen ist. Was für die Schlüssel eines Schlosses gilt, das gilt auch für unser <u>Wissen von der Wirklichkeit</u>. Auch hier besteht ein funktionales Verhältnis. Das Wissen, das sich 'bewährt' hat, hat sich ausschließlich hinsichtlich der Absichten bewährt, für die das Wissen beim Handeln benutzt wurde. Alternative, konkurrierende Wissenskonstrukte müssen als gleichwertig gelten, solange sie in der Konfrontation mit der Wirklichkeit nicht gescheitert sind und sich damit als falsch erwiesen haben. Jede gedankliche Auseinandersetzung mit den Wissenskonstrukten bleibt stets in deren Grundbegriffen verhaftet. <u>Insofern kann lediglich die empirische Konfrontation der Konstrukte im absichtsgeleiteten Handeln ihre Falschheit zeigen</u>. Jede argumentative Beurteilung der Tragfähigkeit eines Konstrukts ist Ausdruck einer beliebig wählbaren Beobachterperspektive und kann keinen Anspruch auf Vorzugswürdigkeit des Konstrukts begründen. Auch Systemmodelle können nicht vor dem Handeln auf ihre Tragfähigkeit hin beurteilt werden. Mit dem radikalen Konstruktivismus werden Beurteilungsmaßstäbe abgelehnt, die andern-

---

[40] Vgl. zur folgenden Darstellung des Konstruktivismus die Beiträge in dem von Paul Watzlawick herausgegebenen Sammelband 'Die erfundene Wirklichkeit' (Watzlawick,1981).
[41] v. Glasersfeld,1984,5; Watzlawick,1987
[42] v. Glasersfeld,1981,30f

falls als Modellierungsregeln zur Verfügung ständen. Alternative Systemmodelle, die im Handeln noch nicht gescheitert sind, müssen als gleichwertig gelten, sofern sie die Beobachterperspektive, d.h. die Handlungsabsicht, zum Ausdruck bringen.

Eine solche Position, die für die Modellierung eines Systems ausschließlich die Beobachterperspektive als Bezugsgröße gelten läßt, wurde vor dem radikalen Konstruktivismus mit dem <u>mathematisch-mengentheoretischen Ansatz der Systemtheorie</u> vertreten[43]. Ein System gilt hier als eine Menge von Elementen, zwischen denen Wechselbeziehungen bestehen[44]. Daß es dem Beobachter vollkommen freigestellt bleibt, die Art der Beziehungen zwischen den Elementen und damit die Elemente und Systemgrenzen zu definieren, zeigt folgendes Zitat von Hall/Fagen:

> Für jegliche gegebene Gruppe von Objekten kann man unmöglich sagen, daß keine Beziehungen zwischen ihnen bestehen, denn man könnte z.B. immer die Abstände zwischen Paaren von Objekten als Beziehungen verstehen.[45]

Diese empirische Indifferenz scheint im Grundcharakter der Mathematik begründet zu sein. Als formale Wissenschaft widmet sie sich der Logik klar definierter Beziehungen, nicht der Erfassung der Wirklichkeit. Deshalb werden in ihrem Rahmen keine Aussagen dazu gemacht, wie Aspekte der Wirklichkeit zu einem System zusammengefaßt werden können. Auch hier dient nur die Fragestellung der Untersuchung als Bezugsgröße für die Modellierung des Systems und seiner Grenzen.

Bei dieser perspektivistischen Position einer allumfassenden Geltung des Systembegriffs sind Systemmodelle ausschließlich daran zu messen, ob sie eine Beobachterperspektive konsequent umsetzen. Die Beurteilung eines Modells anhand von Regeln für systemische Darstellungen wird abgelehnt. Auch die Definition von Systemgrenzen unterliegt keinerlei Restriktionen, d.h. Aspekte der Wirklichkeit können beliebig zu einem Systemmodell zusammengefaßt werden, sofern dies für eine gewählte Beobachterperspektive dienlich erscheint. Die einzige Regel zur Definition der Systemgrenze ist der Hinweis, sie als Ausdruck der gewählten Beobachterperspektive zu verstehen und an dieser zu orientieren.

---

[43] Diese systemtheoretische Entwicklungslinie wird innerhalb der vorliegenden Arbeit im übrigen vernachlässigt, weil sie auf ihrem heutigen Entwicklungsstand Nicht-Mathematikern nicht zugänglich zu sein scheint.

[44] Lenk,1978,240f; im Zusammenhang mit dem mathematischen Systembegriff wird die von Hall/Fagen formulierte Definition am häufigsten zitiert: "Ein System ist eine Menge von Objekten zusammen mit Beziehungen zwischen den Objekten und zwischen deren Attributen." (Hall/Fagen,1968,81)

[45] Hall/Fagen,1972,82; Übers. der Verf.

5.3 System als ganzheitliches Konstrukt

Die vom Perspektivismus geübte Kritik an einer naiven organismischen Systemsicht, in der Systemgrenzen als offensichtlich vom Gegenstand vorgegeben gelten, ist stichhaltig und wird heute weitgehend akzeptiert. Fragwürdig erscheinen aber die dargestellten Schlußfolgerungen aus der Kritik, insbesondere die allumfassende Anwendbarkeit eines rein perspektivistischen Systembegriffs, mit dem der Gehalt des Systembegriffs verloren geht und die Bestimmung der Systemgrenzen der Beliebigkeit anheimgestellt wird[1]. Lenk stellt dies im Hinblick auf den mathematischen Systembegriff[2] fest und spricht sich daher gegen dessen Übernahme in die allgemeine Systemtheorie aus[3]:

> Ein Begriff ohne Kontrast, ohne Möglichkeit anzugeben, was nicht unter ihn fällt, ist nutzlos, weil allumfassend.[4]

Wurde oben unter 2.1 der Systemansatz als bewährt eingeführt, so stellt sich nun die Frage, ob sein Gehalt, besonders mit Bezug auf die Systemgrenzen, bewahrt und die aufgeführte Kritik gleichzeitig berücksichtigt werden kann. Ausgehend von der organismischen Systemsicht wurde unter 5.2 ein systemisches Grenzkonzept dargestellt, das nun im Lichte der perspektivistischen Kritik neu formuliert werden soll. Damit wird die Argumentation der bisherigen Ausführungen zum Grenzkonzept in der Systemtheorie auf den Kopf gestellt: es wird von der Durchdringung aller Ausschnitte der Wirklichkeit ausgegangen und auf das Grenzkonzept der organismischen Systemsicht zurückgegriffen, um diesem mögliche Hilfestellungen im Umgang mit der vernetzten Wirklichkeit zu entnehmen.

---

[1] Small weist darauf hin, daß gerade diese Beliebigkeit der Grenzdefinition Angriffspunkt für die Kritiker des Systemansatzes ist: "Das Fehlen einer klaren Definition und Kohäsion des (System-, IvB) Feldes erlaubt dem Systemanwender, sich mit 'solipsistischer Virtuosität' einzulassen auf die willkürliche Manipulation der Grenzen dessen, was er als System zu betrachten wählt. Diese nachgiebige Praxis steht nicht nur im Gegensatz zu den Grundsätzen der wissenschaftlichen Methode, sondern schließt auch genaue Überprüfung und jegliche Veranwortlichkeit aus." (Small,1981,26; Übers. der Verf.)

[2] Vgl. die Kritik am mathematischen Systembegriff von Angyal, die Blauberg et al. wiedergeben. Mit ihr wird der logisch andersartige Charakter von Beziehungen innerhalb eines Systems gegenüber den Beziehungen der Mengentheorie betont. Letztere sind binäre Beziehungen zwischen Paaren von Objekten: "Beziehungen gründen sich (im mengentheoretischen Systembegriff, IvB) auf die immanenten Eigenschaften der in Beziehung stehenden Objekte, während die Berücksichtigung eines Objekts in einem System auf der Grundlage von dessen Position im System erfolgt. Während die Beziehung zwischen in Beziehung stehenden Objekten direkt, ohne vermittelnde Verbindung besteht, stehen die Elemente eines Systems nur über ihre Verbindung mit dem Ganzen miteinander in Beziehung." (Blauberg/Sadovsky/Yudin,1977,131; Übers. der Verf.)

[3] Lenks Hinweis darauf, daß die Systemtheorie in diesem Fall mit der mengentheoretisch interpretierten Mathematik identisch sei, ist ein Beleg dafür, daß bei der Beschränkung auf den rein perspektivistischen Systembegriff jeder systemische Gehalt verloren ginge.

[4] Lenk,1978,241

Ausgangspunkt für ein systemisches Grenzkonzept ist also die Situation, daß ein Beobachter sich einer Wirklichkeit gegenübersieht, die sich als enges Geflecht sich durchdringender Einheiten darstellt und in seiner Gesamtheit vom Beobachter nicht zu erfassen ist. Auf diese Wirklichkeit muß er vielmehr Systemgrenzen projizieren und damit einen Beobachtungsausschnitt schaffen, der ihm für eine systemische Auseinandersetzung zugänglich ist. Während diese Systemabgrenzung von einer perspektivistischen Position aus gänzlich dem Beobachter überlassen wird, scheint das Grenzkonzept der organismischen Systemsicht geeignet dafür zu sein, methodische Hinweise zu einer ganzheitlichen Systemabgrenzung zu geben. Die Idee einer solchen Systemabgrenzung ist, ein System als 'ganzheitliches Konstrukt' zu beschreiben, d.h. als ein System, das aufgrund einer Beobachterperspektive konstruiert, für das aber ein Ganzheitscharakter angestrebt wird[5].

Zunächst ist die Vorstellung offensichtlicher, physischer Grenzen zu revidieren. In der sozialen, symbolischen Wirklichkeit sind auch Systemgrenzen als Ausfluß wertgeladener Wahrnehmungen von Menschen zu verstehen[6]. Die Definition von Systemgrenzen kann, ebenso wie die Systembetrachtung insgesamt, nur innerhalb eines Sinnzusammenhangs erfolgen. Da jedoch auch dieser für die Systembetrachtung relevante Sinnzusammenhang nicht unzweideutig vorliegt, muß er vom Betrachter gesucht und bestimmt werden. Insofern handelt es sich hier um das zirkulär anmutende Problem der Suche nach einem Sinnzusammenhang, der relevant ist für eine Ganz-

---

5 Mit dieser Begrifflichkeit kommt zum Ausdruck, daß in der organismischen Systemsicht dem Konzept der Ganzheit eine Leitfunktion zukommt. Unter ihm lassen sich die Konzepte der emergenten Eigenschaft, der hierarchischen Ordnung und der internen Kommunikations- und Kontrollbeziehungen zusammenfassen. Gleichzeitig stellt der Ganzheitsbegriff aber einen Schritt heraus aus dem biologischen Kontext dar und wird daher dem des 'Organismus' vorgezogen (vgl. zu einer solchen Position auch Checkland,1984a,101).

6 Vgl. oben 2.21, 'Dimension des Wertens'.

<u>heit, die erst in diesem Sinnzusammenhang bestimmt werden kann</u>[7]. Mit der hierarchischen Ordnung legt die organismische Systemsicht eine Grundlage für eine Methodik vor, mit der dieses Problem bewältigt werden kann. Die zentrale Aussage des hierarchischen Konzepts war, daß sich der spezifische Ganzheitscharakter eines Systems aus dessen Wechselwirkung mit dem Obersystem und mit dessen Teilen ergibt. Die methodische Konsequenz daraus lautet, daß der Betrachter den Ganzheitscharakter eines Systems nur durch das Auf- und Abschreiten zu den dem System über- und untergeordneten Ganzheiten erfassen kann. Dafür muß er das System -zunächst provisorisch- in einen Sinnzusammenhang stellen und den ganzheitlichen Charakter des Systems in diesem Sinnzusammenhang ergründen. In einem nächsten Schritt ist das System dann vom Beobachter einem anderen Sinnzusammenhang zuzuordnen, in dem er den Ganzheitscharakter des Systems in diesem Sinnzusammenhang mit Hilfe desselben Auf- und Abschreitens zwischen den hierarchischen Ebenen zu erfassen versuchen muß usw. In diesem <u>zwischen verschiedenen Ebenen und zwischen verschiedenen Sinnzusammenhängen hin- und herwandernden Beurteilungsprozeß</u> bestimmt der Betrachter also gleichzeitig den für die Systembetrachtung relevanten Sinnzusammenhang und die Systemganzheit mit ihrer emergenten Eigenschaft. Die Systemgrenze und das systeminterne Beziehungsgeflecht können erst im Lichte dieser

---

[7] Diese Darstellung wird traditionell orientierten betriebswirtschaftlichen Autoren die 'Grundlosigkeit' systemischen Denkens belegen und sie darin bestätigen, vor den metaphysischen Tendenzen des Systemansatzes warnen zu müssen, wie Schneider dies tut: "Diese versuchte wissenschaftstheoretische Absicherung des Systemansatzes durch Ulrich wurde deshalb aufgegriffen und hier auf ihre Implikationen hin untersucht, weil der Eindruck besteht, daß sie einen für ganzheitliche Ansätze typischen Versuch darstellt. Will man ganzheitliche Ansätze rechtfertigen, so muß das wohl notwendig über eine im Sinne eines höheren Allgemeinen mögliche und notwendige Vertauschbarkeit, ein Ineinanderübergehen des Einzelnen und des Allgemeinen geschehen. Ein solches Unterfangen kommt damit aber vom Ansatz her der Hegelschen Metaphysik äußerst nahe." (Schneider,1974,57). Was Schneider hier mit dem Etikett der 'Metaphysik' belegt und damit in den Bereich des wissenschaftlich Unakzeptablen abzuschieben versucht, wird in den Geisteswissenschaften als Methode für das Erfassen alles Menschlichen akzeptiert und praktiziert: die hermeneutische Methode, die als einzig mögliche Anwort auf die Fragestellung der Geisteswissenschaften gilt (zur Hermeneutik vgl. Riedl,1985,211ff; zum Frage-Antwort-Schema in seiner Bedeutung für das hermeneutische Interpretieren vgl. Marquard: "Man versteht etwas, indem man es versteht als Antwort auf eine Frage; anders gesagt, man versteht es nicht, wenn man nicht die Frage kennt und versteht, auf die es die Antwort war oder ist." [Marquard,1982,118]). Auch hier seien Andereggs Ausführungen zur Sprache als Beispiel dafür zitiert, wie die Methode des wechselseitigen Bestimmens, die hier für die Bestimmung von Ganzheiten im sozialen Zusammenhang empfohlen wird, in den Geisteswissenschaften akzeptiert ist: "Zeichenbildung und Sinnbildung sind ... auf das engste verflochten. 'Sinnbildung' meint nicht nur ein Erproben des Begreifens und des Konstituierens, sondern auch ein Erproben der Zeichenbildung, und das Erproben der Zeichenbildung ist ebensosehr Voraussetzung für das Erproben des Begreifens, wie dieses jenes ermöglicht. Die Sinnbildung bedarf der Zeichenbildung, aber nur in der Sinnbildung findet die Zeichenbildung ihre Legitimation. Nicht nur im Hinblick auf die Wechselbeziehung zwischen Einzelnem und Ganzem, von Begreifen und Konstituieren ... bestätigt sich der Prozeßcharakter der Sinnbildung." (Anderegg,1985,56f). Zum auf- und abschreitenden Denken zwischen verschiedenen Abstraktionsebenen vgl. auch H.Ulrich,1985f,50,56.

Ganzheit beschrieben werden. Und erst nachdem mit dieser ganzheitlichen Bestimmung des in Frage stehenden Systems die Systemebene und die ihr eigene Begrifflichkeit gewählt sind, können die gegenüber der Umwelt durchlässige Schnittfläche des Systems sowie die grenzüberschreitenden Flüsse bestimmt werden. Dieser iterative Prozeß der Bestimmung der Systemgrenzen und der Schnittfläche ist in Abb. 5.3a zusammenfassend dargestellt. Die Teile dieser Abbildung sind in Abb. 5.13 in größerem Detail abgebildet:

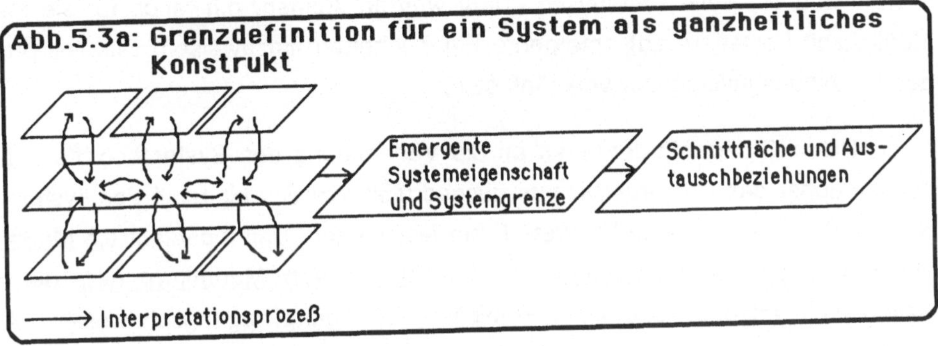

Mit diesen Erläuterungen liegen nun methodische Hinweise zur Bestimmung von Systemgrenzen vor, die aus der Systemtheorie abgeleitet wurden. Sie fußen auf dem Verständnis eines Systems als ganzheitliches Konstrukt, mit dem die Substanz des Systembegriffs erhalten, die vom Perspektivismus geübte Kritik aber berücksichtigt wird. Sich dem Grenzproblem methodisch zu nähern und die Systemabgrenzung nicht dem Belieben des Beobachters zu überlassen, erscheint nur konsequent angesichts der hervorstechenden Bedeutung, die in der systemtheoretischen Literatur der Systemabgrenzung zugesprochen wird. Folgendes Zitat von Churchman sei beispielhaft angeführt:

Ein Hauptproblem der Systemkonstruktion ist also, über die Größe des Systems zu entscheiden, d.h. seine Grenzen gegen die Umgebung festzulegen.[8]

Im Anliegen, den Gehalt des Systembegriffs auch über die Diskussion der Systemgrenzen hinaus zu erhalten, können anhand der Grundkonzepte, mit denen die

---

[8] Churchman,1973a,6; es sei darauf hingewiesen, daß Churchman an dieser Stelle lediglich das Schnittflächenproblem anspricht und insofern sowohl die Wahl eines Sinnzusammenhangs wie auch die Bestimmung der emergenten Eigenschaft des Systems voraussetzt.

methodischen Hinweise zur Benennung der Systemgrenzen entwickelt wurden, <u>Grund-anforderungen an die Verwendung des Systembegriffs</u> formuliert werden. Es wird damit also vorgeschlagen, den Systembegriff an das <u>Konzept der in einen Sinnzusam-menhang gestellten Ganzheit</u> zu binden. Nur die Darstellung ist also als ein Systemmo-dell zu verstehen, in der das System, nachdem es in einen Sinnzusammenhang gestellt ist, mit einer emergenten Eigenschaft bezeichnet werden kann und in der Wechselwirkungen zwischen dem System und einem Obersystem sowie zwischen dem System und seinen Teilen berücksichtigt sind. Gleichzeitig müssen auch das Ober-system und die Teile systemisch erfaßt werden können, d.h. auch für sie muß die Möglichkeit bestehen, auf emergente Eigenschaften hinzuweisen. Die Teile müssen darüber hinaus miteinander verknüpft sein.

Diese Grundanforderungen an die Verwendung des Systembegriffs geben, in der Metapher des Konstruktivismus ausgedrückt, die Grundgestalt des systemischen Schlüssels an, ohne seine konkrete Form festzulegen. Damit besteht ein <u>Maßstab für die Beurteilung des systemischen Charakters von Modellierungen</u>, die so der Beliebigkeit entzogen und einer kritischen Würdigung zugänglich werden. Auf die Bedeutung eines solchen Maßstabs für den Erhalt eines substantiellen Systembegriffs weist Jones hin:

> Wenn jede Beschreibung für sich den Status einer Systembeschreibung beanspruchen darf, ohne daß eine Grundlage zu dessen kritischer Prüfung vorhanden ist, stiehlt dies dem Konzept 'System' jegliche Bedeutung.[9]

Zusammenfassend kann gesagt werden, daß aus der Feststellung der neueren Systemtheorie, daß aufgrund der dichten Vernetzung der Wirklichkeit und der menschlichen Wahrnehmungsfreiheit nicht auf offensichtliche Systemgrenzen Bezug genommen werden kann, in der vorliegenden Arbeit nicht die Schlußfolgerung ge-zogen wird, daß Systeme und deren Grenzen allein Ausdruck der Beobachterperspek-tive und in dieser beliebig modellierbar sind. Es wird vielmehr die Position eingenom-men, daß die Validität von Systemgrenzen, auch wenn sie wie alle menschlichen Konstrukte beobachterabhängig sind, gedanklich anhand der genannten Grundanfor-derungen an eine systemische Modellierung beurteilt werden können. Abb. 5.3b stellt einen zusammenfassenden Überblick über die Argumentation dieses Abschnitts dar.

---

[9] Jones,1982,46; Übers. der Verf.; vgl. Jones,1982,54; Murray,1959,50f; Wilson,1979,52.

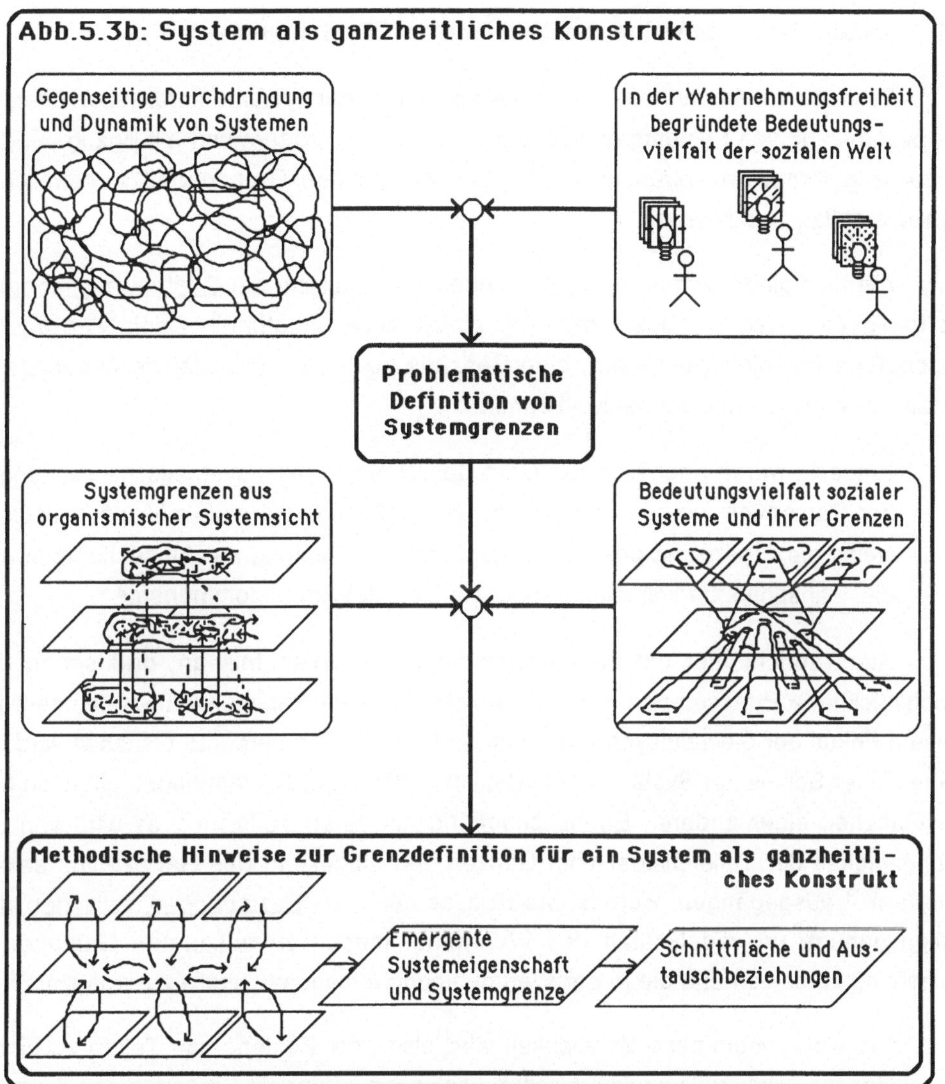

Abb.5.3b: System als ganzheitliches Konstrukt
Gegenseitige Durchdringung und Dynamik von Systemen
In der Wahrnehmungsfreiheit begründete Bedeutungs- vielfalt der sozialen Welt
Problematische Definition von Systemgrenzen
Systemgrenzen aus organismischer Systemsicht
Bedeutungsvielfalt sozialer Systeme und ihrer Grenzen
Methodische Hinweise zur Grenzdefinition für ein System als ganzheitli- ches Konstrukt
Emergente Systemeigenschaft und Systemgrenze
Schnittfläche und Aus- tauschbeziehungen

5.4 Methodische Hinweise zur Definition von Systemgrenzen

Es sind nun die methodischen Hinweise, die in der systemtheoretischen Literatur zur Bestimmung von Systemgrenzen zu finden sind, zu erörtern und mit Bezug auf das vorstehend formulierte Grenzkonzept, das sich auf den Grundgehalt systemischen Denkens stützt, zu bewerten.

Am häufigsten wird in der systemorientierten Literatur die <u>Gestaltwahrnehmung</u> als geeigneter Weg zur Bestimmung einer Ganzheit angeführt[1]. Damit wird auf die angeborene Fähigkeit verwiesen, eine Ganzheit auch bei unvollständig abgebildeten Details zu erfassen und wiederzuerkennen:

> Entdeckt waren aber (von der Gestaltpsychologie, IvB) synthetische Leistungen der Perzeption worden, die schon genetisch angelegt sein müssen; beispielsweise die Ergänzung des Unvollständigen, die Deutung des Unbestimmten und die Transponierbarkeit alles bereits als Gestalt Wahrgenommenen.[2]

Riedl spricht hier die gestaltpsychologische Erkenntnis an, daß schon das bruchstückhafte Erfassen von Teilen ausreicht, um eine Ganzheit wahrzunehmen. Mit diesem Fokus der Gestaltpsychologie auf die Gestalt als emergente Ganzheit wird die Nähe dieser Schule zur Systemtheorie deutlich. Wie in der Systemtheorie gilt auch hier die Ganzheit einer anderen Ebene zugehörig als deren Teile, und es wird von der "Abhängigkeit der Teile/Glieder vom Ganzen und umgekehrt des Ganzen von seinen Gliedern"[3] ausgegangen. Bereits das Erfassen einiger <u>Beziehungen zwischen den Teilen</u> genügt, um die Gestalt des Wahrgenommenen zu bekannten Gestalten in Beziehung zu setzen und die in der Wahrnehmung fehlenden Details zu ergänzen[4]:

> Die wahrgenommene Wirklichkeit wird also trotz Fehlens von Teilen zu einem Ganzen ergänzt. Umgekehrt helfen uns, wenn es um ein Erkennen des Systems geht, die vordergründigen Details ... überhaupt nichts. Im Gegenteil, je unschärfer diese bis zu einer gewissen Grenze werden, umso deutlicher treten offenbar die Beziehungen zwischen ihnen hervor und sagen uns, was das Bild als Ganzheit darstellt. Diese ist also auch hier wieder weniger durch die Dinge selbst als durch die Vernetzung zwischen ihnen repräsentiert.[5]

---

[1] Vgl. v. Bertalanffy,1981,113; Capra,1979,22; H.Ulrich,1985c,10; Vester,1983,35ff
[2] Riedl,1985,218
[3] Wellek,1955,58
[4] Vgl. Vester/v. Hesler,1980,3
[5] Vester,1983,37

Die Gestaltwahrnehmung ermöglicht nicht nur, unscharf abgebildete Ganzheiten, sondern auch die transponierte Gestalt zu erkennen. Ganzheiten sind also auch nach deren Übersetzung wiederzuerkennen, wie das Beispiel der Melodie illustriert:

> Eine Melodie, die in einer bestimmten Tonart gespielt wird, ist nicht allein die Summe der Noten, sondern auch eine ganzheitliche Konfiguration. Wenn die Beziehungen zwischen den Elementen verändert werden, so wird die Ganzheit verändert. Aber wir können die Melodie auch transponieren, wir können sie in einer anderen Tonart setzen; alle Elemente werden dann verändert, aber die Melodie wird die gleiche sein. Die Gestaltqualität bleibt unverändert, solange die Beziehungen zwischen den Elementen (oder den Noten) gleich bleiben.[6]

Ist die Gestaltwahrnehmung dem Menschen in seiner Ausstattung mitgegeben und ermöglicht sie, auch unscharfe und transponierte Ganzheiten wahrzunehmen, so liegt die Schlußfolgerung nahe, daß eine Methodik zur Benennung von Systemgrenzen in Problemsituationen des Managements diese angeborene Fähigkeit aktivieren müsse. Mit diesem Verweis bleiben jedoch die Beschränkungen der Gestaltwahrnehmung unberücksichtigt. Sie können anhand einer evolutionären Betrachtung erläutert werden. Nach evolutionärem Verständnis hat sich die Gestaltwahrnehmung in der menschlichen Wahrnehmung durchgesetzt, weil sie einen wesentlichen Überlebensvorteil für einen Organismus darstellt[7]. Der Überlebensvorteil besteht allerdings nur für die Ganzheiten, die für das Überleben in den natürlichen Bedingungen zentral sind. Die menschliche, evolutionär herausgebildete Fähigkeit zur Gestaltwahrnehmung ist insofern auf die Ganzheiten beschränkt, die dem Menschen unmittelbar zugänglich und im Handeln auch körperlich erfahrbar sind[8]. Zum einen sind dies die körperlichen Ganzheiten, auf die sich eine organismische Position bezieht. Oben unter 5.21 wurde aber argumentiert, daß die für die intuitive Wahrnehmung offensichtlichen Grenzen dieser Ganzheiten bei näherer Auseinandersetzung keine Eindeutigkeit mehr beanspruchen können. Die Gestaltwahrnehmung reicht in dem Fall für das Überleben aus, jedoch nicht für die vertiefte Erfassung der Ganzheiten und ihrer Grenzen. Neben den körperlichen Ganzheiten ist die soziale Welt dem Menschen unmittelbar zugänglich und im Handeln erfahrbar. Die sozialen Zusammenhänge gelten als die, in denen ein Individuum sich vor allen anderen zurechtfinden muß[9]. Auch soziale Ganzheiten

---

6 Strombach,1983,68; Übers. der Verf.; vgl. Popper,1979,61
7 Vgl. v. Hayek,1972,10; Lorenz,1982,151; Riedl,1985,220
8 Schön,1983,147; Weick,1986,46; Dreyfus gibt die Körperlichkeit des Menschen als Grund der Fähigkeit zur holistischen Gestaltwahrnehmung an, da sie eine unmittelbare Erfahrbarkeit der Umwelt ermöglicht (Dreyfus,1985a,196f,257,329).
9 Berger/Luckmann,1982,51

müßten also der dem Menschen mitgegebenen Gestaltwahrnehmung zugänglich sein und der Gestaltwahrnehmung für das Management besondere Bedeutung verleihen, da sich die Bestimmung von Systemgrenzen dort vornehmlich auf soziale Zusammenhänge bezieht. Auch diese Argumentation zeigt sich jedoch als nicht haltbar, da in ihr der qualitative Unterschied vernachlässigt wird zwischen einerseits unmittelbar erfahrbaren face-to-face Beziehungen und andererseits anonymen Makrozusammenhängen[10], welche für das Management und für jede Problemsituation des Managements Bedeutung haben können. Während das implizite Alltagswissen und die an dieses geknüpfte Gestaltwahrnehmung den unmittelbar erfahrbaren sozialen Zusammenhängen genügen, wird es den Makrozusammenhängen nicht gerecht[11]. Der methodische Hinweis auf die der <u>menschlichen Ausstattung angehörende Gestaltwahrnehmung kann für Problemsituationen des Managements daher keine Gültigkeit</u> beanspruchen und für die weitere Diskussion der vorliegenden Arbeit nicht berücksichtigt werden. Auf die Beschränkungen der menschlichen Gestaltwahrnehmung weist bereits v. Hayek hin:

> Viele solcher Regelmäßigkeiten in der Natur werden durch unsere Sinne intuitiv erkannt. Muster nehmen wir wahr, ohne unseren Verstand bewußt zur Hilfe nehmen zu müssen, ebensooft wie einzelne Ereignisse. In vielen Fällen sind natürlich diese Muster so sehr ein Teil unserer als selbstverständlich hingenommenen Umwelt, daß durch sie keine Fragen veranlaßt werden. ... Wie wunderbar unsere intuitive Fähigkeit zum Erkennen von Mustern auch ist, sie ist dennoch begrenzt. Nur bestimmte Arten regelmäßiger Anordnungen drängen sich unseren Sinnen auf. Viele Muster der Natur können wir erst entdecken, <u>nachdem</u> wir sie gedanklich konstruiert haben.[12]

Sind die im Management relevanten komplexen Zusammenhänge der evolutionär herausgebildeten Gestaltwahrnehmung nicht zugänglich, so ist zu prüfen, ob der von v. Hayek empfohlenen Methode zur <u>geistig nachvollziehenden Rekonstruktion eines Musters</u> Hinweise zur Bestimmung von Systemgrenzen zu entnehmen sind[13].

---

[10] Vgl. H.Ulrich,1984a,112
[11] Vgl. Forrester,1974,14ff; Waddington,1977,156ff
[12] v. Hayek,1982,9
[13] Die Darstellung des Ansatzes der Mustererkennung folgt Grafs Untersuchung: 'Muster-Voraussagen' und 'Erklärungen des Prinzips' bei F. A. v. Hayek - eine methodologische Analyse (vgl. Graf,1978).

Das Vorgehen zur Rekonstruktion eines Musters stellt einen empirisch-falliblen, aus Versuch und Irrtum bestehenden Prozeß dar, der verallgemeinerte historische Erklärungen zum Ziel hat[14]:

Die erstrebte Anpassung der Erklärungsmuster an tatsächlich permanent oder wiederholt wirksame Verursachungsmuster kann man sich ... dann vorstellen, wenn im Fall des <u>Scheiterns eine Vermutung</u> aufgestellt wird hinsichtlich einer bisher nicht berücksichtigten Anwendungsbedingung des betreffenden Musters, die im vorliegenden Fall verletzt war, und wenn diese Vermutung in weiteren Instanzen geprüft wird. Die Klasse von Ereignissen, die das Muster im Prinzip zu erklären beansprucht, wird dabei präzisiert. Ob man das Muster überhaupt beibehält ... könnte davon abhängig gemacht werden, ob solche Adjustierungsversuche immer wieder scheitern -dies wäre als <u>Zeichen</u> dafür anzusehen, <u>daß die begrifflichen und modellmäßigen Grenzziehungen des Erklärungsmusters nichts mit den Grenzen des realen Verursachungssystems zu tun haben</u>-, oder ob man durch die Präzisierung des Anwendungsbereichs zu einem sich bewährenden Erklärungsmuster kommt - dann besteht Anlaß, zu hoffen, daß man bei einem in Wirklichkeit vorkommenden relativ invarianten bzw. sich wiederholt aktualisierenden Verursachungsmuster angelangt ist.[15]

Daß den Systemgrenzen für die Muster-Erklärung hervorragende Bedeutung zukommt, ergibt sich aus der mit der Theorie verfolgten Absicht, Voraussagen und Erklärungen von Phänomenen äußerst komplexer Zusammenhänge zu ermöglichen, selbst wenn die tatsächlich relevanten Faktoren niemals alle bekannt sein können. Indem mit der Mustervoraussage nicht auf Detaildaten, sondern auf die wesentlichen Wirkungsmechanismen abgestellt wird, soll die Voraussage der grundsätzlichen Erscheinungsformen von Phänomenen, wenn auch nicht deren konkrete Wertkonstellationen, ermöglicht werden. Der Ansatz steht und fällt offensichtlich damit, daß die für das Phänomen zentralen Beziehungen mit dem Muster erfaßt werden[16]:

Was wir jeweils als Ganzheiten isolieren oder wo wir 'Trennungslinien' ziehen, wird durch die Überlegung bestimmt, ob wir durch die Isolierung solche wiederkehrenden Muster bestimmter zusammenhängender Strukturen erhalten, die wir in der Welt tatsächlich antreffen.[17]

---

[14] Graf,1978,100; zur Mustererkennung in sozialwissenschaftlichen Daten vgl. Heinze,1987,73.
[15] Graf,1978,93f; Betonung hinzugefügt
[16] Vgl. Graf,1978,101,104f,108
[17] v. Hayek,1972,14f

Graf weist darauf hin, daß v. Hayek in seinen früheren Arbeiten die erfolgreiche Rekonstruktion eines Musters und seiner Grenzen allein als Ergebnis der Intuition ansieht. Graf belegt dies mit folgendem Zitat v. Hayeks:

Wo wir es mit sehr komplexen Phänomenen zu tun haben, bedarf das Erkennen der Bedingungen, auf die die Theorie anwendbar ist, wohl häufig der spontanen Wahrnehmung von Mustern oder Konfigurationen, was eine besondere Fähigkeit verlangt, die nur wenige erlangen. Die Auswahl und Anwendung des geeigneten theoretischen Konzepts wird so zu einer Art Kunst, wo Erfolg und Versagen nicht anhand eines mechanischen Tests ermittelt werden kann.[18]

Eine über die Intuition hinausgehende Konzeption zur Benennung der Systemgrenzen ist v. Hayeks späteren Schriften zu entnehmen, in denen der Ort der faktischen Komplexitätsreduktion als wesentlicher <u>Bezugspunkt für die Systemabgrenzung</u> genannt wird:

Die Anwendung eines Erklärungsmusters (Modells) zur Erklärung bzw. Voraussage einiger abstrakter Züge einer insgesamt viel komplexeren einzelnen Situation bedeutet ja in der Sprache der Systemtheorie eine Reduktion von Komplexität: diese Anwendung wird auf nur einige wenige, allgemeine Bedingungen, nicht auf alle kausal relevanten, bezogen. Dabei kommt es darauf an, daß die Art und der Ort dieser Komplexitätsreduktion nicht nur der Willkür des Modelltheoretikers anheimgestellt sind, sondern sich an in der Wirklichkeit vorkommenden Systemgrenzen, d.h. <u>Orte der faktischen Komplexitätsreduktion</u>, anpassen.[19]

Als Orte dieser faktischen Komplexitätsreduktion identifiziert Graf bei v. Hayek <u>homöostatische Mechanismen</u>. Werden die Muster also anhand selbst-regulierender, negativer Rückkoppelungsprozesse rekonstruiert, so werden deren Systemgrenzen mit den Grenzen der in der Wirklichkeit bestehenden Ganzheiten korrespondieren[20]. Mit diesem Verweis auf negative Rückkoppelungsprozesse als logische Orte der Komplexitätsreduktion setzt Graf das Grenzkonzept der Theorie eines Erklärungsmusters explizit gegenüber dem Konzept der "Verdünnung des kausalen Netzwerks"[21] ab, das von anderen Autoren als methodisches Instrument zur Definition von Systemgrenzen in dicht vernetzten Zusammenhängen empfohlen wird. Findet mit diesem Konzept eine

---

[18] v. Hayek,1967,18; zitiert in Graf,1978,98; Übers. der Verf.
[19] Graf,1978,105; Betonung hinzugefügt
[20] Graf,1978,106
[21] Graf,1978,107; vgl. unten 9.1, 'Grenzdefinition auf der Grundlage der Wirkungsmechanismen natürlicher Ökosysteme'.

Konzentration auf die Dichte aller bezüglich eines Phänomens bestehenden kausalen Verknüpfungen statt, so wird mit dem Fokus auf negative Rückkoppelungsprozesse von den konkreten kausalen Beziehungen abstrahiert und auf deren gesamten Wirkungseffekt abgezielt. Die Komplexität der Wirklichkeit wird also dadurch reduziert, daß die Beziehungen auf einer logisch höheren Ebene erfaßt werden. Damit wird die kausale Bedeutung der nicht genannten Verknüpfungen für das Zustandekommen des Phänomens nicht geleugnet, sondern für den Wirkungseffekt höherer Ordnung vorausgesetzt.

An dieser Stelle wird deutlich, daß die Methode der rekonstruierenden Mustererkennung an die Idee einer hierarchischen Ordnung anknüpft[22]. In den Begriffen einer hierarchischen Ordnung ausgedrückt, zielt sie darauf ab, eine zusätzliche Betrachtungsebene zwischen die Ebene der Teile und die Systemebene einzuschieben, - die Ebene nämlich, die durch die Ganzheit 'negative Rückkoppelung' und durch die emergente Eigenschaft 'Selbstregulierung' gekennzeichnet ist. Beide Aspekte ergeben sich aus dem Zusammenwirken der Teile[23]. Diese Ganzheit ist mit Begriffen zu fassen, die sich sowohl von denen der Systemebene unterscheiden, wie auch von denen der Ebene, der die ursprünglich als 'Teile' bezeichneten Ganzheiten angehören. Diese Teile sind nun, aufgrund der neuen Betrachtungsebene, Teile des Systems 'negative Rückkoppelung' und nicht mehr Teile des Systems 'Muster'. Abb. 5.4 veranschaulicht dieses Konzept der rekonstruierenden Mustererkennung nach v. Hayek, das sich durch die Definition einer neuen Hierarchieebene, die der negativen Rückkoppelungen, auszeichnet.

---

[22] Vgl. oben, 5.12., 'Systemgrenzen eines Teils'.

[23] Die Feststellung, daß sich die selbstregulierenden Rückkoppelungsprozesse aus dem Zusammenwirken der Teile ergeben und daß nicht, umgekehrt, das spezifische Verhalten der Teile aufgrund der selbstregulierenden Tendenz des Ganzen zu erklären ist, ist ein Ausfluß der Argumentation, nicht aber eine Beschreibung der Wirklichkeit. Auch hier wird vielmehr von einer Wechselwirkung ausgegangen. Rapoport erläutert unseren Umgang mit beidseitig wirkenden Zusammenhängen wie folgt: "Zusammenfassend gilt, - was als 'Ursache' und was als 'Wirkung' verstanden wird, hängt davon ab, was als beeinflussbar gilt. So wie wir die systemische Sichtweise verstehen, betont sie die regelmäßige Austauschbarkeit von Ursachen und Wirkungen." (A.Rapoport,1986,12) Es sei hinzugefügt, daß nicht nur die Manipulierbarkeit der Variablen, sondern auch die Argumentation, die verfolgt wird, dafür bedeutend sein kann, was als 'Ursache' und was als 'Wirkung' angesehen wird.

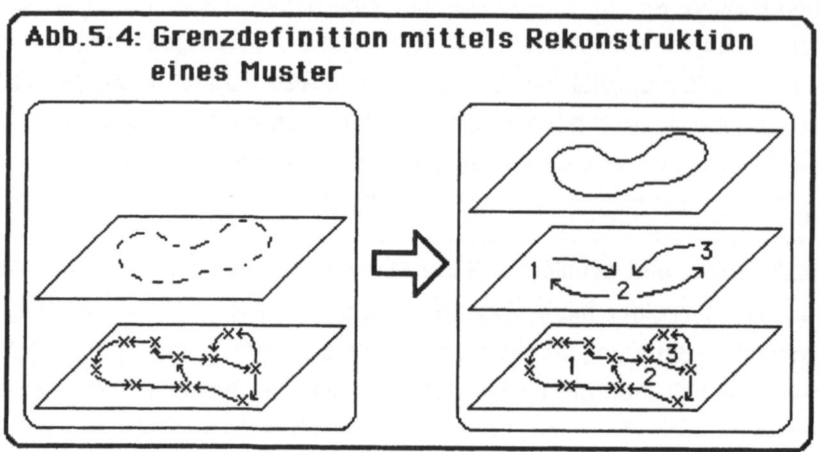

Abb. 5.4 gibt zu zwei Anmerkungen Anlaß. Zunächst ist zu erklären, daß sie eine eindeutige Hierarchie darstellt und die für soziale Zusammenhänge konstitutive hierarchische Vieldeutigkeit vernachlässigt. Dies liegt daran, daß v. Hayek die Bestimmung eines Sinnzusammenhangs nicht thematisiert. Diese 'Auslassung' v. Hayeks kann als Ausfluß seiner erkenntnistheoretischen Position verstanden werden. Wie obiges Zitat v. Hayeks zeigt, geht es ihm nicht um Muster, die sinnvoll innerhalb eines Sinnzusammenhangs sind, sondern um die Erfassung der 'wirklichen', unabhängig vom Beobachter bestehenden Ganzheiten. Ohne an dieser Stelle eine erkenntnistheoretische Diskussion aufnehmen zu können, sei auf die Argumentation oben unter 5.21 verwiesen, daß jede Darstellung der sozialen Welt auf einem Sinnzusammenhang fußen muß. Unabhängig vom erkenntnistheoretischen Status, der den negativen Rückkoppelungsschleifen zugeordnet wird, können die Ausführungen von v. Hayek aber als Anleitung zu einer rekonstruierenden systemischen Darstellung benutzt werden, denn als bewährt gelten Rückkoppelungsschleifen auch in der perspektivistischen Systemsicht. Zweitens ist anhand der Abbildung das oben unter 5.1 Gesagte zu verdeutlichen. Dort wurde die emergente Eigenschaft der systemischen Ganzheit an die Beziehungen zwischen den Teilen geknüpft und beides, emergente Systemeigenschaft und das Beziehungsgeflecht der Teile, der Systemebene zugeordnet. Auf der untergeordneten Ebene galten die Teile als voneinander isoliert. Die v. Hayeksche Argumentation zeigt nun aber, daß die isolierten Teile ihre Bedeutung verlieren und mit Bezug auf das in Frage stehende Muster nicht sinnvoll unabhängig voneinander gedacht werden können. Folglich ist das Beziehungsgeflecht zwischen den Teilen auf der Ebene der Teile, nicht auf der Systemebene zu erfassen.

Neben der evolutionär herausgebildeten Gestaltwahrnehmung und der rekonstruierenden, an der Erfassung negativer Rückkoppelungsschleifen orientierten Mustererkennung ist mit der <u>durch Erfahrung aufgebauten, intuitiven Gestaltwahrnehmung</u> eine dritte Variante dieses Konzepts zu nennen. Die Intuition des erfahrenen Praktikers gewinnt gegenwärtig in der Managementliteratur immer mehr an Interesse[24]. Sie scheint manche Praktiker auch in hochkomplexen Situationen relevante Ganzheiten mit einer solchen Sicherheit erkennen zu lassen, wie sie bei der evolutionär herausgebildeten Gestaltwahrnehmung festzustellen ist:

> Auf ihren Gebieten besitzen Fachleute ein Verständnis, das auf vergangener Erfahrungen beruht, welche in konkreten Erinnerungen gespeichert ist und mittels holistischer Mustererkennung abgerufen werden. Dies erlaubt ... im laufenden Geschehen das Relevante vom Irrelevanten zu unterscheiden.[25]

Bei einer solchen Situationsbeurteilung handelt es sich um ein spontanes 'falling into place'[26], nicht um die Anwendung abstrahierender Regeln:

> Unser Denken und Handeln ist von der Kraft der Intuition, einer tagtäglichen, nicht mystischen Intuition geleitet. Dies Intuition besteht aus der durch Lernen aus Erfahrung erworbenen Fähigkeit, in bestimmten Situationen ein Verhalten zu zeigen, das sich weder in die dafür vorgesehenen noch in irgendwie formulierbaren Regeln fassen läßt.[27]

Die besondere Eigenart der Intuition, nicht in Regeln faßbar zu sein, macht sie als Grundlage für methodische Hinweise zur Grenzdefinition ungeeignet, denn eine Methodik stellt gerade eine solche geregelte Vorgehensweise dar. Sie zielt also auf Problemsituationen ab, in denen auf einen Erfahrungsschatz nicht zurückgegriffen werden kann, der allein eine intuitive Erfassung komplexer Managementsituationen zuläßt. Eine Methodik zur Benennung von Systemgrenzen erfüllt also eine Überbrückungsfunktion für den Fall, in dem die notwendige Erfahrung für ein intuitives Erkennen von Ganzheiten fehlt. Insofern kann sie nicht auf eine auf Erfahrung beruhende, intuitive Gestaltwahrnehmung bezogen werden.

---

[24] Vgl. die Aufsatzsammlung zum Thema 'Management und Intuition' (Bechtler,1986), in dessen Geleitwort Waterman feststellt: "Diese ... Anthologie zeigt recht deutlich, daß der qualitative Aspekt, den wir alle als 'Intuition' bezeichnen, in fast jedem Bereich des Managements von primärer Bedeutung ist." (Waterman,1986,11); vgl. auch Arbib,1972/73,53.

[25] Dreyfus/Dreyfus,1986,162; Übers. der Verf.

[26] A.Rapoport beschreibt die 'Einsicht' mit folgenden Worten: "'Insight' can be interpreted as an accidental 'falling into place' of the several elements that together constitute a solution of a problem." (A.Rapoport,1986,104).

[27] Dreyfus,1985b,15

Eine letzte Ausformulierung des Ansatzes der Gestaltwahrnehmung ist mit Batesons Konzept der 'Figur auf Hintergrund' darzustellen. In diesem Konzept unterscheidet Bateson zwei Grenztypen, die er anhand der Analogie eines mit einem Bilderrahmen eingefaßten Bildes[28] erläutert, auf welchem Figuren mit Konturen dargestellt sind. Der Rahmen grenzt das Bild gegen die Tapete ab und hebt es gleichzeitig positiv hervor:

> Figur und Grund sind, wie diese Termini von Gestaltpsychologen verwendet werden, nicht wie Menge und Nichtmenge in der Mengentheorie symmetrisch aufeinander bezogen. Die Wahrnehmung des Grundes muß positiv unterdrückt und die Wahrnehmung der Figur (in diesem Fall des Bildes) muß positiv verstärkt werden.[29]

Außerdem trennt der Rahmen zwei Bereiche, die einer jeweils unterschiedlichen Betrachtungslogik bedürfen. Das Bild verlangt eine andere Art der Betrachtung und der Bewertung als die Tapete. Für diese Bewertung kann der Rahmen entweder Hilfe geben oder er kann ihr als Teil angehören. Hilfe zur Bewertung des Bildes ist der Rahmen, indem er anzeigt, daß alles innerhalb des Bildes wechselseitig relevant ist und daß die Bewertung des Bildes alles außerhalb des Rahmens Liegende unberücksichtigt lassen kann. Teil der Beurteilung wird der Rahmen, wenn er darauf hinweist, wie die in ihm enthaltenen Mitteilungen zu bewerten sind[30]. Unabdingbar ist aber seine Hinweisfunktion, daß die Prämissen, die zwischen den Figuren innerhalb des Bildes gelten, nicht auf die Tapete anzuwenden sind:

> Der Bilderrahmen sagt dem Betrachter, daß er bei der Interpretation des Bildes nicht dieselbe Art des Denkens anwenden soll, die er bei der Interpretation der Tapete außerhalb des Rahmens einsetzen könnte.[31]

Im Gegensatz zum Bilderrahmen markieren die Konturen der Figuren innerhalb des Bildes keine Grenze des Übergangs zwischen unterschiedlichen logischen Typen. Sie trennen vielmehr Ganzheiten desselben logischen Typs[32] und lassen die Figuren gegen den vom Bilderrahmen umgrenzten Hintergrund hervortreten.

---

[28] Bateson stellt fest, daß die Veräußerlichung des psychologischen Begriffs des Rahmens zu einem physischen Bilderrahmen einen veranschaulichenden Kunstgriff darstellt (Bateson,1985,253).

[29] Bateson,1985,254

[30] Als Beispiel dafür, daß ein Rahmen nicht nur abgrenzt, sondern eine wesentliche Rolle für die adäquate Interpretation der von ihm umgrenzten Mitteilungen spielt, führt Bateson den Rahmen 'Spiel' an. Handlungen, die innerhalb des Rahmens 'Spiel' ausgeführt werden, kommt eine ganz andere Bedeutung zu, als den gleichen Handlungen, die außerhalb dieses Rahmens ausgeführt würden (Bateson,1985,257).

[31] Bateson,1985,254

[32] Bateson,1985,256

Außerhalb dieser Linien, die die Wahrnehmungsgestalt oder 'Figur' begrenzen, findet sich ein Hintergrund oder 'Grund', der seinerseits durch den Rahmen eingegrenzt ist. ... Diese doppelte Rahmung ist unserer Ansicht nach nicht bloß eine Angelegenheit von 'Rahmen in Rahmen', sondern ein Hinweis darauf, daß geistige Prozesse der Logik ähneln, indem sie einen äußeren Rahmen <u>benötigen</u>, um den Grund abzugrenzen, vor dem Figuren wahrgenommen werden sollen.[33]

Während also beiden Grenztypen gemein ist, daß sie das von ihnen Umgrenzte positiv hervorheben, erfüllt die Grenze des Typs 'Rahmen' zwei zusätzliche Funktionen: sie trennt Bereiche unterschiedlichen logischen Typs; und sie gibt Anleitung zur Interpretation des umrahmten Bereichs. Die Parallelen zwischen diesen Grenzkonzepten des Ansatzes 'Figur auf Hintergrund' zu den unter 5.3 herausgearbeiteten Schritten der Definition von Grenzen eines Systems als ganzheitlichem Konstrukt klingen bereits in dieser knappen Beschreibung an und lassen folgende Verknüpfungen zu. <u>Batesons Konturen können als Systemgrenzen verstanden werden; der Rahmen entspricht der Wahl eines Sinnzusammenhangs</u>[34]. Wird die Vergleichbarkeit dieser Darstellungen akzeptiert, so sind den Zitaten Batesons weitere Hinweise zur Bestimmung von Systemgrenzen zu entnehmen. Erstens sei Batesons Hinweis positiv hervorgehoben, daß die Grenzen positiv hervorheben. Dies gilt sowohl bezüglich der Kontur wie auch der Grenze des Typs 'Rahmen'. Diese Feststellung Batesons sei als eine <u>Bestätigung einer bewußten, ausschnitthaften Betrachtung</u> verstanden, wie sie als perspektivistische Position oben unter 5.22 dargestellt wurde. Für die genannten Schritte zur Grenzdefinition heißt dies, daß weder alle möglichen Sinnzusammenhänge, noch die Totalität der in einem Sinnzusammenhang bestehenden Aspekte gleichzeitig erfaßt werden können. Zweitens sei zu Batesons Aussagen zum Grenztyp 'Rahmen' folgendes angemerkt: In Anknüpfung an das Zitat, in dem Bateson die Notwendigkeit betont, eine Figur vor einem begrenzten Hintergrund wahrzunehmen, ist zu sagen, daß wir eine Ganzheit nicht gleichzeitig in unterschiedlichen Sinnzusammenhängen erfassen können. <u>Wir bedürfen vielmehr zunächst der Einordnung einer Ganzheit in einen Rahmen, der die Zahl möglicher Interpretationen beschränkt</u>. Bateson weist in dem Zitat, das die unterschiedlichen Denkarten unterstreicht, die für

---

[33] Bateson,1985,255

[34] Auch wenn Batesons Verweis auf unterschiedliche Denkarten zwischen Bild und Tapete nahelegt, daß dem Rahmen auch die Funktion zukommt, die Betrachtung des Bildes einer hierarchischen Ebene zuzuweisen, so ist dies angesichts des Hinweises Batesons nicht überzeugend, "daß die Mitteilungen außerhalb des Rahmens unberücksichtigt bleiben können." (Bateson,1985,254). Gerade das Auf- und Abwärtssteigen zwischen den Ebenen wurde aber als zentral für die systemische Berücksichtigung der Ebenen angesehen (vgl. oben 5.3, 'System als ganzheitliches Konstrukt').

Tapete und Bild angemessen sind, auf die Notwendigkeit hin, für eine Interpretation innerhalb des gewählten Sinnzusammenhangs zu verbleiben und sie nicht mit Aspekten anderer Sinnzusammenhänge zu vermischen. Drittens bestätigt Batesons Betonung, daß die Konturen nicht Bereiche unterschiedlichen logischen Typs markieren, die in 5.21 als plausibel eingeführte Feststellung, daß die Umwelt eines Systems im gleichen Sinnzusammenhang wie das System zu erfassen ist. Viertens sei hervorgehoben, daß die Wahl eines Sinnzusammenhangs noch nicht die Definition von Systemgrenzen impliziert. Vielmehr sind innerhalb jedes Sinnzusammenhangs eine Vielzahl von Systemabgrenzungen möglich, - so, wie innerhalb eines Bildes verschiedenste Konturen auszumachen sind. Der Schritt der Abgrenzung einer Figur gegen einen Hintergrund ist vielmehr ein zweiter, von der Wahl eines Sinnzusammenhangs verschiedener Schritt.

Für die Systemabgrenzung selbst gewinnt die Idee des Unterschieds Bedeutung. Die Figur vom Hintergrund abzugrenzen, bedeutet, aus der unendlichen Anzahl potentieller Unterschiede, die innerhalb eines Rahmens bestehen, einen effektiven Unterschied zu markieren.

Wir diskutieren eine Welt der Bedeutung, eine Welt, von deren Einzelheiten und Unterschieden, seien sie noch so groß oder klein, die in einigen Teilen dieser Welt auftreten, einige in Relationen zwischen anderen Teilen dieser Welt dargestellt werden.[35]

Unsere Sinne können aber nur mit Ereignissen arbeiten, die Veränderungen darstellen. Auch Unterschiede sind insofern nur als Veränderungen wahrnehmbar[36]:

Das Unveränderte ist nicht wahrnehmbar, solange wir nicht bereit sind, uns im Verhältnis zu ihm zu bewegen. Beim Sehen glauben wir tatsächlich, das Unveränderte sehen zu können. Wir sehen das, was aussieht wie die feste, unbeschriebene Tafel, und nicht nur die Umrisse des Flecks. Aber in Wahrheit machen wir mit unserem Augapfel ständig dasselbe, was ich mit meiner Fingerspitze tat (als Bateson mit dem Finger über einen dicken Kreidepunkt auf der Tafeloberfläche strich, IvB). Der Augapfel hat einen ständigen Tremor.... Der Augapfel vibriert über einige Bogensekunden und verursacht dadurch, daß sich das optische Bild auf der Netzhaut relativ zu den Stäbchen und Zapfen bewegt, welche die Sinnesorgane sind. Die Endorgane empfangen also ständig Ereignisse, die den Umrissen der sichtbaren Welt entsprechen. Wir ziehen

---

[35] Bateson,1984,123f
[36] Vgl. die Darstellung dieses Phänomens aus wahrnehmungspsychologischer Sicht bei Lindsay/Norman,1977,41ff.

Unterscheidungen; das heißt, wir entnehmen sie. Die Unterscheidungen, die nicht gezogen werden, existieren nicht.[37]

Mit Bateson kann hier also die <u>Veränderung als Voraussetzung der Wahrnehmung</u> von Grenzen eingeführt werden. Entweder die Figur oder aber der Beobachter müssen sich bewegen, damit Unterschiede wahrnehmbar und Systemgrenzen definierbar sind.

Nachdem verschiedene, in der systemtheoretischen Literatur immer wieder angeführte Ansätze der Gestaltwahrnehmung in ihrer Bedeutung für die Systemabgrenzung erörtert wurden, ist nun ein zweiter systemmethodischer Hinweis zur Bestimmung der Systemgrenzen zu nennen. Mit ihm beziehen sich eine Reihe von Autoren auf das Abgrenzungskriterium der <u>Interaktionsdichte</u>:

Ein System liegt also dann vor, wenn innerhalb dieser Geamtheit ein größeres Maß von Interaktion oder Beziehungen besteht als von der Gesamtheit aus nach außen.[38]

Dieses Konzept ist als eine Fortführung der homöostatischen, systemischen Sichtweise zu verstehen. Eine geringere Dichte an Austauschbeziehungen steht hier für die systemische Eigenschaft relativer Autonomie, welche auf Selbstregulation in Gestalt von internen Kontroll- und Kommunikationsbeziehungen zurückgeführt wird. Wird es aber zu den unter 5.3 formulierten methodischen Hinweisen zur Definition von Systemgrenzen in Bezug gesetzt, so wird der geringe Grad an systemtheoretischer Ausreifung deutlich. Es werden, erstens, keine hierarchischen Ebenen unterschieden. Die Betrachtung setzt ausschließlich auf der Ebene der Teile und der zwischen ihnen bestehenden Beziehungen an, ohne mit der emergenten Systemeigenschaft die Systemebene zu berücksichtigen. Zweitens wird nicht berücksichtigt, daß einer systemischen Betrachtung die Zuordnung eines Sinnzusammenhangs vorausgehen muß. In dem hinter diesem Vorschlag stehenden Streben, Systemgrenzen möglichst voraussetzungslos zu erfassen, scheinen die praktischen Schwierigkeiten in der Umsetzung dieses Konzepts begründet zu sein[39]. Wird nicht auf einen Sinnzusammenhang Bezug genommen, so fehlt es an einem Maßstab, mit dessen Hilfe der

---

37 Bateson,1984,120; vgl. v. Foerster,1968,173
38 H.Ulrich,1970,108; vgl. den dort angegebenen Verweis auf Hartmann, der "bereits 1949 das 'Übergewicht der inneren Bindung' als Abgrenzungskriterium nennt" (H.Ulrich,1970,108; vgl. Hartmann,1949,332); vgl. die Diskussion der "Grenzlinien entlang der Minima bereichsüberschreitender Flüsse" (Vester/v. Hesler,1980,35) unten unter 9.1, 'Grenzdefinition auf der Grundlage der Wirkungsmechanismen natürlicher Ökosysteme'; vgl. auch Bleicher,1979,9f; Daenzer,1986,20f,59; Probst,1981,225; Waddington,1977,52.
39 H.Ulrich, der in seinen früheren Publikationen dieses Kriterium als geeignet für die Abgrenzung eines Systems anführte, betont heute seine mangelnde praktische Umsetzbarkeit.

unendlichen Zahl von Interaktionen Bedeutung und Gewicht zugemessen werden kann. Die Erfassung und Messung wichtiger Interaktionen ist ohne eine Zuordnung der Betrachtung in einen Sinnzusammenhang praktisch nicht möglich[40]. Die Definition der Systemgrenzen scheint mit dem Verweis auf die Interaktionsdichte daher nicht praktisch unterstützt werden zu können.

Die vorstehenden Erörterungen der methodischen Hinweise zur Definition von Systemgrenzen, die in der systemtheoretischen Literatur aufgeführt werden, können wie folgt zusammengefaßt werden. Das Konzept, das ausschließlich die Interaktionsdichte als Abgrenzungskriterium berücksichtigt, erscheint sowohl aus theoretischen Überlegungen wie auch aus praktischen Erfahrungen nicht fruchtbar zu sein. Aus den Ansätzen der Gestaltwahrnehmung ist aus den Beiträgen von Bateson und von v. Hayek folgendes festzuhalten. Batesons Erörterungen der 'Figur auf Hintergrund' bestätigen die Notwendigkeit der Beschränkung: es sind weder eine Vielzahl von Sinnzusammenhängen gleichzeitig erfaßbar, noch kann eine unbeschränkte Anzahl von Aspekten innerhalb eines Sinnzusammenhangs berücksichtigt werden. Die Wahrnehmung von Ganzheiten, die sich nur auf Veränderungen beziehen kann, ermöglicht im Gegensatz dazu eine Konzentration. Soll die Betrachtung auf die Umwelt der Ganzheit ausgedehnt werden, so ist diese in den gleichen Begriffen wie die Ganzheit zu erfassen. v. Hayek weist in seiner Theorie der Muster-Erkennung darauf hin, daß eine Ganzheit an negativen Rückkoppelungsschleifen rekonstruiert werden kann, sofern sie nicht unmittelbar zugänglich ist.

---

[40] Anderton,1980,117; auch Lewin bezieht sich für die Definition des Begriffs 'Ganzheit' auf einen in den Interaktionen verdichteten Autonomiebegriff: "Für natürliche Ganze ist ein hoher Unabhängigkeitsgrad von der Umgebung ebenso wichtig wie eine hohe Abhängigkeit der verschiedenen Teile innerhalb des Ganzen." (Lewin,1963,342). Im Gegensatz zu vielen systemtheoretischen Autoren setzt er sich jedoch mit dem Meßproblem auseinander und betont, daß die Abhängigkeit sich zwischen verschiedenen Ganzen qualitativ unterscheiden kann (Lewin,1963,331f). Mit seiner Diskussion des Faktors k, dessen Wert darüber entscheidet, ob ein Aspekt Teil des Ganzen ist oder der Umgebung angehört, beschränkt sich Lewin jedoch auf die Meßproblematik und geht nicht auf das Problem ein, welche Qualität der Faktor k beschreiben soll und wie sein Wert sinnvoll bestimmt werden kann (vgl. Lewin,1963,336ff).

6. Weiche Systemmethodik

Die Behandlung des Grenzproblems in der Weichen Systemmethodik soll in
Anknüpfung an die Logik der Ergebnisse des 1. und 2. Teils der vorliegenden Arbeit
dargestellt werden, wie Abb. 6 dies illustriert.

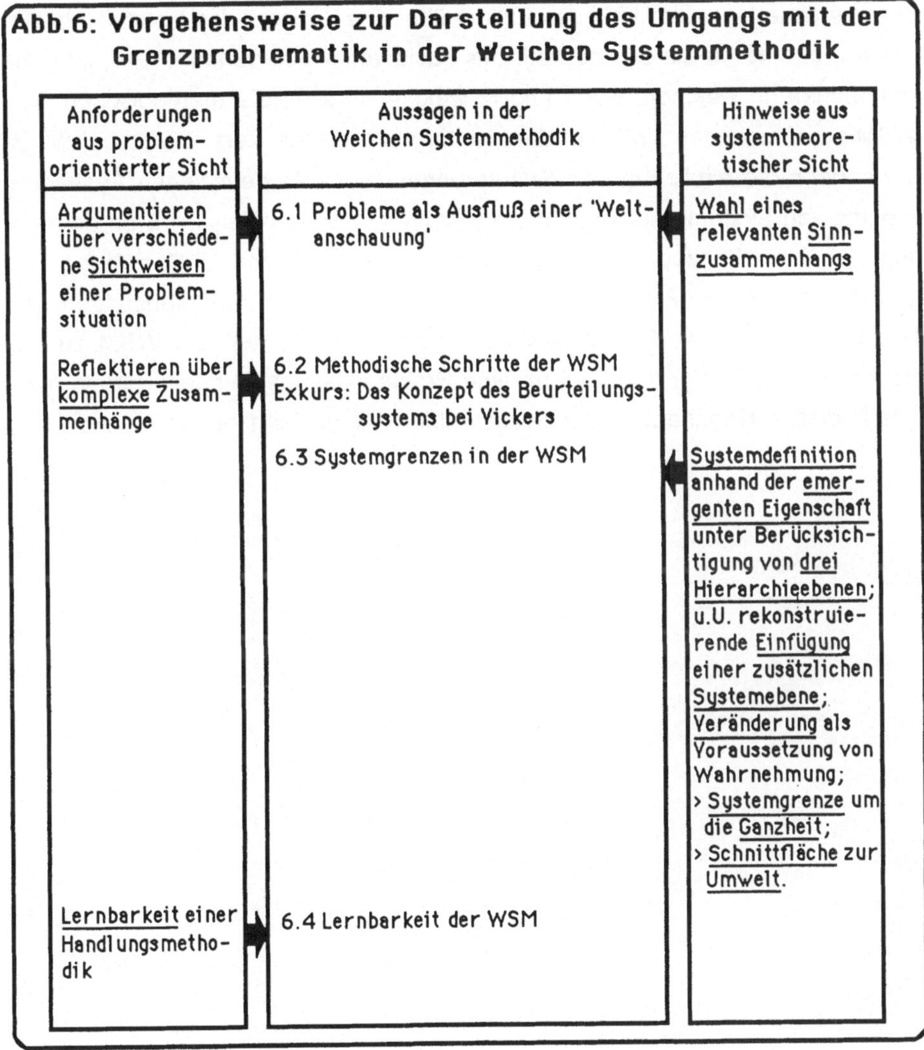

In Fortführung der Argumentation, daß es verschiedene, in Wertvorstellungen
verhaftete Sichtweisen einer Problemsituation gibt und daß der Modellierung eines
Systems die Wahl eines Sinnzusammenhangs vorausgehen muß, wird zunächst das in

der Weichen Systemmethodik (WSM) verankerte Grundverständnis der 'Grundlosigkeit der sozialen Welt' erläutert, mit dem die Bedeutung einer beobachterabhängigen Sichtweise der Problemsituation anerkannt wird, sowie das dieses Verständnis operationalisierende, in WSM zentrale Konzept des Humanen Handlungssystems. Die Frage, wie in WSM das Reflektieren über komplexe Zusammenhänge unterstützt wird, wird dann anhand der methodischen Schritte von WSM und der ihnen zugeordneten Techniken erläutert werden. In einem Exkurs über das Konzept des Beurteilungssystem bei Vickers, das heute als die theoretische Basis von WSM genannt wird, ist genauer zu untersuchen, in welchem Geist und in welcher Absicht die methodischen Schritte von WSM zu durchlaufen sind. Auf dem Hintergrund dieses Verständnisses von WSM können sodann die explizit in den Erläuterungen zu WSM getroffenen Aussagen zur Behandlung von Systemgrenzen in WSM diskutiert, sowie im Anschluß an deren Kritik die implizite Grenzkonzeption von WSM herausgeschält und in Beziehung zu den Ergebnissen der in Teil 2 erarbeiteten systemtheoretischen Grenzaussagen gesetzt werden. In einem letzten Schritt ist die Frage der Lernbarkeit der WSM zu prüfen, welche als eine der Anforderungen an eine Problemlösungsmethodik und so auch an eine methodische Handhabung der Grenzproblematik in Teil 1 genannt wurde.

6.1 Probleme als Ausfluß einer 'Weltanschauung'

Ausgangspunkt der Entwicklung der Weichen Systemmethodik (WSM) bildeten Projekte, in denen Managementprobleme mittels der harten Systemmethodik des Systems Engineering gelöst werden sollten. Die sich bei diesen Projekten ergebenden Schwierigkeiten[1] führten dazu, Situationen, in denen ein harter Systemansatz wie der des Systems Engineering erfolgreich angewendet werden kann, zu unterscheiden von einem anderen Situationstyp, dem die meisten Problemsituationen des Managements zuzurechnen sind. Erstere, Checkland bezeichnet sie als Situationen des Typs 2, sind charakterisiert durch die Logik der Situation. Letztere, die Situationen des Typs 3, zeichnen sich durch unterschiedliche Bedeutungen aus, die ihnen von Beobachtern zugeschrieben werden. Checkland vervollständigt diese Klassifikation durch Phänomene des Typs 1, für die die Gesetzmäßigkeiten der Natur entscheidend sind. Diesen Situationstypen ordnet Checkland die folgenden wissenschaftlichen Disziplinen zu[2]: Phänomene des Typs1 sind Gegenstand der Naturwissenschaften. Situationstyp 2 ist Gegenstand der harten Systemansätze. Situationen des Typs 3, in denen die Bedeutungszuschreibung autonomer Beobachter eine zentrale Stellung einnimmt, wenden sich weiche Systemansätze zu. Da diese Gegenstandsbereiche derart unterschiedlich sind, müssen die ihnen entsprechenden Disziplinen verschiedene, ihrem jeweiligen Gegenstand angemessene Konzepte anwenden, die, sofern sie auf einer systemischen Sichtweise beruhen, anhand von drei unterschiedlichen Typen von Systemmodellen erläutert werden können: dem Modell des natürlichen Systems, dem Modell des gestalteten Systems und dem Modell des Humanen Handlungssystems[3]. Abb. 6.1a

---

[1] Als zentrales Problem der Anwendung eines harten Systemansatzes auf Managementprobleme nennt Checkland, daß jene klar definierte Ziele voraussetzen und eine Vorgehensweise zur Erarbeitung des effizientesten Mittels zur Erreichung dieses Ziels anbieten. Gerade die Benennung eines akzeptierten Ziels erwies sich aber in Managementsituationen als außerordentlich problematisch, und die Beschränkung auf ein spezifisches Ziel als erhebliche Einengung der Problembearbeitung (vgl. Checkland,1984a,156ff,189ff; Checkland,1978, 107ff). Zu einer breiteren Diskussion der harten Systemansätze, ihrer historischen Entwicklung, ihren Grundannahmen sowie ihren Schwächen in Bezug auf Managementprobleme vgl. Checkland,1983.

[2] Auch wenn Checkland nicht selbst darauf hinweist, setzt er hier offensichtlich ausschließlich die Ansätze in Beziehung zu der Typologie von Situationen, die für die Entwicklung der WSM von besonderer Bedeutung waren. So berücksichtigt Checkland für die Situationstypen 2 und 3 lediglich systemorientierte, methodische Ansätze, nicht jedoch nicht-systemische und theoretische Beiträge wie die Spieltheorie oder die Soziologie, obwohl sie sich mit Situationen des Typs 2 bzw. des Typs 3 befassen.

[3] Das Checklandsche 'Human Activity System' scheint als 'Humanes Handlungssystem' treffender übersetzt zu sein, denn als 'System menschlicher Aktivität' (Checkland,1985a,222), da die absichtsgeleitete Handlung für dieses System von zentraler Bedeutung ist. Diese Intentionalität wird mit dem Handlungsbegriff zum Ausdruck gebracht.

zeigt, wie Checkland seine <u>Typologie der Systemmodelle</u> anhand einer Typologie ihrer Gegenstandsbereiche charakterisiert:

<table>
<tr><td colspan="3">Abb.6.1a: Typologie von Systemmodellen</td></tr>
<tr><td>Modelle natürlicher Systeme</td><td>bilden ab</td><td>Phänomene des Typs 1</td></tr>
<tr><td>Modelle gestalteter Systeme</td><td>bilden ab oder sind sehr relevant für</td><td>Situationen des Typs 2</td></tr>
<tr><td>Modelle Humaner Handlungssysteme</td><td>erhellen</td><td>Situationen des Typs 3</td></tr>
</table>

Das <u>Modell des natürlichen Systems</u> bildet natürliche Ganzheiten der Natur ab[4]. Mit dem <u>Modell des gestalteten Systems</u> sollen hingegen die Ganzheiten erfaßt werden, die vom Menschen bewußt gestaltet sind. Sie können in physischer oder in abstrakter Form vorliegen:

Die systemischen Modelle des Systemingenieurs z.B. können dazu benutzt werden, eine chemische Fabrik zu schaffen oder diese zu leiten. ... Andere nützliche Systemmodelle bilden Ganzheiten ab, die der Wirklichkeit angehören, ohne eine physikalische Referenz in der Welt zu haben. Z.B. gehören zu den gestalteten, abstrakten Systemen der Kybernetik auch solche -wir nennen sie 'Kontrollsysteme'-, die die miteinander verknüpften Prozesse abbilden, mit deren Hilfe natürliche oder gestaltete Ganzheiten ihre Integrität in einer sich ändernden und den Gegenstand mit neuen Anforderungen konfrontierenden Umwelt aufrechterhalten. Wir können also auch festhalten, daß <u>jedes</u> Systemmodell selbst ein Beispiel eines 'gestalteten, abstrakten Systems' ist.[5]

Diese Modelle gestalteter Systeme sind darauf ausgerichtet, die Logik einer Problemstellung zu erfassen:

Es ist kein Zufall, daß dieselbe mathematische Gleichung das Wachstum wissenschaftlicher Literatur und den Gewichtsverlust einer hungernden Ratte abdeckt. Hier, beim Beispiel des Wachstums wissenschaftlicher Literatur, ist die Logik der Situation ausschlaggebend, wie auch bei den geliebten Problemen

---

[4] Checkland nennt als Beispiele "Mäuse, Pilze oder die Biosphäre des Planeten Erde" (Checkland,1984b,97).

[5] Checkland,1984b,96; Übers. der Verf.

der Managementwissenschaftler (dem Warteschlangenproblem, dem Problem der Standortbestimmung eines Lagers usw.).[6]

Während man von natürlichen Systemen lernen und gestaltete Systeme benutzen kann[7], können Humane Handlungssysteme ausschließlich nützlich sein, um eine Situation des Typs 3 zu erhellen. Der Erfolg in der Anwendung eines Humanen Handlungssystems ist also keinesfalls so verläßlich, wie der der Anwendung eines der anderen beiden Systemmodelle, da für Humane Handlungssysteme die Bedeutungszuschreibung von Beobachtern zentralen Stellenwert hat, eine Bedeutungszuschreibung, in der diese aufgrund ihres Selbstbewußtseins uneingeschränkt frei sind[8]. Das <u>Modell des Humanen Handlungssystems</u> ist anwendbar auf Situationen des Typs 3,

> in denen die Verknüpfungen kultureller Art sind; Situationen, die charakterisiert sind durch die Bedeutungen, die autonome Beobachter ihren Wahrnehmungen zuordnen. Die meisten Problemsituationen der Wirklichkeit sind dieser Art, sowohl im Kleinen (z.B.: wie sollten wir mit älter werdenden Eltern umgehen?) wie auch im Großen (sollte die nukleare Bedrohung aus der Welt geschafft werden?).[9]

Die vorstehend erläuterte Gegenüberstellung von Typen von Systemmodellen mit Typen von Problemstellungen, auf die die Sytemmodelle angewendet werden können, zeigt die von Checkland stets verfolgte sorgsame Unterscheidung zwischen einem Modell als einem intellektuellen Konstrukt, das für die Erfassung und Interpretation der Wirklichkeit hilfreich sein kann, und der Wirklichkeit selbst, die in ihrer Vielschichtigkeit nie erfaßbar ist:

> Bei strenger Auslegung ist es falsch zu sagen, daß Ganzheiten der realen Welt 'natürliche Systeme' <u>seien</u>. Technisch korrekt sollten wir diese pedantisch als natürliche Einheiten bezeichnen, die mit Systemmodellen erfolgreich abgebildet werden können. Dieser Fehler wird normalerweise dann gemacht, wenn Abbildungen erfolgreich sind; und normalerweise ist dies im täglichen Gebrauch auch nicht von großer Bedeutung.[10]

---

6   Checkland,1984b,97; Übers. der Verf.
7   Checkland,1976,131
8   Checkland,1984a,116
9   Checkland,1983,12; Übers. der Verf.
10 Checkland,1985a,221; Übers. der Verf.; vgl. Checkland,1984a,246ff; Checkland,1984b, 103

Von großer Bedeutung ist die <u>Unterscheidung zwischen epistemologischen Konstrukten und der ontologischen Wirklichkeit</u> für Checkland aber im sozialen Zusammenhang. Im Lichte einer der subjektiven soziologischen Tradition verpflichteten Position[11] betont Checkland, daß die soziale Wirklichkeit nicht als gegeben anzusehen ist, sondern daß diese laufend durch Interpretationen von Personen kreiert wird:

> Das implizit in der Methodik enthaltene Modell der sozialen Wirklichkeit ist, daß diese Wirklichkeit, die Wirklichkeit der 'Individuen', 'Gruppen', 'Organisationen', 'Rollen' usw., nicht gegeben ist, so wie Dampfmaschinen, Frösche und Fingerhüte, sondern laufend durch Kommunikation zwischen Individuen konstruiert und rekonstruiert wird.[12]

Checkland verwendet häufig den von Schütz eingeführten Begriff der 'Lebenswelt'[13], um die Vielschichtigkeit der sozialen Welt zu betonen, die sich aus der Vielzahl von unterschiedlichen und möglicherweise einander widersprechenden Interpretationen 'desselben' ergibt. Gegenüber einer rein subjektiven Sichtweise anerkennt Checkland aber eine zirkuläre, d.h. wechselseitige Abhängigkeit zwischen Lebenswelt und Konzepten zur Interpretation der Lebenswelt[14]. Dieses gegenseitige Bedingtsein versteht Checkland als <u>'Grundlosigkeit' der sozialen Welt</u>, in der nicht zwischen 'richtigen' und 'falschen' Interpretationen der Wirklichkeit unterschieden werden kann. Denn die Wirklichkeit, auf die wir uns zur Bestätigung der Konstrukte beziehen, ist stets selbst durch diese intellektuellen Konstrukte vermittelt[15].

Auf dem Hintergrund dieses Modells der sozialen Wirklichkeit kann nicht mehr sinnvoll von 'dem Problem' gesprochen werden. Auch Probleme werden von Checkland vielmehr als Ausfluß einer bestimmten Interpretation der Lebenswelt verstanden, die <u>jemand</u> der Lebenswelt auf dem Hintergrund einer <u>spezifischen Sichtweise</u> auflegt[16]. Dies führt innerhalb der WSM zu den Konzepten 'Problembesitzer' und

[11] Checkland,1980,323; Checkland,1981,9ff; Checkland,1984a,279,284; zur Typisierung der subjektiv-orientierten gegenüber der objektiv-orientierten Soziologie, auf die Checkland sich bezieht, vgl. Burrell/Morgan,1979,21ff. Zu einer zusammenfassenden, differenzierten Darstellung des Subjektivismus in der Soziologie und den Beschränkungen, die einer dieser Position verpflichteten Methodik nach Ansicht des Autors aufgrund der mangelnden Berücksichtigung von Machtstrukturen anhaften, vgl. Mingers,1984.

[12] Checkland,1982,38; Übers. der Verf.; vgl. Checkland/Davies,1986,111

[13] Vgl. Checkland/Casar,1986,8

[14] Checkland ist dem Realismus, nicht dem Idealismus verpflichtet und geht insofern davon aus, daß die geistigen Konstrukte auf der Grundlage des Erlebens einer dem Subjekt <u>auch</u> gegenüberstehenden Wirklichkeit formuliert werden.

[15] Checkland,1984b,102

[16] Auf die Verknüpfungen zwischen Problemdefinierer, dessen 'Weltanschauung' und dessen Problemdefinition weisen hin Berresford/Dando,1978,144; Dachler,1984a,105; A.Rapoport,1986,165f; Small,1981,26.

'Weltanschauung'[17], die mit dem <u>Modell des Humanen Handlungssystems</u> (HHS) operationalisiert werden[18]. Ein HHS ist idealtypischer Ausdruck einer spezifischen Sichtweise der Problemsituation und modelliert eine <u>zweckorientierte Handlung</u>, welche nur gegen eine Weltanschauung, oder einen Sinnzusammenhang, als 'zweck-orientiert' wahrgenommmen werden kann[19]. Indem innerhalb von WSM gefordert wird, eine Vielzahl von möglichst einander widerstreitenden HHS zu modellieren, soll eine Problemsituation im Lichte verschiedener Weltanschauungen erfaßt werden, welche, als Ausfluß der menschlichen Wahrnehmungsfreiheit, stets vorliegen werden.

Sowohl der epistemologische Charakter des HHS wie auch dessen Ausrichtung auf zweckorientiertes Handeln, das auf einer Weltanschauung fußt, bilden den Kern dieses Konzepts:

(Problemsituationen der Lebenswelt, IvB) sind meist auf das engste mit Menschen verknüpft, die zweckorientiert handeln. Daher erwies es sich als extrem nützlich, das Systemkonzept eines 'Systems, das zweckorientierte Handlungen ausführt' zu entwickeln, - ein Systemtyp, der 'Humanes Handlungs-system' genannt wurde. ... Es stellte sich bald heraus, daß systemische Konzepte menschlichen Handelns nicht zu umschreiben waren..., bevor eine explizite Weltanschauung definiert war. Ein Systemmodell einer zweckorien-tierten Handlung, das z.B. relevant für eine Untersuchung von Gefängnissen der Lebenswelt sein soll, muß auf einer bestimmten Weltanschauung über Gefäng-nisse beruhen: Rehabilitation, Umerziehung, Bestrafung, Schutz der Gesell-schaft, usw. Um zweckorientierte Handlungen der Lebenswelt zu untersuchen, müssen also Humane Handlungssysteme benannt werden, von denen jedes auf einem unterschiedlichen Standpunkt beruht und explizit als formal konstruierter, (systemischer) Weberscher 'Idealtyp' verstanden wird, nicht als ein erhofftes Modell <u>der</u>, zur Lebenswelt gehörenden, zweckorientierten Handlung.[20]

---

[17] Checkland selbst benutzt den deutschen Begriff 'Weltanschauung' und versteht darunter ein Grundverständnis, das jeder Wahrnehmung und Interpretation vorausgeht, unabhängig davon, ob die großen Zusammenhänge dieser Welt oder aber eine alltägliche Situation Gegenstand der Betrachtung ist. Zu einer ausführlichen Diskussion des Gebrauchs des Begriffs 'Welt-anschauung' in WSM vgl. Checkland/Davies,1986, eine Erwiderung auf die von Fairtlough geübte Kritik an einem unklaren Bedeutungsgehalt dieses Begriffs (Fairtlough,1982).

[18] Wilson,1979,51

[19] Vgl. Checkland,1987,119: "... jede praktische Handlung (ist) theoriegeladen, in dem Sinne, daß wir als Beobachter offensichtlich zweckorientierter menschlicher Handlungen an diese die Frage stellen können: 'Welcher gedankliche Bezugsrahmen könnte diese Handlung rein logisch sinnvoll machen?' (Diese Frage ist unabhängig davon, ob der Handelnde sich selbst des deduzierten Bezugsrahmens bewußt ist.)"

[20] Checkland,1984b,96; Übers. der Verf.

Dieser Vielzahl von Humanen Handlungssystemen kommt in einer als problematisch empfundenen Situation Werkzeugcharakter zu, um den <u>Prozeß des Lernens über die Problemsituation</u> zu strukturieren[21], welcher in wünschbare und machbare Veränderungen der Situation münden soll. Kristallisationspunkt dieses Lernprozesses ist eine Debatte, die sich aus dem Vergleich der vielschichtigen, von einer Vielzahl verschiedener Sichtweisen dominierten Problemsituation[22] mit den klaren, idealtypischen Modellen der HHS ergibt, - eine Debatte, die zwar auch von nur einer Person gedanklich bestritten werden kann, die im Idealfall aber zwischen den Betroffenen einer Problemsituation geführt wird[23]. Nur im zweiten Fall wird das in der WSM liegende Potential ausgeschöpft, das gesamte Verständnis einer Problemsituation, das bei den verschiedensten Beteiligten angesiedelt ist, für die Entwicklung sinnvoller Veränderungen fruchtbar werden zu lassen und die tatsächliche Umsetzung dieser Veränderungen optimal vorzubereiten[24].

Abb. 6.1b illustriert, wie die Annahme, daß beobachterabhängige Sichtweisen von Problemsituationen bedeutend sind, in WSM zur methodischen Konsequenz führt, Problemsituationen der sozialen Welt mit Hilfe von einer Vielzahl von Humanen Handlungssystemen zu bearbeiten, mit welchen unterschiedliche Sichtweisen der Problemsituationen modelliert werden.

---

[21] Checkland versteht diese Ausrichtung auf das Lernen, das an die Stelle des Optimierens tritt, als einen Aspekt der Ablösung des 'harten' Systemdenkens durch das 'weiche' (Checkland,1987,130).

[22] Für Checkland ist das besondere Charakteristikum der 'ill-structured, ill-defined messes' (vgl. oben 2.24, 'Bezugnahme auf andere Problembegriffe') die Existenz vieler, z.T. widersprüchlicher Weltanschauungen, die eine allgemeingültige, konsistente Darstellung dieser Art Problemsituation nicht erlauben.

[23] Checkland,1984b,99

[24] Checkland,1984b,101

6.2 Methodische Schritte der Weichen Systemmethodik

Auf dem Hintergrund des erläuterten Grundverständnisses der WSM sind nun die einzelnen methodischen Schritte darzustellen, die eine Ausdifferenzierung des in Abb. 6.1b illustrierten Grundmodells darstellen. In der WSM werden fünf Schritte, die sich in der Lebenswelt manifestieren, unterschieden von zwei Schritten, in denen es um klares, systemorientiertes Denken über die Wirklichkeit geht. Abb. 6.2a stellt die Ganzheit der WSM in ihren sieben Schritten dar[1].

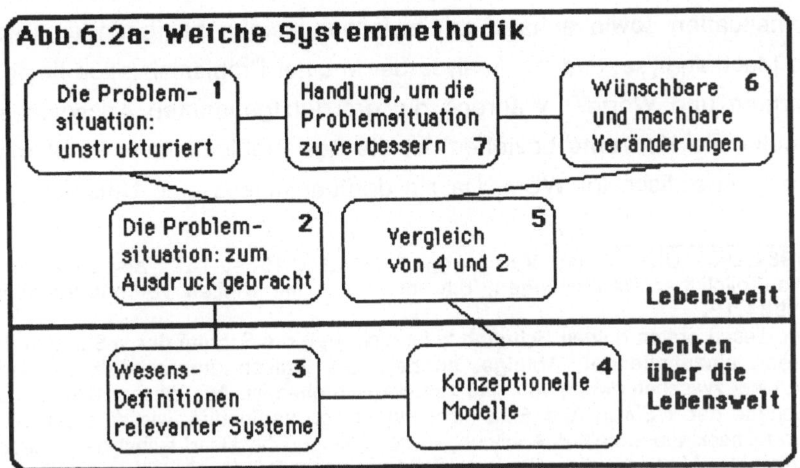

Die ersten beiden Schritte der Methodik dienen dem Vertrautmachen mit der problematischen Situation. Sie ist hier in ihrer Vielschichtigkeit zu erforschen, ohne daß bereits systemische Begriffe angewendet werden, und der Blick damit auf systemische Fragestellungen verengt wird[2]. Schritte 1 und 2 sind daher 'oberhalb der Linie' aufgeführt, welche die vielschichtige Lebenswelt von der Welt des klaren systemischen Denkens trennt.

Schritt 1, 'Die Problemsituation: unstrukturiert', steht für das Ergründen der problematischen Situation selbst. In Schritt 2, 'Die Problemsituation: zum Ausdruck gebracht', soll ein möglichst facettenreiches Bild der Situation erstellt werden, das im Laufe des Erforschens ständig erweitert und modifiziert wird. Gegenüber verbalen Darstellungen hat die hier empfohlene bildliche Darstellung den Vorteil, schneller erfaßbar zu sein und so in Gesprächen, die der Erforschung der Problemsituation dienen, als Instrument eingesetzt werden zu können. Wilson erläutert den Wert bildlicher Darstellungen wie folgt:

---

1 Vgl. Checkland,1984a,163
2 Checkland,1984a,164; eine bereits zu Beginn vorgegebene Frage nach den in der Situation bestehenden Kommunikationsbeziehungen wäre ein solcher systemorientierter Blickwinkel.

Systemdenken hat sowohl mit Beziehungen wie auch mit Ganzheiten zu tun. Prosa ist nun ausgesprochen schlecht geeignet, solche Beziehungen zu vermitteln, und es hilft daher, im Denken über eine Situation Klarheit zu gewinnen, indem es anhand eines Bildes illustriert wird.[3]

Neben dem Hinweis, das Erforschen der Problemsituation mit der Entwicklung einer bildlichen Darstellung zu unterstützen[4], wird auf <u>vier Analysen</u> hingewiesen, die in Schritt 1 von WSM benutzt werden können[5]: die Analyse des Probleminhalts-Problembearbeitungs-Systems[6]; die Analyse anhand der Struktur und der Prozesse in der Problemsituation sowie anhand der zwischen beiden bestehenden Beziehung (Klima); die Machtanalyse; und die Analyse der in einer Problemsituation bestehenden Rollen, Normen und Werte[7]. Während die drei letztgenannten Analysen sich auf allgemein bekannte Konzepte beziehen, ist die des Probleminhalts-Problembearbeitungs-Systems spezifisch für WSM. Da sie darüber hinaus eine Umsetzung der für

---

[3] Wilson,1984,295; Übers. der Verf.; vgl. Checkland,1984a,167; als Beispiel für die Nützlichkeit bildlicher Darstellungen, d.h. nicht nur mit Pfeilen verknüpfter Worte, vgl. Wilson,1984,12.

[4] Bereits an diesen ersten beiden Schritten zeigt sich, daß die Schritte der WSM nicht im Sinne einer streng einzuhaltenden Abfolge, sondern als logisch unterscheidbare Schritte zu verstehen sind, zwischen denen vor- und zurückzuschreiten ist. Aus diesem Grund wurden die sieben Schritte der WSM in Abb. 6.2a nicht mit Pfeilen verbunden, wie dies bis heute noch bei den von Checkland erstellten Abbildungen der Fall ist. Checkland selbst betont jedoch, daß der Benutzer der Methodik die einzelnen Schritte ausschließlich als Hilfe verstehen soll, um Klarheit über den eigenen Gedankengang anhand der Logik der Methodik zu bewahren (zum nicht-sequentiellen Durchlaufen der Methodik vgl. Checkland,1984a,210; Checkland,1985b; als jüngstes, dokumentiertes Beispiel des praktischen, nicht-sequentiellen Benutzens der Methodik in einem Projekt vgl. v. Bülow,1986,33f).

[5] Checkland,1984a,230ff; Checkland,1985b,824; es sei hier auf die theoretischen Unstimmigkeiten hingewiesen, die bestehen zwischen, erstens, dem Hinweis auf die zirkuläre Abhängigkeit von Erfahrungen in der Wirklichkeit und intellektuellen Konzepten, zweitens, der Aufforderung, die Situation zu erfassen, ohne sich eines Konzepts zu bedienen, und, drittens, dem Verweis auf vier Analysen zur Erfassung der Situation, die ihrerseits Konzepte darstellen. Diese theoretischen Widersprüche verlieren jedoch an Bedeutung, wenn sie in Relation zu der für WSM zentralen Unterscheidung von 'Lebenswelt' und 'konzeptionellem Denken' über die Lebenswelt gestellt werden. Gerade im Kontrast zu den klaren, sich bewußt auf nur eine Sichtweise der Problemsituation beschränkenden Humanen Handlungssystemen, die 'unterhalb der Linie' modelliert werden, decken die hier empfohlenen vier Analysen eine erhebliche Breite von Aspekten der Problemsituation ab. Darüber hinaus sind die beiden Analysen, 'Probleminhalts-Problembearbeitungs-System' und 'Struktur-Prozeß-Klima', rein formaler Art, so daß sie die zu berücksichtigenden Aspekte nicht einschränken.

[6] Das Konzept des 'problem-content system, problem-solving system' wurde bereits in den früheren Phasen der Aktionsforschung an WSM entwickelt (Checkland,1984a,239), in denen die Begriffe des 'Problems' und der 'Problemlösung' noch stärker in WSM akzeptiert wurden, als es heute der Fall ist. Angesichts der Tatsache, daß in der Diskussion um WSM heute nicht mehr von 'Problemlösen' gesprochen wird, wird hier der Begriff 'Problembearbeitungs-System' dem Begriff 'Problemlösungs-System' vorgezogen.

[7] Die Machtanalyse und die Analyse der Rollen, Normen und Werte wurden als zwei mögliche Wege entwickelt, um die in einer Situation bestehenden Strukturen und Prozesse zu erfassen (Checkland,1984a,230ff). Zu einer der ersten Erläuterungen zu Struktur, Prozeß und Klima, in der noch nicht auf die Machtanalyse und die der Rollen, Normen und Werte verwiesen wird, vgl. Checkland,1972,99f.

WSM zentralen Konzepte darstellt, soll sie eingehender erläutert werden. Die anderen Analysen werden ausschließlich anhand der in ihnen zu beantwortenden Fragen in Abb. 6.2b zusammenfassend aufgeführt:

6.2b: Vier Analysen zur Erforschung der Problemsituation

Analyse der sozialen Beziehungen

Welche <u>Rollen</u> sind in der Problemsituation entscheidend?
Welches Rollenverhalten wird für jede Rolle erwartet, d.h. welche <u>Normen</u> bestehen?
Was wird als 'gutes' und 'schlechtes' <u>Rollenverhalten</u> angesehen (Bewertungskriterien), und welche Werte werden damit impliziert?

Machtanalyse

Wie ist die <u>Machtverteilung</u> in der Problemsituation?
In welcher <u>Form</u> liegt die Macht vor (Verteilung der Ressourcen, Propaganda, Abhängigkeit von Dritten)?
Durch welche <u>Prozesse</u> wird Macht erlangt, ausgeübt, bewahrt und weitergeleitet?

Analyse von Struktur-Prozeß-Klima

Welche <u>Struktur</u> beherrscht die Problemsituation (physische Anlage, Machthierarchie, Berichtswesen, formales und informales Kommunikationsmuster)?
Welche <u>Prozesse</u> bestimmen die Problemsituation (Prozesse der Entscheidung, der Ausführung, der Kontrolle und der Kontrollhandlungen)?
Wie stehen Struktur und Prozesse zueinander in Beziehung, d.h. wie ist das <u>Klima</u> der Situation?

Analyse des Probleminhalts-Problembearbeitungs-Systems

Wer veranlaßte die Untersuchung der Problemsituation, d.h. wer ist der '<u>Klient</u>'?
Wer füllt die Rolle des/der '<u>Problembearbeiter(s)</u>' aus, welche Ressourcen stehen ihm zur Verfügung, welchen Beschränkungen unterliegt er?
Welche Rollen, Individuen oder organisationelle Einheiten können als '<u>Problembesitzer</u>' verstanden werder?
Welche <u>Implikationen</u> hat die Wahl eines 'Problembesitzers' (bezüglich der Erwartungen des Klienten, des Zugangs zu Informationen, der Einbeziehung Betroffener in die Untersuchung (Machbarkeit), der Aspirationen des 'Problembesitzers'?
Wie könnte das <u>Probleminhaltssystem</u> beschrieben werden?

In der <u>Probleminhalts-Problembearbeitungsanalyse</u> wird nach den Grundmerk-
malen der Problembearbeitung gefragt. Dabei stehen drei Rollen im Vordergrund, die
teils für den Prozeß der Problembearbeitung, teils für dessen Inhalt bedeutungsvoller
sind. Abb. 6.2c illustriert die Fragestellung der Analyse[8]. Checkland führt sie wie folgt
ein:

> Jeder Gebrauch der Methodik kann als Interaktion zwischen den erhofften
> 'Problemlösungs'-Handlungen und einem 'Probleminhalt' konzeptionalisiert
> werden. Ausgelöst wird diese Interaktion von jemandem in der Rolle des
> 'Klienten'. Der Gebrauch der WSM wird von jemandem in der Rolle des
> 'Problemlösers' organisiert; der Problemlöser ist <u>frei, zu bestimmen, wer die</u>
> <u>dritte Rolle, die des 'Problembesitzers', einnehmen soll</u>.[9]

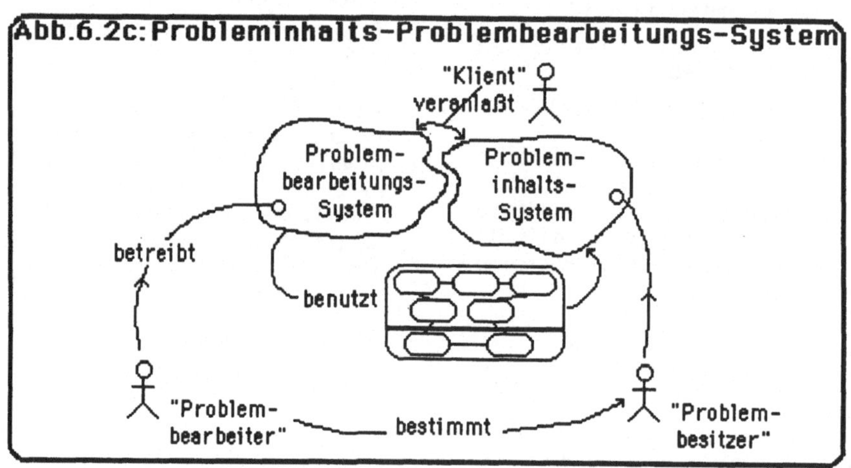

Die <u>Rollen des 'Klienten', des 'Problembearbeiters' und des 'Problembesitzers'</u>,
mit denen einzelne Personen meist unreflektiert identifiziert werden, werden mit diesem
Analysekonzept <u>geöffnet</u>: jeder Rolle können die verschiedensten Beteiligten zugeordnet werden. Die Fruchtbarkeit dieser Öffnung wird im Hinblick auf den 'Problembesitzer'
am deutlichsten, der nun nicht mehr notwendigerweise mit der Person des 'Klienten'

---

[8] Abbildung nach Checkland,1984a,239
[9] Checkland,1984b,101; Übers. der Verf.; im folgenden wird die bei Checkland vorgenommene
Apostrophierung der Rollen übernommen, um stets klar darüber zu sein, daß es sich hier um
Konzepte 'unterhalb der Linie' handelt, denen wirkliche Personen nur <u>zugeordnet</u> werden
können. Es besteht hier keine 'natürliche, offensichtliche Entsprechung' von Personen und
Rollen.

identisch zu sein braucht[10]. Sie ist aber auch bezüglich der Rollen des 'Problembearbeiters' und des 'Klienten' festzustellen. Hinsichtlich des '<u>Problembearbeiters</u>' wird damit konzeptionell berücksichtigt, daß eine Person ihr eigenes Problem mit Hilfe von WSM bearbeitet. Die Rolle des 'Klienten' und die des 'Problembearbeiters' sind in diesem Fall von ein und derselben Person besetzt. Handelt es sich demgegenüber um eine Problembearbeitung durch jemanden, der speziell zur Bearbeitung herangezogen wurde, d.h. werden die Rollen 'Klient' und 'Problembearbeiter' von verschiedenen Personen eingenommen, so vergegenwärtigt diese Analyse dem Problembearbeiter, daß er nicht neutraler Beobachter der Problemsituation, sondern aufgrund seiner Tätigkeit Teil dieser Situation ist. Die Frage nach dem 'Problembearbeiter' führt auch zu der Überlegung, ob neben der Person, die bereits mit der hier beschriebenen Analyse befaßt ist, zusätzliche Personen der Rolle des 'Problembearbeiters' zugeordnet werden sollen, so daß ein Team die Rolle des 'Problembearbeiters' einnähme. Die Öffnung der Rolle des '<u>Klienten</u>' läßt den 'Problembearbeiter' bewußt entscheiden, wen er als seinen eigentlichen 'Klienten' ansieht. Angesichts von sich überschneidenden Kompetenzen und der Nicht-Zugänglichkeit von Ressourcen auf bestimmten hierarchischen Ebenen ist diese Festlegung keineswegs unproblematisch[11].

Wird mit der Rolle des 'Problembearbeiters' das Problembearbeitungssystem konkretisiert, mit der des 'Klienten' sowohl das Problembearbeitungs- wie auch das Probleminhaltssystem, so ist die Wahl einer Person oder einer Personengruppe, die als '<u>Problembesitzer</u>' anzusehen ist, von zentraler Bedeutung für das Probleminhaltssystem. Was genau als 'Problem' angesehen wird, wird in WSM als Ausdruck einer bestimmten Weltanschauung verstanden. Der Problembearbeiter ist grundsätzlich frei, zu wählen, welche Person oder Personengruppe er als 'Problembesitzer' ansieht, d.h. wessen Problem er sich widmet. Checkland definiert den 'Problembesitzer' wie folgt:

> Die Person oder die Personen, die vom Problembearbeiter für die gehalten werden, die von einer umgesetzten Verbesserung der Problemsituation am meisten profitieren können. Der 'Problembesitzer' ist eine Rolle in dem, was der Untersuchende als <u>Probleminhaltssystem</u> bezeichnet. Sehr häufig bemühen

---

[10] Die nicht hinterfragte Gleichsetzung des 'Klienten' mit dem 'Problembesitzer' wurde in der Aktionsforschung an WSM als stark beengende Annahme harter Systemansätze erfahren. In deren Akzeptanz eines spezifischen, zu erreichenden Ziels wird implizit das Ziel von jemandem, d.h. auch der Problembesitzer, vorausgesetzt (Checkland,1983,667).

[11] Vgl. Eden/Jones/Sims,1983,66ff; Eden/Sims,1979,122; es ist hier auf die in Beratungsprojekten nicht unbekannte Situation hinzuweisen, daß der Auftrag von einer Ebene ausgesprochen wird, die Freigabe der Ressourcen, die zur Umsetzung der im Projekt erarbeiteten Veränderungen benötigt werden, aber einer übergeordneten Ebene obliegt. Die Analyse des Probleminhalts-Problembearbeitungs-Systems ermöglicht hier, sich bereits möglichst früh derartiger, politisch sensibler Bereiche bewußt zu werden.

sich Problembesitzer aktiv um derartige Verbesserungen; der Untersuchende ist aber frei, Personen als Problembesitzer anzunehmen, die die Problemsituation nicht wahrnehmen oder die wegen mangelnder Wortgewandheit ihrem Standpunkt nicht Ausdruck verleihen können.[12]

Erst die mit dieser Analyse vorgenommene Entkoppelung der Rollen des 'Problembesitzers' von einer Person ermöglicht, dieselbe Problemsituation im Lichte verschiedener Sichtweisen zu sehen[13]. Wie unterschiedlich dieselbe Problemsituation sich vom Standpunkt verschiedener 'Problembesitzer' aus darstellt, kann am Beispiel der Problemsituation 'Verödung der Innenstädte' angedeutet werden. Unabhängig davon, ob z.B. eine Verwaltungsinstanz eine Untersuchung dieses Problemfelds in Auftrag gegeben hat und damit als 'Klient' anzusehen wäre, sind eine Reihe von Gruppen als 'Problembesitzer' denkbar: die Menschen, die in den Innenstädten leben; die Eigentümer der Geschäfte der Innenstädte; die Verwaltung, die für die Aufrechterhaltung von Ruhe und Ordnung in den Innenstädten verantwortlich ist; die Polizisten, die Ruhe und Ordnung in den Innenstädten aufrechterhalten; die Firmen, deren Büros in den Innenstädten angesiedelt sind; die Eigentümer von Immobilien in den Innenstädten; die Menschen, die den Innenstädten entflohen sind; Touristen; Stadtplaner usw. Von jedem dieser möglichen Problembesitzer würde das Problem, 'Verödung der Innenstädte', sehr verschieden dargestellt werden, sofern die Gruppen sich selbst als 'Problembesitzer' ansehen, d.h. als Leidtragende, deren Situation verbessert werden kann.

Die Zuordnung einer Personengruppe zu der Rolle des 'Problembesitzers' engt bereits zu Beginn die Problembearbeitung erheblich ein. Daß dies zum einen anhand unreflektierter Vorausurteile, zum anderen unwiderbringlich getan wird, soll die Analyse des Probleminhalts-Problembearbeitungs-Systems verhindern. Das Bewußtsein der Bedeutung dessen, wer als 'Problembesitzer' verstanden wird, kann zu gezielten Änderungen dieser Zuordnung führen, z.B. wenn die Fragestellung im Verlauf der Untersuchung modifiziert wird[14]. Sinn der Probleminhalts-Problembearbeitungsanalyse ist also, den <u>Prozeß der Problembearbeitung und dessen Inhalt bewußt zu gestalten</u>, worauf Wilson ausdrücklich hinweist:

Indem der intellektuelle Inhalt einer Untersuchung (mit der Definition des Probleminhaltssystems) expliziert wird, kann die Vorgehensweise überhaupt erst

---

[12] Checkland,1984a,316; Übers. der Verf.
[13] Checkland,1981,6
[14] Wilson,1984,50

verteidigt, innerhalb einer Gruppe debattiert und, wenn nötig, bewußt abgeändert werden.[15]

Die Erforschung der Problemsituation, die sich der dargestellten Analysen bedienen kann, stellt den Ausgangspunkt für das Systemdenken über die Problemsituation dar, das sich auf Humane Handlungssysteme bezieht. Diese werden in zwei Schritten entwickelt. In Schritt 3, 'Wesens-Definitionen relevanter Systeme', werden Humane Handlungssysteme, die als relevant für die Problemsituation erscheinen, sorgfältig benannt. In Schritt 4, 'Konzeptionelle Modelle', werden diese in den Wesens-Definitionen benannten HHS modelliert. Am Ende von Schritt 4 liegen also eine Reihe von Humanen Handlungssystemen vor, die sowohl anhand einer Technik benannt wie auch spezifisch modelliert sind.

Da Humane Handlungssysteme zweckorientierte Handlungen modellieren, sind am Anfang von Schritt 3 zunächst zweckorientierte Handlungen zu nennen, die im Hinblick auf die Problemsituation relevant sind. In dem Projekt, das im folgenden Abschnitt ausführlicher dargestellt werden wird und das mit 'Planung in einem Bezirk des Gesundheitswesens' befaßt war, wurden z.B. folgende zweckorientierte Handlungen aufgeführt: die Beziehungen zu den Organen gestalten, die an der Umsetzung der vom Bezirk geplanten Projekte beteiligt sind, ohne daß sie diesem unterstellt sind; die größtmögliche innere Verpflichtung der Angestellten des Bezirks gegenüber den Plänen zu schaffen, die in einem integrierenden, verschiedene Ebenen umfassenden Prozeß zu formulieren sind; die Formulierung der Politik des Bezirks dadurch unterstützen, daß vollkommen neue Ideen verfolgt werden; sicherstellen, daß die Erbringung der Leistungen des Gesundheitswesens im Einklang mit der nationalen Politik und mit den nationalen Richtlinien erfolgt. Diese zweckorientierten Handlungen standen nach Ansicht derjenigen, mit denen -als Schritt 1 von WSM- Gespräche geführt wurden, in Beziehung zu der Planungstätigkeit des Bezirks und waren problematisch. Damit waren sie alle, und noch viele mehr, Kandidaten für die Rolle 'das Problem'. Da jede dieser zweckorientierten Handlungen eine besondere Weltanschauung darüber voraussetzt, was für die Planung im Bezirk am bedeutendsten ist, können nicht alle genannten Handlungen in einem allumfassenden HHS modelliert werden. Jede von ihnen ist vielmehr einzeln zu einem Modell im Sinne eines Weberschen Idealtyp auszuarbeiten, so daß dann die Konsequenzen jedes Standpunkts für das Handeln in der Problemsituation erörtert und beurteilt werden können:

Es ist notwendig, eine Wesens-Definition des Systems zu formulieren, oder, besser, von Systemen, die als ausgesprochen relevant für die Problembearbei-

---

[15] Wilson,1984,50; Übers. der Verf.

tung ausgewählt wurden. Jede Wesens-Definition wird von einem bestimmten, subjektiven Verständnis der Wirklichkeit ausgehen, von einer bestimmten 'Weltanschauung', und es ist wichtig, sich darüber klar zu sein, daß es hier nicht um Beschreibungen der Wirklichkeit geht, sondern darum, die Konsequenzen einer bestimmten Sichtweise auszuarbeiten. Um die Modellierung in Schritt 4 möglichst exakt und eindeutig werden zu lassen, sollte die Wesens-Definition eine reichhaltige, präzise (und konzise) Ausformulierung eines bestimmten Standpunktes sein.[16]

Als Hilfsmittel für die klare Formulierung der <u>Wesens-Definition</u> wurden sechs Aspekte ausgearbeitet[17], die der Benutzer von WSM bei der sorgfältigen Benennung eines zu modellierenden HHS berücksichtigen sollte. Deren Anfangsbuchstaben wurden zum Kürzel <u>BATWEU</u> zusammengefaßt. Abb. 6.2d illustriert dieses Konzept:

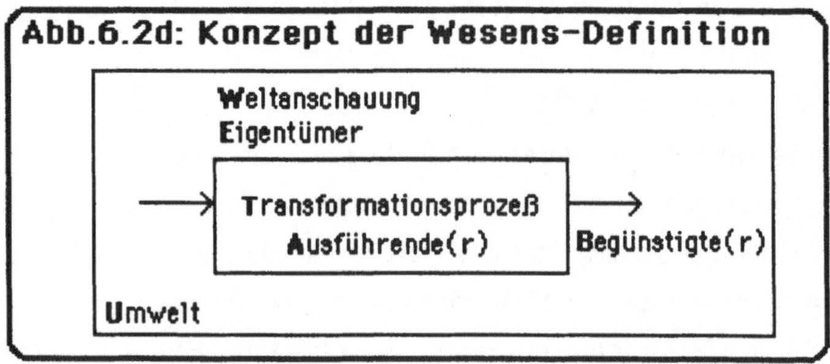

Den Kern der Wesens-Definition bildet ein <u>Transformationsprozeß</u>, dessen Input-Output-Modell die zentrale Idee einer zweckorientierten Handlung widerspiegelt, auf ein bestimmtes Ergebnis abzuzielen:

Um zweckorientierte menschliche Handlungen mit konzeptionellen Modellen darzustellen, können wir diese Modelle anhand von Humanen Handlungssyste-

---

[16] Smyth/Checkland,1976,77; Übers. der Verf.

[17] Zur Vorgehensweise in der Entwicklung der sechs Aspekte sowie zu deren Erläuterung vgl. Smyth/Checkland,1976,78f; Wilson betont, daß die Berücksichtigung der BATWEU-Aspekte allein noch nicht sicherstellt, daß eine hilfreiche, d.h. in der Problemsituation relevante Wesens-Definition formuliert wird. Dies hängt vorrangig von der mit einer Wesens-Definition gewählten Sichtweise der Problemsituation, erst in zweiter Linie von der gewissenhaften Ausformulierung dieser Sichtweise ab (Wilson,1984,43).

men entwickeln, die als Transformationsprozesse gedacht werden, welche Input in Output verarbeiten.[18]

Jeder Transformationsprozeß setzt eine 'Weltanschauung' voraus, die der Produktion des Outputs erst Sinn verleiht. Während dieses Grundverständnis im Reden über zweckorientierte Handlungen meist implizit bleibt, soll es mit BATWEU als 'Weltanschauung' expliziert und damit der Diskussion zugänglich werden. Als Begünstigte, oder auch Geschädigte, sind diejenigen aufzuführen, die unmittelbare Empfänger des Outputs des gedachten Systems wären. Diejenigen, die die Transformation abwickeln würden, sind als Ausführende zu benennen. Mit dem Eigentümer des Systems ist die Person oder eine Gruppe aufzuführen, die Verantwortung und Verfügungsgewalt über das System besäße, d.h. die über das Fortbestehen oder die Abschaffung des Systems bestimmen könnte. In dieser Kontrollfunktion vertritt der Eigentümer gegenüber dem System die Perspektive des Obersystems[19]. Unter dem Begriff Umwelt sind alle die externen Bedingungen aufzuführen, die mit dem System als gegeben angenommen werden und innerhalb derer das System den Transformationsprozeß abwickeln würde. Auch hier geht es darum, die meist impliziten Annahmen über die Rahmenbedingungen, die innerhalb einer spezifischen Betrachtung vorausgesetzt werden, zu explizieren.

Jede Wesens-Definition sollte die genannten sechs Aspekte eines HHS abdecken und zumindest auf zweifache, besser auf dreifache Art ausgedrückt werden. Die eigentliche Definition und die Auflistung der BATWEU-Elemente sind in WSM konstitutiv, wobei letztere das bereits in der Definition Gesagte entweder noch einmal

---

[18] Checkland, Übungspapier, Nov. 1986; die Formulierung eines stimmigen Transformationsprozesses ist die Voraussetzung für das fruchtbare Modellieren des Systems. In der Vermittlung der WSM nimmt daher die Einübung des Aufstellens kohärenter Transformationsprozesse einen breiten Raum ein, zumal die vermeintliche Banalität der Formulierung einfacher Input-Output-Modelle -auch in der Literatur- zu einer Vielzahl mißglückter Modelle führt, in denen ein Zeitablauf, nicht aber eine Transformation dargestellt wird. Soll die Transformation eines Inputs in einen Output abgebildet werden, so muß der Input im Output in veränderter Form enthalten sein. Ein konkreter Input kann also nicht in einen abstrakten Output verarbeitet werden. Insofern stellt folgende Beschreibung eine zeitliche Abfolge, keine Transformation dar:
Abschicken eines Briefs -> Kommunikation erreicht.
Innerhalb des hier angesprochenen Kontextes können folgende kohärente Transformationen formuliert werden:
Brief in den Händen des Senders -> Brief in den Händen des Empfängers;
Bedürfnis nach Kommunikation -> Bedürfnis befriedigt (mit Hilfe einer Briefsendung);
Verlangen eines Senders zu kommunizieren -> Verlangen des Senders gestillt (indem er einen Brief abschickt).
Unberücksichtigt bleiben in der Wesens-Definition die Ressourcen, die zur Verarbeitung des Inputs benötigt werden.

[19] An dieser Stelle wird eine reine, von der Kontrolltheorie geprägte Sichtweise zum Ausdruck gebracht: das kontrollierende System ist im Verhältnis zum kontrollierten System ein Obersystem.

aufführen und es damit den sechs Aspekten zuordnen, oder aber der Definition zusätzliche Aussagen hinzufügen. Als drittes Element setzt sich zunehmend durch, das Konzept der Wesens-Definition bildlich darzustellen. Beide über die eigentliche Definition hinausgehenden Techniken, BATWEU und die bildliche Darstellung, sind Instrumente für eine möglichst eindeutige und klare Formulierung von Wesens-Definitionen. Als Beispiel sei eine dreiteilige Wesens-Definition aufgeführt, die ein relevantes HHS innerhalb einer Untersuchung über die dem Department of Systems der University of Lancaster angegliederte Beratungsgesellschaft, ISQOL, benennen könnte[20]:

> Ein sich im Eigentum von ISQOL befindendes System, das schriftliche Berichte über Untersuchungsergebnisse (sowohl inhaltliche wie auch methodische) vorbereitet und geeigneten Lesern beim Kunden zukommen läßt, und das im Laufe der Zeit lernt, dies besser zu tun.

B: Kunde
A: ISQOL-Mitarbeiter
T: geeignete Leserschaft beim Kunden => Leserschaft beim Kunden, die über inhaltliche und methodische Ergebnisse von Systemstudien informiert ist
W: schriftliche Berichte sind ein geeignetes Mittel, um Kunden inhaltliche und methodische Ergebnisse von Systemstudien zu vermitteln
E: ISQOL
U: das gewählte Mittel, nach Projektende zu berichten.

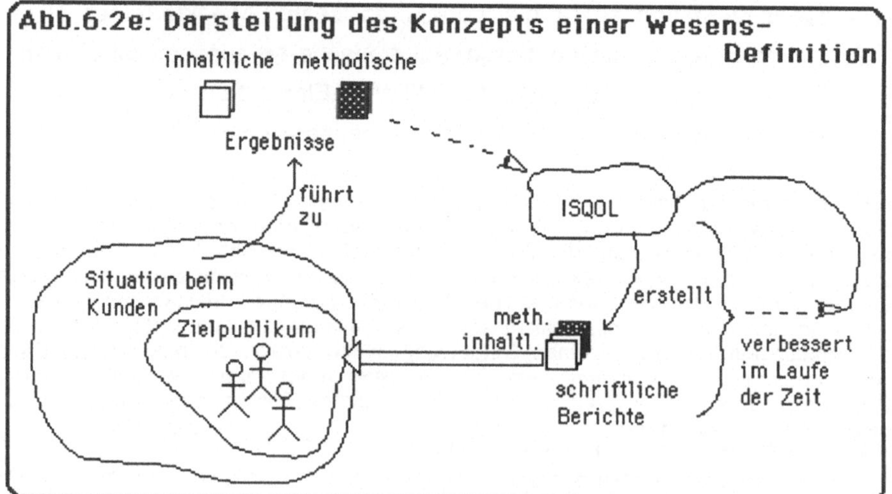

---

[20] Übungsbeispiel von Checkland, 2.12.1986; zu einer Systemstudie über ISQOL vgl. Checkland,1984a,206f.

Ist ein als relevant erscheinendes HHS auf die dargestellte Weise mit einer Wesens-Definition benannt, so ist es in <u>Schritt 4</u> zu modellieren. Der Wesens-Definition, die zum Ausdruck bringt, was das HHS <u>ist</u>, wird mit dem <u>konzeptionellen Modell</u> hinzugefügt, was das System <u>tut</u>, um das in der Wesens-Definition benannte System zu sein[21]. Als Modellierungssprache dienen Verben, mit denen in einem konzeptionellen Modell die <u>Aktivitäten</u> benannt werden, die <u>logisch notwendig</u> sind, um den gewünschten Output mit einer Transformation zu produzieren[22]. Sie sind anhand ihrer logischen Abhängigkeiten miteinander zu verknüpfen[23]. Eine weitere Modellierungsregel verlangt, daß das <u>Minimum</u> der logisch notwendigen Aktivitäten aufgeführt wird. Damit wird eine <u>eindeutige gegenseitige Entsprechung von Wesens-Definition und konzeptionellem Modell</u> sichergestellt. Besteht das konzeptionelle Modell aus dem von der Wesens-Definition geforderten Minimum logisch notwendiger Aktivitäten, so gibt es genau ein konzeptionelles Modell, das ein in einer Wesens-Definition benanntes HHS darstellt. Beim Modellieren eines HHS muß auch der Auflösungsgrad der Aktivitäten eingehalten werden, d.h. in einem Modell sind nicht nebeneinander allgemeinere und spezielle Aktivitäten aufzuführen[24]:

> Die Erfahrung zeigt, daß man die Modellierung eines konzeptionellen Modells am besten damit beginnt, daß nicht mehr als ein halbes Dutzend Verben niedergeschrieben werden, die die mit den Wesens-Definitionen implizierten Hauptaktivitäten abdecken. Manchmal ... gibt eine ... Definition die Hauptaktivitäten und deren Beziehungen zueinander, und folglich die Struktur des Modells, geradezu an. Unabhängig davon, ob dies der Fall ist, hat es sich als sinnvoll erwiesen, zunächst ein Modell mit einem geringen 'Auflösungsgrad'

---

[21] Checkland,1984a,169

[22] Die Verben müssen Aktivitäten benennen, die unmittelbar auszuführen sind, d.h. die nicht das Ergebnis vorgelagerter Aktivitäten sind (Checkland,1984a,235). - Als sinnvolle Vorgehensweise zur Benennung der logisch notwendigen Aktivitäten hat sich die Berücksichtigung von drei Bereichen erwiesen: Aktivitäten, um den Input zu beschaffen; Aktivitäten, um den Input zu verarbeiten; Aktivitäten, um dem Benutzer den Output zugänglich zu machen. Als frühe Veröffentlichung zum Modellieren von konzeptionellen Modellen vgl. Checkland,1979b,43ff.

[23] Checkland,1984a,170; die Pfeile in konzeptionellen Modellen repräsentieren also nicht Flüsse, sondern logische Abhängigkeiten. Dies spiegelt die unter 6.1., 'Probleme als Ausfluß einer Weltanschauung', erläuterte Grundannahme der Nicht-Erfaßbarkeit der Lebenswelt wider. Nach diesem Verständnis muß jeder Versuch, die bestehenden Beziehungen der Wirklichkeit darzustellen, in einem unüberschaubaren Gewirr an Verknüpfungen enden. - Für eine bewährte Vorgehensweise zur Benennung der logischen Abhängigkeiten vgl. Woodburn,1985.

[24] Checkland,1984a,235

(wenige Details) zu vervollständigen und dann einzelne wesentliche Aktivitäten stärker aufzulösen.[25]

Zu jedem konzeptionellen Modell gehören zwei Kontrollsysteme. Das dem HHS eigene Kontrollsystem ist mit den einzelnen Aktivitäten des Modells und deren Verknüpfung befaßt. Das zweite Kontrollsystem ist auf der Ebene des Obersystems angesiedelt und der Frage gewidmet, ob das System als Ganzes, d.h. der Output, mit dem das System charakterisiert ist, dem eigentlichen Zweck des Systems gerecht wird. Dies wird als Kontrolle der Effektivität bezeichnet. Das auf der Systemebene angesiedelte Kontrollsystem soll zum einen dessen Erfolg sicherstellen, d.h. kontrollieren, daß es tatsächlich der gewünschte Ouput ist, der durch das Zusammenspiel der Modellaktivitäten bzw. vom System als Ganzem produziert wird[26], zum anderen die Effizienz, d.h. die effiziente Verwendung der Ressourcen im System[27].

Eine Validierung eines konzeptionellen Modells im Sinne der Prüfung seiner Übereinstimmung mit der Problemsituation kann aufgrund der unter 6.1 erläuterten Grundannahme von WSM, daß ein Modell ebensosehr in der 'Weltanschauung' des Beobachters wie in der Problemsituation begründet ist, nicht erfolgen. Es wurde aber ein 'Formales Systemmodell' (FSM) entwickelt, das zu prüfen erlaubt, ob in einem konzeptionellen Modell Aspekte fehlen, die vorhanden sein müssen, wenn ein System eine zweckorientierte Handlung auszuführen fähig sein soll:

Man kann konzeptionelle Modelle auf grundlegende Unzulänglichkeiten hin überprüfen, ... indem man ein solches Modell gegen ein allgemeines Modell eines Humanen Handlungssystems setzt, daß ich (Checkland, IvB) Formales Systemmodell genannt habe. ... Dieses Modell ist eine Zusammenstellung von 'Management'-Komponenten, die offenbar vorhanden sein müssen, wenn eine

---

[25] Checkland,1984a,171; Übers. der Verf.; als Beispiele der schrittweisen Vertiefung einzelner Aktivitäten in einem konzeptionellen Modell vgl. Checkland,1985b,826ff; Wilson,1984, 33ff.

[26] WSM wurde erst 1986 um dieses Kontrollkriterium erweitert, dessen Relevanz vor allem bei weichen, qualitativen Outputs deutlich wird. So wird die Überprüfung dessen, ob das System eine 'Maschine' produziert, unproblematisch sein. Wird aber als Output eine 'in der Bedienung einfache Maschine mit langer Lebensdauer' angestrebt, so treten bereits die Definitions- und Meßprobleme auf, die die Feststellung recht problematisch machen, ob der 'gewünschte Output' tatsächlich produziert wurde.

[27] Die mit jeder Modellierung aufgeworfene Frage nach diesen Typen von Bewertungskriterien, die der Benutzer von WSM definieren muß, ist angesichts der oben unter 2.22, 'Dimension des Reflektierens', erläuterten Experimente Dörners über menschliches Problembearbeitungsverhalten als besonders wichtige Schulung für erfolgreiches Problembearbeiten zu bewerten. Dörners Experimente zeigten nämlich, daß die Versuchspersonen sich gerade aufgrund der fehlenden Definition solcher Bewertungskriterien auf Randaspekte von Problemen versteiften, ohne die verbessernde Gestaltung der gesamten Problemsituation zu verfolgen (vgl. Dörner,1975,52).

Reihe von Aktivitäten ein System darstellen soll, das in der Lage ist, eine zweckorientierte Handlung auszuführen.[28]

Abb. 6.2f stellt die Verknüpfung der Elemente des Formalen Systemmodells dar[29]. In ihr fehlt der neunte Aspekt, die Garantie der langfristigen Stabilität, die

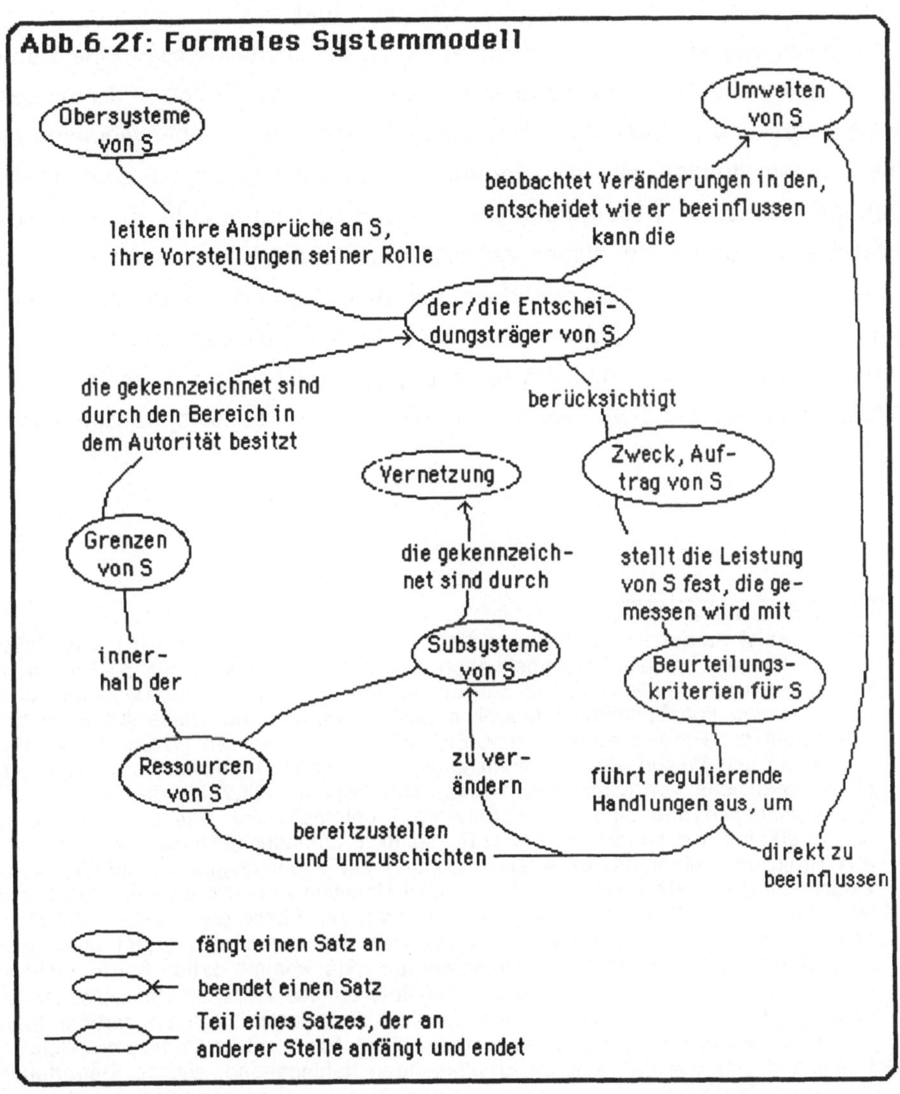

29 Darstellung nach Checkland,1984a,175; Checkland gibt als theoretische Quellen der von ihm aufgeführten neun Aspekte des Formalen Systemmodells die 'Zusammenfassung von Systemeigenschaften' von Jenkins (Jenkins,1969,7) und 'Die Anatomie der Systemteleologie' von Churchman (Churchman,1973,37ff) an, betont aber, daß die im Formalen Systemmodell erfaßten Aspekte allein die sind, deren Berücksichtigung sich in Systemstudien als praktisch notwendig erwies. - Das Formale Systemmodell kann methodisch auch dazu benutzt werden, um, mit Hilfe der neun Aspekte, Fragen an die Problemsituation zu stellen.

entweder im Obersystem, oder in der inneren Verpflichtung der Systemmitglieder begründet ist[30] .

Nach den dem reinen Systemdenken gewidmeten Schritten 3 und 4, die zu Paaren von Wesens-Definitionen und konzeptionellen Modellen führten, ist <u>Schritt 5,</u> <u>'Vergleich zwischen konzeptionellen Modellen und Problemsituation'</u>, wieder in der Lebenswelt angesiedelt. Die logisch reinen Systemmodelle sollen eine Debatte über die Problemsituation strukturieren[31], an deren -vorläufigem- Ende systemisch wünschbare und kulturell machbare Veränderungen der Problemsituation stehen[32]. Die Problemsituation wird also geordnet befragt, was sich bei einer tatsächlichen Debatte zwischen Problembearbeitern und Betroffenen[33] aufgrund der leicht erfassbaren, aus nur ca. sieben Aktivitäten bestehenden Humanen Handlungssystemen unmittelbar ergibt. Ausgehend von den Aktivitäten und deren Verknüpfungen wird gefragt, ob diese in der präsentierten Form verteidigt werden können, und ob die als sinnvoll akzeptierten <u>Modellaktivitäten und -verknüpfungen</u> in der problematischen Situation befriedigend vorliegen bzw. ob diese verbessert werden könnten und

---

[30] Checkland,1984a,174

[31] Wilson weist darauf hin, daß konzeptionelle Modelle auch in Schritt 1 von WSM benutzt werden können, um die Problemsituation zu erforschen. Das bereits zu Beginn erworbene Verständnis der Problemsituation soll unmittelbar in einer Wesens-Definition ausformuliert und in einem konzeptionellen Modell modelliert werden. Auf diese Art kann bereits das Erforschen der Problemsituation bewußter angegangen werden (Wilson,1984,68ff).

[32] Checkland und Wilson stellen, neben einer allgemeinen Diskussion, drei weitere Methoden eines Vergleichs vor (Checkland,1984a,178f; Wilson,1984,79ff): der Vergleich zwischen Systemmodellen und einer rekonstruierten Problemsituation, die erst im Nachhinein als solche erkannt und bearbeitet wird (z.B. der nicht zufriedenstellende Ablauf eines Projekts); das Projizieren einer modellhaften Abbildung der Problemsituation auf das idealtypische Modell, um die Diskrepanzen zwischen beiden Modellen eindeutig feststellen zu können (diese Vorgehensweise gilt heute als Relikt aus der härteren Phase der WSM, in der Modelle noch eher als ein zu implementierendes Soll denn als Hilfe zur Strukturierung einer Debatte über mögliche Veränderungen angesehen wurden. Sie kommt daher heute nicht mehr zur Anwendung); die Konzentration auf zentrale Unterschiede zwischen idealtypischen Systemmodellen und der Problemsituation, die zu einer Grundsatzdiskussion darüber führen kann, warum die Situation so grundsätzlich von einzelnen Aspekten der Modelle abweicht.

[33] Checkland gibt bewußt keinerlei Empfehlungen dahingehend, welche 'Betroffenen' an der Debatte teilnehmen sollten, sondern betont den situationsspezifischen Charakter dieser Entscheidung. Mit diesem, gegenüber dem Benutzer außerordentlich offenen Charakter der WSM untermauert Checkland sein Argument, daß WSM nicht notwendigerweise zu konservativen und stabilisierenden Ergebnissen führen muß. Checkland betont demgegenüber, daß WSM neutral ist und vom Anwender sowohl in radikalem wie auch in konservativem Geist benutzt werden kann. Die in der Methodik betonte Freiheit der Entscheidung, wer an der Debatte zu beteiligen ist, sowie die für WSM zentrale Bedeutung innovativer und neuartiger Wesens-Definitionen sind Aspekte dieser Argumentation <u>gegen</u> den Vorwurf einer konservativen Tendenz (zu diesem Disput vgl. Prévost,1976,72f; Naughton,1979; Jackson, 1982; Checkland,1982).

sollten[34]. Es ist hier ebenfalls zu fragen, ob von unterschiedlichen Beteiligten unterschiedliche Bewertungen vorgenommen werden, und ob diese als Ausfluß unterschiedlicher 'Weltanschauungen' zu verstehen sind. Wird der Vergleich von Modellen und Problemsituation von einer kleinen Gruppe oder gedanklich von nur einem Problembearbeiter vorgenommen, so kann eine Frageliste benutzt werden, mit deren Hilfe der Vergleich von konzeptionellem Modell und Problemsituation in der Absicht gestaltet werden kann, durch systematische Folgefragen fundierte Verbesserungsvorschläge zu erarbeiten. Abb. 6.2g zeigt eine solche, von Wilson formulierte Frageliste[35].

---

[34] Checkland,1984a,178; in diesem Vergleich werden reine, konzeptionelle Aktivitäten in Beziehung gesetzt zu solchen, die in der Wirklichkeit bestehen und insofern eine spezifische Form annehmen, - ein 'Was' wird einem 'Wie' gegenübergestellt (Wilson,1984,89). Um Klarheit darüber zu bewahren, ob das spezifische, im Modell aufgeführte 'Was' in der Wirklichkeit tatsächlich ausgeführt wird, können für jede Aktivität zwei Fragen gestellt werden: Welcher Output muß vorliegen, wenn genau dieses 'Was' ausgeführt wird? Bestehen in der Problemsituation Verantwortlichkeiten für dieses 'Was'? Anhand dieser Fragen kann geklärt werden, ob Modellaktivitäten in der Wirklichkeit verläßlich ausgeführt werden. - Zur Unterscheidung zwischen dem 'Was' des konzeptionellen Modells und dem 'Wie' der Lebenswelt vgl. Checkland,1984a,227ff; zu einer Kritik an der Darstellung bei Checkland vgl. v. Bülow,1986,30f.

[35] Darstellung nach Wilson,1984,81; vgl. Checkland,1985b,826; in der Erläuterung der fünften Spalte von Wilson wurde der Zusatz, es handele sich um 'inkrementale' Veränderungen gestrichen. Dieser Zusatz bei Wilson wird zum einen in den Erfahrungen Wilsons begründet sein, zum anderen in den Ausführungen von Vickers zum Beurteilungssystem, die heute als theoretische Basis von WSM angesehen werden, und in denen Vickers überwiegend betont, daß die Werte und Normen, die in einem Beurteilungssystem kondensiert sind, sich nur schrittweise und langsam ändern (vgl. unten 'Exkurs: Das Konzept des Beurteilungssystems bei Vickers'). Vickers selbst weist aber auch darauf hin, daß 'revolutionäre Veränderungen' von Beurteilungsstrukturen auftreten könnten, wenn nämlich eine Gruppe von Werten und Normen durch eine andere ersetzt wird (Vickers,1983a,212f). Dies unterstützt die von Checkland immer wieder vertretene Position, daß die Reichweite der Veränderungen, die mit WSM erarbeitet werden können, in keiner Weise durch die Methodik selbst vorgegeben sei. Checkland betont, daß mit WSM sowohl radikale wie auch inkrementale Veränderungen umzusetzen sind (Checkland,1982,38).

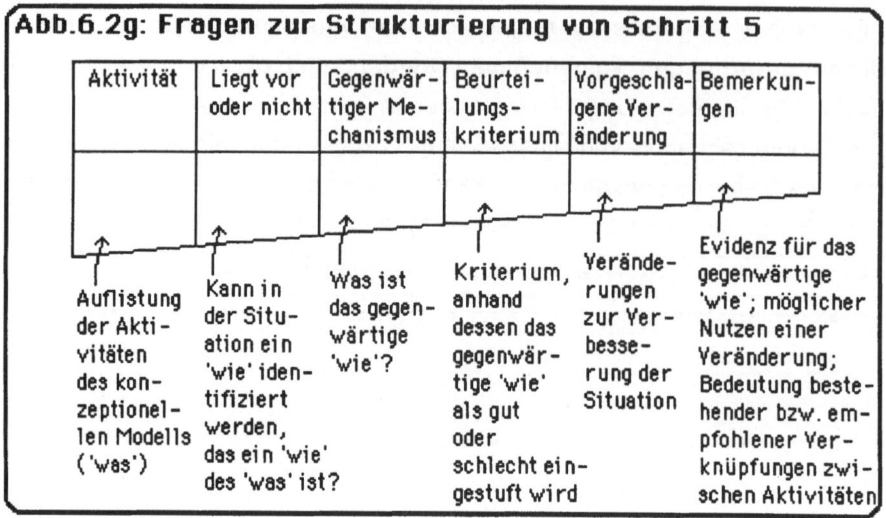

Entscheidungen über Veränderungen der Situation werden in <u>Schritt 6, 'Machbare und wünschbare Veränderungen'</u>, getroffen:

> Die Debatte über Veränderungen, die wieder Teil der lebensweltlichen Problemsituation ist und mit 'Betroffenen' geführt wird, zielt darauf ab, Veränderungen zu definieren, die zwei Anforderungen genügen. Sie müssen, in Anknüpfung an die mit den Wesens-Definitionen und den konzeptionellen Modellen gewonnenen Einsichten, als systemisch wünschbar vertreten werden können, und sie müssen, angesichts der Situationsmerkmale, der Menschen in der Situation, ihren geteilten Erfahrungen und Vorurteilen, auch kulturell machbar sein.[36]

Unter der Anforderung der kulturellen Machbarkeit wird berücksichtigt, daß nur dann den Erfordernissen der Situation, wie sie sich als Ergebnis der Debatte darstellen, entsprechend gehandelt werden kann, wenn die in der Situation bestehenden <u>unterschiedlichen 'Weltanschauungen' untereinander in Einklang</u> gebracht, d.h. nicht geleugnet oder vereinheitlicht, sondern mit Bezug auf die konkrete Problemsituation einander angenähert werden[37]. Auch an dieser Stelle wird also konsequent an der Grundannahme von WSM festgehalten, daß das Selbstbewußtsein des Menschen immer Grundlage zu spezifischen, persönlichen Sichtweisen ist, die auch im Zuge einer Problembearbeitung nicht aus der Welt geschafft und standardisiert

---

[36] Checkland,1984a,181; Übers. der Verf.
[37] Checkland,1985b,822

werden können. Möglich ist lediglich, einen Einklang zwischen diesen unterschied-lichen Sichtweisen mit Bezug auf das Handeln in der problematischen Situation zu erlangen. Wird aber dieser Einklang im Zuge einer Problembearbeitung hergestellt, so sind die veränderten Sichtweisen der Beteiligten von der problematischen Situation eine weitgehende Garantie, daß der Problembearbeitung ein tatsächlich verändertes Handeln folgt. Auf die Bedeutung einer solchen Veränderung der 'Weltanschauungen' der Beteiligten weist Checkland hin:

> Vom Standpunkt des Initiators von WSM aus ist es außerordentlich wichtig, daß das Ergebnis jeder Studie völlig 'offensichtlich' zu sein scheint. Denn jede Kultur wird nur dann eine zweckorientierte Handlung umsetzen, wenn sie den Menschen, die diese Kultur bilden, 'offensichtlich' erscheint. Im Grunde genommen ist nichts 'offensichtlich'; Dinge können nur <u>mit Bezug auf eine bestimmte Sichtweise der Welt</u> offensichtlich sein. Interessant ist in Organisa-tionen, wie in Kulturen, gerade der Prozeß, in dem das, was 'offensichtlich' ist, Gestalt annimmt; der Prozeß, in dem Bereitschaften, die Welt auf eine bestimmte Art wahrzunehmen, geformt werden, zusammenprallen und sich verändern. Die Weiche Systemmethodik benutzt Systemmodelle in einem organisierten System des Lernens, um diesen Prozeß zu verbessern und leichter erkennbar zu machen, in welchem bestimmten Menschen in einem bestimmten Moment einer bestimmten Situation mit einer einzigartigen Geschichte auf einmal deutlich wird, 'was offensichtlich getan werden muß'. WSM berücksichtigt, aber transzendiert gleichzeitig die Logik von Situationen; ihr Fokus liegt auf dem kulturellen Prozeß, der zu zweckorientiertem Handeln führt.[38]

Die Veränderungen, die in <u>Schritt 7, 'Handlung, um die Problemsituation zu verbessern'</u>, umgesetzt werden, werden häufig, müssen aber nicht inkrementalen Charakter haben. Verlangt eine Problemsituation radikal neue Handlungsweisen, so sind diese dann umsetzbar, wenn die 'Weltanschauungen' der Beteiligten sich im erforderlichen Maß gewandelt haben. Dieser Wandel der 'Weltanschauungen' wird aber gerade mit Hilfe der WSM bewußt und systemisch gestaltet[39]. Die Begriffe eines 'Problems', einer 'Problembearbeitung' und einer 'Implementierung' verlieren inner-halb von WSM ihre Bedeutung[40] und werden durch das Verständnis eines fortlaufen-den, von WSM strukturierten Lernprozesses ersetzt:

---

[38] Checkland,1985b,831; Übers. der Verf.; vgl. Checkland,1984a,189
[39] Checkland,1982,37f
[40] Checkland,1984a,154ff; Wilson,1979,66

Die Methodik hat sich tatsächlich nicht als ein ein-für-allemal-Ansatz für etwas, das messerscharf als 'Problem' definiert werden kann, entwickelt, sondern als allgemeine Vorgehensweise zur Verfolgung zweckorientierten Handelns, mit der die Stärke des Systemdenkens genutzt, einzelnen Menschen aber nicht abverlangt wird, sich wie rationale Maschinen zu verhalten.[41]

Der kontinuierliche Prozeß laufender Veränderungen von 'Weltanschauungen' nimmt im Werk von Sir Geoffrey Vickers einen zentralen Stellenwert ein. Dieses Werk sieht Checkland heute als das an, das der Idee von WSM am nächsten steht[42]. Es soll daher in einem Exkurs erläutert werden.

---

[41] Checkland,1984a,183; Übers. der Verf.
[42] Checkland,1987,126ff; Checkland,1972,92

Exkurs: Das Konzept des Beurteilungssystems bei Vickers

Problembearbeiten im Management wird nach Ansicht von Vickers[1] am besten verstanden als Ausschnitt des fortlaufenden Prozesses, in dem Individuen, und auch größere soziale Einheiten wie Institutionen und Gesellschaften, sich mit der Wirklichkeit auseinandersetzen und in der Wirklichkeit handeln. Die Ganzheit der gedanklichen, dem Begreifen der Situation gewidmeten Auseinandersetzung nennt Vickers 'Appreciative System', Beurteilungssystem, und unterscheidet es von den auf eine Handlung ausgerichteten Überlegungen und der Handlung selbst[2]. Die Wirklichkeit sieht Vickers als einen sich laufend wandelnden Strom an, in dem die Welt der Ideen und die Welt der Ereignisse unterschieden werden können. Beide Welten sind auf das engste miteinander verknüpft, und aus ihrer fortwährenden Interaktion entsteht der für die menschliche Erfahrung der prozessualen Wirklichkeit charakteristische <u>Strom von Ereignissen und Ideen</u>[3]. Jedes Beurteilen und jedes Handeln trägt zu diesem Strom bei, denn mit jeder Aktivierung eines Beurteilungssystems werden die in ihm verdichteten Ideen und damit die Welt der Ideen modifiziert und jede Handlung ist

---

[1] Für das Verständnis und die Bewertung von Vickers Werk ist Vickers besondere Stellung in der akademischen Welt zu berücksichtigen. Vickers war in erster Linie ein Praktiker, der sich einer Vielfalt unterschiedlicher Aufgaben widmete, in denen er, wie es Würdigungen zu entnehmen ist, von allen Seiten stets eine besondere Achtung erfuhr. Zu seinen praktischen Tätigkeiten gehörte u.a., als Partner in einer Rechtsanwaltskanzlei in der 'City' gearbeitet zu haben, als Director of Economic Intelligence am Ministry of Economic Warfare während des zweiten Welkriegs und als Rechtsberater und Vorstandsmitglied beim National Coal Board, einem zu dieser Zeit in Großbritannien wirtschaftlich und politisch äußerst sensiblen Gremium. Erst nach seinem Eintritt in den Ruhestand wurde Vickers zunehmend zu einem Teil auch der akademischen Welt, indem er zum einen das Gemeinsame und Wesentliche in seinen vielfältigen Erfahrungen suchte und publizierte, und indem er zum anderen das Ideengut der Kybernetik und der Systemtheorie als hilfreiches Werkzeug für die Rahmung seiner Überlegungen entdeckte und benutzte. Auch wenn Vickers Lehraufträge an der University of California, Berkley, und am M.I.T. wahrnahm, sowie für ein Jahr Vorsitzender der Society of General Systems Research wurde, so blieb er doch in der akademischen Welt eine Randfigur, eine Rolle, die auch seinem Werk bis heute zugeschrieben werden muß. Dies scheint wesentlich darin begründet zu sein, daß Vickers wenig daran gelegen war, seine Überlegungen mit bereits Publiziertem in Verbindung zu bringen. Ihm ging es vielmehr darum, in der ihm aufgrund seines Alters begrenzten, verbleibenden Zeit seine Erfahrungen in, wie er es nannte, 'governance' auszuwerten. Damit entsprach Vickers nicht den Gepflogenheiten der akademischen Welt und wurde folglich bis heute nicht als ihr vollwertiges Mitglied anerkannt. Ein zweiter Grund mag auch im Inhalt seines Werks zu sehen sein, mit dem er sich stets gegen den dominierenden effizienz- und technologieorientierten Zeitgeist stellte. - Zu Vickers Person, Hintergrund und Werk vgl. Blunden,1985; Boulding,1983; Checkland, 1986; Checkland,1987,123ff; Sutton,1983.

[2] Vickers,1968a,137

[3] Vickers,1983a,15,62,125,189

selbst ein Ereignis, so daß sie zum Wandel des Ereignisstroms beiträgt. Abb. Exk.a veranschaulicht dieses Grundkonzept, das Vickers von der sozialen Welt entwirft[4]:

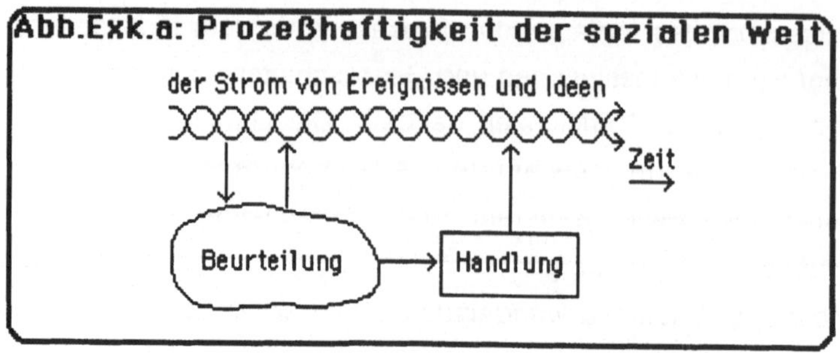

Vickers besonderes Interesse gilt dem Beurteilungssystem, zum einen, weil Vickers gerade das Begreifen problematischer Situationen als entscheidend in jeder Problembearbeitung erfahren hat, zum anderen, weil im gegenwärtig dominierenden Verständnis von 'Problemlösen' das Verstehen einer Situation gegenüber der Bestimmung einer konkreten Handlung erheblich vernachlässigt wird:

> Es ist eine fälschliche Annahme, daß die Systemanalyse in erster Linie eine Problemlösungstechnik sei. Sie sollte, so schlage ich vor, vielmehr als Mittel zum Verstehen von Situationen angesehen werden. Dem Verstehen mag die Hoffnung folgen, daß etwas zur Verbesserung der Situation oder gegen ihre fortschreitende Verschlechterung getan werden kann, - oder auch nicht. ... Sobald eine Situation einmal verstanden ist, ist es meist ohne weitere Analyse klar, was, wenn überhaupt etwas, getan werden kann und was getan werden muß. Der Luxus, zwischen Alternativen wählen zu können, besteht keineswegs immer. Auf jeden Fall lenkt die Konzentration auf das Problemlösen die Aufmerksamkeit von der wesentlich wichtigeren Funktion der Problemdefinition ab.[5]

Vickers erläutert die geistigen Vorgänge, mit deren Hilfe Situationen verstanden werden, anhand seines Modells des Beurteilungssystems, in welchem Maßstäbe verankert sind, die für die selektierende Wahrnehmung von Fakten der Wirklichkeit und für deren Bewertung maßgeblich sind. Ein Beurteilungssystem ist

---

[4] Darstellung nach Checkland/Casar,1986,5
[5] Vickers,1981,15; Übers. der Verf.; vgl. Vickers,1968b,159; Vickers,1983b,xxvii,158, 160

von unseren Interessen geformt, durch unsere Erwartungen strukturiert und bewertet anhand unserer Beurteilungsmaßstäbe.[6]

Entscheidend für die Konzeption von Vickers ist, daß die Gesamtheit der Maßstäbe für Fakten und Werte, die zu einem Zeitpunkt in dem Beurteilungssystem bestehen, die 'Beurteilungsstruktur'[7], in der Vergangenheit des Beurteilungssystems selbst begründet ist[8]. Mit jeder Aktivierung der Maßstäbe für die Beurteilung einer Situation werden diese, unabhängig davon, ob dem Beurteilen ein Handeln folgt, dadurch modifiziert, daß sie mit ihrer Anwendung auf eine einmalige Situation in einen neuen Kontext gestellt werden. Sobald nämlich ein bislang nicht wahrgenommenes Ereignis oder eine neue Idee Aufmerksamkeit erlangen, d.h. in das Beurteilungssystem eintreten, lösen sie einen realen oder geistigen Dialog über die Situation aus: sind Aspekte der Wirklichkeit in der Vergangenheit übersehen worden und künftig zu berücksichtigen? Müssen die Wirklichkeitsmaßstäbe revidiert werden? Muß angesichts dieser neuen Aspekte eine zuvor als zufriedenstellend eingeschätzte Situation als inakzeptabel eingestuft werden? Sind darüber hinaus die Wertmaßstäbe zu revidieren, mit denen Situationen bewertet werden, so wie dies bei der Aufnahme neuer Ideen häufig der Fall ist? Die Wert- und Wirklichkeitsmaßstäbe erlangen also bei ihrer Anwendung auf eine neue Situation einen zusätzlichen Bedeutungsgehalt und werden damit zu anderen, als sie es vor der Operation des Beurteilungssystems waren. Aufgrund des Bedingtseins der Beurteilungsstruktur in der Geschichte des Beurteilungssystems ist von dessen Einzigartigkeit auszugehen[9]:

Die Entwicklung eines Beurteilungssystems ... ist die interne Geschichte eines Individuums, einer Organisation und einer Gesellschaft. ... Es bleibt stets ein Artefakt, eine einzigartige interpretative Leinwand, auf der einer von vielen möglichen Wegen der Interpretation und Bewertung von Erfahrungen erscheint.[10]

---

6   Vickers,1968, zitiert in Checkland,1972,92; Übers. der Verf.
7   Vickers,1983a,54
8   Vickers,1983a,22,41,54,64,67,72,74,94,178;   Vickers,1983b,xx,25,167,171
9   Das prozeßorientierte Konzept des Beurteilungssystems von Vickers weist starke Paralellen zu Weicks Darstellung auf, daß dem 'hier und jetzt' Sinn zugewiesen wird von einem pragmatisch an seinen Vorhaben orientierten Handelnden (vgl. Weick,1969,67). Während Weick jedoch betont, daß die Erfahrungen der Vergangenheit in einem solchen Prozeß im Lichte gegenwärtiger Sinnstiftungen ständig neu interpretiert werden, richtet sich Vickers Interesse auf die in den vergangenen und gegenwärtigen Erfahrungen begründete Entstehung neuer Sinnstiftungen.
10 Vickers,1983a,69; an anderer Stelle streicht Vickers heraus, daß eine Beurteilungsstruktur das Ergebnis des Zusammenspiels von Individuum und Kultur ist (Vickers,1968b,167; Vickers,1970,99; Vickers,1978,12; Vickers,1983a,15,94f; Vickers,1983b,48,55). Dies drückt bereits Abb. Exk.a aus, in der das Beurteilungssystem in Interaktion mit dem - kulturellen- Wirklichkeitsstrom dargestellt ist.

Die Funktionsweise des Beurteilungssystems, die Auseinandersetzung mit dem sich laufend verändernden Strom von Ideen und Ereignissen, in der die Beurteilungsstruktur selbst verändert wird und die sie zu einer anderen macht, illustriert Abb. Exk.b[11].

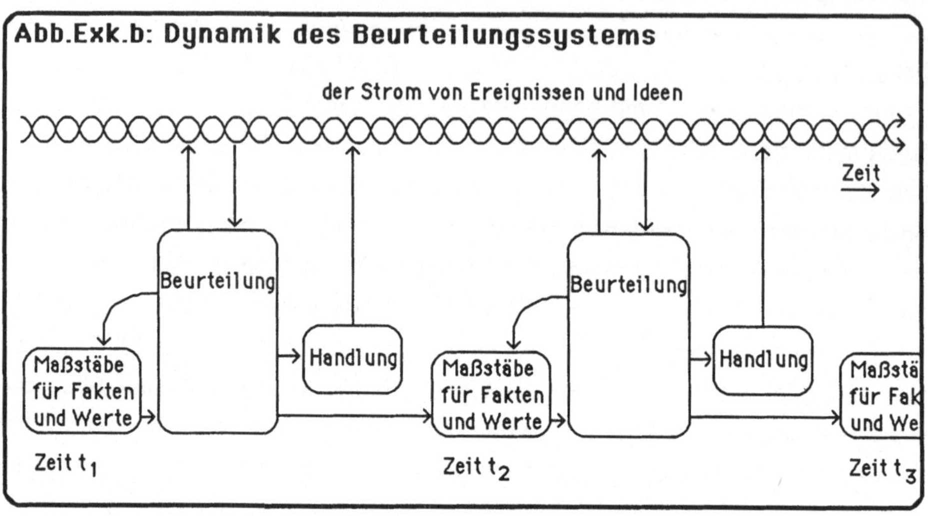

Mit den Maßstäben für Fakten und Werte verbunden sind Wirklichkeits- und Werturteile, die Vickers als die wesentlichen, eng miteinander verkoppelten Teile des Beurteilungssystems ansieht[12]: die Berücksichtigung neuer Fakten in neuen Wirklichkeitsurteilen kann zu einer Revidierung der Wertmaßstäbe und damit der Werturteile führen; Veränderungen der Bewertung ziehen eine ebenfalls veränderte Erfassung der Wirklichkeit nach sich. Neben den Werturteilen und den Wirklichkeitsurteilen führt Vickers Anliegen als weiteren Teil des Beurteilungssystems auf[13], - Präferenzen, die Grundlage der selektierenden Wahrnehmung der Wirklichkeit sind, die aber genauso Veränderungen unterworfen sind, da jede Veränderung eines Teils des Beurteilungssystems Veränderungen in allen anderen Teilen zur Folge hat. Diese Verknüpfung und gegenseitige Beeinflussung der Teile bringt Vickers damit zum Ausdruck, daß er die genannten drei Teile zu einem Beurteilungssystem zusammenfaßt.

---

[11] Darstellung nach Checkland/Casar,1986,8

[12] Vickers,1968a,139; Vickers,1983a,40,62

[13] Vickers erläutert diese 'concerns' nur sehr sparsam. Sein Verweis auf die Maslowsche Bedürfnishierarchie ist angesichts seiner Kritik an dessen statischem Charakter, der in krassem Gegensatz zur dynamischen Sichtweise von Vickers steht, eher beispielhaft einzustufen (vgl. Vickers,1983b,54f).

Vickers betont, daß <u>Beziehungen</u> Gegenstand der Wahrnehmung und der Bewertung durch das Beurteilungssystem sind und daß nicht eine Optimierung der Beziehungen angestrebt wird, sondern daß solche gesucht werden, die gut genug, d.h. im Lichte der gegenwärtigen Beurteilungsstrukturen akzeptabel, sind[14]. Damit rückt Vickers vom Konzept der Zielorientierung ab, das er für das Verständnis sozialer Prozesse für unergiebig hält:

> Das Paradigma der Zielorientierung erweist sich als inadäquat, wenn es darum geht, menschliche Tätigkeiten institutioneller oder persönlicher Art zu beschreiben. Regulierendes Handeln in Staat, Management und Privatleben besteht darin, erwünschte Beziehungen herzustellen bzw. über Zeit aufrechtzuerhalten, unerwünschte aber zu verändern und zu vermeiden.[15]

Ein Grund für Vickers, das <u>Konzept der Zielorientierung</u> abzulehnen[16], liegt darin, daß mit ihm die Vorstellung nahegelegt wird, ein Ziel könnte 'für sich' erreicht werden, ohne daß gleichzeitig eine Vielzahl anderer Beziehungen berührt und verändert würde. Demgegenüber wird mit dem Konzept der Regulierung von Beziehungen das Eingebundensein des Handelnden in ein Beziehungsnetz und die Konsequenz daraus betont, daß jedes Handeln den Handelnden nicht nur dem Erreichen eines Ziels möglicherweise näherbringt, sondern daß es auch immer andere Beziehungen verändert, die der Handelnde gegenwärtig unterhält[17]. Der Gefahr einer reduktiven Betrachtung durch die Konzentration auf einzelne Ziele setzt Vickers das systemischere, Vernetzungen betonende Konzept der Regulierung von Beziehungen entgegen[18]. Als zweiten Kritikpunkt am Konzept der Zielorientierung hebt Vickers hervor, daß in ihm die konzeptionelle Unterscheidung von Zweck, Ziel und Mittel angelegt ist, die Vickers als verwirrend einstuft. Vickers vielschichtige Kritik am Konzept

---

[14] Vickers,1983a,33f,42,91; Vickers,1983b,23,63; Vickers verweist auf den von Simon eingeführten Begriff des 'satisficing' (Vickers,1983a,42f).

[15] Vickers,1974; zitiert in Checkland,1986,124

[16] Vickers,1968a,151f; Vickers,1983a,31ff

[17] Vickers,1983b,82

[18] Zu Erläuterungen dazu, wie das Denken in Beziehungen im Schulunterricht eingeführt werden kann, vgl. Vickers,1980b,92ff.

der Zielorientierung sei an dieser Stelle nicht diskutiert[19], sondern mit folgendem Zitat abgeschlossen:

> Die Bedeutung der Stabilität wird in westlichen Kulturen wahrscheinlich so lange unverstanden bleiben, bis in ihnen wiederentdeckt wird, daß Leben im Erleben von Beziehungen, nicht im Verfolgen von 'Zielen' oder 'Zwecken' liegt. Die intrinsische Verwirrung über Mittel und Zwecke rührt daher, daß kein Zweck jemals mehr als ein Mittel sein kann, sofern ein Zweck als ein Ziel verstanden wird. Eine Arbeit zu bekommen oder ein Mädchen zu heiraten ist gleichermaßen Zweck, Mittel und Ziel. Es ist die Möglichkeit zu einer neuen Beziehung. Aber Zweck der Übung ist, die Arbeit zu tun bzw. mit dem Mädchen zu leben; über Zeit hinweg eine Beziehung zu unterhalten, die keiner weiteren Rechtfertigung bedarf, sondern selbst Erfüllung gibt - tatsächlich oder der Erwartung nach.[20]

Die Funktionsweise des Beurteilungssystems nach Vickers kann wie folgt zusammengefaßt werden[21]. Ein Beurteilungssystem ist ein Mechanismus, der im kulturellen Zusammenhang entwickelt wird und dessen Funktion es ist, erwünschte Beziehungen aufrechtzuerhalten und unerwünschte zu vermeiden. In der zyklischen Funktionsweise des Beurteilungssystems werden aus den gesamten Erfahrungen der Vergangenheit Maßstäbe und Normen, sowie, auf grundsätzlicherer Ebene, Werte als generellere Konzepte des menschlich Guten und Bösen, entwickelt. Diese Maßstäbe, Normen und Werte sind Grundlage für unterschiedliche Grade der Bereitschaft, bestimmte Aspekte der Wirklichkeit wahrzunehmen. Sie legen also fest, welche 'Fakten' relevant sind und deshalb wahrgenommen werden. Die Bewertung der wahrgenommenen Fakten anhand von Normen kann einerseits zu regulierendem Handeln führen; andererseits werden bei dieser Wahrnehmung und Bewertung die Normen bzw. Maßstäbe der Beurteilungsstruktur verändert. Künftige Ereignisse werden also anhand neuer Maßstäbe wahrgenommen und bewertet werden. Einen Zyklus der

---

[19] Das Interesse an Vickers Werk ist in der vorliegenden Arbeit auf seine Ausführungen über die Entwicklung von Wirklichkeitsabbildungen und -bewertungen ausgerichtet, die unabhängig von Vickers Anmerkungen zum Konzept der Zielorientierung berücksichtigt werden können. Es sei lediglich angemekt, daß bei der Diskussion der Adäquanz des Konzepts der Zielorientierung im sozialen Kontext häufig eher semantische als konzeptionelle Unterscheidungen im Mittelpunkt zu stehen scheinen. So können das Konzept der Zielorientierung und das der Regulierung von Beziehungen grundsätzlich gegenseitig subsumiert werden: die Aufrechterhaltung bestimmter Beziehungen kann als Ziel, das Erreichen eines Ziels aber auch als Herstellung einer bestimmten Konstellation von Beziehungen verstanden werden. - Zum Zielbegriff in der Managementlehre vgl. Wulkop,1988.

[20] Vickers,1970,128; Übers. der Verf.

[21] Vgl. Checkland,1987,126f

Operation des Beurteilungssystems, der ein Ausschnitt aus dem in Abb. Exk.b angedeuteten fortlaufenden Prozeß ist, illustriert Abb. Exk.c[22].

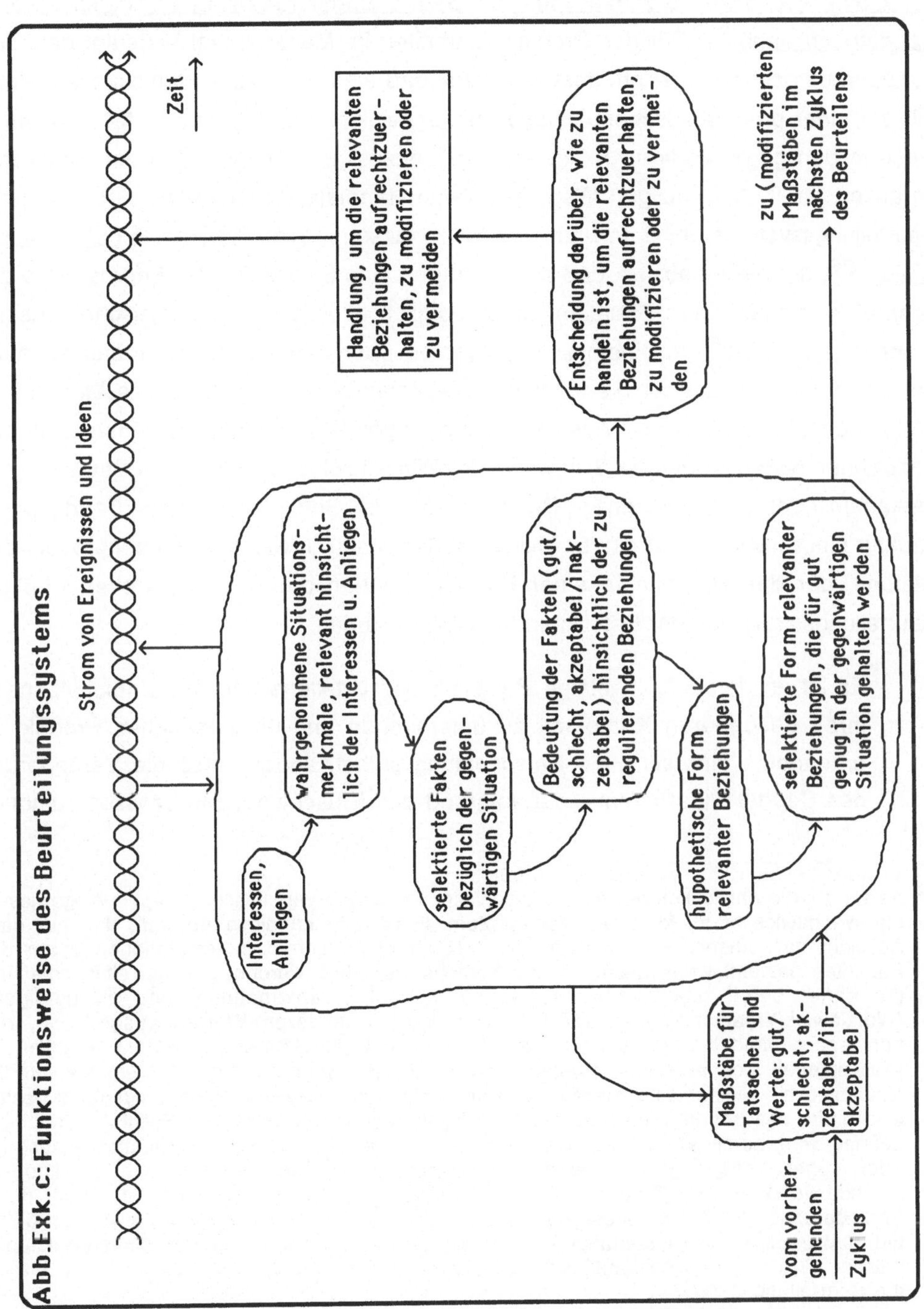

22 Darstellung nach Checkland/Casar,1986,7

Die Relevanz des Vickerschen Konzepts des Beurteilungssystems für das Problembearbeiten im Management ergibt sich aus seiner Aussage, daß nur dann gehandelt wird, wenn sich dies aus der Beurteilungsstruktur des möglicherweise Handelnden ergibt[23]. Für das Problembearbeiten im Management bedeutet das, daß nur dann berechtigte Aussicht darauf besteht, daß eine erarbeitete Handlungsstrategie, mit der einer problematischen Situation begegnet werden soll, umgesetzt wird, wenn diese in den gegenwärtigen Anliegen, Wirklichkeits- und Werturteilen der Beteiligten verankert ist[24]. Als einzigen Weg, eine neue Handlungsstrategie zu einem Teil der Beurteilungssysteme der Beteiligten werden zu lassen, nennt Vickers das Führen eines Dialogs[25], der darauf abzielt, daß die Beteiligten eine Sichtweise der Erfordernisse der konkreten, einzigartigen Situation, nicht lediglich allgemeiner, theoretischer Zusammenhänge, teilen[26]. In einem solchen Dialog über eine konkrete Problemsituation besteht darüber hinaus für die für das Management Verantwortlichen die Möglichkeit, dem nachzukommen, was Vickers als ihre eigentliche und schwierigste Aufgabe bezeichnet: Normen über die Sichtweise der Wirklichkeit und über deren Bewertung zu bestärken oder zu revidieren[27]. Diese gestaltende Beeinflussung der Beurteilungsstruktur einer Institution ist ein für Vickers außerordentlich wichtiges Nebenprodukt des Dialogs, der das Handeln in einer Problemsituation dadurch vorbereitet, daß die Beurteilungsstrukturen der Beteiligten modifiziert werden.

> Es ist an der Zeit, ... einige Beispiele des Urteilens und des Entscheidens in ihren besonderen Kontexten zu untersuchen und ihr zweifaches Produkt zu erkennen - einerseits die Entscheidung selbst, andererseits die Veränderung des Beurteilungssystems, die aufgrund des Entscheidungsprozesses zustande

---

23 Vickers,1968a,137; Vickers,1983b,55

24 Es sei auf die Ähnlichkeit dieses Verständnisses mit den therapeutischen Regeln hingewiesen, die Watzlawick et al. formuliert haben. Zum einen betonen diese Autoren, daß nur dann Aussicht auf Umsetzung der vom Therapeuten empfohlenen Interpretationen durch den Patienten besteht, wenn diese "in der 'Sprache' vermittelt werden, die ihm einleuchtet und ihn daher bereit macht, die betreffende Instruktion anzunehmen und zu befolgen." (Watzlawick/Weakland/Fisch,1984,141) Hier wird in anderen Worten ausgedrückt, daß nur dann gehandelt wird, wenn das erstrebte Handeln im Beurteilungssystem verankert ist. Dies spiegelt sich in einem zweiten Hinweis dieser Autoren wider, mit dem sie auf das Umdeuten als wirksames Werkzeug für Veränderungen hinweisen: "Eine Umdeutung besteht also darin, den begrifflichen und gefühlsmäßigen Rahmen, in dem eine Sachlage erlebt und beurteilt wird, durch einen anderen zu ersetzen, der den 'Tatsachen' der Situation ebenso gut oder sogar besser gerecht wird, und dadurch ihre Gesamtbedeutung zu ändern." (Watzlawick/Weakland/Fisch,1984,118) Veränderndes Handeln wird demnach durch Veränderungen im Beurteilungssystem möglich. An anderer Stelle weisen die Autoren darauf hin, daß erfolgreiche Umdeutungen immer an das Begriffssystem der Betroffenen anknüpfen müssen (Watzlawick/Weakland/Fisch,1984,128f). In der Sprache von Vickers heißt das: an ihr Beurteilungssystem.

25 Vickers,1983a,22,27,71,93f,96,157,188f,218,225,233; Vickers,1983b,26,165

26 Vickers,1983b,139

27 Vgl. Vickers,1983a,27,31,47,154,159

kam. Unter diesem Gesichtspunkt kann Policy Making also als Nebenprodukt eines situationsspezifischen Prozesses angesehen werden; eines Prozesses, der durch die Verbindung einer besonderen Situation in der Welt der Ereignisse und der Welt der Ideen in beiden Welten neue Situationen schafft, die ihrerseits für neue Urteile und Entscheidungen sorgen werden.[28]

Eine solche Modifikation kann sich nur in einem Lernprozeß[29] der kleinen Schritte vollziehen, weil aufgrund der systemischen Verknüpfungen der Teile des Beurteilungssystems immer Veränderungen des gesamten Systems zur Disposition stehen. Weder Individuen noch größere soziale Einheiten sind jedoch bereit, die gesammelten Erfahrungen der Vergangenheit, die in der Beurteilungsstruktur verdichtet sind, voreilig zu revidieren[30]. Es ist also davon auszugehen, daß der Dialog, der die Beurteilungssysteme der Beteiligten aktiviert, nur eine schrittweise Veränderung der Beurteilungsstrukturen initiiert, daß er also <u>Zeit</u> benötigt[31]. Daß aber ein solcher Dialog tatsächlich die Anliegen, die Wirklichkeits- und die Werturteile der Beteiligten modifiziert, dafür sieht Vickers in unserem alltäglichen Verhalten eine überzeugende Grundlage:

Wir würden selbstverständlich nicht so viel Zeit damit verbringen, zu versuchen, uns gegenseitig von etwas zu überzeugen, wenn wir nicht guten Grund für die Annahme hätten, daß Kommunikation eine Wirkung, und zwar normalerweise eine wechselseitige Wirkung auf alle die hat, die sich an ihr beteiligen.[32]

Vickers Hinweis auf die wechselseitige Wirkung von Kommunikation, die stets die Beurteilungssysteme von allen Beteiligten verändert, deutet auf die nur beschränkten Möglichkeiten des einzelnen hin, die soziale Welt zu lenken, zu der auch das Handeln in Institutionen gehört. Vickers führt mit Bezug auf die Regierungstätigkeit die Begriffe 'doers' und 'done by' ein, die die Begriffe 'Regierende' und 'Regierte' ersetzen sollen und die auch im Managementzusammenhang benutzt werden können. Vickers weist darauf hin, daß <u>jeder einzelne weit mehr 'done by' als 'doer'</u> ist, also mehr von anderen beeinflußt wird, als daß er selbst beeinflußt[33]. Diese in der Managementliteratur in jüngster Zeit populär gewordene Feststellung der beschränkten Gestaltungs-

---

[28] Vickers,1983a,169; Übers. der Verf.; vgl. Vickers,1983a,178,187
[29] Unter 'Lernen' versteht Vickers, wie die vorstehenden Ausführungen über die Funktionsweise des Beurteilungssystems zeigen, nicht die Anhäufung von Informationen, sondern die Neuordnung von Maßstäben zur Erfassung und Bewertung der Wirklichkeit, d.h. die Entwicklung neuer Konzepte (vgl. Vickers,1983a,223).
[30] Vickers,1983a,187
[31] Vickers,1983a,209f,220
[32] Vickers,1983b,96; Übers. der Verf.
[33] Vickers,1983b,176f

möglichkeiten, die dem einzelnen im Management offenstehen, findet im Vickerschen Konzept eine klare Erläuterung: die Eigendynamik der Ganzheit des Stroms von Ereignissen und Ideen ist so stark, daß das, was ein Individuum zu diesem in Form von Ereignissen, die das Individuum auslöst, und in Form von Ideen beisteuert, den Strom lediglich beeinflussen, aber nicht gezielt lenken kann. Die Möglichkeit der Beeinflussung liegt für Vickers vor allem im Führen eines Dialogs.

Bezogen auf die <u>Abgrenzung einer Problemsituation</u> ist aus Vickers Ausführungen zu schließen, daß es sich bei dieser Abgrenzung um einen <u>Akt des Beurteilungssystems</u> handelt, welcher sowohl zu den in diesem enthaltenen Wirklichkeits- und Werturteilen, wie auch zu den Besonderheiten der spezifischen, noch nie dagewesenen Situation passen muß. Die Einmaligkeit der Problemsituation erwächst zu einem großen Teil aus den in der Problemsituation bestehenden Beurteilungsstrukturen, die zu begreifen Teil jeder Analyse der Situation sein muß. Da über diese Beurteilungsstrukturen keine verallgemeinernden Aussagen getroffen werden können, sind auch keine inhaltlichen Hinweise dazu zu geben, wie eine Problemsituation abzugrenzen ist. Aufgrund von Vickers Ausführungen ist vielmehr zu betonen, daß dies in einem <u>Prozeß des Beurteilens</u> zu <u>lernen</u> ist, und zwar sowohl die für die Situation maßgeblichen Maßstäbe zur Erfassung der Situation und diejenigen zu ihrer Beurteilung, wie auch die Erfassung und Bewertung der Situation selbst. Welche konkreten Maßstäbe bei der Beurteilung anzuwenden sind und ob eine spezifische Abgrenzung sinnvoll ist, ist also ebenso, wie die Abgrenzung selbst, in einem Prozeß des Beurteilens zu entwickeln, der die Form eines Dialogs zwischen Beurteilungssystem und Situation und möglicherweise zwischen verschiedenen Beurteilungssystemen annimmt. Die einzige Unterstützung, die von der Managementlehre zur Verfügung gestellt werden kann, muß auf die Initiierung und Strukturierung eines Lernprozesses ausgerichtet sein, der die Besonderheiten und Ambivalenzen zu erfassen vermag, die in der Umgrenzung einer komplexen Situation angelegt sind, wie Vickers sie in folgendem, für den Stil seiner Ausführungen typischen Zitat anspricht:

> Die Situation, der sich jemand zuwendet, der mit langfristigen, politischen Fragen befaßt ist, ist kein Datum, sondern ein Konstrukt, ein geistiges Artefakt, ein kollektives Kunstwerk. Es muß vereinfachen, wenn es nicht für das Management unbrauchbar sein soll; wenn es aber zu stark vereinfacht, ist es als Handlungsanleitung unbrauchbar. Es muß die Gegenwart ebenso wie die Zukunft widerspiegeln; wenn es sich aber zu stark vom Denken der Vergangenheit löst, wird es nicht ausreichend von denen geteilt, für die es eine gemeinsame Diskussionsgrundlage abgeben soll. Es kann nicht nur entdeckt,

sondern es muß auch erfunden, aber nicht nur erfunden, sondern aus einer großen Zahl alternativer Erfindungen ausgewählt werden, von denen jede einen berechtigten, aber unterschiedlich gewählten Blickwinkel darstellt. Schließlich, und das ist das schwierigste, darf es die Blickwinkel, die es ablöst, nicht unklar werden lassen.[34]

---

[34] Vickers,1968c,85; Übers. der Verf.

6.3 Systemgrenzen in der Weichen Systemmethodik

Die Erläuterungen der vorstehenden Abschnitte zum grundsätzlichen Problemverständnis von WSM, zum Konzept des Beurteilungssystems von Vickers, das WSM eine theoretische Basis verleiht, und zu den methodischen Schritten sollen nun als Hintergrundverständnis dienen, um das Grenzkonzept von WSM darzustellen. Da das entscheidende Werkzeug für die Strukturierung des Lernens über eine Problemsituation in WSM Humane Handlungssysteme sind, sind die in diesem Konzept explizit vertretenen Aussagen zu Systemgrenzen darzustellen. Im Anschluß an eine Kritik dieser Aussagen ist das implizit in WSM vertretene Konzept der Systemgrenzen zu erläutern.

Ein Humanes Handlungssystem (HHS) in WSM ist ein idealtypisches Konstrukt, mit dem nicht die Wirklichkeit abgebildet wird, sondern mit dem eine für die Erörterung einer Problemsituation relevante Sichtweise über eine zweckorientierte Handlung klar durchformuliert wird, so daß ein Befragen der Problemsituation nicht zufällig, sondern strukturiert und anhand expliziter Annahmen erfolgt. Folglich sind die <u>Grenzen eines HHS Grenzen eines idealtypischen Konstrukts</u>, nicht Grenzen einer Problemsituation oder, allgemein gesagt, eines Wirklichkeitsausschnittes[1]. In der Aktionsforschung an WSM schälten sich aber <u>zwei Typen von Wesens-Definitionen heraus, welche in unterschiedlichem Maße organisatorische, in der Wirklichkeit bestehende Grenzen aufnehmen</u>[2]: die 'Wesens-Definition der primären Aufgabe' und die 'Wesens-Definition einer strittigen Frage'.

Der Transformationsprozeß einer <u>Wesens-Definition der primären Aufgabe</u> ist die zweckorientierte Handlung, die als offizielle Hauptfunktion der organisatorischen Einheit, welche der Gegenstand einer Analyse ist, allgemein anerkannt wird[3]:

In einem größeren Projekt ... bezog sich die Wesens-Definition auf die primäre Aufgabe eines gedachten Systems, welches die dem Ingenieursbereich von British Airways zugeordnete Aufgabe ausführt: die effektive und effiziente Ausführung der geplanten Wartung eines Flugzeugparks unter verschiedenen Bedingungen. Man wird kaum bestreiten können, daß es eine Manifestation dieses Systems in einer Fluggesellschaft gibt; von daher ist dies ein gutes Beispiel für eine Wesens-Definition eines relevanten Systems des Typs der 'primären Aufgabe'. Sie drückt eine primäre Aufgabe aus, die in der tatsächlich

---

[1] Checkland,1984a,223
[2] Zur Entwicklung dieser Unterscheidung vgl. Checkland/Wilson,1980.
[3] Checkland/Wilson,1980,54

bestehenden Organisation vorhanden sein muß, wenn diese ihre offizielle Funktion wahrzunehmen fähig sein soll.[4]

Indem im Kern der Wesens-Definition der primären Aufgabe die offizielle Funktion eines organisatorischen Bereichs steht, muß das zu dieser Wesens-Definition gehörige konzeptionelle Modell alle Aktivitäten benennen, die in diesem Bereich zur Erbringung der offiziellen Aufgabe ausgeführt werden müssen. Ein solches konzeptionelles Modell der primären Aufgabe[5] wird in WSM für zwei spezifische Problemstellungen benutzt: für die Entwicklung eines Informationssystems und für die Erarbeitung von reorganisierenden Maßnahmen.

In der Entwicklung von WSM hat sich die Erkenntnis durchgesetzt, daß eine Analyse, die in eine <u>Reorganisation</u> münden soll, von einem allgemein akzeptierten Modell der primären Aufgabe des zu reorganisierenden Bereichs auszugehen habe, nicht von seinem historisch bedingten, zu einem gewissen Grad zufälligen organisatorischen Ist-Zustand[6]. Dafür eignet sich ein Modell der primären Aufgabe in besonderer Weise, da in ihm das für die Erbringung der primären Aufgabe notwendige, logisch verknüpfte Minimum, an Aktivitäten abgebildet ist. Auf der Grundlage der Annahmen, daß die Ausführung jeder einzelnen Aktivität dieses Modells eine Verantwortlichkeit darstellt, bietet dieses idealtypische Modell notwendiger Aktivitäten und der ihnen zugehörigen Verantwortlichkeiten ein klares Bild, mit dem, als Schritt 5 von WSM, die tatsächlich in der Organisation bestehenden Verantwortlichkeiten verglichen werden

---

4   Wilson,1984,86; Übers. der Verf.

5   Ist es in besonders kontroversen Fällen, wie z.B. der Analyse eines Gefängnisses, nicht möglich, eine allgemein akzeptierte offizielle Funktion des betrachteten Systems mit einer Wesens-Definition der primären Aufgabe zu benennen, so schlägt Wilson zur Entwicklung eines Modells der primären Aufgabe folgende Vorgehensweise vor. Von einer Anzahl konzeptioneller Modelle, denen Wesens-Definitionen strittiger Fragen zugrundeliegen, sind alle Modellaktivitäten zusammenzufassen. Es ist dann eine Wesens-Definition zu formulieren, die den Namen für das Humane Handlungssystem darstellen könnte, das aus der Zusammenfassung der Aktivitäten entstand. Zur Überprüfung, ob die formulierte Wesens-Definition und das Modell der zusammengefaßten Aktivitäten ein kohärentes Paar bilden, ist ein konzeptionelles Modell von der Wesens-Definition zu entwickeln, welches dann mit dem tentativen Modell der primären Aufgabe verglichen wird. Fehlen in letzterem Aktivitäten, die in dem von der Wesens-Definition abgeleiteten Modell enthalten sind, so sind diese dem tentativen Modell der primären Aufgabe hinzuzufügen bzw. einzelne Aktivitäten dieses Modells abzuwandeln. Sind die Modelle grundlegend unterschiedlich, so ist eine neue Wesens-Definition zu formulieren, die dem Geist der Zusammenstellung der Aktivitäten besser entspricht. Dieser iterative Prozeß der Entwicklung eines Paares von Wesens-Definition und konzeptionellem Modell, die auf die primäre Aufgabe ausgerichtet sind, ist so lange durchzuführen, bis ein allgemein akzpetiertes Paar gefunden wird (vgl. Wilson,1979,56f; Wilson,1984,87ff; Wilson,1984,146ff).

6   Vgl. dazu die Erläuterungen bei Dyllick zum Auseinanderfallen einer -logisch reinen- Funktionshierarchie und einer institutionalisierten hierarchischen Gliederung einer Institution (Dyllick,1982,213ff).

können[7]. Die Debatte über die Vertretbarkeit der gegenwärtigen organisatorischen Lösung, die durch diesen Vergleich ausgelöst wird (Schritt 6), führt zu Entscheidungen (Schritt 7), in welchen Punkten der Diskrepanz die Organisationsstruktur verändert und dem Modell angenähert werden soll und in welchen Punkten, trotz einer Diskrepanz zwischen Wirklichkeit und Modell, gute Gründe für die vorliegende Organisationsform bestehen und insofern das Modell der Wirklichkeit anzunähern ist[8]. Dieser Gebrauch des Modells der primären Aufgabe, der zu reorganisierenden Veränderungen führen soll, entspricht dem Geist von WSM, weil strittige Fragen der Organisationsform aufgedeckt und damit der Debatte zugänglich gemacht werden. Das Modell selbst stellt keine Aussage darüber dar, ob die Umsetzung der in ihm dargestellten Verknüpfungen und Verantwortlichkeiten wünschbar ist. Wilson hebt mit Bezug auf ein von ihm geleitetes Projekt hinsichtlich der in der beschriebenen Form erarbeiteten Veränderungen hervor:

> Es gibt keine richtige Antwort, und die Lösung stellt in jedem Fall einen Kompromiß dar, aber immerhin einen Kompromiß, den die Senior Manager in der Linie für den besten hielten und der für eine Situation stand, die zu bewältigen sie sich in der Lage fühlten.[9]

Das zweite Feld der Anwendung eines Modells der primären Aufgabe ist die von Wilson ausgearbeitete Methodik zur <u>Entwicklung eines Informationssystems</u>[10]. Sie ist der Ermittlung der notwendigen Informationsflüsse, nicht dem technischen 'wie' der Abwicklung dieser Flüsse gewidmet, d.h. in ihr soll folgende Frage beantwortet werden: Wer, d.h. welche Rolle, braucht welche Informationen wozu? Daß für diese Analyse ein Modell der primären Aufgabe des organisatorischen Bereichs, für den das Informationssystem vorgesehen ist, entwickelt werden sollte, ist ein Ergebnis der Aktionsforschung an WSM. Es zeigte sich, daß ein System mit einer unterstützenden Funktion, wie z.B. ein Informationssystem oder auch ein Kontrollsystem, nur dann sinnvoll entworfen werden kann, wenn ein idealtypisches Modell des zu unterstützenden Systems vorliegt[11]. Anhand der Aktivitäten eines solchen Modells der logisch notwendigen, nicht der historisch-zufällig entwickelten Aktivitäten, können die Informationsflüsse

---

[7] Zu einer detaillierten Darstellung der Vorgehensweise, zu der ihr zugrundeliegenden Intention, die Grenzen des konzeptionellen Modells mit Grenzen organisationeller Einheiten zur Deckung zu bringen, und zu der Technik des Aufeinanderlegens von Folien zur Definition von Grenzen organisatorischer Subeinheiten vgl. Wilson,1979; Wilson,1984,173ff.

[8] Eine 'unlogische', d.h. dem logisch reinen Modell nicht entsprechende organisatorische Lösung wird häufig in den besonderen Fähigkeiten und auch Schwächen der Beteiligten und in den zwischenmenschlichen Beziehungen begründet sein. Zum Prinzip der 'Organisation ad personam' vgl. Bleicher,1985,3f; Bleicher,1983,53.

[9] Wilson,1979,66; Übers. der Verf.

[10] Vgl. Atkinson,1986,22; Wilson,1980; Wilson,1984,193ff,226ff,245ff

[11] Vgl. Checkland,1984a,208ff; Woodburn,1979

benannt werden, die mindestens notwendig sind, um die für die Transformation notwendigen Aktivitäten ausführen zu können. Auf der Grundlage der Zuordnung dieser minimal notwendigen Informationsflüsse zu Rollen und Verantwortlichkeiten können dann kohärente Prozesse der Informationsverarbeitung entworfen werden[12].

Obwohl das Modell der primären Aufgabe für eine Reorganisation und für den Entwurf eines unterstützenden Systems unentbehrlich ist, kommt <u>Wesens-Definitionen und konzeptionellen Modellen einer strittigen Frage</u> innerhalb von WSM eine höhere Bedeutung zu, da WSM nicht primär dazu entwickelt wurde, ein möglichst effizientes Mittel zu einem einhellig akzeptierten Ziel zu erarbeiten, wie dies bei der Entwicklung eines Informationssystems oder einer Reorganisation der Fall ist. Auch wenn solche klar definierten Probleme mit WSM, insbesondere mit den angesprochenen, für diese Problemstellungen entwickelten Techniken, bearbeitet werden können[13], so liegt doch der besondere Beitrag von WSM zum Feld der Problembearbeitungsmethoden darin, mit dem Modell des Humanen Handlungssystems einen Modelltyp entwickelt zu haben, mit dem konfliktreiche, als problematisch empfundene Situationen erforscht und darauf untersucht werden können, welche Aspekte in ihnen als besonders problematisch und insofern als veränderungswürdig anzusehen sind[14]. Die für dieses Anliegen adäqua-

---

[12] Das in der Aktionsforschung an WSM entwickelte Werkzeug für den Entwurf eines Informationssystems auf der Grundlage eines Modells der primären Aufgabe ist das aus vier Quadranten bestehende 'Malteser Kreuz' (vgl. Wilson,1980,55ff; Wilson,1984,226ff). Auf der oberen Hälfte der vertikalen Achse werden die Aktivitäten des Modells der primären Aufgabe aufgeführt. Die linke und die rechte Hälfte der horizontalen Achse sind identisch. Sie führen die Informationskategorien auf, die für die Ausführung der Aktivitäten benötigt werden, wobei die linke Hälfte die Informationsinputs, die rechte Hälfte die Informationsoutputs darstellt. Diese obere Hälfte des Malteser Kreuzes dient nun dafür, alle 'zwischen zwei Aktivitäten' bestehenden Informationsflüsse aufzuführen. Für jede Aktivität, die in einer Zeile aufgelistet ist, sind die benötigten Informationsinputs auf der linken Hälfte, die von ihr produzierten Informationsoutputs auf der rechten Hälfte zu markieren. In einem zweiten Schritt sind auf der unteren Hälfte der vertikalen Achse des Malteser Kreuzes die Prozesse der Informationsverarbeitung zusammen mit den von ihnen benötigten Informationsinputs auf der linken Hälfte und der von ihnen produzierten Informationsoutputs auf der rechten Hälfte aufzuführen, so wie sie im betrachteten organisatorischen Bereich gegenwärtig ausgeführt werden. Nachdem die Aktivitäten der oberen Hälfte des Malteser Kreuzes zu Rollen zusammengefaßt, und so die Informationsflüsse 'zwischen zwei Aktivitäten' zu solchen 'zwischen zwei Rollen' verarbeitet wurden, liegt nun eine Definition dessen vor, wer (in welcher Rolle) welche Information wofür (für welche Aktivitäten seines Vorantwortungsbereichs) braucht und wer diese zur Verfügung stellt. Durch den Vergleich dieser Informationsbedürfnisse mit den gegenwärtigen, in der unteren Hälfte des Malteser Kreuzes abgebildeten Prozessen der Informationsverarbeitung entsteht eine Entscheidungsgrundlage dafür, ob diese Bedürfnisse gegenwärtig zufriedenstellend gedeckt sind, oder ob die vorliegenden Prozesse der Informationsverarbeitung in einem zu entwerfenden Informationssystem neu gestaltet werden sollen.

[13] Wegen dieser Möglichkeit, mit WSM auch klar-definierte 'harte' Probleme zu bearbeiten, weist Checkland darauf hin, daß WSM der allgemeine Fall ist, der in spezifischen Situationen zum speziellen Fall einer harten Systemmethodik werden kann, dann nämlich, wenn die primäre Aufgabe nicht umstritten ist. Dies sieht Checkland jedoch als eine Ausnahmesituation an (vgl. Checkland,1987,130ff; Checkland,1981,12f).

[14] Checkland/Wilson,1980,54

ten Modelle strittiger Fragen, die sich nicht auf organisatorische Gliederungen beziehen, modellieren jedes für sich eine kontroverse Sichtweise der Situation. Checkland betont, daß der Lernprozeß über die problematische Situation vor allem von radikalen Wesens-Definitionen, die die Situation in einem völlig neuen Licht erscheinen lassen, profitieren kann, sofern diese nicht zu radikal sind und den Vergleich zwischen der Problemsituation und den Modellen insofern zu einem unüberwindbaren Kontrast werden ließen[15]. Den Modellen strittiger Fragen ist gemein, daß sie nicht in organisatorische Gliederungen einzupassen sind und sich insofern, anders als die Modelle der primären Aufgabe, nicht an organisatorischen Grenzen orientieren.

Als den schwierigsten Schritt im Befreien des Denkens fanden wir, die gedankenlose Annahme fallenzulassen, daß Organisationen, Abteilungen, Divisionen und Gruppen ipso facto Systeme seien. Derartige Gruppierungen ... stellen immer nur eine von vielen möglichen Alternativen dar. Normalerweise werden sie durchaus kohärent definiert sein (Produktionsabteilung, Design-Unterabteilung etc.), aber immer wird die Zahl der Funktionen, die innerhalb der Organisation wahrgenommen werden müssen, wesentlich größer sein als die Zahl derer, die in Bereichen, Abteilungen etc. institutionalisiert werden... Für das Formulieren einer Wesens-Definition <u>kann</u> es nützlich sein, solche Sub-Gruppierungen als Systeme anzunehmen, aber dies sollte bewußt vorgenommen werden und nur, nachdem untersucht wurde, ob andere Definitionen nicht zu einem umfassenderen Verständnis führen würden.[16]

Gerade wenn Problemsituationen von kontroversen Fragen beherrscht waren, zeigten sich Definitionen und Modelle strittiger Fragen als wesentlich nützlicher, um ein umfassendes Verständnis der Situation zu erlangen, als dies mit Wesens-Definitionen primärer Aufgaben möglich gewesen wäre[17]. Die Definitionen von Humanen Handlungssystemen, die sich weder an organisatorischen, noch an physikalischen Gegebenheiten und den mit ihnen verknüpften Grenzen orientierten, wird als entscheidender Schritt in der Entwicklung von WSM angesehen[18], die sich am Anfang der Aktionsforschung für die Definition der Systemgrenzen an organsiatorischen Grenzen orientierte[19]. Erst die Lösung von diesem vorgegebenen Blickwinkel ermöglichte, dieselbe organisatorische und auch physikalische Wirklichkeit anhand verschiedener Weltanschauungen verschiedener Problembesitzer zu betrachten und, als Folge daraus,

---

[15] Checkland,1984a,170,227
[16] Checkland,1984a,226; Übers. der Verf.
[17] Checkland/Wilson,1980,54
[18] Anderton,1980,118; Checkland,1984a,226f,257f; Checkland,1972,98,112; Wilson,1979, 51
[19] Vgl. Checkland,1984a,146; Jenkins,1969,4ff

bezogen auf dieselbe physische und organisatorische Wirklichkeit verschiedene Systemgrenzen zu definieren[20]. Daß Grenzen in der sozialen Welt dann unscharf sind, wenn in ihr unterschiedliche Weltanschauungen bestehen, darauf weist Checkland hin:

> In 'weichen' Systemen -zu denen die meisten Humanen Handlungssysteme gehören, wenn diese auf einer der physikalisch-operationellen übergeordneten Ebene betrachtet werden- wird es immer viele unterschiedliche Versionen vom 'zu gestaltenden oder zu verbessernden System' geben, und es wird unmöglich sein, Systemgrenzen und Ziele zu definieren.[21]

Indem mit WSM keine Weltanschauung unhinterfragt akzeptiert, sondern deren Relevanz im Verlauf einer Debatte anhand von Modellen strittiger Fragen, die sich nicht an organisatorischen Grenzen orientieren, gelernt wird, kann die Umgrenzung der Problemsituation nur Ergebnis der Problembearbeitung, nicht aber ihr Ausgangspunkt sein.

Eine zweite Dimension der Wahl hinsichtlich der Definition der Systemgrenzen betrifft die <u>Größe des Humanen Handlungssystems</u>[22]. Ebenso wie die Wahl zwischen einer Wesens-Definition der primären Aufgabe und einer Wesens-Definition der strittigen Frage ist sie in das Ermessen des Benutzers von WSM gestellt, ohne durch die Methodik selbst vorgegeben zu sein. Sie wird im wesentlichen mit dem <u>Transformationsprozeß</u> des Systems bestimmt. Darüber hinaus kann ihre Reichweite mit der <u>'Umwelt'-Komponente in BATWEU</u> spezifiziert werden, indem dem System als 'Umwelt' einzelne Aspekte vorgegeben und damit der Kompetenz des Systems entzogen werden. Werden weitgehende Aspekte der Entscheidungsgewalt des Systems unterstellt, d.h. nicht unter 'Umwelt' aufgeführt, so wird ein System desselben Transformationsprozesses mit weiteren Systemgrenzen definiert.

---

20 Daß eine Definition von Systemgrenzen auch bei physischen Objekten nur auf dem Hintergrund eines sorgsam formulierten, eine Weltanschauung explizierenden Namens des Systems vorzunehmen ist, kann am Beispiel von 'Großvaters Uhr' gezeigt werden. Wird 'Großvaters Uhr' mit dem Verständnis betrachtet, daß sie ein Schmuckobjekt und daß die emergente Eigenschaft eines Systems, relevant für eine derart betrachtete Uhr, 'die Fähigkeit, ästhetischen Genuß zu vermitteln' sei, so fielen die Systemgrenzen mit den Grenzen des physischen Objekts überein. Wird 'Großvaters Uhr' aber aus einem funktionalen Blickwinkel betrachtet und die emergente Systemeigenschaft als 'die Fähigkeit, die Uhrzeit anzuzeigen' beschrieben, so sind die Systemgrenzen auszuweiten, so daß sie auch die Person einbeziehen, welche die Uhr aufzieht. Denn nur 'Großvaters Uhr' zusammen mit dieser Person, die von Zeit zu Zeit für einen Energieinput sorgt, können die genannte emergente Systemeigenschaft auf Dauer aufrechterhalten (Übungsbeispiel, Checkland, November 1985).

21 Checkland,1984a,165; Übers. der Verf.; dazu, daß eine auf der physikalischen Ebene allgemein geteilte Beschreibung dann problematisch wird, wenn über die Feststellung der physikalischen Fakten hinausgegangen und ihnen ein Platz in der sozialen Wirklichkeit zugeordnet werden soll, vgl. Checkland,1984a,60; Checkland,1987,130; Wilson,1979,52.

22 Checkland/Wilson,1980,53f

Explizite Aussagen zu Systemgrenzen in WSM werden vorwiegend im Zusammenhang mit dem <u>Formalen Systemmodell</u> getroffen, in welchem Systemgrenzen wie folgt definiert sind:

Das System S besitzt eine Grenze, die es von Obersystemen und/oder Umwelten absetzt, mit welchen das System interagiert. Die Grenze ist formal definiert durch den Bereich, in dem ein Entscheidungsprozeß Handlungen auszulösen mächtig ist - im Gegensatz zum Versuch der Beeinflussung der Umwelt.[23]

Das Definitionselement, daß die <u>Systemgrenze</u> durch den <u>Autoritätsbereich einer Entscheidungsinstanz im System</u> festgelegt ist, wird am häufigsten hinsichtlich der Systemgrenzen in WSM genannt[24]. Sie spiegelt das in WSM vertretene Systemkonzept wider, daß jedes System ein Kontrollsystem aufweisen muß, welches für die Aufrechterhaltung der Systemstabilität verantwortlich ist[25], ohne dieser Aussage weiteren Gehalt hinzuzufügen. Vielmehr wird mit der Betonung dieses Aspekts der Systemgrenze eher unklar, daß die eigentliche Grenzdefinition mit der Formulierung der Wesens-Definition erfolgt. Dem Verständnis von WSM zufolge gibt es genau eine Gruppe von Aktivitäten, die notwendig und hinreichend ist, um die in der Wesens-Definition benannte zweckorientierte Handlung auszuführen. Diese <u>Aktivitäten, welche bereits mit der Wesens-Definition implizit vorgegeben sind, werden mit der Systemgrenze umgrenzt</u>. Die Hinzufügung einer Kontrollinstanz mit Entscheidungsgewalt zu den bereits feststehenden und umgrenzten Aktivitäten folgt modellierungstechnisch dem Schritt der Grenzdefinition und ist eine Konsequenz aus der Forderung, daß jedes System ein Kontrollsystem besitzen muß. Wird also in der Erläuterung des Formalen Systemmodells gesagt, daß die Systemgrenze durch den Autoritätsbereich einer Entscheidungsinstanz bestimmt sei, so ist diese Entscheidungsinstanz vom Modellierer einem bereits vorgängig definierten und umgrenzten System hinzugefügt. Abb. 6.3 illustriert die Schritte der Definition einer Systemgrenze, wie sie in der praktischen Anwendung von WSM erfolgen.

---

[23] Checkland,1984a,174; Übers. der Verf.
[24] Vgl. Checkland,1984a,102,312; Checkland,1972,109; Checkland,1970,11; Checkland/Griffin,1970,30; Wilson,1979,54; Wilson,1984,27,79,165,173
[25] Vgl. Checkland/Griffin,1970,30,38ff; das Kontrollsystem braucht nicht in einer lokalisierbaren Instanz angesiedelt zu sein, sondern kann im System verteilt sein (Checkland,1979,37).

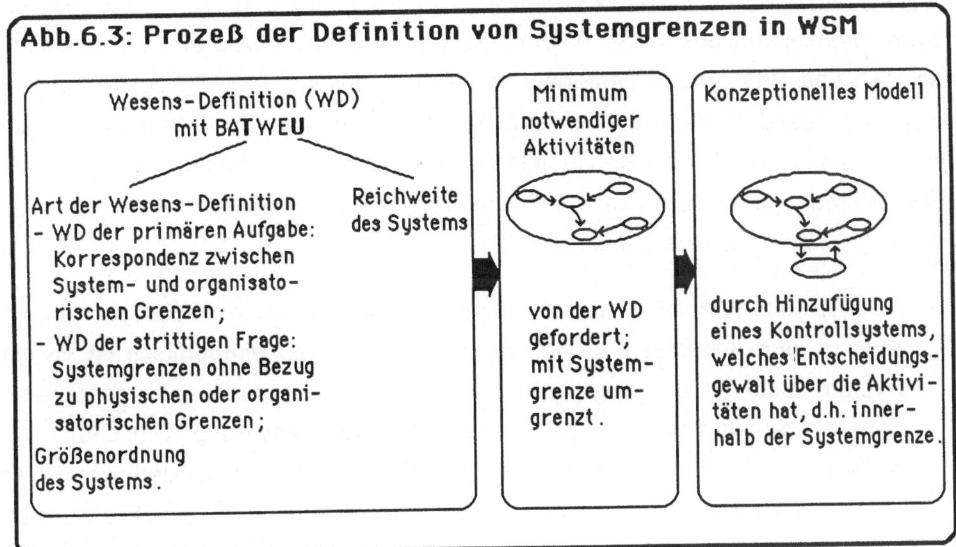

Die Betonung dessen, daß die Systemgrenze den Bereich umschließt, in dem eine Instanz Entscheidungsgewalt besitzt, obwohl modellierungstechnisch zunächst die Systemgrenze durch die Auflistung der logisch notwendigen und hinreichenden Aktivitäten definiert und der mit dieser Grenze definierte Bereich erst im zweiten Schritt einer Kontrollinstanz unterstellt wird, scheint in den Ursprüngen von WSM begründet zu sein. Es soll daher im folgenden die Relevanz des Formalen Systemmodells im Hinblick auf die für die Systemgrenzen wesentlichen Aussagen untersucht werden. Im oben aufgeführten Zitat aus den Erläuterungen zum Formalen Systemmodell stellt Checkland fest, daß die Systemgrenze das System gegenüber 'Obersystemen und/oder Umwelten' abgrenzt, welche er wie folgt unterscheidet:

Die Analyse ... wird schließlich größere Einheiten erreichen, die nach dem Urteil des Analysierenden als Umwelten, nicht als Systeme aufzufassen sind, wobei die Unterscheidung die ist, daß man hoffen kann, eine Umwelt zu beeinflussen, daß man sie aber nicht 'gestalten' kann, während ein Obersystem prinzipiell gestaltet werden kann.[26]

In dieser Unterscheidung zwischen Obersystem und Umwelt anhand der möglichen bzw. der mangelnden Gestaltbarkeit greift Checkland die von Jenkins in den

---

[26] Checkland,1984a,174; Übers. der Verf.

<u>Anfängen der Entwicklung von WSM</u> im Sinne des Systems Engineering ausgearbeitete Systemkonzeption auf. Unter einem <u>System</u> versteht Jenkins ein aus Menschen, Maschinen und Ressourcen bestehendes Gebilde, das <u>auf eine Zielsetzung hin entworfen und gestaltet</u> werden kann und das Teil einer aus Systemen bestehenden Kontrollhierarchie ist[27]. Jenkins versteht Systeme also als unmittelbar in der Wirklichkeit bestehende, gestaltbare Gebilde[28]. Dies zeigt sich auch in seinem Verweis auf die Bedeutung einer sinnvollen Grenzdefinition:

> Es muß betont werden, daß die Unterscheidung zwischen Subsystemen, dem System, dem Obersystem und der Umwelt nicht nur akademisch ist. In einer Systemstudie ist Sorgfalt geboten, wenn die Grenzen des zu gestaltenden Systems definiert werden - andernfalls entsteht Verwirrung. Die Grenze darf nicht zu eng gezogen werden, wenn Suboptimierung vermieden werden soll. Wenn sie aber zu weit gezogen wird, kann das Projekt zu ambitiös ausgelegt sein. Letztendlich ist es eine Frage der Urteilskraft, bewußt zu entscheiden, wo die Grenzen gezogen werden sollen.[29]

Als Beispiel für die Bestimmung des Obersystems und der Subsysteme führt Jenkins in Konsequenz seines Systemverständnisses ein Planungssystem zur Abstimmung von Produktions- und Marketing-Aktivitäten einer Organisation an[30]. Als Obersystem dieses Planungssystems nennt Jenkins die Planung auf der Unternehmungsebene, welche Entscheidungsgewalt über das in Frage stehende Planungssystem besitzt; als Umwelt führt er Lieferanten von Rohstoffen, Kunden und die Gesamtheit der übrigen externen Ressourcen an, mit welchen das Planungssystem verknüpft ist. An diesem Beispiel wird deutlich, daß Jenkins eine betriebliche Funktion als System auffaßt und die betriebliche Hierarchie mit der Systemhierarchie gleichsetzt. Als Umwelt der Systemhierarchie versteht Jenkins alles, was nicht den Entscheidungsinstanzen der Systemhierarchie untersteht und doch mit den einzelnen Ebenen dieser Hierarchie interagiert.

Zur <u>Unterscheidung von Obersystem und Umwelt übernimmt Checkland</u> von Jenkins den Aspekt, daß das Obersystem, nicht aber die Umwelt verlässlich gestaltet werden kann, - <u>allerdings nicht mit der noch bei Jenkins vertretenen Klarheit</u>. Zunächst ist darauf hinzuweisen, daß Checkland an einer Stelle, wie oben zitiert, indifferent

---

[27] Jenkins,1969,7; Jenkins,1971,171; siehe auch die weiteren Systemeigenschaften nach Jenkins, welche im hier vorliegenden Kontext nicht von Interesse sind.
[28] Wilson,1984,63
[29] Jenkins,1971,172; Übers. der Verf.
[30] Jenkins,1971,172

feststellt, die Systemgrenze trenne das System von dem Obersystem/der Umwelt[31], an einer anderen jedoch, die Grenze trenne das System von der Umwelt[32]. Die Umwelt selbst beschreibt Checkland in dem Sinn, daß sie die Spitze der Systemhierarchie sei, welche aus den Ebenen Subsystem - System - Obersystem - Umwelt aufgebaut ist[33]. Dieses Verständnis ist jedoch inkonsistent mit Checklands von Jenkins übernommenen Sichtweise der Systemhierarchie als Kontrollhierarchie. Wenn die Umwelt als nicht kontrollierbar verstanden wird, kann sie einer solchen Systemhierarchie nicht zugerechnet werden. Auf die nur vage konzeptionelle Unterscheidung zwischen Obersystem und Umwelt bei Checkland weist Jones hin:

> Ich fühle mich versucht, zu empfehlen, daß ein rigoroserer Versuch der Unterscheidung zwischen Zonen, in denen Einfluß ausgeübt werden kann, und denen, für die dies nicht möglich ist, hilfreich wäre. Auf jeden Fall scheint mir die Linie zwischen 'prinzipiell gestaltbar' und 'hoffentlich beeinflußbar' ausgesprochen undeutlich zu sein. Wenn ein Aspekt der Umwelt ernsthaft als Objekt der Beeinflussung in Erwägung gezogen wird, warum sollte er ... dann nicht eingeschlossen werden? Wenn nicht, kann er draußen bleiben.[34]

Die hier aufgeführten Unklarheiten in den Aussagen von Checkland über das Konzept der Umwelt in WSM scheinen darin zu fußen, daß dieses in dem von Jenkins begründeten Formalen Systemmodell verankert ist[35]. Mit diesem listete Jenkins die Merkmale eines Systemmodells auf, mit dem ein zielorientierter, einer Kontrollhierarchie angehörender, organisatorischer Bereich modelliert werden kann. In einem solchen, real existierenden Organisationsbereich können die Grenzen seines Autoritätsbereichs in der Wirklichkeit erforscht werden. In Anlehnung an diesen in der Wirklichkeit ermittelten Autoritätsbereich können dann, im Sinne von Jenkins, die Systemgrenzen definiert werden. Bei diesem Systemverständnis hat auch die Systemumwelt, welche jenseits der Autorität des Organisationsbereichs steht, eine ausgesprochen reale Bedeutung. Sie bildet eine nicht kontrollierbare Quelle für Systemstörungen. Im Konzept von Jenkins sind insofern sowohl das Konzept 'Umwelt' wie auch das des Machtbereichs einer Entscheidungsinstanz, welcher die System-

---

[31] Checkland,1984a,174
[32] Checkland,1984a,312
[33] Vgl. das oben aufgeführte Zitat: "Die Analyse wird schließlich größere Einheiten erreichen, welche nach dem Urteil des Analysierenden als Umwelten, nicht als Systeme, aufzufassen sind..."; vgl. auch die Darstellung in Checkland,1972,109; von Jenkins wird im Gegensatz dazu von einer Systemhierarchie mit den Ebenen Subsystem - System - Obersystem ausgegangen, wobei auf jeder Ebene eine dem ebenenspezifischen System zugeordnete Umwelt angesiedelt ist (vgl. Jenkins,1971,172). Dies entspricht der oben unter 5.13 als organismisch-systemisch herausgearbeiteten Grenzkonzeption.
[34] Jones,1982,52f; Übers. der Verf.
[35] Vgl. Jenkins,1971,171; Checkland,1972,107f

grenze definiert, aufgrund ihrer angestrebten Korrespondenzen mit der Wirklichkeit ausgesprochen bedeutungsvoll.

Beide Konzepte verlieren aber diese Bedeutung, wenn das Systemmodell nicht mehr einen zu gestaltenden Organisationsbereich abbildet, sondern, wie im heutigen Entwicklungsstand von WSM, eine logisch klare Durchformulierung einer für eine Problemsituation relevanten zweckorientierten Handlung ist. Bei der Modellierung steht also weder der Machtbereich einer real existierenden Entscheidungsinstanz zur Disposition, noch die Vernetzungen zwischen einem ebenso realen System und dessen Umwelt. Beide Aspekte können in der Debatte über die Problemsituation diskutiert werden, welche durch konzeptionelle Modelle strittiger Fragen strukturiert wird. Sie werden aber nicht mit den konzeptionellen Modellen modelliert. Insofern ist die Kritik von Jones als irrelevant zurückzuweisen, da sie diesen idealtypischen, allein in der Wesens-Definition begründeten Charakter eines konzeptionellen Modells übersieht. Jones Empfehlung, Aspekte dem System dann zuzuordnen, wenn sie als beeinflußbar gelten, folgt der Vorstellung, daß mit dem Systemmodell ein Ausschnitt der Wirklichkeit modelliert wird, und vernachlässigt, daß in WSM ausschließlich die Wesens-Definition entscheidend dafür ist, was als Teil eines Systemmodells gilt.

Sowohl die ungerechtfertigte Betonung der Abhängigkeit der Systemgrenze von dem Autoritätsbereich eines Entscheidungsinstanz wie auch die Unklarheiten über das Konzept der Systemumwelt[36] scheinen bei Checkland also in der Beibehaltung des Formalen Systemmodells begründet zu sein, das auf dem Verständnis fußt, ein System sei als eine Abbildung eines zu optimierenden organisatorischen Bereichs anzusehen. Gerade diese Sichtweise wurde aber in der Entwicklung von WSM überwunden. Eine Revidierung des Formalen Systemmodells hinsichtlich seines Elementes 'Umwelten von S', der mit diesem einhergehenden Verknüpfungen und hinsichtlich des Verweises auf eine innerhalb der Systemgrenzen bestehende Entscheidungsautorität scheint daher notwendig.

---

[36] Auch im Verständnis des 'Umwelt'-Elements in BATWEU zeigen sich diese Unklarheiten. So wurde auch in den Erläuterungen zu BATWEU bis vor kurzem immer wieder die ambivalente Bezeichnung 'Obersystem/Umwelt' aufgeführt (vgl. Smyth/Checkland,1976,78; Checkland, 1984a,225). Das innerhalb der Wesens-Definition schlüssige Verständnis, das in WSM heute unbestritten ist, unter 'Umwelt' die Bedingungen aufzuführen, die für das in Frage stehende System als wesentlich und als extern gegeben betrachtet werden, ist weder als Umweltanalyse im Verständnis des Managements zu verstehen (es geht in ihr nicht um die Erfassung von in der Wirklichkeit bestehenden Verknüpfungen), noch als 'möglicherweise beeinflußbare Umwelt' im Sinne Checklands. Im Gegensatz dazu wird mit der Auflistung eines Aspekts unter dem Umwelt-Element von BATWEU gerade dessen Nicht-Beeinflußbarkeit aus Sicht dieses idealtypischen Systems betont.

Auf dem Hintergrund des Gesagten kann nun das implizite Verständnis von Systemgrenzen in WSM erläutert werden. Dies soll mit Bezug auf die in 5.4 entwickelten und in Abb. 6 zusammengefaßten systemtheoretischen Hinweise zu Systemgrenzen erfolgen. Als erste Anforderung an eine Grenzdefinition aus systemtheoretischer Sicht wurde dort genannt, daß die Systemgrenze zu einem mit einer emergenten Eigenschaft gekennzeichneten System zu gehören habe. Von der emergenten Systemeigenschaft wurde angenommen, daß sie das Ergebnis des Zusammenspiels des Systems mit der dem System übergeordneten und der dem System untergeordneten Ebene ist. Für diese Forderungen können Entsprechungen im Konzept des Humanen Handlungssystems gefunden werden. So ist der <u>Output</u> eines HHS, d.h. das Ergebnis der mit dem HHS benannten zweckorientierten Handlung, <u>als emergente Systemeigenschaft</u> anzusehen, denn dieser Output ist im koordinierten Zusammenwirken der Systemteile begründet und kann von keinem Teil allein geschaffen werden[37]. Die Teile eines Humanen Handlungssystems, die als Aktivitäten im konzeptionellen Modell aufgeführt werden, müssen nämlich das -logisch verknüpfte- Minimum an Aktivitäten darstellen, das notwendig ist, um den Output, d.h. die emergente Systemeigenschaft, zu produzieren. Auch die Feststellung, daß die Begrifflichkeit der emergenten Eigenschaft nur auf der Systemebene, nicht aber auf der der Teile sinnvoll ist und insofern nur dort angewendet werden kann[38], trifft auf den Output eines HHS zu. Dies kann am Beispiel der oben aufgeführten Wesens-Definition über die Vorbereitung von Berichten über inhaltliche und methodische Untersuchungsergebnisse durch die Beratungsgesellschaft ISQOL und die Zusendung der Berichte an geeignete Leser beim Kunden gezeigt werden. Die emergente Systemeigenschaft ist die Informiertheit geeigneter Leser beim Kunden über Untersuchungsergebnisse. Dessen Teile sind Aktivitäten wie 'Definiere Kriterium für 'geeignet'', 'Bestimme geeignete Leser beim Kunden', 'Vergegenwärtige inhaltliche und methodische Untersuchungsergebnisse', 'Erstelle einen Bericht über inhaltliche und methodische Untersuchungsergebnisse', 'Sende den Bericht den geeigneten Lesern zu'. Keine dieser Aktivitäten für sich genommen kann die Informiertheit geeigneter Leser sicherstellen und bezüglich keiner der Aktivitäten kann die Frage der Informiertheit aufgeworfen werden. Sie ist Sinn-los auf der Ebene der 'Vergegenwärtigung von Untersuchungsergebnissen' und der 'Versendung von Berichten'. Das Ergebnis des Zusammenspiels dieser einzelnen Aktivitäten, die Informiertheit geeigneter Leser, kann nur auf der diesen Aktivitäten übergeordneten Ebene thematisiert werden. Insofern ist der Output eines HHS als dessen emergente Systemeigenschaft zu verstehen, da er nur durch das koordinierte

---

[37] Zu diesem Aspekt einer emergenten Eigenschaft vgl. oben 5.11., 'Systemgrenzen einer Ganzheit'.
[38] Zu diesem Aspekt einer emergenten Eigenschaft vgl. oben 5.12., 'Systemgrenzen eines Teils'.

Zusammenwirken der Systemteile entstehen kann und in der Begrifflichkeit der Systemteile nicht zu fassen ist.

Auch die systemtheoretische Anforderung, daß die emergente Eigenschaft als ein <u>Ergebnis der Interaktion mit der dem System übergeordneten und der dem System untergeordneten Ebene</u> aufzufassen sei, findet in WSM ihre Entsprechung im Konzept des HHS, in welchem drei interagierende Systemebenen berücksichtigt werden: die emergente Eigenschaft auf der Systemebene entsteht als Output durch das koordinierte Zusammenwirken der Systemteile, der Aktivitäten, die auf der der Systemebene untergeordneten Ebene angesiedelt sind; der Output als emergente Eigenschaft wird von dem dem System übergeordneten System gefordert, welches in der Modellierung eines HHS in Form des zweiten Kontrollsystems, das die Sicht des Obersystems repräsentiert, berücksichtigt wird. Die drei Ebenen einer Systemhierarchie sind insofern in einem konzeptionellen Modell abgedeckt durch die <u>Aktivitäten, den von ihnen produzierten Output und das den Blickwinkel des Obersystems repräsentierende Kontrollsystem</u>.

Ein weiterer systemtheoretischer Hinweis zur Bestimmung der Systemgrenzen wurde dem Werk v. Hayeks entnommen, nämlich Grenzen von in der Wirklichkeit bestehenden Phänomenen dadurch zu erfassen, daß <u>negative Rückkoppelungsschleifen, welche auf einer Ebene zwischen der Systemeigenschaft und den Systemteilen anzusiedeln sind, rekonstruiert und dann umgrenzt werden</u>. In WSM geht es aber nicht um die Erfassung der Wirklichkeit in Systemmodellen, sondern darum, die Wirklichkeit auf der Grundlage idealtypischer HHS in einer Debatte zu erforschen. Da ein konzeptionelles Modell eines HHS also nicht auf die Abbildung der Wirklichkeit abzielt, findet der Verweis auf die rekonstruierende Einfügung einer zusätzlichen Systemebene mit negativen Rückkoppelungsschleifen in WSM keine Entsprechung.

Den Ausführungen von Bateson wurde für die Definition der Systemgrenzen der Hinweis entnommen, daß grundsätzlich <u>nur wahrgenommen</u> und somit auch eine Systemgrenze nur adäquat beschrieben werden kann, <u>wenn Veränderungen auftreten</u>, welche entweder im beobachteten Gegenstand oder im Beobachter lokalisiert sein können. Diese Betonung von Bewegung als Voraussetzung für Wahrnehmung findet eine Entsprechung in der zentralen methodischen Forderung von WSM, zum einen eine <u>Vielzahl</u>, zum anderen möglichst neue und <u>radikale Wesens-Definitionen</u> zu formulieren und in konzeptionellen Modellen auszubauen. Diese Vorgehensweise stellt fraglos ein Potential der <u>Bewegung durch den Beobachter</u> dar, fordert sie doch von diesem, den Blickwinkel, von dem aus er einen Wirklichkeitsausschnitt betrachtet, laufend zu verändern. Indem der Beobachter also verschiedene Sichtweisen von der

Problemsituation durchformuliert und debattiert, bewegt er sich im Verhältnis zur Situation. Diese Bewegung des Beobachters steht im Kern von WSM.

In Anknüpfung an die Forderung aus systemtheoretischer Sicht, daß die <u>Systemgrenze ein System als Ganzheit umgrenzt</u>, ist das im Konzept des HHS implizierte Ganzheitskonzept zu explizieren. Zunächst ist die Ganzheit eines HHS eine <u>prozessuale Ganzheit</u>. Da ihre Teile Aktivitäten, nicht Objekte sind[39], muß sie primär als Ganzheit in der Zeit, weniger als Ganzheit im Raum angesehen werden. Dies stellt eine Operationalisierung der von v. Bertalanffy als systemisches Grundmerkmal beschriebenen Eigenschaft der 'Dauer im Wandel'[40] dar. Die Dauer der emergenten Systemeigenschaft, d.h. in WSM die Dauer des Outputs, mit dem das HHS als solches definiert ist, wird von Prozessen in Form von Aktivitäten auf der Ebene der Teile, d.h. durch 'Wandel', sichergestellt. So findet die systemische Betonung von Prozessen, welche eine Form aufrechterhalten[41], eine Entsprechung im prozessorientierten Modell eines HHS. Als <u>Ganzheit</u> kann diese Zusammenfassung von Prozessen in einem HHS aber nur dann angesehen werden, wenn die im konzeptionellen Modell als Teile aufgeführten Aktivitäten im Hinblick auf die Anforderungen der Wesens-Definition <u>logisch vollständig</u> sind. Ein Modell eines HHS ist also nur dann eine systemische Ganzheit, wenn es aus dem Minimum der für die Erstellung des Outputs logisch notwendigen Aktivitäten besteht.

Der letzte Hinweis zum Konzept der Systemgrenzen aus systemtheoretischer Sicht betont, daß die Systemgrenze eine Ganzheit nicht nur umgrenzt, sondern daß sie diese gleichzeitig <u>gegenüber ihrer Umwelt</u> abgrenzt und insofern auch als <u>Schnittfläche</u> zwischen System und Umwelt aufgefaßt werden kann. Dieser Gedanke findet, wie der der Rekonstruktion von Rückkoppelungsschleifen, in WSM im allgemeinen und im Konzept des HHS im besonderen keine Entsprechung. Der Grund scheint darin zu liegen, daß das Konzept einer Systemumwelt <u>in WSM keine Rolle spielt</u> und damit auch das der Schnittfläche zwischen System und Umwelt überflüssig wird. Die Modellierung eines HHS dient in WSM gerade dazu, eine konzentrierte Auseinandersetzung mit einer Sichtweise einer Problemsituation zu ermöglichen. Sie soll nicht eine grundsätzlich kaum beschränkbare Zahl von möglicherweise relevanten Aspekten gleichzeitig abbilden. Es wird also im Sinne des oben unter 5.4 eingeführten Konzepts der Figur auf Hintergrund eine <u>positive Betonung des Systemmodells und eine Vernachlässigung von dessen Hintergrund, der Umwelt</u>, vorgenommen. Bei dieser Beschränkung handelt es sich aber nur um eine vorläufige, da eine zentrale

---

[39] Checkland,1984a,111
[40] Vgl. oben 5.11, 'Systemgrenzen eines Teils'.
[41] Vgl. Buckley,1972,163; Cavallo,1979,34; Rittel/Webber,1973,157

methodische Regel von WSM fordert, eine Vielzahl von Wesens-Definitionen und konzeptionellen Modellen zu entwerfen. Insofern ist die Beschränkung auf ein Systemmodell und die Vernachlässigung der Umwelt dieses Systems auf den Abschnitt im Prozeß der Problembearbeitung mit WSM begrenzt, in dem mit einem spezifischen Paar von Wesens-Definition und konzeptionellem Modell gearbeitet wird. Die Gefahr einer unzulänglichen Erfassung der Problemsituation insgesamt ist mit dieser zeitlich begrenzten Beschränkung in keiner Weise verbunden. Vielmehr ermöglicht erst die mit dem Systemmodell erfolgende ganzheitliche Reduktion der Komplexität der Situation, die Problemsituation unter spezifischen Fragestellungen mit der nötigen Intensität zu erforschen. Während eine solche Reduktion bei anderen Methodiken endgültigeren Charakter hat, wird in WSM betont, daß es sich stets nur um eine vorläufige, von einem spezifischen, explizierten Standpunkt aus vorgenommene, aber ganzheitliche Reduktion handelt. Die Umwelt eines Systems und damit auch das Konzept der Schnittfläche spielt also im Konzept des HHS keine Rolle, weil eine Konzentration auf die konzeptionellen Modelle von Humanen Handlungssystemen und eine vorübergehende Ausblendung ihrer Umwelten vorgenommen wird. Die Systeme sind die mit ihren Systemgrenzen positiv betonten Figuren vor einem vernachlässigten Hintergrund.

Es verbleibt zu klären, wie die <u>Grenze um eine Problemsituation</u> in WSM bestimmt wird. Eine solche Abgrenzung der Problemsituation stellt gegenüber einer Systemgrenze einen grundlegend anderen Grenztyp dar. Während Systemgrenzen zu dem idealtypischen Konstrukt eines HHS gehören und insofern keinen unmittelbaren Bezug zu Aspekten der Wirklichkeit haben, werden mit der Grenze um eine Problemsituation die Aspekte der Wirklichkeit, die verändert werden sollen, abgesetzt von jenen, welche für solche Veränderungen nicht relevant sind. Innerhalb von WSM sind diese unterschiedlichen Grenztypen miteinander verknüpft. Die idealtypischen HHS mit ihren eindeutigen Systemgrenzen sind nämlich gerade das Werkzeug auf dem Weg zu einer sinnvollen Grenzdefinition um die Problemsituation, weil die verschiedenen konzeptionellen Modelle eine Vielzahl von Sichtweisen zum Ausdruck bringen und damit bewirken, daß in der Debatte die Problemsituation anhand verschiedenster Aspekte betrachtet wird. Im Verlauf der Problembearbeitung mit WSM wird also in einem durch die Modelle von Humanen Handlungssystemen strukturierten Lernprozeß erarbeitet, wie eine Problemsituation sinnvoll zu umgrenzen ist. Die Abgrenzung einer problematischen Situation kann im Verständnis von WSM nicht durch den Einsatz einer einfachen Technik gelöst werden. Da es sich hierbei um eine komplexe Aufgabe handelt, kann nach Ansicht von Checkland nur eine Auseinandersetzung und ein Argumentieren zu einem sinnvollen Ergebnis führen. Daß WSM gerade darauf ausgerichtet ist, auf systemischer Grundlage dieses Argumentieren anzuleiten, das Dachler sehr eindringlich "Dialog und Multilog" nennt[42], darauf weist Checkland hin:

> Die Methodik stellt also eine allgemeine Vorgehensweise für das Problembearbeiten in sozialen Systemen dar. Können Probleme eindeutig beschrieben werden, so ist die Methodik zu einer des Systems Engineering zu vereinfachen. Können Probleme aber nicht klar und unzweideutig formuliert werden, so eröffnet sie die Möglichkeit, diese Vieldeutigkeit zu erforschen. Sie umfaßt dann den zusätzlichen Schritt, mit den Systemmodellen eine Debatte über Veränderungen zu initiieren und zu strukturieren. Dieser zusätzliche Schritt (Schritt 5: Vergleich) spiegelt die in der Aktionsforschung deutlich werdende zentrale Eigenschaft sozialer Systeme wider: im Gegensatz zu anderen Systemtypen können diese in einer einzigen Darstellung nie allgemein akzeptierbar oder aber ausreichend beschrieben (oder 'modelliert') werden. Für ein solches System gibt es so viele Beschreibungen wie es Menschen gibt, denen es nicht vollkommen gleichgültig ist. Diese Besonderheit der sozialen Welt verlangt von einer Methodik, ein Mittel zum Organisieren von Diskussion, Debatte und Argument zu sein, nicht ein Mittel zur Erarbeitung effizienter 'Lösungen'.[43]

---

[42] Dachler,1986,18; vgl. auch die Charakterisierung des 'negotiative paradigm', das Eden/Jones gegenüber dem 'coercive paradigm' und dem 'empathetic paradigm' mit Bezug auf die externe Unterstützung bei einer Problembearbeitung unterscheiden (Eden/Jones,1979,123f).

[43] Checkland,1984a,191; Übers. der Verf.; vgl. Checkland,1984a,214

6.4 Lernbarkeit der Weichen Systemmethodik

Aus Checklands Sicht <u>operationalisiert die Weiche Systemmethodik</u> "eine ganz normale menschliche Tätigkeit"[1]: <u>das menschliche Denken</u>. Der Kern von WSM, in einer problematischen Situation gedankliche Modelle zu entwickeln und sich mit der Situation anhand des Vergleichs von Modell und Situation auseinanderzusetzen, stellt insofern bewußtes und diszipliniertes Denken dar, bei welchem durch die Formulierung von Wesens-Definitionen und durch die Modellierung von Systemmodellen systemische Konzepte angewendet werden[2]. Die einzelnen Schritte von WSM setzt Checkland zu gedanklichen Tätigkeiten in Beziehung: die Schritte 1 und 2 von WSM stellen ein 'Wahrnehmen' dar, Schritte 3 und 4 ein 'Feststellen', Schritt 5 ein 'Vergleichen' und die Schritte 6 und 7 ein 'Entscheiden':

> Wahrnehmen, Feststellen, Vergleichen und Entscheiden sind alles alltägliche geistige Akte; die Methodik stammt also keineswegs von einem anderen Stern. Sie stellt einfach eine kohärente Kombination dieser üblichen geistigen Prozesse in einer Form dar, welche die formale Benutzung systemischer Konzepte erlaubt.[3]

Checkland spricht damit implizit die Einfachheit der Anwendung von WSM an, da von einem Benutzer nicht ein vollständiges Heraustreten aus seinem üblichen Denkverhalten verlangt, sondern an dieses angeknüpft wird. Der Wert von WSM liegt nun darin, die diesem Denken zugrundeliegende Struktur zu explizieren und damit bewußt gestaltbar zu machen, sowie das Denken um Systemkonzepte zu bereichern.

In Zusammenhang damit, daß WSM in besonderer Weise an den Benutzer anknüpft und diesem das Erlernen der Methodik insofern erleichtert, ist die von Checkland stets betonte <u>Anpaßbarkeit von WSM an die Bedürfnisse eines Benutzers und an die Besonderheiten einer Problemsituation</u>[4]. Gerade weil die einzelnen Schritte von WSM nicht mit detailliert ausgearbeiteten Techniken versehen sind, wird vom Benutzer sogar verlangt, daß er die Methodik in seinem Sinne gestaltet. Diese Offen-

---

1 Checkland,1972,110
2 Daß Systemkonzepte in WSM im Prozeß der Problembearbeitung benutzt werden, um eine Situation zu erforschen und sinnvolle Veränderungen zu erarbeiten, und daß nicht die Wirklichkeit als systemisch organisiert angesehen wird, hält Checkland für den wesentlichen Wandel, der beim Übergang von der harten zu der weichen Systemtradition vollzogen wurde: "The (soft system's) paradigm ... transfers systemicity from the world to the process of inquiry into the world. The paradigm of optimizing becomes a paradigm of learning." (Checkland,1983,672; vgl. Checkland,1970,14; Checkland/Jenkins,1974,41).
3 Checkland,1984a,214; Übers. der Verf.
4 Zur Anpaßbarkeit der Methodik an die Besonderheiten einer Problemsituation und eines Benutzers vgl. Checkland,1980,320; Checkland,1984a,320; Checkland,1984b,101; Wilson, 1984,85,93ff,147.

heit von WSM gegenüber den besonderen Anforderungen von Problemsituation und Benutzer sieht Checkland als ihre besondere Stärke an, welche er nicht durch fortschreitende Ausarbeitung der einzelnen methodischen Schritte zerstören will[5]. Auch erlaubt diese Anpaßbarkeit dem Benutzer, an sein Problembearbeitungsverhalten und vor allem an seine spezifischen Fähigkeiten anzuknüpfen. Einen Eindruck von der Vielzahl verschiedener Formen der Anwendung von WSM verleihen zum einen die Veröffentlichungen, welche gerade diese Vielfalt zum Gegenstand haben[6], zum anderen jene, welche Anwendungsbeispiele von WSM dokumentieren[7].

Die <u>Einfachheit der Anwendung</u> von WSM zeigt sich schließlich in den systemischen Werkzeugen, den Wesens-Definitionen und den konzeptionellen Modellen, deren Gebrauch schnell erlernt werden kann. Ist einmal der idealtypische Charakter eines HHS verstanden, geht es dabei lediglich um die Formulierung der BATWEU-Elemente und um die Modellierungstechnik, die angesichts der Modellierungssprache ('Verben') und der Größe der Modelle (ca. sieben Aktivitäten) denkbar einfach sind[8]. Sind die strittigen Fragen, welche modelliert werden sollen, einmal klar erfaßt, so nimmt die Ausarbeitung der Systemmodelle 'unter der Linie' üblicherweise nur einen Bruchteil der gesamten Projektzeit, d.h. meist nur einige Stunden, ein. Dieses Formulieren der Wesens-Definitionen und das Modellieren der Modelle strittiger Fragen trägt dabei erheblich zur Klärung von Standpunkten bei.

---

5 Checkland,1984a,74,229; die Eigenschaft von WSM, die Checkland als Besonderheit einer Methodik im Gegensatz zu einer Technik ansieht (Checkland,1984a,161f; vgl. oben 2.3, 'Grundperspektive einer methodischen Unterstützung'), nicht Garantie zu bieten für ein nützliches Ergebnis des Problembearbeitungsprozesses, sondern auf die gehaltvolle Anwendung durch engagierte und fähige Menschen angewiesen zu sein, läßt Jones treffend von "conditioned inspiration" als dem Wissen sprechen, das mit Hilfe von WSM generiert wird (Jones,1978,144ff). Damit weist Jones einerseits auf die in WSM vorgegebenen systemischen Konzepte hin, die eine Problembearbeitung beeinflussen, andererseits auf die Bedeutung eines "skilled inspired individual, the test of his inspiration being in the results he produced." (Jones,1978,145).

6 Vgl. Atkinson, der anhand von drei WSM-Fallstudien das Argument vertritt, daß es nicht 'Die Weiche Systemmethodik' gibt, sondern daß diese ein Idealtypus ist, welcher aus verschiedenen Anwendungsbeispielen verschiedener Benutzer von WSM herausdestilliert werden kann (Atkinson,1986). - Wilson betont, daß eine Zahl typischer Anwendungsbeispiele verschiedene Formen der Weichen Systemmethodik hat entstehen lassen (Wilson,1984,93ff). Diese sieht Wilson, anders als Atkinson, nicht als einmalig, sondern als generell gültig für bestimmte Typen von Problemstellungen an. Wilson benutzt daher eine gegenüber Checkland unterschiedliche Namensgebung, indem er von der Gruppe der Weichen Systemmethodiken ausgeht, in der die in der vorliegenden Arbeit vorgestellte 'Checkland Methodik' einen Sonderfall darstellt, ebenso wie die 'Reorganisationsmethodik' (Wilson,1984,193) oder die 'Methodik für die Entwicklung eines Informationssystems' (Wilson,1984,208).

7 Vgl. Barnett/Mackness,1983; Checkland,1985b; Checkland,1984a,156ff,183ff,193ff; Woodburn,1979; vgl. auch die zahllosen, überwiegend eine 'harte' Anwendung von WSM repräsentierenden Beispiele in Wilson,1984.

8 Daß die Bestimmung der drei Kontrollkriterien zu den schwierigeren Schritten beim Erlernen von WSM gehört, scheint in erster Linie die Unüblichkeit widerzuspiegeln, Bewertungskriterien explizit und auf verschiedenen Ebenen zu definieren.

Insofern können die systemischen Werkzeuge, mit denen in WSM gearbeitet wird, als leicht erlernbar und unkompliziert und schnell anwendbar gelten. Für die Glaubwürdigkeit von WSM ist dies angesichts der Betonung durch Checkland zentral, daß es im wahren Geist von WSM ist, daß diese Systemmethodik allen an einer Problemsituation Beteiligten zur Verfügung steht und gerade nicht eine nur Experten zugängliche Methodik ist[9]. Diese Feststellung folgt direkt aus dem Anliegen von WSM, auf das Lernen in einer Problemsituation und die Veränderung der Beurteilungssysteme von Beteiligten abzuzielen. Das Lernen der Beteiligten wird fraglos dann am meisten vorangetrieben, wenn diese eine problematische Situation mit Hilfe der WSM selbst zu verbessern suchen.

Die Einfachheit der Anwendung von WSM, die eine unproblematische Lernbarkeit von WSM impliziert, wurde vorstehend aufgrund der Erfahrungen der Verfasserin und aufgrund dokumentierter Projekte festgestellt. Sie wird darüber hinaus damit zu belegen sein, daß in Kapitel 7 die in einem Projekt entwickelten Systemmodelle vorgestellt und deren Konsequenzen für den Prozeß der Problembearbeitung erläutert werden. Zuvor sind jedoch die Erörterungen dieses Abschnitts der vorliegenden Arbeit zusammenzufassen.

---

[9] Checkland,1985b,823

6.5 Zusammenfassende Darstellung des Umgangs mit der Grenzproblematik in der Weichen Systemmethodik

Der vorliegende Abschnitt diente dem Ziel, die Behandlung der Grenzproblematik in WSM darzustellen und in Bezug zu setzen zu den in Teil 1 formulierten Anforderungen an eine Problembearbeitungsmethodik und zu den in Teil 2 herausgearbeiteten systemtheoretischen Aussagen zu Systemgrenzen. Die Ergebnisse dieser Erörterungen sollen nun zusammengefaßt werden.

Von einer für das Management geeigneten Methodik wurde zunächst gefordert, daß sie das <u>Argumentieren über verschiedene Sichtweisen einer Problemsituation</u> unterstützen und dabei deren wertbezogenen Charakter erhellen soll. Diese Forderung konnte in Beziehung gesetzt werden zu der in der Systemtheorie entwickelten Feststellung, daß ein System nur gegen den Hintergrund eines zuvor bestimmten Sinnzusammenhangs klar definiert werden kann, welcher die Bestimmung dieses Systems bedeutungsvoll macht. Die Möglichkeit, denselben Wirklichkeitsausschnitt aufgrund verschiedener, in unterschiedlichen Wertvorstellungen begründeter Sichtweisen unterschiedlich wahrzunehmen, wird in der Weichen Systemmethodik konzeptionell berücksichtigt. Das Konzept des Humanen Handlungssystems dient gerade dazu, Darstellungen der sozialen Wirklichkeit als abhängig auch von einem beobachterabhängigen Standpunkt zu verstehen, indem es eine einzige, in einer 'Weltanschauung' fußende Sichtweise idealtypisch zum Ausdruck bringt. Durch eine solche Überakzentuierung einer reinen Sichtweise der Problemsituation wird methodisch ermöglicht, deren praktische Konsequenzen für das Handeln in der Situation zu ermessen. Indem gleichzeitig gefordert wird, in einer Problemsituation eine Vielzahl von HHS zu formulieren, wird es einer Debatte anheimgestellt, darüber zu argumentieren, welche der modellierten Sichtweisen die relevanteste in der spezifischen Situation ist.

Eine zweite Anforderung an eine Methodik zur Bearbeitung von Managementproblemen lautete, daß diese ein <u>Reflektieren komplexer Zusammenhänge</u> fördern muß. Auf dieses Reflektieren und Argumentieren komplexer Zusammenhänge sind die methodischen Schritte der WSM ausgerichtet. Zunächst wird die Situationskomplexität durch das Modellieren von Humanen Handlungssystemen auf ganzheitliche Weise reduziert, was eine vertiefte Auseinandersetzung mit einzelnen Sichtweisen der Situation ermöglicht. Außerdem wird der Komplexität und Einzigartigkeit einer Problemsituation im Management dadurch besonders Rechnung getragen, daß nicht nur die Erfassung und Bewertung dieser Situation selbst, sondern auch die Kriterien für deren 'zweckmäßige Erfassung' und für eine 'zweckmäßige Bewertung' zur Disposition stehen. Indem in der Problembearbeitung auch die Ermittlung sinnvoller Kriterien gefordert wird, wird eine gründliche Auseinandersetzung mit der Komplexität der Situation zu einem notwendigen Bestandteil jeder Problembearbeitung mit WSM.

Für die <u>Definition der Systemgrenzen</u> konnten eine Reihe von Hinweisen aus der Systemtheorie dazu benutzt werden, die in WSM zur Anwendung kommenden Systemgrenzen zu beleuchten. Zum <u>Charakter des Systems</u>, welches durch spezifische Grenzen in WSM gekennzeichnet ist, wurde zunächst folgendes festgestellt. Die emergente Eigenschaft Humaner Handlungssysteme ist der Output, der im Transformationsprozeß des HHS hergestellt wird. Diese die Systemebene repräsentierende emergente Eigenschaft ist als Zusammenspiel dieser Ebene mit den über- und untergelagerten hierarchischen Ebenen zu verstehen. In den Richtlinien des Obersystems, das gegenüber dem System Kontrollfunktion besitzt, ist die Forderung nach dem spezifischen Systemoutput angelegt. Hergestellt wird der Output aber durch das koordinierte Zusammenwirken der Systemteile, der Modellaktivitäten. Da die Systemteile eines HHS Aktivitäten sind, stellt ein HHS eine prozessuale Ganzheit dar. Sie besteht weniger im Raum als in der Zeit. Der ganzheitliche Charakter des HHS ist dabei in der logischen Vollständigkeit der Aktivitäten mit Bezug auf die in seiner Wesens-Definition beschriebenen Eigenschaften begründet. Folglich liegt für jedes mit einer Wesens-Definition benannte System eine eindeutige <u>Systemgrenze</u> vor, welche das Minimum der Aktivitäten umschließt, die logisch notwendig sind, wenn das System das in der Wesens-Definition benannte System sein soll. Liegt eine Wesens-Definition der primären Aufgabe vor, so stehen die Systemgrenzen unmittelbar in Bezug zu organisatorischen Grenzen. Bei Wesens-Definitionen der strittigen Frage liegt eine solche Entsprechung hingegen gerade nicht vor. In beiden Fällen sind der Transformationsprozeß und die unter der Umweltkomponente in BATWEU genannten externen Bedingungen, die das System als gegeben annimmt, entscheidend für die Ausdehnung des Systems und damit auch der Systemgrenzen. Ein auf einer Wesens-Definition fußendes konzeptionelles Modell soll eine vertiefte Auseinandersetzung mit einer spezifischen Sichtweise der Problemsituation ermöglichen. In diesem Sinne umschließt die Systemgrenze eines HHS das, was für einen begrenzten Abschnitt im Prozeß der Problembearbeitung Gegenstand der Auseinandersetzung sein soll und hebt dies als 'Figur auf Hintergrund' positiv hervor. Alles andere, also auch eine prinzipiell denkbare Systemumwelt, wird als Hintergrund vorübergehend vernachlässigt. Damit hat das Konzept einer Systemumwelt und damit auch das der Grenze als Schnittfläche in WSM keine Bedeutung.

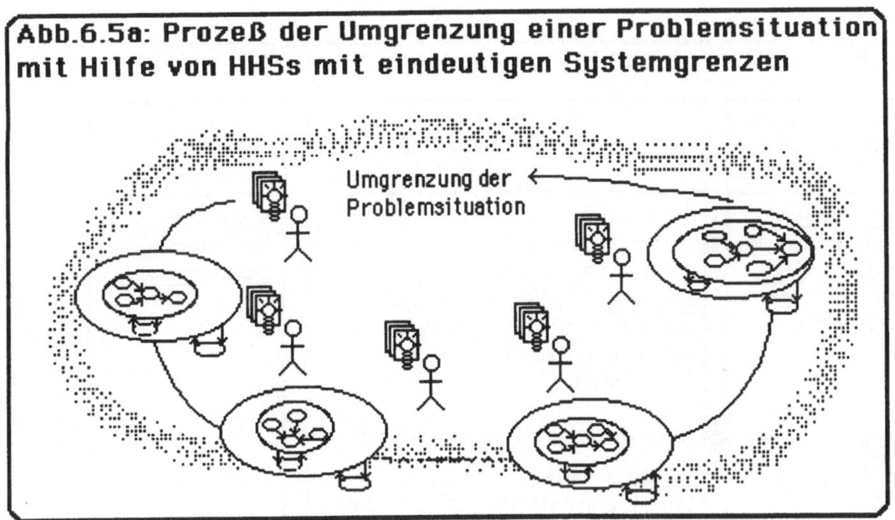

Eine sinnvolle <u>Umgrenzung der Problemsituation</u>, d.h. eines für Veränderungen der Situation relevanten Bereichs, wird im Prozeß der Anwendung von WSM gelernt, in welchem der Beobachter sich im Verhältnis zur Problemsituation bewegt, indem er verschiedene Sichtweisen der Situation als Ausdruck unterschiedlicher 'Weltanschauungen' in Systemmodellen modelliert, welche jeweils eindeutige Systemgrenzen besitzen. Eine nie ganz deutliche Grenze um eine komplexe Problemsituation wird also in WSM erarbeitet durch die Modellierung verschiedener Humaner Handlungssysteme mit eindeutigen Systemgrenzen, welche die Aktivitäten von Humanen Handlungssystemen umgrenzen und positiv betonen (vgl. Abb. 6.5a[1]).

Die letzte Anforderung an eine Problembearbeitungsmethodik sprach deren <u>Lernbarkeit</u> an. Indizien für eine einfache Lernbarkeit der WSM wurden in drei Aspekten gesehen. Zunächst knüpft WSM an die natürlichen Denkvorgänge eines Benutzers an, indem sie diese operationalisiert und bewußt macht. WSM zeichnet sich darüber hinaus durch eine Anpaßbarkeit an die besonderen Anliegen eines Benutzers aus und ermöglicht diesem, seine Eigenheiten in den Prozeß der Problembearbeitung einzubringen. Schließlich sind die in WSM zur Anwendung kommenden systemischen Werkzeuge, d.h. die Wesens-Definition und die konzeptionellen Modelle, ausgesprochen einfach, so daß WSM unproblematisch erlernt und angewendet werden kann. Abb. 6.5b faßt diese Ausführungen und damit die bis zu dieser Stelle erarbeiteten Ergebnisse der vorliegenden Arbeit zusammen.

---

[1] Die in Abb.6.5a benutzte Modellform ist die eines Standardmodells, das aus einem operativen System, dessen Kontrollsystem und dem übergeordneten, das Obersystem repräsentierenden Kontrollsystem besteht.

Abb. 6.5b: Beiträge zur Grenzproblematik in WSM

Anforderungen aus problemorientierter Sicht	Aussagen in der Weichen Systemmethodik	Hinweise aus systemtheoretischer Sicht
<u>Argumentieren</u> über verschiedene <u>Sichtweisen</u> einer Problemsituation.	**6.1 Probleme als Ausfluß einer 'Weltanschauung'** Konzepte 'Problembesitzer' und '<u>Weltanschauung</u>'; methodische Regel, viele <u>Humane Handlungssysteme</u> als Ausdruck verschiedener Sichtweisen zu modellieren.	<u>Wahl</u> eines relevanten <u>Sinnzusammenhangs</u>.
<u>Reflektieren</u> über <u>komplexe</u> Zusammenhänge.	**6.2 Methodische Schritte der WSM** <u>Vergleich</u> von konzeptionellen <u>Modellen</u> mit einer einzigartigen <u>Problemsituation</u>, um zweierlei über eine einzigartige Problemsituation zu lernen: Maßstäbe für Wirklichkeits- und Werturteile; Wirklichkeits- und Werturteile.	
	6.3 Systemgrenzen in der WSM <u>Output des HHS</u> als dessen emergente Systemeigenschaft; <u>emergente Eigenschaft</u> auf der Systemebene; <u>Aktivitäten</u> des konzept. Modells als Systemteile; <u>zweites Kontrollsystem</u> repräsentiert das Obersystem; <u>keine Rekonstruktion</u> eines in der Wirklichkeit bestehenden Systems; verändernde Bewegung des Beobachters durch <u>wechselnde Perspektiven</u> beim Modellieren vieler HHS; prozessuale Ganzheit eines aus Aktivitäten bestehenden HHS durch <u>logische Vollständigkeit</u>; <u>Grenze nicht als Schnittfläche</u>, da das <u>System positiv betont</u> und dessen <u>Umwelt vorübergehend vernachlässigt</u> wird; <u>Umgrenzung der Problemsituation</u> mit Hilfe <u>vieler HHS</u>, welche jeweils klare und <u>eindeutige Systemgrenzen</u> besitzen.	<u>Systemdefinition</u> anhand der <u>emergenten Eigenschaft</u> unter Berücksichtigung von <u>drei Hierarchieebenen</u>; u.U. rekonstruierende <u>Einfügung</u> einer zusätzlichen <u>Systemebene</u>; <u>Veränderung</u> als <u>Voraussetzung</u> von <u>Wahrnehmung</u>; › <u>Systemgrenze um die Ganzheit</u>; › <u>Schnittfläche</u> zur <u>Umwelt</u>.
<u>Lernbarkeit</u> einer <u>Handlungsmethodik</u>.	**6.4 Lernbarkeit der WSM** <u>unproblematisch</u> wegen - <u>Anknüpfung der WSM an Denkakte</u>; - <u>Anpaßbarkeit der WSM an Benutzer</u>; - <u>Einfachheit der systemischen Werkzeuge</u>.	

7. Planung in der Huddersfield Health Authority - ein Anwendungsbeispiel der Weichen Systemmethodik

Das im folgenden zu beschreibende Projekt stellt einen Teil der bereits oben unter 3.2 vorgestellten Aktionsforschung an der Weichen Systemmethodik dar. Die Verfasserin arbeitete zusammen mit einem weiteren Studenten des M.A.-Kurses unter der Betreuung von Professor Peter B. Checkland zwei Monate lang in der Huddersfield Health Authority, um diese mit Hilfe von WSM bei der Entwicklung ihrer Planungsfunktion zu unterstützen.

Mit der Darstellung dieses Projekts werden zwei Absichten verfolgt. Zum einen soll die <u>Weiche Systemmethodik</u> anhand dieses Anwendungsbeispiels <u>illustriert</u> werden. Zwar ist dieses Projekt ebensowenig wie irgendein anderes mit WSM durchgeführtes Projekt ein 'typisches Beispiel', - ein solches gibt es definitionsgemäß nicht für eine Methodik, die an den Benutzer und an die Besonderheiten der Problemsituation anpaßbar ist. Es erlaubt aber, die praktische Anwendung der in WSM empfohlenen Techniken darzustellen. Sie wurden alle in diesem Projekt benutzt. Zum zweiten soll der Gehalt der im vorhergehenden Abschnitt herausgearbeiteten und in Abb. 6.5b zusammengefaßten <u>Aussagen zur Grenzproblematik</u> in der Weichen Systemmethodik anhand dieses Projekts <u>geprüft</u> werden.

Die Projektdarstellung kann mit folgenden Dokumenten gestützt werden, die während des Projekts zu erstellen waren und die am Department of Systems der University of Lancaster vorliegen: ein 'Logbook', das alle gesammelten Materialien sowie tägliche Beurteilungen über das Projekt enthält; 'Weekly Reports', die Veränderungen des Denkens über die Struktur des Projekts, Ziele für die nächste Woche, Aktivitäten und Ergebnisse der vergangenen Woche zusammenfassen; der 'Final Report on the Systems Study in the Huddersfield Health Authority'[1] und die M.A.-Dissertation 'Planning in the Huddersfield Health Authority - a Systems Study'[2]. Bevor die eigentliche Darstellung des Projekts aufgenommen werden kann, sind zunächst die Besonderheiten des englischen National Health Service zu erläutern, die für das Verständnis des Projekts wesentlich sind. In einem dritten Schritt ist die Bedeutung der in diesem Projekt gemachten Erfahrungen für das Problem der Systemgrenzen und der Umgrenzung einer Problemsituation zu diskutieren.

---

[1] v. Bülow/Checkland/Inderwick, 1986
[2] v. Bülow, 1986

7.1 Hintergrund des Projekts

Die Huddersfield Health Authority (HHA) stellt einen der 192 District Health Authorities in England und Wales dar, welche zum staatlichen <u>National Health Service</u> <u>(NHS)</u> zusammengefaßt sind. Zusammen mit den Personal Social Services ist dieser dem Department of Health and Social Security (DHSS) unterstellt, das gegenüber der Regierung direkt verantwortlich ist. Zwei Aspekte können als Indizien dafür angeführt werden, daß es sich beim NHS um eine bürokratische Institution par excellence handelt, die sich der Mittel einer Bürokratie, d.h. zentraler Anweisungen und Kontrollen, regelmäßig bedient: zum einen ist die Größe des NHS als Nährboden für eine ausgeprägte Bürokratisierung zu nennen (der NHS ist der größte öffentliche Arbeitgeber Europas), zum anderen trägt die erhebliche politische Sensibilität, die in England gegenüber dem NHS besteht[3], dazu bei, daß der Instanzenweg im NHS regelmäßig benutzt wird. Das besondere öffentliche Interesse am NHS mag zum einen im hohen Stellenwert begründet sein, der der Sozialpolitik in England seit jeher zukommt[4]. Aktuell wird es besonders gefördert durch kontrovers diskutierte Vorhaben, die unter der Regierung Thatcher zur Verbesserung des nationalen Gesundheitswesens angegangen wurden (z.B. Privatisierung einzelner Serviceleistungen im NHS, Konkurrenzierung des NHS durch private Krankenhäuser). Resultat und gleichzeitig verstärkende Ursache dieser politischen Sensibilität sind Skandalgeschichten über jegliche Art von Mißständen in einzelnen Krankenhäusern, die in großer Aufmachung durch die englische Presse gehen und die den NHS-Board zu zentralen, für die gesamte nationale Institution geltenden Maßnahmen greifen lassen.

Die <u>Huddersfield Health Authority (HHA)</u> ist vor dem Hintergrund dieser Einbindung in die Hierarchie des NHS zu sehen. Aufschluß über die Größe der HHA mag deren laufendes Budget von 42 Mio. £ und die zu ihr gehörende Bevölkerungszahl von 220'000 geben. Die Anzahl der Betten von 2'109 hingegen verliert in England gegenwärtig an Aussagekraft über die Leistungen einer District Health Authority. Das Programm <u>'Care in the Community'</u> zielt nämlich darauf ab, die Pflege der Menschen, die nur begrenzter medizinischer Versorgung bedürfen, aus den Krankenhäusern heraus und zurück in den Lebensraum der Betroffenen bzw. in kleine Einheiten zu verlegen, wobei insbesondere an alte Menschen und geistig Behinderte gedacht wird. Eine dominierende Bedeutung hat dieses nationale Programm für die

---

[3]   Laut 'The Economist' wurde vor den Wahlen in Großbritannien am 11.6.1987 auf die Frage: 'Was ist das größte Problem, mit dem Großbritannien heute fertig werden muß?' an zweiter Stelle nach der Arbeitslosigkeit der Zustand des NHS genannt (The Economist, June 6th 1987, S. 30).

[4]   Der NHS wird zu 85% aus Steuern finanziert. 'Free medical service for all' ist bis heute ein immer wieder angeführtes Schlagwort zur Aufrechterhaltung dieser Finanzierungsform.

HHA deshalb, weil in ihr ein aus viktorianischen Zeiten stammendes Krankenhaus für geistig Behinderte geführt wird, welches einmal das größte des Landes war und noch heute 770 Patienten hat. Im Zuge des Care in the Community Programms gilt es, für jeden einzelnen dieser Patienten eine geeignete, nicht stationäre Form der Versorgung zu bestimmen und sie in die neuen Stätten zu überführen, so daß Storthes Hall bis spätestens 1992 geschlossen werden kann. Die Abwicklung dieses Vorhabens verlangt eine enge Zusammenarbeit mit Institutionen, welche nicht der HHA unterstehen. Zum einen sind dies karitative Verbände, die sich die Betreuung alter Menschen und Behinderter zur Aufgabe gemacht haben. Zum anderen ist dies die Local Authority, zu welcher die Social Services gehören. Es wird in deren Verantwortung, nicht in der der Health Authorities stehen, daß die von den Krankenhäusern Verlegten in der 'Gemeinschaft' hinreichend versorgt werden. Parallel zur Überführung von Patienten von der Verantwortlichkeit des Health Service zu der der Social Services ist auch ein finanzieller und personeller Ausgleich zu schaffen. Zur Vorbereitung der anstehenden Entscheidungen und zur Abwicklung dieses Vorhabens wurde eine Vielzahl von 'Joint Planning Teams' zwischen Health Authority und Local Authority teils aufgrund zentraler Richtlinien, teils auf lokale Initiative hin gegründet.

Diese Bemerkungen mögen ausreichen, um anzudeuten, welche Reichweite Planungsfragen haben, die sich mit diesem spezifischen, durch die nationale Gesundheitspolitik ausgelösten Projekt in der HHA befassen. Wesentlich ist dabei, daß dieses Projekt neue Verfahren der Planung verlangt, so z.B. die in der Vergangenheit vernachlässigte Zusammenarbeit zwischen der Huddersfield Health Authority und der Local Authority. 'Planen in der HHA' bekommt im Lichte des neuen 'Care in the Community'-Programms einen veränderten Charakter.

Ein zweites nationales Projekt mit erheblichen Konsequenzen für das 'Planen in der HHA' verfolgt die Einführung neuer Verantwortlichkeiten und damit verbunden eine Reorganisation des NHS. Mit dem Auftrag, sich mit einer geeigneten Strukturierung des NHS zu befassen, setzte die Regierung Thatcher eine Kommission unter dem Vorsitz von Roy Griffiths, des Chairman und Management Director der britischen Supermarktkette Sainsburys ein. Deren als 'Griffiths Report' bekannt gewordener Abschlußbericht spricht sich für die Einführung des 'General Management' in den NHS aus. Mit ihm soll das bislang auf Konsens zwischen den im Gesundheitswesen beteiligten 'Professionals' (Ärzte, Krankenschwestern, Verwalter) beruhende Entscheidungsprinzip ersetzt werden durch eine individuelle Entscheidungsbefugnis, die eine stärker ergebnisorientierte Führung sicherstellen soll:

Der 'Griffiths Report' erkennt an, daß der Prozeß der Jahresplanung und der Ergebnisbeurteilung der Fokus des Managements und eine Möglichkeit ist, Leistungen systematisch zu beurteilen.[5]

Die steigende Bedeutung, die der Planung im Sinne des MbO im General Management zukommt, ist als Hintergrund für die Initiierung der Systemstudie zu sehen. Darüber hinaus bedeutet auch dieses Projekt, daß sich der Rahmen für die Planung und damit der Charakter der Planungsfunktion verändert. War auf Ebene des Districts früher der Board das Gremium, das -als Exekutivorgan der aus ehrenamtlichen Mitgliedern zusammengesetzten, letztlich verantwortlichen 'Authority'- Entscheidungen fällte und dessen Vorsitzender 'primus inter pares' war, so wird dieses Gremium mit der Reorganisation zu einem beratenden Gremium des General Managers, welcher allein verantwortlich ist. Es liegt an ihm, -innerhalb der nationalen Richtlinien- über die Zusammensetzung und damit auch über die Rolle dieses Gremiums zu entscheiden. Faktisch ist bei der Neubestimmung der Rollen der Gremien auf der Ebene des Districts jedoch den Ambitionen und Ansprüchen der Organe der Professionals und denen der neu geschaffenen, dem District untergeordneten und ebenfalls von ergebnisverantwortlichen General Managers geleiteten drei 'Units' Rechnung zu tragen. Zum Zeitpunkt des Projekts waren die Unit General Managers gerade berufen worden. Die von jedem von ihnen -innerhalb der Richtlinien des Districts- erarbeiteten Managementstrukturen für ihre jeweilige Unit, welche u.a. ein sie beratendes Unit Management Committee umfaßt, warteten auf die Bestätigung der dem District übergeordneten Instanz, der 'Yorkshire Region Health Authority'.

---

[5] Huddersfield Health Authority, 1985, 'Implementation of General Management - General Principles', internes Papier.

7.2   Ablauf und Inhalt des Projekts

Die zu Beginn des Projekts formulierte <u>Problemstellung der Systemstudie</u> <u>'Planung in der HHA'</u> fußte auf einer bereits im Vorjahr in diesem District durchgeführten Studie. Sie lautete wie folgt: 'Wie kann in einem zweimonatigen Beratungsprojekt ein wesentlicher, praktischer Beitrag zur HHA-Funktion 'Planung' erbracht werden, von deren Aufgaben zwei für zentral gehalten werden: erstens, Planungsdokumente zu erstellen, die innerhalb des Planungssystems des NHS verlangt werden; zweitens, alle die Fragen aufzugreifen, die unerwartet, ad hoc, auftauchen und vom District beurteilt und möglicherweise durch Handeln beantwortet werden müssen. Außerdem wird anerkannt, daß auch die Planungsfunktion des Districts gegenwärtig dazu beizutragen hat, daß die HHA ihre Position findet zwischen einer aufgrund zentralistischer Tendenzen dominierender werdenden und stärker kontrollierenden Yorkshire Region Health Authority und den Units, denen im Sinne von Giffiths ein möglichst großer Handlungsspielraum eingeräumt werden soll.'

Eine solche <u>wenig spezifizierte erste Problemformulierung</u>, in der noch kein konkretes Bedürfnis genannt wird, auf das unmittelbar hingearbeitet werden kann, entspricht sehr dem Geist von WSM. Sie erlaubt nämlich, die schwierige Herausarbeitung einer Problemstellung sorgsam vorzunehmen, mit der ein bestimmter Aspekt einer Situation als problematisch bestimmt und damit ein wesentlicher Schritt hin zur Umgrenzung des Problemfeldes getan wird. In diesem Fall war es besonders problematisch zu bestimmen, inwiefern 'Planung in der HHA' genau verbessert werden könnte, da die HHA von so grundlegendem Wandel betroffen war, daß es kein allgemein akzeptiertes Bild von Planung, d.h. ihrer Aufgaben und Verfahren, gab. Ein <u>konkreter</u> <u>Projektauftrag</u> sollte erst dann zwischen uns externen Problembearbeitern und den Beteiligten, insbesondere dem Klienten, <u>gemeinsam</u> bestimmt werden, <u>nachdem</u> wir uns in das Gebiet 'Planung in der HHA' <u>eingearbeitet</u> hätten.

Dieses Einarbeiten, das erste '<u>Erforschen der Situation</u>', wurde zunächst wesentlich bestimmt von A.J. Keighley, dem 'Assistant General Manager (Corporate Planning)', den wir als unseren Klienten ansahen. Es galt daher, sich mit seinen Aufgaben vertraut zu machen. Diese betreffen einerseits seine offizielle Funktion als Planer. Andererseits erwachsen sie aus dem Umstand, daß er die rechte Hand des District General Manager, T.B. Hallat, und die zentrale Kontaktperson im District ist. Unter der Zielsetzung, 'Planung in der HHA aus Sicht Mr. Keighleys' zu verstehen, lasen wir Dokumente, führten Interviews und nahmen an Sitzungen verschiedenster Gremien teil, - weitgehend auf Empfehlung Mr. Keighleys, aber zunehmend auf unsere eigene Initiative hin. Unser unmittelbares Arbeitsumfeld bildete das aus drei Personen bestehende District Planning Department (DPD), das für die reinen Planungsaufgaben zuständig ist, d.h. für die Erstellung der vom NHS verlangten und der HHA-internen Pläne. Während die Rolle dieses Planungsdepartments unstrittig ist, ist die Rolle des von Mr. Keighley geleiteten District Planning Teams (DPT) unklar. Zwischen den Sichtweisen der Rolle des DPT, die die von uns befragten Personen äußerten, war der größte gemeinsame Nenner, daß das DPT der Entscheidungsvorbereiter und Koordinator der Aufgaben des District ist. Die interdiszipinäre Zusammensetzung und der kleine Rahmen des DPT ließen es für diese Aufgaben offensichtlich geeigneter erscheinen als den bis zum Zeitpunkt unserer Studie nur als 'Operational Group' tagenden District Management Board (DMB). Die Zusammensetzung und organisatorische Anordnung der Gremien in der HHA, die uns eingangs als wesentlich für 'Planung in der HHA' vorgestellt wurden, illustriert Abb. 7.2b. Mit allen in dieser Abbildung aufgeführten Personen und Gremien arbeiteten wir im Laufe des Projekts zusammen, darüber hinaus mit einer Reihe von Vertretern weiterer Gremien.

Bereits nach den ersten Tagen unterstützten wir unser Erforschen der Problemsituation durch das Formulieren von Namen relevanter Systeme (Schritt 3 von WSM), die wir nie bis zu sauberen Wesens-Definitionen ausfeilten, die uns aber dennoch halfen, einzelne, uns problematisch erscheinende Aspekte kurz und scharf zu formulieren und somit von Anfang an eine Liste von Kandidaten für 'das Problem' zu entwickeln. Erst unser vertieftes Verständnis und die Diskussion mit Mr. Keighley würde zeigen, welchem dieser Problemkandidaten wir uns primär widmen sollten. Parallel waren wir darum bemüht, unser sich laufend veränderndes Verständnis der Situation in einem facettenreichen Bild (Schritt 2 von WSM) darzustellen, mit dem wir uns gegenüber den Planern vergewisserten, daß wir die Aufgaben, Projekte und organisatorischen Zusammenhänge in der HHA richtig[1] verstanden hätten. Dieses Bild veränderte sich parallel zur Entwicklung unseres Problemverständnisses, wobei es ab einem Schwellenwert im wachsenden Verständnis nicht mehr eine immer unübersichtlicher werdende Anhäufung von immer mehr Information war, sondern Problemfelder markierte. Abb. 7.2a zeigt die Version des facettenreichen Bildes am Ende der ersten Woche.

---

[1] In dieser Phase scheint es durchaus angemessen, von einem 'richtigen' Erfassen von Zusammenhängen zu sprechen, trotz der Einschränkungen, die oben unter 6.1, 'Probleme als Ausfluß einer 'Weltanschauung', bezüglich eines 'richtigen' Erfassens der sozialen Welt gemacht wurden. Es ging hier nicht um eine differenzierte Interpretation von Aktivitäten, sondern lediglich um das Erfassen der Fülle von Aktivitäten, die in einer District Health Authority vor sich gehen und mit denen 'Planung in der HHA' befaßt sein muß.

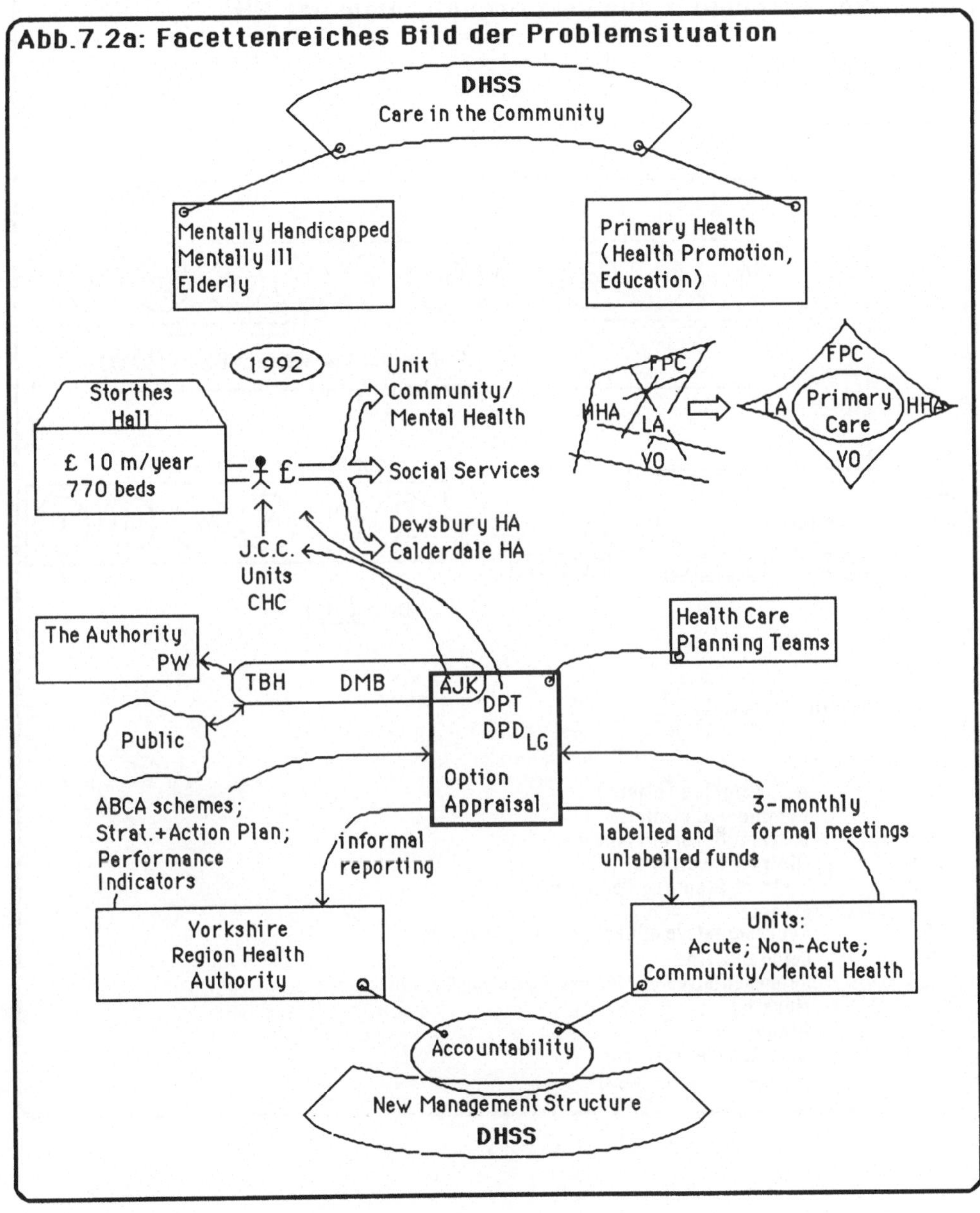

Abb.7.2a: Facettenreiches Bild der Problemsituation
DHSS
Care in the Community
Mentally Handicapped
Mentally Ill
Elderly
Primary Health
(Health Promotion,
Education)
1992
Unit
Community/
Mental Health
Storthes
Hall
£ 10 m/year
770 beds
£
Social Services
Dewsbury HA
Calderdale HA
FPC
HHA
LA
VO
FPC
Primary
Care
LA
HHA
VO
J.C.C.
Units
CHC
The Authority
PW
Health Care
Planning Teams
TBH   DMB   AJK
DPT
DPD
LG
Public
Option
Appraisal
ABCA schemes;
Strat.+Action Plan;
Performance
Indicators
informal
reporting
labelled and
unlabelled funds
3-monthly
formal meetings
Yorkshire
Region Health
Authority
Units:
Acute; Non-Acute;
Community/Mental Health
Accountability
New Management Structure
DHSS

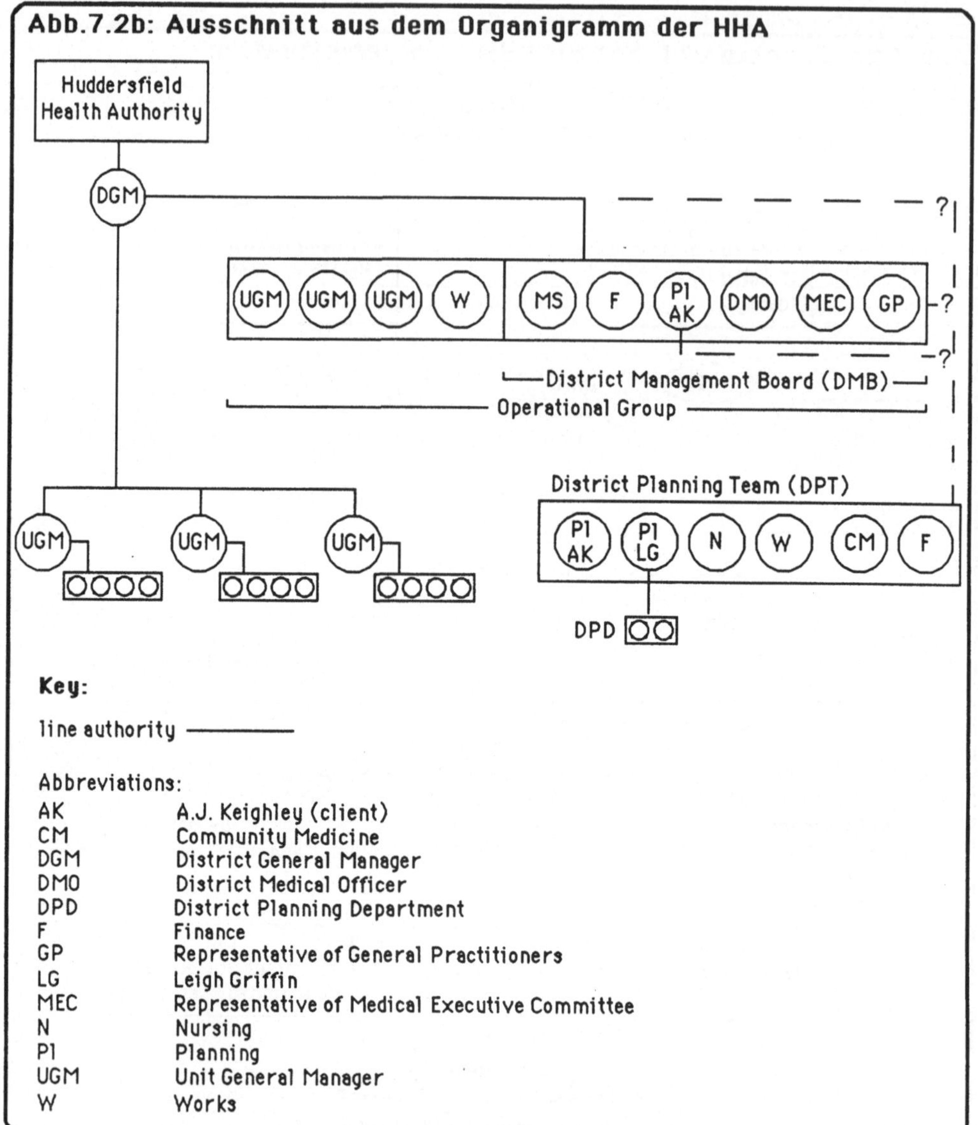

Abb.7.2b: Ausschnitt aus dem Organigramm der HHA
Huddersfield Health Authority
DGM
UGM
UGM
UGM
W
MS
F
Pl AK
DMO
MEC
GP
?
?
?
District Management Board (DMB)
Operational Group
District Planning Team (DPT)
Pl AK
Pl LG
N
W
CM
F
DPD
UGM
UGM
UGM
Key:
line authority
Abbreviations:
AK   A.J. Keighley (client)
CM   Community Medicine
DGM   District General Manager
DMO   District Medical Officer
DPD   District Planning Department
F   Finance
GP   Representative of General Practitioners
LG   Leigh Griffin
MEC   Representative of Medical Executive Committee
N   Nursing
Pl   Planning
UGM   Unit General Manager
W   Works

Ohne daß einzelne, dank des in der HHA üblichen Gebrauchs vieler Abkürzungen unverständliche, inhaltliche Aspekte dieses Bildes hier erläutert werden müßten, kann gegenüber dem zu Anfang formulierten Problemverständnis eine Verschiebung festgestellt werden. Wurde eingangs die Abwicklung der Planungsaufgaben vor allem aufgrund der Reorganisation und der damit unklar werdenden Positionen der im Planungsprozeß Beteiligten für problematisch gehalten, so sahen wir nun eine zweite, ebenso wichtige Herausforderung der Planungsfunktion: das DHSS-Programm 'Care in the Community'. Dies war fraglos darin begründet, daß Mr. Keighley uns ausschließlich Unterlagen zugeleitet hatte (u.a. nationale und lokale Richtlinien, Sitzungsprotokolle), die dieses Programm betrafen.

Da unserem Klienten besonders an Planungsproblemen gelegen war, die in Zusammenhang mit diesem Programm standen, verwendeten wir einen nicht unwesentlichen Teil unserer Zeit darauf, das <u>dichte Geflecht an Gremien</u> zu begreifen, die für die Vorbereitung und Umsetzung dieses Programms z.T. erst jüngst in das Leben gerufen worden waren: sowohl HHA-interne Planungsgruppen als auch solche, die Vertreter der HHA und Vertreter der Local Authority zusammenführten. Die von uns laufend formulierten <u>Wesens-Definitionen</u> dienten in dieser Phase dazu, die eigentliche <u>Zielsetzung einzelner Planungsgremien</u> herauszuarbeiten und gegenüber denen anderer Gremien abzusetzen. Wir arbeiteten hier mit zwar nie sauber ausformulierten, aber doch klärenden Wesens-Definitionen der primären Aufgabe. Der DHSS-Zylinder (Abb. 7.2c) war das materielle Ergebnis unserer Arbeit in dieser Phase des Projekts. Seine geometrische Form benutzten wir, um die Anordnung der für das Planen in der HHA relevanten Gremien unter dem von unseren Gesprächspartnern betonten, bereits in 7.1 skizzierten Aspekt darzustellen, daß das Gelingen der HHA-Projekte im Rahmen des 'Care in the Community'-Programms von der Qualität der Zusammenarbeit der HHA mit Institutionen abhängt, welche der HHA nicht unterstehen. Folgendes System hielten wir insofern für äußerst relevant für 'Planung in der HHA':

Ein System, das zwei völlig unterschiedliche Formen von Beziehungen unterhält: vertikale Beziehungen zu Gremien, die ebenfalls in die NHS-Hierarchie eingebunden sind, und horizontale Beziehungen zu Gremien, die außerhalb des NHS stehen, die aber für den Erfolg vieler Projekte der HHA von entscheidender Bedeutung sind.

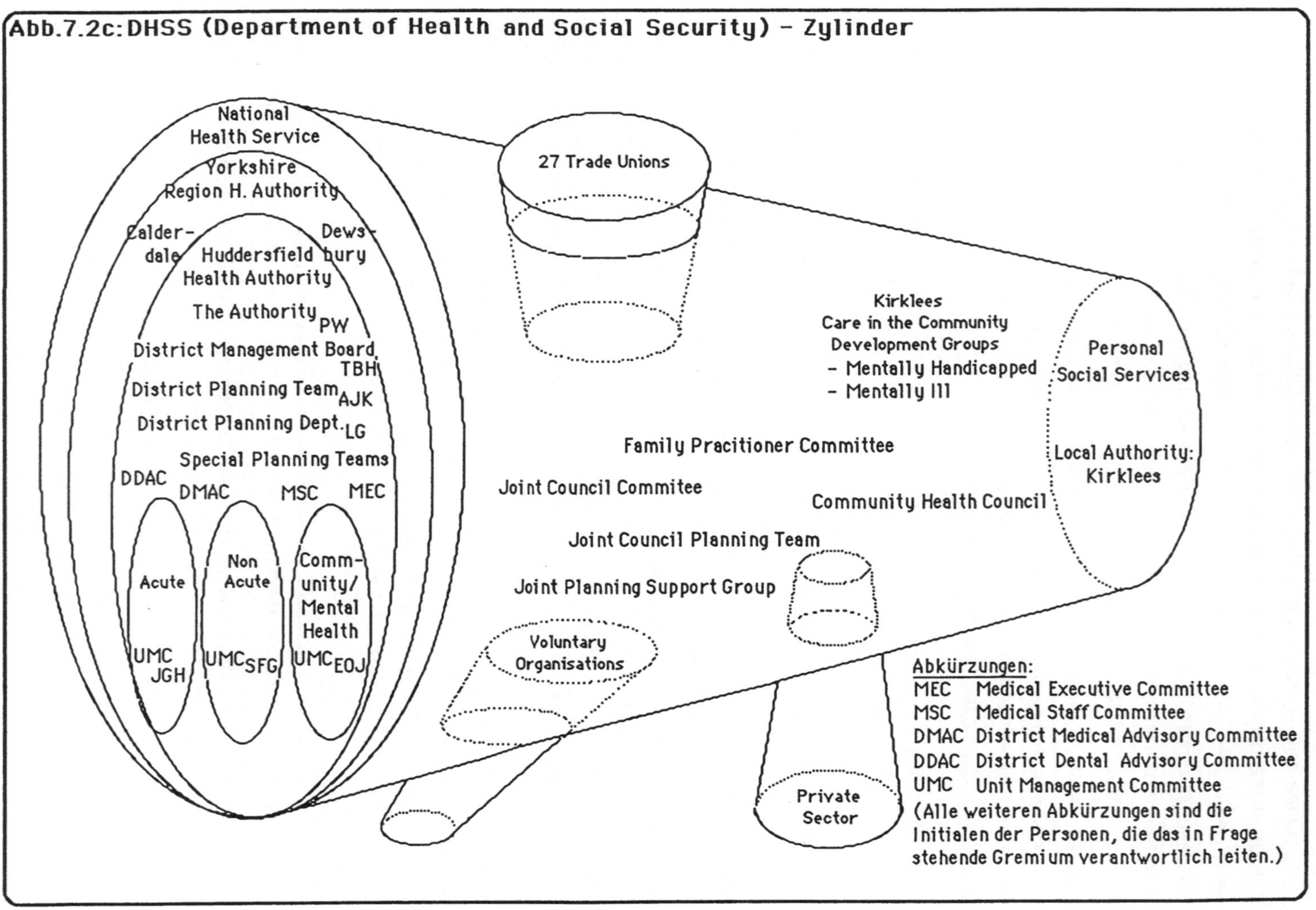

Abb.7.2c: DHSS (Department of Health and Social Security) – Zylinder

Weitere Schritte im 'Erforschen der Problemsituation' brachten neue Sichtweisen der Problemsituation, die wir zunehmend in Paaren von Wesens-Definitionen und konzeptionellen Modellen ausformulierten und mit Gesprächspartnern diskutierten. Nach insgesamt drei Wochen dieser Arbeit, die primär dem Aufspüren der vielfältigen Dimensionen der Problemsituation gewidmet waren, fühlten wir uns in der Lage, einen klaren Projektauftrag gemeinsam mit unserem Klienten festzulegen und schlossen das 'Erforschen der Problemsituation' mit drei formellen Techniken der WSM ab. Zunächst formulierten wir <u>mit Bezug auf die Planungsfunktion der HHA eine Wesens-Definition der primären Aufgabe</u>, welche die Hauptfunktionen abdeckt, die von Mr. Keighley bzw. den mit ihm zusammenarbeitenden Personen ausgeführt werden müssen. Unsere Wesens-Definition der primären Aufgabe umfaßte fünf Funktionen (siehe Abb. 7.2e). Sie wurde von Mr. Keighley als treffende Darstellung seiner Haupttätigkeiten anerkannt, was ebenso wie die aus seiner Sicht bestehende Nützlichkeit des DHSS-Zylinders die Grundlage unserer Zusammenarbeit stärkte.

Wir führten auch die <u>Analysen 1, 2 und 3</u> (Probleminhalts-Problembearbeitungs-Analyse, Analyse der sozialen Beziehungen, Machtanalyse) in verkürzter, unseren Bedürfnissen entsprechender Form aus. Uns ging es an dieser Stelle nicht darum, eine Situationsanalyse auszuarbeiten, die in allen Punkten verteidigt werden könnte. Primär wollten wir unser Denken für die Auflistung von Namen relevanter Systeme abschließend öffnen. Wir faßten daher die drei Analysen zusammen, indem wir relevante Problembesitzer aufführten und hinsichtlich jedes Problembesitzers die in den Analysen aufgeworfenen Fragen stellten. Wertvoll war dabei insbesondere, die Implikationen der Wahl eines Problembesitzers zu bedenken, sowie die Vielzahl von Systemen, die aus der Sicht eines einzigen Problembesitzers relevant sein können. Die Schwierigkeiten, die uns der Versuch bereitete, die Rolle, die Normen und die Machtposition der einzelnen Problembesitzer zu bestimmen (Werte zu benennen, war uns gänzlich unmöglich), können im Nachhinein als Zeichen dafür verstanden werden, daß zu diesem Zeitpunkt der Reorganisation der HHA alle diese Aspekte erheblichen Veränderungen unterworfen und unklar waren. Dies realisierten wir zu diesem Zeitpunkt jedoch noch nicht. Die <u>Namen relevanter Systeme</u>, das Ergebnis der dritten formellen Technik, sind in der Abb. 7.2e dargestellt. Abb. 7.2d zeigt zuvor exemplarisch die Analysen hinsichtlich drei verschiedenen Problembesitzern.

170

Abb.7.2d: Analysen zur Erforschung der Problemsituation

Problembesitzer: Mr. Keighley

Implikationen:	Untersuchung müßte sowohl die Entscheidungsprozesse des DPT wie auch die täglich anfallenden Planungsangelegenheiten abdecken;
Probleminhalt:	wie kann mit der zunehmenden Komplexität des Planens umgegangen werden, die sich aus den beiden zentralen Konzepten des DHSS (Care in the Community, Reorganisation) ergibt und die unmittelbar verursacht wird durch die insofern wesentlichen vertikalen Beziehungen (Units, Region) und die Beziehungen mit Organen, die nicht Teil des NHS sind?
Rolle:	Koordinator, der die Beziehungen gestaltet, um die Entscheidungen des DPT implementieren zu können;
Normen:	den bestehenden vertikalen Erwartungen entsprechend und innerhalb des Wirkungsgefüges der Beziehungen zu arbeiten;
Macht:	eng mit dem District General Manager zusammenzuarbeiten;
Namen relevanter Systeme:	ein System, das die Beziehungen mit all den Organen gestaltet, die an der Realisierung von Projekten beteiligt sind, die aber nicht der HHA unterstehen; ein System, das ad hoc Fragen bearbeitet.

Problembesitzer: District Planning Team (als Organ)

Implikationen:	'Planen' wird auf 'entscheiden' reduziert;
Probleminhalt:	wie kann eine Balance zwischen nationalen Prioritäten und Anliegen der Units, lokalen Bedürfnissen hergestellt werden?
Rolle:	Organ, das aus verschiedenen Experten zusammengesetzt ist und strategische Fragen durchdenken soll;
Normen:	nationale Prioritäten in machbare und lokal wünschbare Projekte umzusetzen;
Macht:	das Verständnis des District General Manager, daß das DPT seine Expertengruppe ist; Akzeptanz von Seiten der Units;
Namen relevanter Systeme:	ein System, das nationale Prioritäten an die lokalen Bedürfnisse anpaßt, indem es Projekte formuliert und sie mit ad hoc Fragen koordiniert.

Problembesitzer: DHSS

Implikationen:	Region wird ein nur marginaler Einfluß auf die NHS-Politik zugesprochen;
Probleminhalt:	wie kann das DHSS sicherstellen, das seine Politik umgesetzt wird?
Macht:	Griffiths General Management; zunehmende zentrale Kontrolle;
Rolle:	Entwicklung erstrebenswerter Szenarios über das Gesundheitswesen und die sozialen Leistungen;
Normen:	professionelle Richtlinien (für das Gesundheitswesen) im politischen Geist des gegenwärtigen Parlaments zu formulieren;
Namen relevanter Systeme:	ein System, das sicherstellt, daß Leistungen des Gesundheitswesens entsprechend den nationalen Richtlinien erbracht werden.

Abb.7.2e: Namen relevanter Systeme

1. Namen, die Aspekte der primären Aufgabe der Planungsfunktion benennen

Ein System, das ...

... strategische Richtlinien für die Erbringung von Leistungen entwickelt;

... finanzielle Ressourcen zuteilt, um die laufende Erbringung von Leistungen und die Realisierung von Projekten zu ermöglichen;

... Handlungsbedarf aufdeckt, indem es die Qualität der von den Units bereitgestellten Leistungen kontrolliert;

... Projekte plant und deren erfolgreiche Umsetzung sicherstellt;

... Jahresbudgets und -pläne im Licht neuer (ad hoc) Projekte und (intern und extern verursachter) sich ändernder Prioritäten aktualisiert;

... von externer Seite verlangte Dokumente erstellt.

2. Namen, die strittige Fragen der Planung aufgreifen

Ein System, das ...

... Beziehungen zu all den Organen gestaltet, die an der Umsetzung von Projekten beteiligt sind, ohne daß sie der HHA unterstehen (Local Authority!);

... die größtmögliche innere Verpflichtung gegenüber den Plänen schafft, die in einem integrierenden, verschiedene Ebenen des NHS umfassenden Prozeß zu formulieren sind (Region, District, Units, Departments, Consultants etc.);

... die strategischen Richtlinien des Districts in eine Form übersetzt, mit welcher gesichert ist, daß der District die ihm zustehende Rolle im gesamthaften, vieldimensionalen Planungsprozeß spielt;

... die Formulierung der Politik des Districts dadurch unterstützt, daß es vollkommen neue Ideen verfolgt;

... zur Entscheidung anstehende Fragen zur detaillierteren Ausarbeitung weiterleitet und sich selbst die Entscheidung vorbehält;

... das zur Diskussion bestimmter Fragen im District Planning Team nötige Fachwissen ausfindig macht und gezielt integriert;

... Beziehungen zwischen District Planning Team und Units herstellt, welche für beide Seiten vorteilhaft/akzeptabel sind;

... strategische Richtlinien in operationelle Projekte übersetzt;

... die Implementation von Projekten plant und diese dann an die Units weiterleitet, die die Implementierung, u.U. nach Einsetzung eines Planers, durchführen;

... die Leistung der Units unter Anwendung von DHSS-Richtlinien und aus professionellem Blickwinkel kontrolliert;

... sicherstellt, daß die Erbringung der Leistungen des Gesundheitswesens im Einklang mit der Politik und mit den Richtlinien des DHSS erfolgt;

... nationale Prioritäten lokalen Bedürfnissen dadurch anpaßt, daß es Projektpläne entwickelt und diese angesichts von ad hoc Angelegenheiten überarbeitet.

Die <u>Diskussion</u> mit unserem Klienten, Mr. Keighley, in der ein <u>Projektauftrag</u> formuliert werden sollte, stützte sich auf die <u>Liste der Namen relevanter Systeme</u>. Mit ihr lag eine Reihe von <u>Problemkandidaten</u> vor, die bewußt <u>isolierend und damit vereinfachend formuliert</u> worden waren, um in der Diskussion klar darüber zu sein, für welchen spezifischen Aspekt in der weiteren Projektarbeit ein praktisch umsetzbarer Beitrag erarbeitet werden sollte. Es herrschte Einverständnis darüber, daß in der Wirklichkeit alle diese Aspekte miteinander verknüpft sind und theoretisch nicht isoliert werden können. Trotz dieser theoretischen Unmöglichkeit war es aber für eine gezielte weitere Projektarbeit praktisch notwendig, einen speziellen Aspekt als den eigentlichen Fokus zu bestimmen. Auch Mr. Keighley hielt die von uns aufgeführten relevanten Systeme für problematisch und insofern einer weiteren Bearbeitung wert. Wir selbst hatten relevante Systeme, die Planungsaspekte des Programms 'Care in the Community' aufgriffen, unserer Liste nicht beigefügt, da wir einen Projektauftrag innerhalb dieses Feldes zu diesem Zeitpunkt nicht mehr für geeignet hielten. Ein derartiger Auftrag hätte unumgänglich eine Zusammenarbeit mit der Local Authority erfordert. Dies aber schien unsere Arbeitskapazität von fünf verbleibenden Wochen zu überfordern, da nicht ein Erforschen möglicher Entwicklungslinien für die mittel- und langfristige Zukunft der HHA das Ziel unserer Arbeit war, sondern ein substantielles und von den Planern praktisch umsetzbares Ergebnis.

Einigkeit bestand darüber, daß das Projekt die sich entwickelnde <u>Beziehung zwischen District und Units</u> berücksichtigen sollte, die in drei Namen relevanter Systeme angesprochen worden war. Zwei von ihnen formulierten Aspekte der Kontrollfunktion, die der District den Units gegenüber wahrnehmen muß. An diesem Aspekt war Mr. Keighley besonders gelegen. Der dritte Name eines relevanten Systems betonte "Beziehungen zwischen District Planning Team und Units ..., welche für beide Seiten vorteilhaft/akzeptabel sind". Diesen Aspekt in unserem Projektauftrag mit zu berücksichtigen, schien uns auf dem Hintergrund von Gesprächen mit Vertretern der Units wesentlich, während denen wir erste Spannungen bezüglich dieser Beziehungen bemerkten.

Am aufschlußreichsten für einen Beitrag zum 'Planen in der HHA' erschien uns jedoch das "System, das die größtmögliche innere Verpflichtung gegenüber den Plänen schafft, die in einem integrierenden, verschiedene Ebenen des NHS umfassenden Prozeß zu formulieren sind". Insofern griffen wir die eher beiläufige Bemerkung von Mr. Keighley auf, daß der diesjährige Planungszyklus gerade durch eine Aufforderung der Region eingeleitet worden sei, unter Berücksichtigung finanzieller Eckwerte und der gesetzlich vorgeschriebenen Konsultationen innerhalb der kommenden fünf Monate den nächsten Jahresplan aufzustellen. Die folgende Diskussion zeigte, daß eine Reihe von Argumenten für die Konzentration der weiteren Projektarbeit auf den Planungszyklus sprach. Erstens betrifft der Planungszyklus vier der sechs Funktionen, die als primäre Aufgaben der Planungsfunktion festgestellt wurden (vgl. Abb. 7.2d). Es war hier also möglich, etwas zu entwickeln, das die Kernaufgaben der Planer und des von uns gewählten Problembesitzers, Mr. Keighley, zu einem großen Teil abdecken würde und das für sie jedes Jahr wieder von Bedeutung sein könnte. Zweitens war ein solcher Auftrag unserer Absicht zuträglich, etwas praktisch Umsetzbares zu produzieren, da für uns die Möglichkeit bestand, die ersten Schritte eines Planungszyklus mitzuverfolgen und einen praktischen Projekt-Output gemeinsam mit den Planern in diesem Zyklus zu erproben. Drittens schloß dieser Projektfokus notwendigerweise das Verhältnis zwischen District und Units ein, da der zu erstellende Jahresplan zum ersten Mal vom District zusammen mit den Unit General Managers erarbeitet werden mußte, was als 'Präzedenzfall' für deren künftiges Verhältnis fraglos bedeutend sein würde. Viertens sahen wir in diesem Auftrag die Möglichkeit, dem von uns als wesentlich erachteten System Aufmerksamkeit zu schenken, d.h. die Erstellung eines Plans als Mittel dazu anzusehen, nicht nur den Plan selbst, sondern auch eine innere Verpflichtung innerhalb der HHA gegenüber diesem Plan zu generieren. Auch das 'Gestalten von Beziehungen verschiedenster Art' würde aufgrund des formellen und informellen Konsultationsprozesses, der mit der Erstellung eines Jahresplans einhergeht, Beachtung finden müssen. Fünftens sahen wir auch die Möglichkeit, bei einem auf den Planungszyklus abzielenden Projektauftrag die von Mr. Keighley betonte Kontrollfunktion des Districts gegenüber den Units zu berücksichtigen. Dies brachten wir in der graphischen Darstellung unseres Projektauftrags zum Ausdruck (Abb. 7.2f), mit dem wir ein Einverständnis über den Projektauftrag zwischen Mr. Keighley und uns sicherstellten.

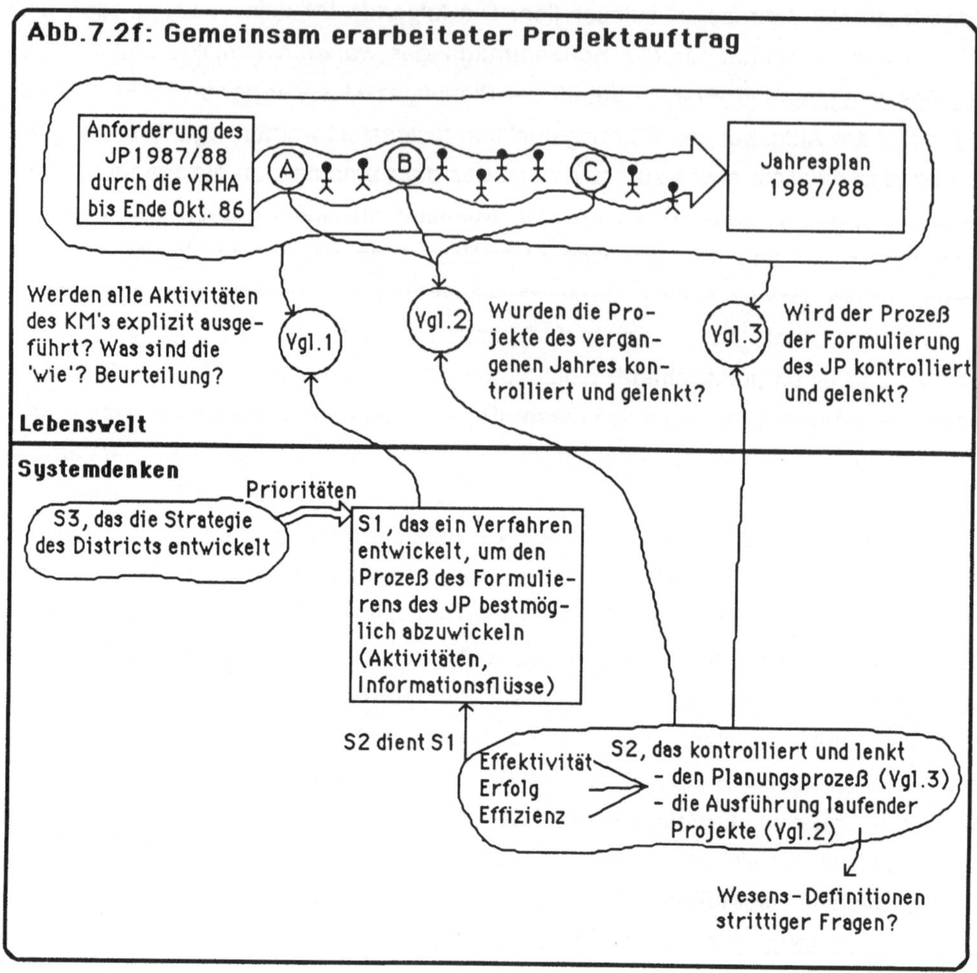

Mit dieser bildlichen Darstellung des Projektauftrags, die die für WSM zentrale 'Linie' zwischen Wirklichkeit und Systemdenken aufnimmt, versuchten wir, den Beteilig-ten unseren WSM-typischen, grundsätzlichen Ansatz zu verdeutlichen: Wir beabsichtig-ten, Werkzeuge mit Hilfe systemischer Konzepte zu entwickeln, nämlich die spezifi-schen Systeme 1, 2 und 3, auf deren Grundlage wir mit den Beteiligten über die Zweckmäßigkeit von einzelnen Verfahren zur Entwicklung des Jahresplans argumen-tieren könnten (als Schritte 5 und 6 von WSM: der Vergleich zwischen Modellen und der Wirklichkeit und die Erarbeitung wünschbarer Veränderungen).

Im Mittelpunkt stand dabei das System 1, das das Verfahren entwirft, nach dem innerhalb von fünf Monaten der nächste Jahresplan erstellt wird. Die Benennung von Informationsflüssen zwischen den Aktivitäten des Modells sollte die Möglichkeit geben, ein Informationssystem zu entwickeln, das während eines Planungszyklus unterhalten werden muß. Zu diesem System 1 sollte als Kontrollsystem ein System 2 entworfen werden, das den Prozeß der Entwicklung des Plans und gleichzeitig die Ausführung laufender Projekte (des gegenwärtig geltenden Plans) kontrolliert und nötigenfalls lenkt. Letzteres sollte zum Inhalt der Planerstellung beitragen, indem es die Erfahrungen der Umsetzung der Projekte des letztjährigen Plans in gezielter und kontrollierter Form für den Entwurf der Projekte des zu erstellenden Plans zur Verfügung stellt[2]. Schließlich wurde davon ausgegangen, daß auch ein System 3 dem System 1 zuarbeiten muß, indem es diesem die strategischen Prioritäten zur Verfügung stellt, auf welche der zu erstellende Jahresplan auszurichten ist. Teil des Projektauftrags war außerdem, daß wir gegenüber strittigen Fragen hellhörig sein und diese aufgreifen und verfolgen sollten. Es wurde vermutet, daß strittige Fragen insbesondere beim Argumentieren über das Kontrollsystem S 2 auftreten könnten, da in diesem die Aspekte zu modellieren waren, bezüglich derer die Kompetenzen zwischen District und Units in der nächsten Zukunft zu verteilen waren.

Zur <u>Beurteilung der methodischen Ergiebigkeit</u> der bis hierhin erläuterten Schritte von <u>WSM</u> ist zu fragen, inwiefern der geschilderte Projektauftrag als Konsequenz unseres dreiwöchigen 'Erforschens der Problemsituation' angesehen werden kann, während dem wir mit den in WSM empfohlenen Techniken arbeiteten. Neben dem von uns erworbenen Verständnis des Planens in der HHA war die Liste von Namen relevanter Systeme der wesentliche und WSM-typische Output dieser Arbeit. Die vorstehende Frage wird folglich darin eine Antwort finden können, daß die Namen relevanter Systeme neben den Projektauftrag gestellt werden und daß geprüft wird, inwieweit Parallelen zwischen beiden bestehen. Bereits vorstehend wurde darauf hingewiesen, daß die Bearbeitung des Planungszyklus vier der sechs <u>Aspekte der Definition der primären Aufgabe von Planung berücksichtigen mußte</u>. In den Systemen 1-3, mit denen wir unseren Projektauftrag bearbeiten wollten, ging es sowohl darum[3], "finanzielle Ressourcen zuzuteilen, um die laufende Erbringung von Leistungen und die Realisierung von Projekten zu ermöglichen", wie auch (in System 2) darum, "Handlungsbedarf aufzudecken, indem die Qualität der von den Units bereitgestellten Leistungen kontrolliert wird", wie auch darum, "Projekte zu planen, und deren erfolgreiche Umsetzung sicherzustellen" und schließlich explizit darum, "von externer

---

2 Wie in jedem Kontrollsystem in WSM sind drei Aspekte dieser beiden Kontrollbereiche zu berücksichtigen: deren Effektivität, deren Erfolg und deren Effizienz. Als Kriterien hinsichtlich der Kontrolle laufender Projekte können genannt werden: Tragen die Projekte zu unseren strategischen Anliegen bei (Effektivität der Projekte)? Erreichen die Projekte das erstrebte Ergebnis, d.h. werden sie plangerecht umgesetzt (Erfolg der Projekte)? Werden die Ressourcen innerhalb der Projekte effizient eingesetzt (Effizienz der Projekte)?

3 Zu den folgenden Zitaten vgl. Abb. 7.2e, 'Namen relevanter Systeme'.

Seite verlangte Dokumente zu erstellen". Bei der Arbeit am <u>Planungszyklus würden auch eine Reihe von Systemen der strittigen Frage Bedeutung</u> gewinnen können. Im Zuge der Konsultationen mit externen Gruppen werden "Beziehungen zu Organen gestaltet, die an der Umsetzung von Projekten beteiligt sind, ohne daß sie der HHA unterstehen". Der HHA-interne Konsultationsprozeß gibt die Möglichkeit, "die größtmögliche innere Verpflichtung gegenüber den Plänen zu schaffen, die in einem interagierenden, verschiedene Ebenen umfassenden Prozeß zu formulieren sind". Da die Organisation des Planungszyklus weitgehend in den Händen des DPT liegt, besteht damit die Möglichkeit, "Beziehungen zwischen DPT und Units herzustellen, welche für beide Seiten vorteilhaft/akzeptabel sind". Auch werden in der Formulierung eines Jahresplans "strategische Richtlinien in operationelle Projekte umgesetzt". Und schließlich ist auch die "Kontrolle der Leistungen der Units" eine Grundlage für den Inhalt eines Jahresplans. Diese Gegenüberstellung von Namen relevanter Systeme und Projektauftrag kann als Argument dafür benutzt werden, daß der Auftrag aufgrund des spezifischen, durch die Techniken der WSM strukturierten Erforschens der Situation formuliert wurde. Auch die Tatsache, daß wir bereits in der Woche zuvor die Erstellung der Pläne als möglichen, sinnvollen Projektauftrag diskutiert hatten[4], zeigt, daß der endgültige Projektauftrag kaum unabhängig von den Vorarbeiten angesehen werden kann.

Andererseits ist zu fragen, inwieweit der <u>methodische Anspruch von WSM</u> hier seinen Niederschlag fand, daß ein innerhalb von WSM erarbeiteter <u>Projektauftrag</u> eine <u>gemeinsame Entscheidung zwischen dem Klienten und den externen Problembearbeitern</u> ist. Hier ist zunächst festzustellen, daß der Projektauftrag sich erheblich von den ursprünglichen, am 'Care in the Community'-Programm orientierten Intentionen unseres Klienten wegbewegt hatte. Die besondere Zustimmung, die die Ausrichtung des Projekts auf den Planungszyklus bei unserem Klienten dennoch fand, scheint darin begründet zu sein, daß Mr. Keighley hierbei die Möglichkeit eines praktisch umsetzbaren Projektoutputs sah, - eine Aussicht, die er aufgrund seiner betont praktisch-bodenständigen Einstellung systemorientierter Arbeit anscheinend kaum zugetraut hatte[5]. Als wesentliches Indiz dafür, daß der dargestellte Projektauftrag das Ergebnis der intensiven Diskussionen zwischen Mr. Keighley und uns war, kann an dieser Stelle nur die Dauer der Sitzung, in der der Projektauftrag festgelegt wurde, angeführt werden. Sie dauerte drei Stunden, während der verschiedene Problemfelder als mögliche Gebiete für die weitere Projektarbeit diskutiert wurden. Dies kann auch als Hinweis dafür gelten, daß wir aufgrund unserer Vorarbeiten nunmehr kompetent waren,

---

[4] Dokumentiert im 'Weekly Report, No. 6, June 8th, 1986'.
[5] Der eigentliche Initiator des Projekts war der an der Anwendung systemischer Konzepte interessierte Chairman of the Authority, Mr. P.E. Wood.

Problemstellungen in der HHA zu diskutieren. Es ist aus prinzipiellen Gründen nicht möglich, zu beurteilen, ob diese Kompetenz auch ohne das bewußte Formulieren von Namen relevanter Systeme und ohne die vielfältige graphische Arbeit, also durch 'gesunden Menschenverstand', erreicht worden wäre. Es schien uns, daß wir wesentlich davon profitiert hatten, <u>durch das Formulieren von Namen relevanter Systeme und deren Ausarbeitung zu Wesens-Definitionen</u> (Definition, BATWEU und bildliche Darstellung) <u>zu Klarheit gezwungen</u> gewesen zu sein, was genau wir als problematisch ansahen, welches Grundverständnis wir dabei benutzten und welche anderen Sichtweisen desselben Gremiums oder derselben Funktion auch möglich sind.

Unsere Aufgaben schienen nun schnell abgewickelt werden zu können, weil die <u>Systeme</u>, die es zu <u>modellieren</u> galt, bereits benannt und in einen Kontext gestellt waren. Insofern schien nur noch die technische Arbeit vor uns zu liegen. Sehr bald zeigten sich bei unseren ersten Schritten 'unter der Linie', der Ausformulierung von Wesens-Definitionen mit BATWEU und deren graphischer Darstellung und den Modellierungen, <u>konzeptionelle Unklarheiten bezüglich des zentralen Systems 1</u>. Dieses System hatten wir beschrieben als eines, "das ein Verfahren entwickelt, um den Prozeß des Formulierens des Jahresplans bestmöglich abzuwickeln". Der Output dieses Systems ist ein Verfahren, mit welchem ein Jahresplan erstellt werden kann. Folglich muß das Modell dieses Systems aus den Aktivitäten bestehen, welche für die Entwicklung eines Verfahrens notwendig sind. Hingegen zielen die Systeme 2 und 3, die dem System 1 dienen, auf ein System 1 ab, dessen Output der Jahresplan selbst, nicht 'ein Verfahren zur Erstellung des Jahresplans', ist. Dessen Teile müssen die Aktivitäten sein, welche zur Erstellung des Jahresplans notwendig sind. Nur für ein solches System wäre ein Informationssystem von Nutzen; nur dieses System könnte aus Informationen über die Abwicklung von Projekten lernen (System 2) und für ein solches System wären die strategischen Prioritäten, die vom System 3 zur Verfügung gestellt werden, unabdingbar. Es galt also, Klarheit darüber zu gewinnen, welches System von großer Relevanz für die Erstellung des Jahresplans in der HHA ist.

Die durch diese Frage ausgelösten und von der laufenden Ausarbeitung von Wesens-Definitionen und konzeptionellen Modellen (Schritte 3 und 4 in WSM) begleiteten Diskussionen führten zu dem Ergebnis, daß das <u>Konzept des fortlaufenden Lernens</u> für die Erstellung des Jahresplans in der HHA sehr relevant ist. Erstens scheint es langfristig fruchtbarer zu sein, die Planer darin zu unterstützen, den Planungsablauf selbst laufend zu verbessern, als ihnen ein gebrauchsfertiges Modell anzubieten, das der Gefahr ausgesetzt ist, wegen Veränderungen in der HHA schon bald unbrauchbar zu sein. Zweitens kann die Erstellung des Jahresplans doch grundsätzlich, trotz der

Möglichkeit solcher Veränderungen, als eine repetitive Aufgabe angesehen werden, für welche der Versuch sinnvoll ist, aus den Erfahrungen der Vergangenheit zu lernen. Das Ergebnis vieler Modellierungen war ein System, das ein Verfahren lernt (Abb. 7.2g).

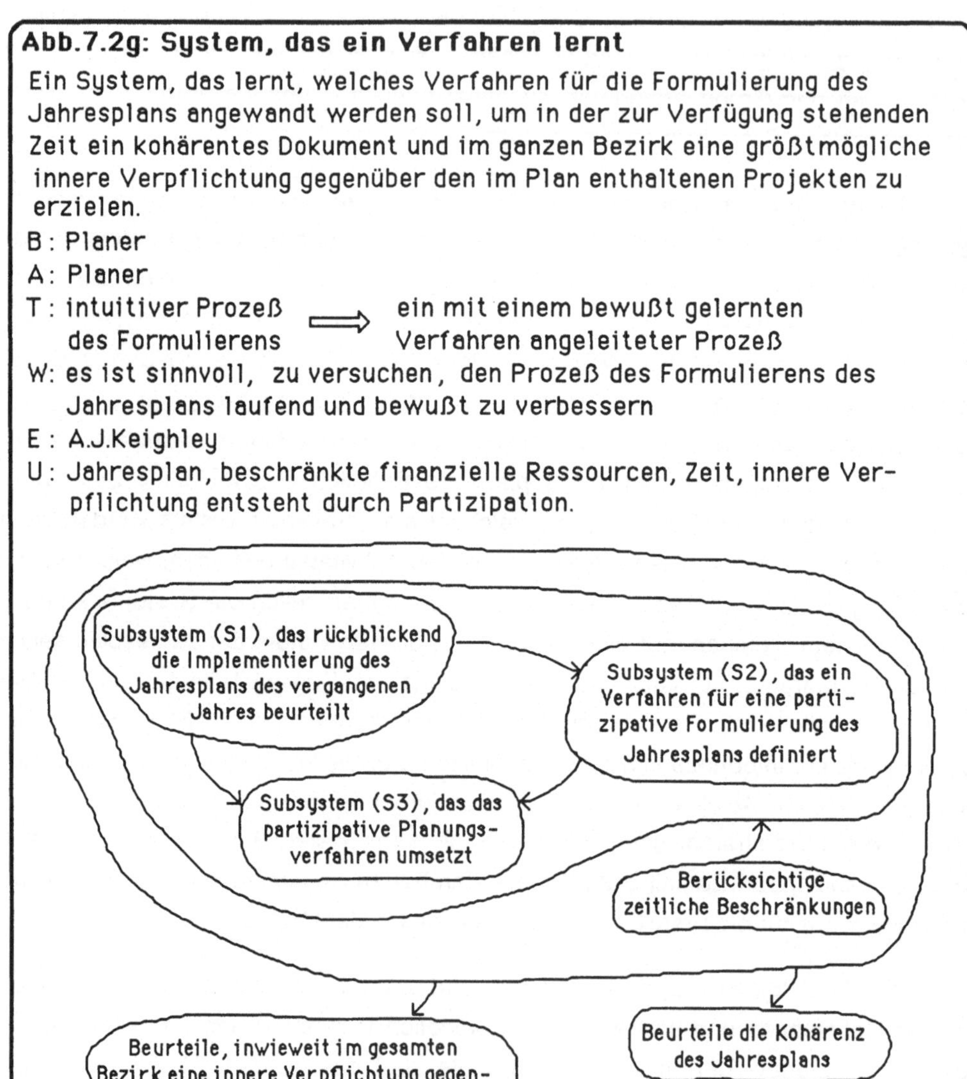

Methodisch sind folgende Anmerkungen zur Wesens-Definition und zum Modell des Systems, das ein Verfahren lernt, zu machen. Erstens: Die Teile des Modells sind nicht in der Reinform eines konzeptionellen Modells, d.h. als Aktivitäten, sondern als Subsysteme formuliert, weil unser Interesse von Anfang an der Modellierung dieser Subsysteme galt. Das abgebildete Modell war insofern lediglich eine Vorstufe, um Klarheit über die Zusammenhänge der Subsysteme und damit über ihre Transformationsprozesse zu gewinnen. Zweitens: Der Zweck einer gesonderten Auflistung der BATWEU-Elemente kann anhand des 'Umwelt'-Elements, 'innere Verpflichtung entsteht durch Partizipation', gezeigt werden. Indem diese Aussage als 'Umwelt'-Element aufgeführt wurde, wurde zum Ausdruck gebracht, daß diese Sichtweise für das entworfene System als extern gegeben gilt, d.h. als Bedingung, innerhalb der es operiert[6]. Wir explizierten damit unser Grundverständnis über die Bedeutung von Partizipation für die Umsetzung von Plänen und ermöglichten Kritik und Diskussion mit den im Planungszyklus Beteiligten. Dieses Explizieren ist modellierungstechnisch in WSM eingebaut, da nur das modelliert werden darf, was die Wesens-Definition explizit verlangt. Schwebte uns hier also vor, ein für ein partizipatives Planungsverfahren relevantes Modell zu entwerfen, so mußten die Grundlagen dieser Ideen in der Wesens-Definition ausformuliert werden[7]. Drittens: Das Modell zeigt, wie sorgsam ausgeführtes Modellieren ein Werkzeug ist, um unterschiedliche Konzepte klar und einfach darzustellen. Die mit Bezug auf das operationelle System unterschiedliche Pfeilrichtung der Aktivität 'Berücksichtige zeitliche Beschränkungen' einerseits und der beiden Aktivitäten 'Beurteile die Kohärenz des Jahresplans' und 'Beurteile, inwieweit im gesamten Bezirk eine innere Verpflichtung gegenüber dem Jahresplan besteht' andererseits besagt, daß ersteres eine Bedingung ist, die zu Anfang zu berücksichtigen ist, deren Einhaltung das System jedoch nicht als erfolgreich qualifiziert. Die beiden anderen Aktivitäten geben hingegen Beurteilungsmaßstäbe an, anhand derer die Qualität des Systemoutputs gemessen werden kann. Eine solche Unterscheidung von Aspekten, die entweder Bedingung oder Bewertungsmaßstäbe sind, kann durch die Verknüpfung der Aktivitäten des Systems unmißverständlich zum Ausdruck gebracht werden.

Eine Abbildung dieses Systems, das ein Verfahren lernt, verteilten wir zusammen mit den bis zu konzeptionellen Modellen ausgearbeiteten Subsystemen in

---

[6] Zur BATWEU-Technik vgl. oben 6.2, 'Methodische Schritte der Welchen Systemmethodik'.

[7] Auch hier wird deutlich, daß die Schritte in WSM nicht sequentiell zu durchlaufen sind, sondern daß zwischen ihnen stets vor- und zurückgeschritten werden kann (vgl. oben 6.2., 'Methodische Schritte der Weichen Systemmethodik'). In diesem Fall hatten wir gewisse Vorstellungen über ein konzeptionelles Modell (Schritt 4), für das wir nun eine Wesens-Definition formulieren mußten (Schritt 3).

'Systems Study Note 1' an unsere bisherigen und künftigen Gesprächspartner[8] und
schufen damit die Grundlage für die Diskussion dieser Modelle (Schritt 5). Gegenstand
der Diskussionen waren zum einen Differenzen zwischen Modell und Wirklichkeit, auf
die unsere Gesprächsteilnehmer hinwiesen und die unserem mangelnden Verständnis
der Details der Planformulierung entsprangen[9]. Zum anderen lenkten wir selbst die
Diskussion stets auf den partizipativen Charakter des Planungszyklus, d.h. die Frage
nach dessen Wünschbarkeit (aus Sicht unserer Gesprächspartner), nach Hindernissen
für ein solches Verfahren und nach Problemen, die innerhalb eines solchen Verfahrens
auftreten könnten. Die einzelnen Aktivitäten der konzeptionellen Modelle bildeten
dabei stets den Ausgangspunkt für die Erörterung spezifischer Fragen.

Methodisch arbeiteten wir in dieser Phase am stärksten während des Projekts
mit den Beurteilungssystemen aller am Planungszyklus Beteiligten. Wir verdeutlichten
die Vorteile eines partizipativ erstellten Jahresplans; wir stießen auf eine Zahl strittiger
Fragen, die aus Sicht der Beteiligten in dem von uns diskutierten Zusammenhang
ausgesprochen problematisch waren, und wir hatten als Externe die Möglichkeit, diese
strittigen Fragen denen gegenüber zu problematisieren, die beteiligt waren, die für das
Bestehen dieser strittigen Fragen aber nicht sensibilisiert waren. Alle diese durch die
konzeptionellen Modelle strukturierten Gespräche müssen, nach Vickers, unsere
Gesprächspartner beeinflußt und deren Beurteilungssysteme verändert haben. Gleichzeitig überarbeiteten wir laufend das 'System, das ein Verfahren lernt'. Als hilfreich
erwies sich dabei unser -mißglückter- Versuch, die Aktivitäten der drei Subsysteme mit
Informationsflüssen zu versehen, um auf dieser Grundlage ein Informationssystem für
den Planungszyklus zu entwickeln. Die konzeptionellen Unklarheiten über die Zusammenhänge der Subsysteme[10], die dabei sichtbar wurden, ließen uns das 'System, das

---

[8] In dieser 'Systems Study Note 1' erläuterten wir zunächst das Konzept der Wesens-Definition
    eines Humanen Handlungssystems und die Modellierungstechnik. Es waren außerdem die
    übrigen Ergebnisse unserer Arbeit, der 'DHSS-Zylinder' und die Liste der 'Namen relevanter
    Systeme' beigefügt. Damit gaben wir den Beteiligten die Möglichkeit, von uns vernachlässigte
    Aspekte aufzugreifen. Gleichzeitig hielten wir diese Systems Study Notes für geeignet, die
    Beteiligten mit dem Gebrauch von WSM vertraut zu machen.

[9] Beispielsweise war in unseren Modellen nicht berücksichtigt, daß der Jahresplan aus dem
    Plan für das nächste Jahr und einem 'Forward Plan' für das übernächste Jahr besteht.

[10] Erstens hatten wir im 'System, das ein Verfahren erstellt' zwar das Beurteilen und damit das
    Lernen über die Planung von Projekten berücksichtigt (S1), nicht aber das Beurteilen und
    Lernen über das Verfahren zur Erstellung des Jahresplans. Dies wurde nun in einem
    Kontrollsystem von S3 konzeptionalisiert. Zusätzlich berücksichtigten wir auch die laufenden
    Korrekturen eines im voraus erstellten Verfahrens während dessen Umsetzung, indem wir die
    Aktivitäten 'Formuliere Verfahren für dieses Jahr' und 'Setze das Verfahren um' in einem
    geschlossenen Regelkreis modellierten. Unser unzureichendes Verständnis über die zeitlichen
    Verschiebungen, die sich in den drei Phasen 'Formulierung des Jahresplans' im ersten Jahr,
    'Implementierung des Jahresplans' im zweiten Jahr und 'Beurteilung der Implementierung
    des Jahresplans' im dritten Jahr ergeben, machte eine neue Konzeptionalisierung der
    Aktivität 'Beurteile Ergebnis des vergangenen Jahres' nötig.

<u>den Jahresplan erstellt'</u> (Abb. 7.2h), modellieren, dessen endgültige Fassung, zusammen mit den konzeptionellen Modellen der Subsysteme (Abb. 7.2i-k) das Kernstück der 'Systems Study Note 2' bildete.

Abb.7.2h: System, das den Jahresplan erstellt

Ein System S(JP), im Besitz von Mr. Keighley, das (auf Verlangen der Region) den Jahresplan für das nächste Jahr erstellt. Es tut dies, indem es erst ein Verfahren für die Erstellung des Jahresplans formuliert und dann dieses Verfahren implementiert. Das System beurteilt das Ergebnis des im vergangenen Jahr implementierten Plans (sowohl hinsichtlich dessen Beitrags zu langfristigen Zielen als auch hinsichtlich der Adäquanz seiner Formulierung) und es beurteilt auch das Verfahren, mit dem der Plan des laufenden Jahres erstellt wurde. Das System erstellt selbst einen Bericht über das in diesem Jahr benutzte Verfahren, welcher in der Anwendung dieses Systems im nächsten Jahr benutzt wird.

B: hinsichtlich T1: Planer
     hinsichtlich T2: Units und Gruppen, die mit der HHA interagieren

A: Planer

T: 'altes' Verfahren $\Longrightarrow$ T1 $\Longrightarrow$ 'neues' Verfahren
   'neues' Verfahren $\Longrightarrow$ T2 $\Longrightarrow$ Verfahren, das implementiert ist, um den Jahresplan zu erstellen

W: Planung ist sinnvoll und möglich
E: A.J. Keighley
U: Anforderungen der Region, Struktur der HHA

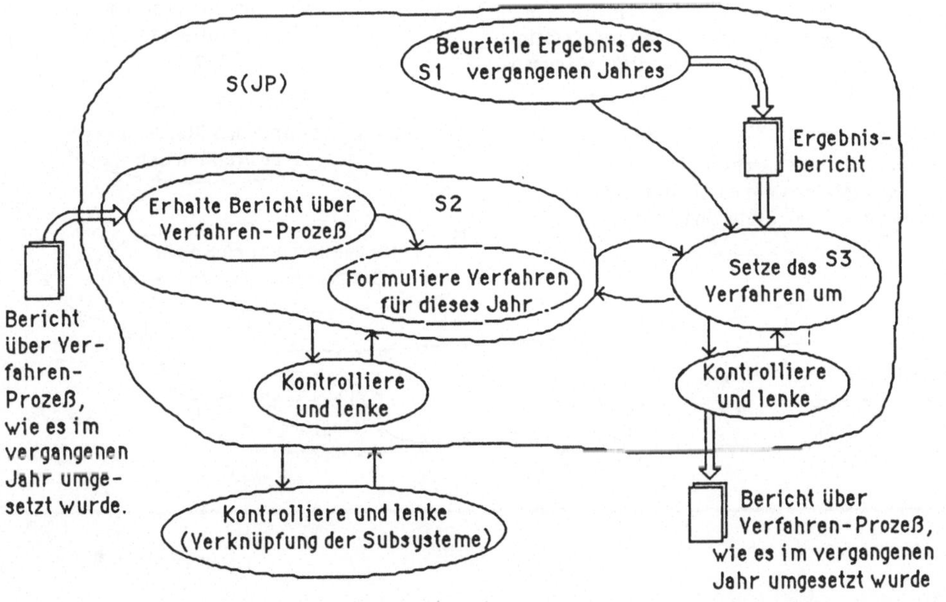

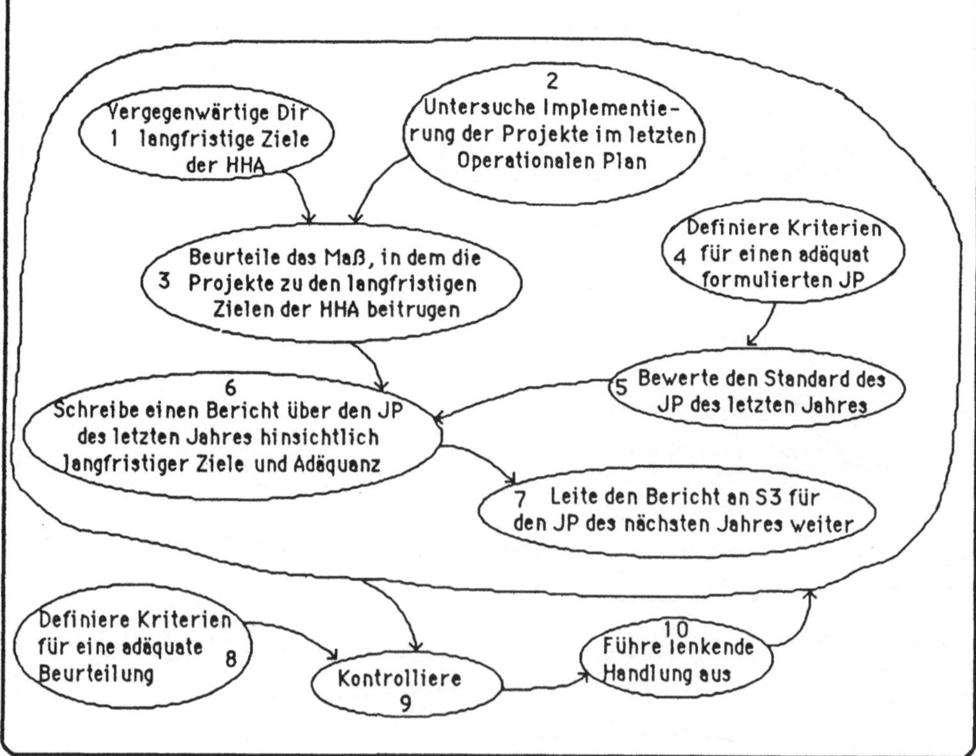

Abb. 7.21: Subsystem 1, das die Implementierung eines Plans beurteilt

Ein von Planern betriebenes und sich in deren Eigentum befindendes
System, in S(JP), das das Ergebnis des implementierten Operationalen Plans des vergangenen Jahres hinsichtlich dessen Beitrags
zu langfristigen Zielen und der Adäquanz seiner Formulierung beurteilt. Das System trägt damit zur Formulierung des in diesem Jahr
zu erstellenden Jahresplans bei.

B : Planer
A : Planer
T : Implementierung des   beurteilte Implementierung des
    Operationalen Plans   ⟹   Operationalen Plans im vergan-
    im vergangenen Jahr   genen Jahr
W : wir können von der Vergangenheit lernen
E : Planer
U : langfristige Ziele; Anforderungen des NHS-Planungssystems

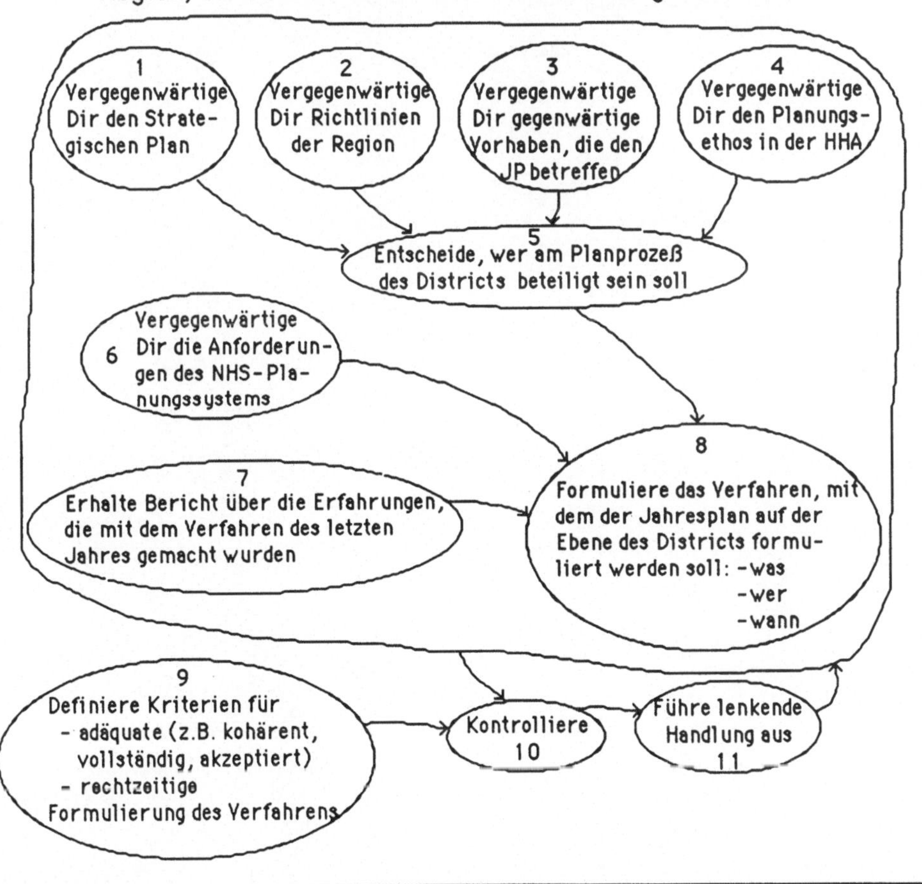

Abb.7.2j: Subsystem 2, das ein Planverfahren formuliert

Ein System, das ein Verfahren, mit dem der Jahresplan partizipativ formuliert werden soll, definiert, indem es einige allgemeine und spezifische Bedingungen berücksichtigt.

B : Planer
A : Planer
T : Bedürfnis, ein Verfahren zu definieren, mit dem der Jahres- ⟹ Bedürfnis gedeckt plan formuliert wird
W: Rationalität ist bei komplexen Aufgaben nützlich; Planung muß partizipativ sein
E : A.J. Keighley
U : Anforderungen des NHS-Planungssystems; gegenwärtiger, in der HHA herrschender Ethos bezüglich Planung; gegenwärtige strategische Aufgaben; Erfahrungen der Vergangenheit; Richtlinien der Region, die das Verfahren zur Planerstellung betreffen.

1 Vergegenwärtige Dir den Strategischen Plan
2 Vergegenwärtige Dir Richtlinien der Region
3 Vergegenwärtige Dir gegenwärtige Vorhaben, die den JP betreffen
4 Vergegenwärtige Dir den Planungsethos in der HHA
5 Entscheide, wer am Planprozeß des Districts beteiligt sein soll
6 Vergegenwärtige Dir die Anforderungen des NHS-Planungssystems
7 Erhalte Bericht über die Erfahrungen, die mit dem Verfahren des letzten Jahres gemacht wurden
8 Formuliere das Verfahren, mit dem der Jahresplan auf der Ebene des Districts formuliert werden soll: -was -wer -wann
9 Definiere Kriterien für - adäquate (z.B. kohärent, vollständig, akzeptiert) - rechtzeitige Formulierung des Verfahrens
10 Kontrolliere
11 Führe lenkende Handlung aus

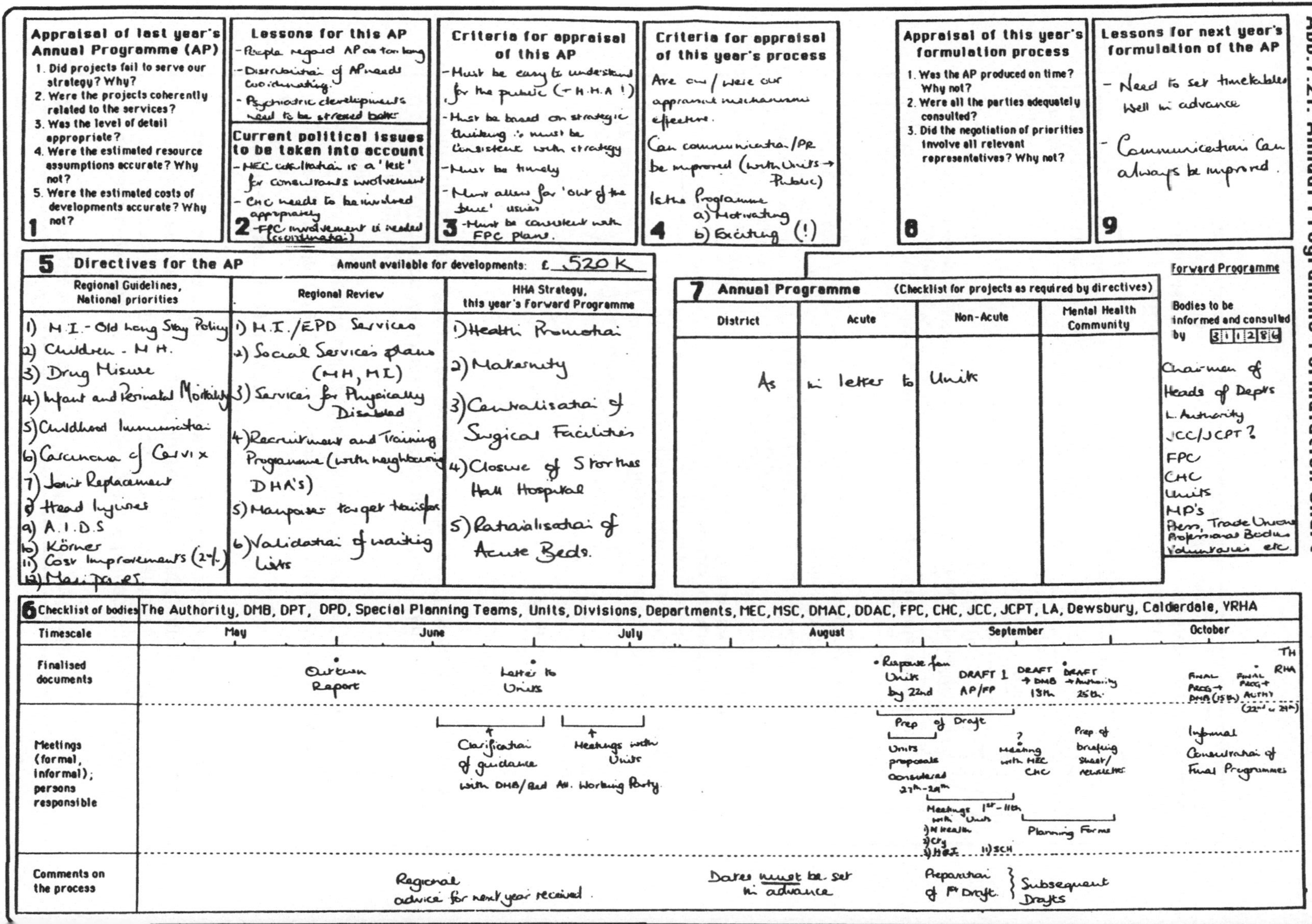

1. Appraisal of last year's Annual Programme (AP)

1. Did projects fail to serve our strategy? Why?
2. Were the projects coherently related to the services?
3. Was the level of detail appropriate?
4. Were the estimated resource assumptions accurate? Why not?
5. Were the estimated costs of developments accurate? Why not?

2. Lessons for this AP

- People regard AP as too long
- Distribution of AP needs co-ordinating.
- Psychiatric developments need to be stressed better

Current political issues to be taken into account

- MEC consultation is a 'test' for consultants involvement
- CHC needs to be involved appropriately
- FPC involvement is needed (coordination)

3. Criteria for appraisal of this AP

- Must be easy to understand for the public (→ H.H.A !)
- Must be based on strategic thinking ∴ must be consistent with strategy
- Must be timely
- Must allow for 'out of the blue' issues
- Must be consistent with FPC plans.

4. Criteria for appraisal of this year's process

Are our / were our appraisal mechanisms effective.

Can communication / PR be improved (with Units → Public)

Is the Programme
a) Motivating
b) Exciting (!)

8. Appraisal of this year's formulation process

1. Was the AP produced on time? Why not?
2. Were all the parties adequately consulted?
3. Did the negotiation of priorities involve all relevant representatives? Why not?

9. Lessons for next year's formulation of the AP

- Need to set timetables well in advance
- Communication can always be improved.

5. Directives for the AP

Amount available for developments: £ 520 K

Regional Guidelines, National priorities	Regional Review	HHA Strategy, this year's Forward Programme
1) M.I. - Old Long Stay Policy	1) M.I. / EPD Services	1) Health Promotion
2) Children - M.H.	2) Social Services plans (MH, MI)	2) Maternity
3) Drug Misuse	3) Services for Physically Disabled	3) Centralisation of Surgical Facilities
4) Infant and Perinatal Mortality	4) Recruitment and Training Programme (with neighbouring DHA's)	4) Closure of Storthes Hall Hospital
5) Childhood Immunisation	5) Manpower target transfer	5) Rationalisation of Acute Beds.
6) Carcinoma of Cervix	6) Validation of waiting Lists	
7) Joint Replacement		
8) Head Injuries		
9) A.I.D.S		
10) Körner		
11) Cost Improvements (2%)		
12) Man Power		

7. Annual Programme

(Checklist for projects as required by directives)

District	Acute	Non-Acute	Mental Health Community
As	in letter to	Units	

Forward Programme

Bodies to be informed and consulted by 3 1 1 2 8 6

- Chairmen of
- Heads of Dept's
- L. Authority
- JCC / JCPT ?
- FPC
- CHC
- Units
- MP's
- Press, Trade Unions Professional Bodies Voluntaries etc

6. Checklist of bodies

The Authority, DMB, DPT, DPD, Special Planning Teams, Units, Divisions, Departments, MEC, MSC, DMAC, DDAC, FPC, CHC, JCC, JCPT, LA, Dewsbury, Calderdale, YRHA

Timescale	May	June	July	August	September	October
Finalised documents		Outturn Report	Letter to Units		• Response from Units by 22nd · DRAFT 1 AP/FP · DRAFT → DMB 13th · DRAFT → Authority 25th	FINAL PROG → DMB (15th) · FINAL PROG → AUTH (22nd to 29th) · TH RHA
Meetings (formal, informal); persons responsible		Clarification of guidance with DMB/Reed Alt. Working Party	Meetings with Units		Prep of Draft — Units proposals considered 27th–29th · ? Meeting with MEC CHC · Prep of briefing sheet/newsletter · Meetings 1st–11th with Units 1)MHealth 2)City 3)HOE 4)SCH · Planning Forms	Informal Consultation of Final Programme
Comments on the process		Regional advice for next year received.		Dates must be set in advance	Preparation of 1st Draft. } Subsequent Drafts	

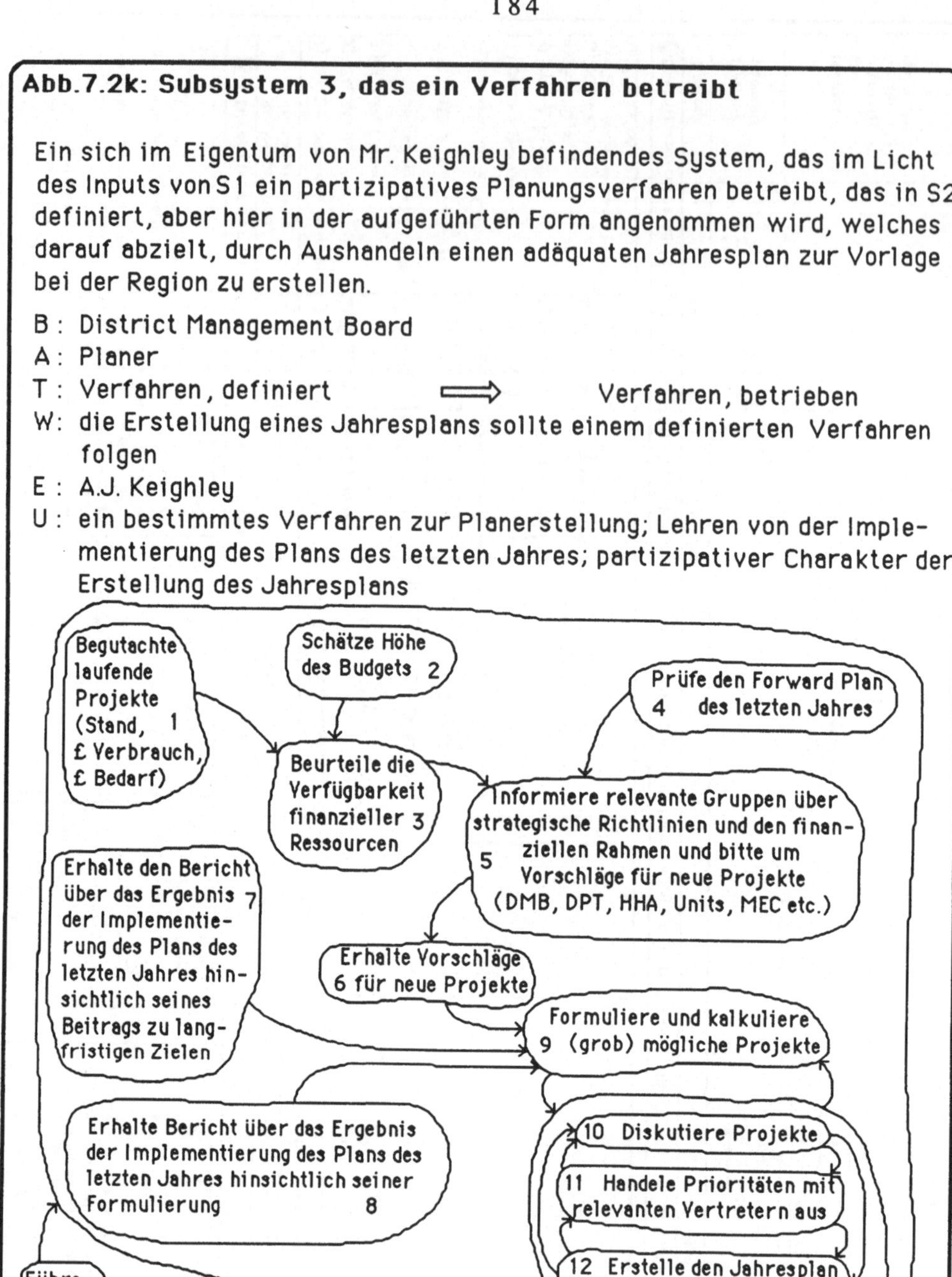

Abb.7.2k: Subsystem 3, das ein Verfahren betreibt

Ein sich im Eigentum von Mr. Keighley befindendes System, das im Licht des Inputs von S1 ein partizipatives Planungsverfahren betreibt, das in S2 definiert, aber hier in der aufgeführten Form angenommen wird, welches darauf abzielt, durch Aushandeln einen adäquaten Jahresplan zur Vorlage bei der Region zu erstellen.

B : District Management Board
A : Planer
T : Verfahren, definiert   ⟹   Verfahren, betrieben
W: die Erstellung eines Jahresplans sollte einem definierten Verfahren folgen
E : A.J. Keighley
U : ein bestimmtes Verfahren zur Planerstellung; Lehren von der Implementierung des Plans des letzten Jahres; partizipativer Charakter der Erstellung des Jahresplans

Begutachte laufende Projekte (Stand, £ Verbrauch, £ Bedarf)   1

Schätze Höhe des Budgets 2

Prüfe den Forward Plan des letzten Jahres   4

Beurteile die Verfügbarkeit finanzieller Ressourcen 3

Informiere relevante Gruppen über strategische Richtlinien und den finanziellen Rahmen und bitte um Vorschläge für neue Projekte (DMB, DPT, HHA, Units, MEC etc.)   5

Erhalte den Bericht über das Ergebnis der Implementierung des Plans des letzten Jahres hinsichtlich seines Beitrags zu langfristigen Zielen   7

Erhalte Vorschläge für neue Projekte 6

Formuliere und kalkuliere (grob) mögliche Projekte 9

Erhalte Bericht über das Ergebnis der Implementierung des Plans des letzten Jahres hinsichtlich seiner Formulierung   8

10 Diskutiere Projekte

11 Handele Prioritäten mit relevanten Vertretern aus

12 Erstelle den Jahresplan zur Vorlage bei der Region

Führe lenkende Handlung aus 16

15 Kontrolliere die Aktivitäten 1-12

Definiere Kriterien für
- rechtzeitigen
- partizipativen
- innere Verpflichtung sicherstellenden
Formulierungsprozeß   13

Definiere Kriterien für einen
- kohärenten
- £ realistischen Jahresplan   14

Anhand der Aktivitäten der Subsysteme, die teilweise bereits in den zuvor erstellten Modellen enthalten und daher Grundlage unserer Diskussionen mit Beteiligten gewesen waren, kann gezeigt werden, wie <u>Fragen durch das Modellieren von Systemen</u> aufgeworfen werden. Hinsichtlich 'Subsystem 1, das die Implementierung eines Plans beurteilt', war insbesondere Aktivität 4, 'Definiere Kriterien für einen adäquat formulierten Plan', Gegenstand kontroverser Meinungen, welche zwischen den Polen der kalkulatorischen Stimmigkeit eines Plans und dessen Wirksamkeit in der Öffentlichkeit angesiedelt waren, wobei die 'Weltanschauung' hinter dem ersten Standpunkt diejenige war, daß ein Plan ein rein technisches Instrument zur Führung einer District Health Authority ist. Diejenige hinter dem zweiten Pol betonte hingegen den öffentlichen Charakter, den ein Plan einer Health Authority im Zuge der vorgeschriebenen Konsultationen erhält. Die Aktivität, 'Beurteile das Maß, in dem die Projekte zu den langfristigen Zielen der HHA beitragen', löste z.T. sehr entschiedene Stellungnahmen über fehlgeleitete Projekte aus, die bis zu diesem Punkt im Verborgenen zu schwelen schienen. Im 'Subsystem 2, das ein Verfahren für den Planungszyklus formuliert', war Gegenstand der Debatte die durch Aktivität 4 aufgeworfene Frage, welche möglicherweise vermeidbaren Allüren auf Seite des Districts den in der HHA herrschenden Planungsethos verderben, ebenso wie der mit Aktivität 5 thematisierte Punkt, welche externen und internen Gruppen durch den District und welche durch die Units zu konsultieren sind. Im Subsystem 3 stand, wie bereits oben angesprochen, das partizipative Moment einer Planerstellung im Vordergrund, das die Aktivitäten 11-13 modellierten.

Es sei hier darauf hingewiesen, daß bei den gezeigten Modellen nicht der Modellierungsregel gefolgt wurde, daß zu einem konzeptionellen Modell zwei <u>Kontrollsysteme</u> gehören, welche mit der Effektivität, dem Erfolg und der Effizienz des Systems befaßt sind. Dies lag an unserer Absicht, den Beteiligten den Gebrauch der WSM nahezubringen. Wir wollten die Modelle daher explizit als Grundlage der Diskussionen benutzen[11] und mußten sie insofern so einfach wie möglich entwerfen, so daß bei den Beteiligten angesichts dieser Diagramme kein 'kultureller Schock' entstehen würde. Hinsichtlich der Modellierung der drei Subsysteme konnte auf das mit der Frage nach der Effektivität befaßte Kontrollsystem ohne Verlust verzichtet werden, da die Sichtweise des Obersystems durch die Benennung und Modellierung des 'System, das einen Jahresplan erstellt', stets gegenwärtig und damit die Frage beantwortet war, welchem übergeordneten Zweck jedes der drei Subsysteme folgen solle. Um auch das Kontrollsystem auf der Ebene des Systems zu vereinfachen, das den Modellierungsregeln nach mit zwei Kriterien, dem Erfolg und der Effizienz,

---

[11] Alternativ können die Modelle ausschließlich als Werkzeug der Problembearbeiter dienen.

beschäftigt sein soll, beschränkten wir uns auf die Frage nach dem Erfolg jedes Subsystems. Aktivität 9 in Subsystem 2, 'Definiere Kriterien für adäquate und rechtzeitige Formulierung des Verfahrens', ist daher z.B. eine Aufforderung, den gewünschten Output des Systems zu spezifizieren.

Die Modellierung, die in den abgebildeten konzeptionellen Modellen endete, illustriert einen eher harten Gebrauch von WSM. Wir versuchten, Modelle zu entwickeln, die der Wirklichkeit möglichst nahe kamen, wobei sie, wie alle konzeptionellen Modelle, nicht die Vielschichtigkeit, sondern die Logik der zweckorientierten Handlungen aufdeckten. Weil diese Modelle solchen der primären Aufgabe sehr nahe kommen, mußten sie sehr direkt in ein Werkzeug übersetzt werden können, welches innerhalb des Planungszyklus benutzt werden könnte. Dies war die Aufgabe, der wir uns nun widmeten und die uns unserem Ziel näherbringen sollte, ein praktisch benutzbares Projektergebnis zu produzieren. Unsere Arbeit resultierte im 'Annual Programme Formulation Chart', das, von einem der Planer exemplarisch ausgefüllt, oben in Abb. 7.2l abgebildet ist[12].

Mit dem Annual Programme Formulation Chart folgten wir weiter der Idee des Lernens. Es war nicht in unserem Sinn, unsererseits Kriterien für einen adäquat formulierten Jahresplan und für einen sinnvollen Prozeß der Erstellung des Jahresplans zu definieren. Vielmehr wollten wir einen Lernprozeß unter den Planern in der HHA strukturieren, in dem sie selbst eine Einigung über die Idealform eines Jahresplans und eines Prozesses zur Erstellung dieses Plans erzielten. In diesem Sinne gestalteten wir dieses Chart, das von den Planern für jeden Planungszyklus auszufüllen ist. Es ist eine direkte Übersetzung der konzeptionellen Modelle in eine Sprache und Form, die nach unserem Ermessen derjenigen der Planer entspricht[13]. In ihm sind alle Gebiete angesprochen, die wir im Modellieren und Debattieren als wesentlich dafür ermittelt hatten, um sowohl den Prozeß der Erstellung des Jahresplans als auch den Jahresplan laufend zu verbessern. Methodisch ist an dieser Stelle festzustellen, daß wir die 'harten', die Entsprechung mit der Wirklichkeit suchenden Modelle hier für den 'weichen' Zweck des Lernens der Beteiligten, nicht für eine 'harte' Implementierung eines Planungssystems benutzten. Die Präsentation des Annual Programme Formulation Charts vor dem District Planning Team kann nach den Diskussionen mit unseren Gesprächspartnern als wesentlicher Schritt dieses Lernprozesses angesehen werden. Unsere Präsentation des Charts löste unmittelbar eine Diskussion unter den Planern aus, welchem Zweck das Dokument 'Jahresplan' primär dienen solle...

---

[12] Originalformat: A3
[13] Vgl. v. Bülow,1986, Appendix 10, in dem die einzelnen Aktivitäten der konzeptionellen Modelle zu den Elementen des Charts in Beziehung gesetzt werden.

Die Arbeit an der Entwicklung eines im Planungszyklus benutzbaren Instruments war nur der eine Fokus unserer Aktivitäten am Ende des Projekts. Mit dem zweiten widmeten wir uns dem Mißtrauen primär auf Seite der Units gegenüber dem District, das zum Zeitpunkt unseres Projekts noch schwelte, das sich aber unserer Einschätzung nach schnell zu einem erheblichen Konflikt entwickeln konnte. Das Mißtrauen war auf die Frage gerichtet, ob der District tatsächlich die notwendigen Schritte hin zu einer größeren Autonomie der Units vollziehen würde, die mit dem Griffiths Management Style angestrebt war. Die Debatte der für den Planungszyklus relevanten Modelle hatte eine Vielzahl von <u>strittigen Fragen über die Rollen und die Kompetenz der verschiedenen Planungsgremien</u> zum Vorschein gebracht. Ein konkreter Streitpunkt konzentrierte sich auf die Frage, inwieweit die Vorschläge der Units und der für einzelne Projekte eingesetzten 'Special Planning Teams' im Planungsprozeß des District berücksichtigt würden. Der tieferliegende -potentielle- Konflikt betraf das Verhältnis zwischen denjenigen, die als Ärzte, Pflegerpersonal und Unit Management Groups die eigentliche Versorgung der Bevölkerung mit Gesundheitsleistungen vornehmen, und den Personen und Gremien auf Ebene des Districts, die diesem unmittelbaren Bezug entrückt sind und dennoch Entscheidungen treffen, die für erstere Gültigkeit besitzen[14]. Dieser schwelenden Konflikte war man sich auf Ebene des District zu wenig bewußt. Wir modellierten daher Systeme, die auf die Rollen der in diesem Streitpunkt zentralen Gremien ausgerichtet waren. Abb. 7.2m-o zeigen diese Modelle, die wir in dieser Form als 'Systems Study Note 3' verteilten[15].

Auch diese Modelle sind am harten Ende des Modellierungsspektrums anzusiedeln, da sie sich an Manifestationen in der Wirklichkeit, nämlich an den drei angesprochenen Gremien, orientieren. Aber auch hier war der Gebrauch der Modelle ein weicher, der eine Reinform von Schritt 5 darstellt, 'Gebrauch der Modelle für die Generierung und Strukturierung einer Debatte'. Die Fragen und Anregungen, die im Zusammenhang mit den einzelnen Aktivitäten des Modells standen, führten wir in

---

[14] Die Trennung von Aufgabenausführung und Leitung der Aufgabenausführung, die überall dort, wo von 'Management' gesprochen wird, vorausgesetzt wird, ist im National Health Service in keiner Weise akzeptiert, wie sich in diesem schwelenden Konflikt zeigt. Dies ist zum einen als allgemein typisch für das Gesundheitswesen anzusehen, wo die so unmittelbar an dem Menschen orientierten und insofern hochkomplexen Leistungen eines so ausgeprägten Sachverstandes bedürfen, daß auch von den Leitenden verlangt wird, daß sie diesen Sachverstand besitzen. Darüber hinaus scheint dieses grundsätzliche Argument in England aufgrund der allgemeinen Hochachtung gegenüber den 'Professionals' besonderes Gewicht zu besitzen.

[15] Es sei darauf hingewiesen, daß wir auch hier dem Anliegen der übersichtlichen Modellierung folgten. Auch diese Modelle weisen daher nur ein Kontrollsystem auf. In diesem Fall führten wir hingegen jeweils das Kontrollsystem auf, das die Frage nach der Effektivität der Systems, d.h. nach seinem Zweck aus Sicht des übergeordneten Systems, stellt, weil gerade die Zwecksetzungen der Gremien, die mit den Modellen thematisiert wurden, zu klären waren.

Abb.7.2m: System, das strategische Optionen sondiert

Ein sich im Eigentum des District Management Board befindendes und vom District Planning Team betriebenes System, das verschiedene strategische Optionen der HHA sondiert, indem es den nötigen Abstand zum Alltagsgeschäft der Units bewahrt und indem es das nötige Wissen von deren Arbeit hat, so daß es praktisch nicht umsetzbares Denken vermeiden kann. Es favorisiert keine endgültigen Entscheidungen, sondern berichtet dem DMB an einem frühen Diskussionsstand.

B : District Management Board (DMB)

A : District Planning Team (DPT)

T : Bedürfnis, strategische Optionen sorgfältig zu sondieren $\implies$ Bedürfnis gedeckt, indem Distanz zu den Units bewahrt wird und genug Wissen über sie vorliegt

W: innovatives Denken bedarf der Ambivalenz von Distanz zu und Wissen über das betreffende Gebiet

E : District Management Board

U : bestimmte strategische Fragen; Notwendigkeit, eine endgültige Entscheidung offen zu lassen

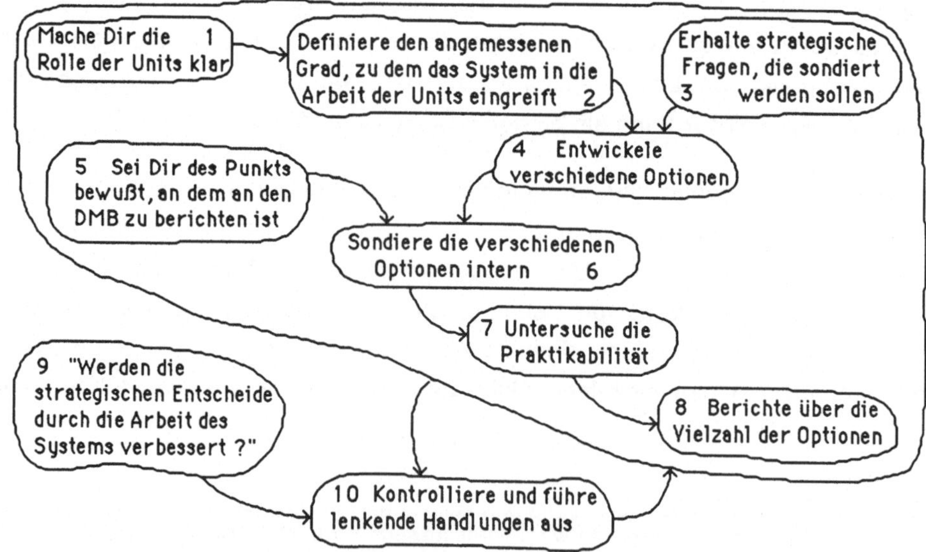

<u>Fragen und Empfehlungen, die durch das Modell aufgeworfen wurden:</u>

Akt. 2: wie häufig sollten gemeinsame Sitzungen zwischen DPT und Units stattfinden?
kann eine 'kontrollierende Rolle' vom DPT ausgeübt werden?
wenn nicht, - was wird mit diesen Sitzungen beabsichtigt?

Akt. 3: Initiative hinsichtlich bestimmter strategischer Fragen, sollte vom DMB ausgehen;
UGMs wüßten von DPT-Diskussionen durch ihre Teilnahme an DMB-Sitzungen;

Akt. 4: zusätzlicher Input in das DPT durch Konsultation von Spezialisten kann notwendig sein;

Akt. 5: die Autoritätsgrenze zwischen DMB und DPT muß geklärt werden;
wie weit sollte das DPT beim Verdichten von Optionen gehen?

Abb.7.2n: System, das mit langfristigen Entscheidungen befaßt ist

Ein sich im Eigentum vom Mr. Hallat (District General Manager) befinden-
des und vom DMB betriebenes System, das vor dem Hintergrund, mit dem
Management der Units verknüpft und durch das DPT mit innovativem
Denken versorgt zu sein, mit langfristigen Entscheidungen befaßt ist.

B : Huddersfield Health Authority
A : District Management Board (DMB)
T : Bedürfnis nach langfristigen Entscheidungen ⟹ Bedürfnis gedeckt
W: langfristige Entscheidungen bedürfen innovativen Denkens und müssen
    von den Units weitgehend akzeptiert sein
E : T.B. Hallat (District General Manager)
U : bestimmte Autonomie der Units; Rolle des DPT als 'think tank'

<u>Fragen und Empfehlungen, die durch das Modell aufgeworfen wurden:</u>

Akt. 1: sollten die Unit General Managers an jeder Sitzung des DMB teilnehmen?
Akt. 3: das DPT sollte als 'think tank' des DMB dienen;
Akt. 4: der Beitrag des DPT zum DMB sollte in einer Bereicherung liegen;
       das DPT sollte keine Entscheidungen vorwegnehmen;
Akt. 6: dem Charakter des Managements entsprechend sollten die Unit General Managers an der
       endgültigen Entscheidung nicht teilhaben;
       die Beteiligung der Unit General Managers an den vorausgehenden Diskussionen würde
       sicherstellen, daß ihre Argumente gehört werden.

7.2o: System, das Politikvorschläge für Klientengruppen formuliert

Ein System, im Eigentum des DMB, betrieben von Special Planning Teams, das Politikvorschläge für den District formuliert, welche sich auf spezielle Klientengruppen beziehen. Es tut dies, indem es eine kleine Gruppe von Experten, auch solche jenseits der HHA-Grenze, zur Diskussion der Bedürfnisse einer Klientengruppe organisiert.

B : District Management Board

A : Special Planning Teams

T : Bedürfnis nach klientenbezogener Politik ⟹ Bedürfnis gedeckt

W: für die Entwicklung einer klientenbezogenen Politik bedarf es eines
    wesentlichen Inputs von Experten

E : District Management Board

U : Definition von Klientengruppen; Gremien außerhalb der HHA und ihre
    Relevanz für eine Klientengruppe

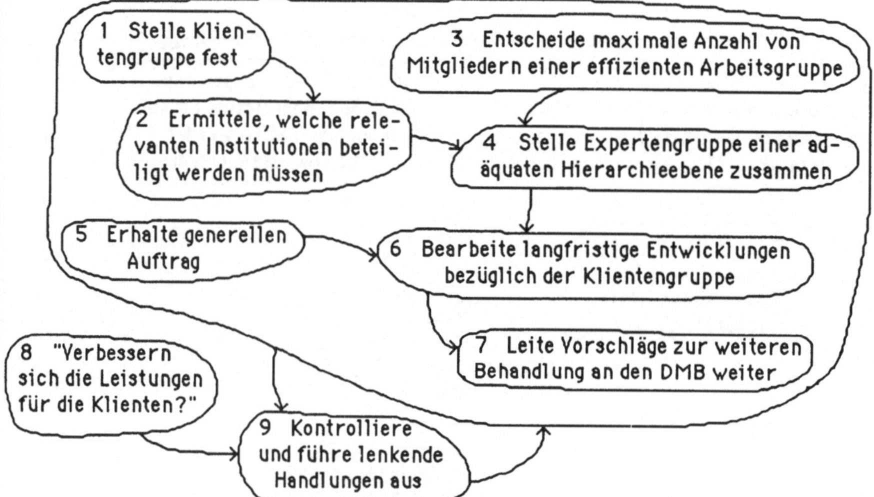

<u>Fragen und Empfehlungen, die durch das Modell aufgeworfen wurden:</u>

Akt. 1: was sind sinnvolle Definitionen von Klientengruppen?
    die definierten Klientengruppen sollten zusammen eine sinnvolle Ganzheit ergeben,
    statt daß einzelne Special Planning Teams (SPT) eher zufällig eingerichtet werden;

Akt. 2: die Vertreter der Local Authority müssen besonders berücksichtigt werden;
    die HHA könnte der im letzten konsultativen Papier des DHSS, 'Progress in Partnership',
    angesprochenen Initiative zuvorkommen;

Akt. 3: 'sieben' gilt allgemein als eine sinnvolle Zahl;
    von Seiten des DPT sollte es ausreichen, ein bzw. zwei Vertreter zu entsenden, so daß
    eine vertretbare Größe des Teams bewahrt werden kann;

Akt. 4: Vertreter sowohl der HHA-externen Gremien wie auch der HHA sollten eine adäquate
    hierarchische Ebene vertreten; bezüglich der HHA-Vertreter wurde betont, daß diese
    bei Verhinderung durch ein anderes DPT-Mitglied vertreten werden sollten, das auch
    als Planer sprechen kann, nicht durch ihren Fachvertreter;

Akt. 7: gegenwärtig herrscht Unklarheit darüber, wem die Planning Teams berichten sollen;
    die Festsetzung eines Gremiums, dem zugearbeitet wird, würde die SPTs unterstützen.

diesem Fall selbst explizit auf. Damit übernahmen wir den Schritt, die Modelle als Konstrukte 'unterhalb der Linie' in Beziehung zu der Wirklichkeit der HHA zu setzen. Teils aufgrund des mangelnden Problembewußtseins, teils aufgrund der politischen Brisanz erschien es uns in diesem Fall sinnvoll, daß wir als Outsider diesen Schritt in vorsichtiger und gezielter Form vollzogen. Die Abschlußpräsentation unseres Projekts vor Vertretern des District Management Board und des District Planning Team befaßte sich primär mit diesen, durch die drei Modelle strukturierten Fragen. Für die Beteiligten waren unsere Beiträge offenbar so bedeutungsvoll, daß sie es als notwen-dig ansahen, die dort begonnene Diskussion in der weiteren Entwicklung der neuen Struktur in der HHA anhand dieser drei Modelle fortzusetzen.

Das beschriebene <u>Projekt</u> ist abschließend in einem <u>Überblick</u> wie folgt zusammenzufassen. Zu dritt waren wir in die Huddersfield Health Authority gerufen worden, um mit Hilfe der Weichen Systemmethodik einen substantiellen und praktisch umsetzbaren Beitrag zu der Planungsfunktion der HHA zu leisten. Unsere Arbeit begannen wir mit einem wenig strukturierten 'Erforschen der Situation'. Wir studierten Dokumente, die unser Klient uns empfohlen hatte, wir führten Interviews und nahmen an Sitzungen teil. Uns wurde dabei eine Vielzahl von Problemkandidaten deutlich, die wir in Namen relevanter Systeme festhielten. Einige von ihnen bauten wir zu Wesens-Definitionen und konzeptionellen Modellen aus. Vor dem Hintergrund des dadurch erworbenen Verständnisses konnten wir gemeinsam mit unserem Klienten den Projektauftrag festlegen: Wir sollten einen Beitrag zur Abwicklung des alljährlichen Planungszyklus erbringen. Das System, das uns für diesen Projektauftrag besonders relevant schien, war ein System, das lernt, über die Zeit die partizipative Erstellung des Jahresplans laufend zu verbessern. In den folgenden Interviews, die wir auf der Grundlage von konzeptionellen Modellen führten, debattierten wir mit unseren Gesprächspartnern die Möglichkeiten und Grenzen eines partizipativen Planungsverfahrens in der HHA und trugen damit bereits zu Veränderungen im Verständnis der Beteiligten bei. Für uns waren die Interviews Anlaß, das relevante System laufend neu zu benennen und zu modellieren, - ein Prozeß, den wir abbrachen, als die Systemmodelle von den Beteiligten als relevant akzeptiert wurden und konzeptionell konsistent waren. Den praktischen Beitrag zum Planungszyklus in der HHA, das 'Annual Programme Formulation Chart', entwickelten wir als erstes Ergebnis unserer Arbeit, indem wir das aus drei modellierten Subsystemen bestehende Modell in die Alltagssprache der Planer übersetzten. Ein zweites Ergebnis, dem der gleiche Stellenwert wie dem Planning Chart zukommt, bestand darin, daß wir strittige und politisch sensible Fragen über die Gestaltung der Beziehungen zwischen der Ebene des District und der der Units aufgriffen und durch Modellierung in einer Form präsentierten, welche für alle Beteiligten akzeptabel war.

Diese Modelle und die durch sie aufgeworfenen Fragen bildeten für die HHA eine Grundlage, ihrer anstehenden Aufgabe nachzukommen, ihr sich entwickelndes 'politisches Gefüge' bewußt zu gestalten. Abb. 7.2p gibt das Schaubild wider, das wir in der Abschlußpräsentation in der HHA benutzten, um einen Überblick über das Projekt zu geben (die Verweise auf 'Pages' und 'Appendices' beziehen sich auf den Abschlußbericht, sind also hier ohne Bedeutung).

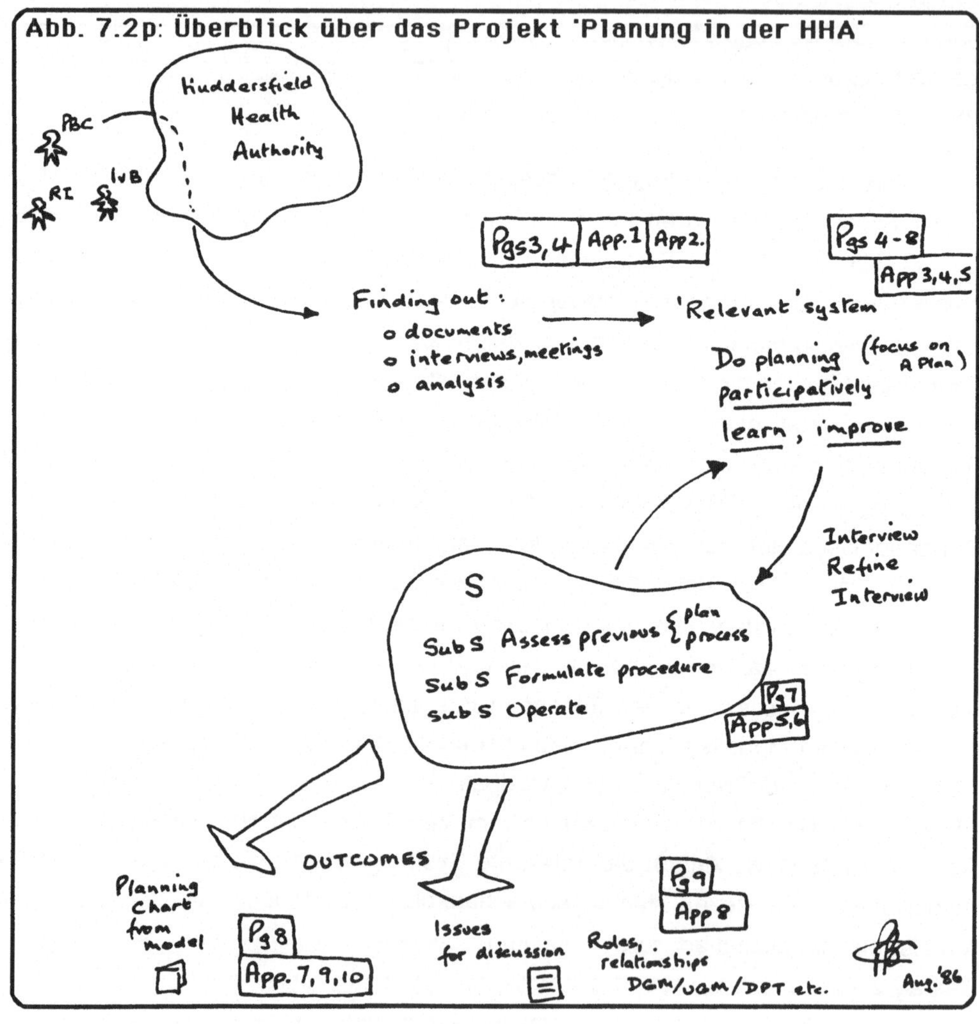

7.3 Bedeutung des Projekts für die Aussagen der Weichen Systemmethodik

Aus der Darstellung des Projektablaufs und -inhalts sind nun Konsequenzen für die in Abb. 6.5b dargestellten Aussagen der Weichen Systemmethodik zur Grenzproblematik zu ziehen.

Zunächst wurden dort die Konzepte 'Problembesitzer' und 'Weltanschauung' als konzeptionelle Antworten in WSM auf das grundsätzliche Verständnis vorgestellt, Probleme als Ausfluß bestimmter Perspektiven anzusehen[1]. Im dargestellten Projekt zeigte sich, wie sehr die Berücksichtigung verschiedener Problembesitzer[2] das Denken öffnete und eine Vielzahl von Kandidaten für das Problem[3] in das Blickfeld rückte. Es ergaben sich keine Schwierigkeiten, sondern es war im Gegenteil aufschlußreich, Problembeschreibungen anhand verschiedener Sichtweisen zu formulieren. Dabei wurde deutlich, daß auch nach der Konzentration auf einen Problembesitzer eine noch kaum eingeschränkte Zahl von Systemen als relevant aufgeführt werden konnten, welche sinnvoll waren vor dem Hintergrund verschiedener 'Weltanschauungen', die alle von einem Problembesitzer unterhalten werden konnten. Beispielhaft seien folgende Systeme genannt, mit denen im Projekt gearbeitet wurde und die für Mr. Keighley als Problembesitzer gleichermaßen relevant sind: 1.) ein System, das gleichzeitig vertikale Beziehungen unterhält zu Gremien, die Teil der NHS-Hierarchie sind, und horizontale Beziehungen zu Gremien, die außerhalb des NHS stehen, die aber für den Erfolg vieler Projekte der HHA von entscheidender Bedeutung sind; 2.) ein System, das die größtmögliche innere Verpflichtung zu Plänen schafft, die in einem integrierenden, verschiedene Ebenen umfassenden Prozeß zu formulieren sind; 3.) ein System, das strategische Richtlinien in operationelle Projekte umsetzt. Namen von Systemen, die für den Problembesitzer Mr. Keighley relevant sind, scheinen endlos weiter aufgeführt werden zu können. Jedes dieser Systeme würde auf einen verbesserungsfähigen Aspekt der Planungstätigkeit von Mr. Keighley abzielen. Insofern kann das Konzept des Problembesitzers verstanden werden als <u>Werkzeug zum Öffnen des Denkens</u>. Es steht jedoch nicht für die Wahl eines <u>bestimmten relevanten Systems</u>. Dieses bedarf einer spezifischen, in BATWEU zu explizierenden 'Weltanschauung'.

---

1   Vgl. 6.1, 'Probleme als Ausfluß einer 'Weltanschauung'', und 6.2, 'Methodische Schritte der Welchen Systemmethodik'.

2   In verschiedenen Phasen des Projekts wurden die Unit General Manager, der DHSS, die Bevölkerung, Mr. Keighley, das District Planning Team als Gremium, die Rolle eines Mitglieds im District Planning Team und der District Management Board als 'Problembesitzer' angesehen.

3   Vgl. 'Namen relevanter Systeme' (Abb. 7.2e).

Als zweiter Aspekt wurde oben festgehalten, daß das Reflektieren über komplexe Zusammenhänge in WSM dadurch angeleitet wird, daß konzeptionelle Modelle mit der einzigartigen Problemsituation verglichen werden. Dabei werden nach der Aussage in WSM sowohl Wirklichkeits- und Werturteile, wie auch Maßstäbe für Wirklichkeits- und Werturteile entwickelt. Dieses Lernen in vierfacher Hinsicht, das für WSM im Zentrum des Interesses steht, kann anhand der Entwicklung unseres Problemverständnisses während des Projekts erläutert werden. Unsere Wirklichkeitsurteile veränderten sich besonders in der ersten Projektphase. Wir entdeckten laufend neue Aspekte, die zu 'Planung in der HHA' zu gehören schienen, und lernten damit ständig neue Wirklichkeitsurteile über 'Planung in der HHA'. Weniger dramatisch, aber ebenfalls bis zum Projektende, veränderten sich unsere Maßstäbe für diese Wirklichkeitsurteile, indem wir die Glaubwürdigkeit von Quellen, von denen wir über 'Planung in der HHA' lernten, unterschiedlich einschätzten. Eingangs übernahmen wir die Darstellung Mr. Keighleys über die Planungstätigkeiten als Wirklichkeitsbeschreibung und benutzten damit den Wirklichkeitsmaßstab: 'Planung in der HHA ist, was der Assistant General Manager (Corporate Planning), Mr. Keighley, als Planung beschreibt'. Durch unsere Gespräche mit verschiedenen Personen gewannen neue Quellen für unsere Wirklichkeitsurteile zunehmend Bedeutung. In dem Maße, in dem deren Darstellungen von 'Planung in der HHA' nun von derjenigen von Mr. Keighley abwichen und, aus unserer Sicht, glaubwürdig waren, veränderten sich sowohl unsere Wirklichkeitsurteile, als auch unsere Maßstäbe für diese Wirklichkeitsurteile. So war den Erläuterungen Mr. Keighleys zufolge die 'Planung des Community Health-Programm' vor allem deshalb problematisch, weil sich die Zusammenarbeit mit der Local Authority schwer koordinieren ließ. Neue Aspekte des Wirklichkeitausschnitts 'Planung des Community-Health Programm' sahen wir hingegen nach einem Gespräch mit einer auf diesem Gebiet tätigen Ärztin, deren Darstellung primär HHA-interne Abstimmungsprobleme betraf. Daß wir aufgrund dieser unterschiedlichen Darstellungen Aussagen Mr. Keighleys über den HHA-internen Planungsprozeß künftig kritischer gegenüberstanden, zeigt, daß sich nicht nur unser Wirklichkeitsurteil, sondern auch unser Maßstab zur Beschreibung der Wirklichkeit gewandelt hatte. 'Planung in der HHA' setzten wir nun nicht mehr automatisch dem gleich, was der Planungsverantwortliche uns über dieses Gebiet sagte.

Anhand des Projekts kann auch ein Lernprozeß über die Werturteile und die Maßstäbe für Werturteile illustriert werden. Unser anfängliches Erforschen ließ uns die Ausführung der Planungsaufgaben in der HHA, von den extern bedingten Problemen in der Zusammenarbeit mit der Local Authority abgesehen, zunächst als 'gut' bewerten. Die Liste der Problemkandidaten (oben Abb. 7.2e), die wir nach den ersten Schritten

des Erforschens immer weiter ausbauten, ist jedoch Indiz dafür, daß sich unser Wert-
urteil über die Problemlosigkeit der Planungsfunktion bereits sehr bald änderte. Doch
auch der Maßstab dieses Werturteils wandelte sich. Für die Bewertung der Planungs-
aktivitäten in der HHA folgten wir zu Beginn -implizit- der Frage, inwieweit es gelingt,
den nötigen Sachverstand in dem Planungsprozeß zu mobilisieren, in welchem die
Standpunkte verschiedenster Disziplinen zu berücksichtigen sind. Nach einer gewissen Auseinandersetzung mit der HHA wurden wir uns jedoch der vielen, Autonomie
beanspruchenden Gruppen bewußt und bewerteten 'Planung in der HHA' nicht mehr
ausschließlich danach, ob in sie das Fachwissen verschiedener Gruppen einfließt,
sondern zunehmend danach, ob es gelingt, einen gemeinsamen Geist zwischen
diesen, zu Autonomieansprüchen neigenden Gruppen herzustellen und damit eine
wesentliche Voraussetzung für die Umsetzung der abgefaßten Pläne zu schaffen.

Diese Beispiele mögen als Belege dafür ausreichen, daß sich im Verlauf des
Projekts unsere Beurteilungssysteme in dem von Vickers beschriebenen und von
Checkland beanspruchten Sinn wandelten. Den Grund für diesen Wandel sieht Vickers
darin, daß Einzelne oder auch Gruppen ihre Aufmerksamkeit auf bestimmte Aspekte
des Wirklichkeitsstroms richten[4]. Bereits diese Aufmerksamkeit aktiviert das Beurteilungssystem und führt, nach Vickers, zu Veränderungen aller seiner Teile. Indem wir
uns also mit 'Planung in der HHA' beschäftigten, veränderte dieser Prozeß sein Ergebnis in vierfacher Hinsicht: unser Verständnis von 'Planung in der HHA'. Das gleiche
muß für die Beteiligten gelten, mit denen wir zusammenarbeiteten. Auch sie beschäftigten sich aufgrund unserer Gespräche mit 'Planung in der HHA' und mit den von uns
angesprochenen Fragen. Es spricht nichts gegen die Annahme, daß auch die <u>Beurtei-
lungssysteme dieser Beteiligten</u> sich in ähnlicher, wenn vielleicht auch weniger drasti-
scher Weise veränderten. Damit wird die in 6.2 herausgearbeitete Aussage gestützt,
daß der Prozeß der Problembearbeitung mit WSM die in der Problemsituation bestehenden Wirklichkeits- und Werturteile sowie deren jeweilige Maßstäbe verändert. Es ist
nun der Frage nachzugehen, welche Rolle in diesem Entwicklungsprozeß die WSM-
typische Vorgehensweise spielte, konzeptionelle Modelle mit der Problemsituation zu
vergleichen.

Hinsichtlich der <u>WSM-Schritte 'unter der Linie'</u> betrifft die herausstechende
<u>Erfahrung</u> in diesem Projekt den Abstand schaffenden Effekt, der von dem strukturierten

---

[4] Dies vertritt auch zur Bonsen mit folgenden eingängigen Worten: "Wenn ich Information
aufnehme, macht die Information etwas mit mir. Sie verändert mich. Es ist schon fast ein
Gemeinplatz der allgemeinen Evolutionstheorie, daß man nicht wahrnehmen kann, ohne zu
verändern. Dieser Satz hat eine zweite, seltener beachtete Bedeutung. Man kann nämlich nicht
wahrnehmen, ohne sich dabei selbst zu verändern. Es gibt auch in diesem Sinne keinen
abgetrennten objektiven Beobachter." (zur Bonsen,1985,83)

Benennen und Modellieren relevanter Systeme ausgeht. Die restriktiven Regeln für die Benennung eines Systems mit einer dreiteiligen Wesens-Definition und für das korrekte Modellieren dieses Systems zwingen den Problembearbeiter, den Blick von der Problemsituation weg und zu der Logik des Konzepts hinzuwenden, das zu modellieren er für relevant hält. Erst der damit geschaffene Abstand zur Vielschichtigkeit der Problemsituation und die schlagartige Reduktion ihrer Komplexität auf nur sieben Aktivitäten eines konzeptionellen Modells schaffen die Möglichkeit, sich mit spezifischen, für die Problemsituation relevanten Fragen konzentriert auseinanderzusetzen. Dabei hält die in WSM immer wieder betonte Unterscheidung zwischen konzeptionellem Denken über die Wirklichkeit und der unendlich vielschichtigen sozialen Wirklichkeit (die Unterscheidung 'unter der Linie' und 'über der Linie') dem kompetenten Problembearbeiter stets vor Augen, daß es sich bei diesen Modellen um extrem vereinfachende Konstrukte handelt, die allein der geistigen Durchdringung eines kurzfristig beschränkten Ausschnitts dienen, die aber keine Darstellungen der Wirklichkeit oder einer wünschbaren, künftigen Wirklichkeit sind. Wenn nun nach dem Beitrag der Wesens-Definitionen und der <u>konzeptionellen Modelle</u> zur Veränderung der Beurteilungssysteme der Beteiligten gefragt wird, so scheint in diesem <u>Abstand schaffenden Moment</u> deren besonderer Nutzen zu liegen. Gerade dann, wenn Veränderungen in einer Institution nicht nur Gegenstand der interessierten Überlegungen eines Externen sind, sondern wenn sie für die Beteiligten im Stiften von Unsicherheit auch bedrohenden Charakter annehmen können, scheint jede Möglichkeit wertvoll, zeitweilig Distanz zu den praktischen Konsequenzen möglicher Veränderungen zu schaffen, um deren Wünschbarkeit ausgewogener beurteilen zu können. Im dargestellten Projekt wiesen die modellierten Systeme relativ direkte Bezüge zu organisatorischen Gliederungen oder Abläufen in der HHA auf. Ihr Potential, Abstand zur Problemsituation zu gewinnen, war insofern beschränkt. Aber selbst hier konnten wir dadurch, daß wir stets den idealtypischen Charakter der Modelle betonten, mit den Beteiligten unbefangener verschiedene, für die HHA möglicherweise relevante Gedankengänge erkunden. Insofern kann gesagt werden, daß die Betonung des idealtypischen Charakters konzeptioneller Modelle, neben ihrer leichten Erfaßbarkeit, zu den Veränderungen von Beurteilungssystemen beitrugen.

Bereits vorstehend wurden einzelne Schlußfolgerungen aus dem Projekt hinsichtlich des <u>Konzepts der Systemgrenzen in WSM</u> angesprochen, das unter 6.3 wie folgt beschrieben wurde. Die Grenzen Humaner Handlungssysteme haben die Funktion, das System im Sinn einer Figur positiv gegen dessen Hintergrund, eine theoretisch denkbare Umwelt, abzuheben. Die Systemgrenze eines HHS ist nicht im Sinn einer Schnittfläche aufzufassen, welche das System von einer Umwelt abgrenzt.

Weder das Konzept einer Systemumwelt, noch das der Schnittfläche haben in WSM Bedeutung. Die Systemgrenzen eines HHS sind durch besondere Eindeutigkeit gekennzeichnet, welche sich auf die mit BATWEU spezifizierte Wesens-Definition des Systems gründet. Diese scharf umgrenzten Humanen Handlungssysteme wurden als Werkzeug vorgestellt, mit denen eine -meist implizite- Umgrenzung der Problemsituation gelernt wird. Dieses oben unter 6.3 herausgearbeitete Konzept kann anhand der Projekterfahrungen grundsätzlich bestätigt, muß in einzelnen Punkten aber modifiziert werden.

Die Funktion der Systemgrenze, ein modelliertes Humanes Handlungssystem positiv hervorzuheben, wurde mit der Konzentration auf einzelne Aspekte der Problemsituation bereits angesprochen, welche durch die Reduktion der komplexen Problemsituation auf das konzeptionelle Modell ermöglicht wird. Sie wurde in den Projekterfahrungen bestätigt und erwies sich als sehr wertvoll. Modifizierende Hinweise sind hingegen zu der Aussage über die Eindeutigkeit der Systemgrenzen zu geben. Diese Eindeutigkeit ist in WSM darin begründet, daß es zu jeder Wesens-Definition nur eine Gruppe von Aktivitäten gibt, die notwendig und hinreichend für die Erstellung des Outputs ist, und daß die Systemgrenze diese Aktivitäten umgrenzt. In der Problembearbeitung schlägt sich diese Klarheit der Grenzen des auf dem Papier modellierten Systems aber nicht im Denken des Problembearbeiters nieder. Schon die methodische Aufforderung, in den Schritten 5 und 6 von WSM nach dem gegenwärtigen 'Wie' der Aktivitäten in der Problemsituation, nach deren Bewertung und nach möglichen Alternativen und deren Konsequenzen zu fragen, weist das Problembearbeiten über die klaren Grenzen des modellierten Systems hinaus. Dies ist nicht als methodische Panne in WSM zu werten, sondern als gezielte Anleitung, die Problemsituation immer weiter zu erforschen. Die in WSM eindeutig und unmißverständlich definierten Systemgrenzen sollen keine Barrieren gegenüber erforschendem Denken und weiterführendem Lernen sein. In der Komplexität der Situation geben sie mit den von ihnen umgrenzten Aktivitäten vielmehr einen Fokus, auf den sich ein einzelner Problembearbeiter rückbesinnen und an dem sich eine Gruppe von Problembearbeitern gemeinsam orientieren kann.

Wie wenig das Denken und Lernen während des Projekts durch die Grenzen der von uns modellierten Systeme begrenzt wurde, kann anhand der strittigen, politisch sensiblen Fragen illustriert werden, die erst am Ende des Projekts thematisiert wurden. Das 'System, das einen Jahresplan erstellt', kann als ein System angesehen werden, dessen klare Grenzen denen der realen Planungsabläufe nahe kommt. Ein solches, weitgehend dem einer primären Aufgabe entsprechendes Modell[5] sollte am ehesten dazu geeignet sein, die Projektarbeit auf die von den Systemgrenzen umgrenzten Fragen zu beschränken. In der Arbeit an diesem Systemmodell, das relativ unmittelbar in das organisatorische Gefüge der HHA eingepaßt war, lernten wir aber Neues über den politischen Charakter von 'Planung in der HHA', so daß es uns wesentlich erschien, weitere Fragen aufzugreifen und zu bearbeiteten, auch wenn sie Aspekte jenseits der Grenzen unseres zunächst definierten Systems betrafen. Dieses Beispiel verdeutlicht das <u>fortlaufende, hinsichtlich seines Ergebnisses offene Lernen</u>, das für WSM allgemein zentral ist und das <u>auch für die Umgrenzung einer Problemsituation</u> gilt. Eine solche Umgrenzung bleibt im Prozeß der Problembearbeitung mit WSM offen und wird nicht fixiert. WSM ermöglicht vielmehr eine andere Art der Komplexitäts-reduktion: Anhand der konzeptionellen Modelle kann sich ein Problembearbeiter -positiv- auf einzelne Aspekte der Problemsituation konzentrieren und diese in ihrer Logik und in ihrer praktischen Bedeutung durcharbeiten. Er braucht die Problemsituation dafür nicht abzugrenzen. <u>Die ganze Komplexität der Problemsituation bleibt ihm vielmehr erhalten, um neue Schritte im Lernen über diese Situation zu ermöglichen. Keiner ihrer Aspekte braucht -negativ- ausgegrenzt zu werden</u>[6].

Es sind nun, im Anschluß an die vorstehend genannten zentralen Resultate aus den Projekterfahrungen, die übrigen unter 6.3 aufgeführten Aussagen zu Systemgren-zen im Licht des Projekts zu überprüfen. Keine neue Einsicht ergibt sich bezüglich der Feststellungen, daß der <u>Output</u> eines Systems als <u>emergente Systemeigenschaft</u> anzusehen ist und daß sie durch die Aktivitäten im Systemmodell erstellt wird und auf-grund eines übergeordneten, in der Sicht eines Obersystems ausgedrückten Zwecks sinnvoll ist. Wir benutzten diese Konzepte während des Projekts. Dabei erwies es sich als fruchtbar, die emergente Systemeigenschaft -eine wesentliche Größe jeder System-

---

[5] Das 'System, das den Jahresplan erstellt' <u>ist</u> kein System der primären Aufgabe, da es die Anforderung eines solchen Modells nicht erfüllt, aus Aktivitäten zusammengesetzt zu sein, für die alle Beteiligten zustimmen würden, daß diese gegenwärtig ausgeführt werden. Diese Einigkeit herrschte in keiner Weise hinsichtlich der Aktivitäten, die mit der Bewertung des Planungsprozesses und des Implementierungsergebnisses befaßt sind.

[6] Es sei bereits an dieser Stelle, unter Vorgriff auf die Erläuterungen unten unter 9.5, 'Definition von Sinngrenzen', darauf hingewiesen, daß Luhmann dieses Immer-Zugänglich-Bleiben des momentan Vernachlässigten als Merkmal eines 'reflexiven Negierens' ansieht. Er beschreibt dies wie folgt: "Reflexivität des Negierens erfordert und stützt Generalisierungen. Zunächst und vor allem fungiert Negation als sicherndes Begleiterleben bei allen Zuwendun-gen. Im Zugriff auf ein bestimmtes Ding bin ich sicher, daß 'alles andere' erhalten bleibt - sowohl das Vorhandene, das im Moment nicht interessiert, als auch das Nichtvorhandene, besonders die nichtvorhandene Gefahr, deren laufende Negierbarkeit mir überhaupt erst andere Zuwendungen gestattet. Ich bestimme mein Ja und lasse die dazu notwendigen Negatio-nen unbestimmt. Das hohe Risiko einer solchen Pauschalausklammerung wird durch den Erhaltungsmodus der Negation entscheidend gemildert. Ich behalte mir vor, nach Bedarf solche Negationen zu negieren und mich dem positiv zuzuwenden, was an unerwarteten Problemen auf mich zukommt." (Luhmann,1971a,36)

betrachtung- im Ergebnis einer zweckorientierten Handlung zu sehen. Diese Perspektive erleichterte den Schritt zurück von den idealtypischen Systemmodellen zu der Problemsituation, da sie die eingängige Frage ermöglichte, wie die zweckorientierte Handlung in der Situation ausgeführt werden könnte.

Wie <u>durch den Wechsel zwischen Sichtweisen</u> anhand des Modellierens verschiedener Systeme Bewegung in die Untersuchung kommt, dafür ist dieses Projekt ein besonders gutes Beispiel[7]. Dabei war es wesentlich in der bewußten Benennung verschiedener Problembesitzer und in der expliziten Umsetzung der methodischen Regel, zu Beginn einer Studie eine möglichst große Zahl von Problemkandidaten zu erarbeiten, begründet, daß sich unsere Vorstellungen darüber, welches Konzept für 'Planung in der HHA' relevant sei, so stark entwickelten.

Bezüglich des <u>Ganzheitscharakters</u> eines Humanen Handlungssystems, der - wie oben festgestellt- zum einen der einer prozessualen Ganzheit ist, zum anderen auf der logischen Vollständigkeit eines konzeptionellen Modells fußt, sind zwei bereits angesprochene Aspekte aufzunehmen. Die eindeutige und leicht zu erfassende Prozessualität eines konzeptionellen Modells schien den Schritt zurück, 'über die Linie', zu erleichtern, da Aktivitäten sehr einfach zu dem gegenwärtigen Geschehen in der HHA in Beziehung zu setzen waren. Der Hinweis auf die logische Vollständigkeit der Aktivitäten in einem Systemmodell ist in Bezug zu setzen zu den bereits angesprochenen restriktiven Modellierungsregeln, welche die Konzentration zunächst auf die Logik des in Frage stehenden Transformationsprozesses und dann auf dessen praktische Bedeutung fordern. Die laufende Arbeit im Projekt am 'System, das ein Verfahren lernt' und dann an dem 'System, das den Jahresplan erstellt' veranschaulicht, wie schnell die Eindeutigkeit der Systemmodelle konzeptionelle Unklarheiten aufdeckt und den Problembearbeiter dadurch herausfordert, sich klar zu werden über das von ihm gemeinte idealtypische Konzept. Das von uns angestrebte, auf drei verschiedenen Ebenen arbeitende und mit Phasenverschiebungen konfrontierte System[8] erschien uns zumindest derart komplex, daß es bezweifelt werden muß, ob wir die Klarheit über

---

7 Vgl. dazu die ausführlichere Darstellung der Abfolge von neun verschiedenen Konzepten von 'Planung in der HHA', mit denen während des Projekts gearbeitet wurde in v. Bülow, 1986,9ff.

8 Die drei Ebenen sind die Planerstellung, das Lernen über den Prozeß der Planerstellung und das Lernen über die Planformulierung. Die Phasenverschiebung zeigt sich in den drei Jahren, in denen, erstens, ein Plan formuliert und dessen Erstellung beurteilt wird; zweitens, dem darauffolgenden Jahr, in dem der Plan implementiert und der Bericht über die Erstellung des Plans in der Planerstellung dieses Jahres benutzt wird; und, drittens, in dem dritten Jahr, in dem die Implementierung der Projekte des Plans, der im ersten Jahr formuliert wurde, beurteilt und in einem Bericht zusammengefaßt wird, der der diesjährigen Planerstellung zukommt.

dessen Logik auch ohne die Modellierungstechnik in WSM erlangt hätten, in der die Forderung nach logischer Vollständigkeit der Modellaktivitäten zentral ist.

Abschließend ist nach der Bedeutung des Projekts hinsichtlich der Aussagen zu fragen, die bezüglich der <u>Lernbarkeit von WSM</u> getroffen wurden. Während dem Verweis darauf, daß WSM einfache Denkakte operationalisiert, nichts hinzuzufügen ist, wurde bereits in der Projektbeschreibung angesprochen, daß WSM bei der Modellierung der Kontrollsysteme den Beteiligten angepaßt wurde. Die Kürze des Projekts verlangte diese Anpassungen, um den Beteiligten die Methodik zugänglich zu machen. Neben dieser technischen Modifikation ist auch auf die <u>den Beteiligten angepaßte, inhaltliche Anwendung von WSM</u> hinzuweisen. Das 'harte', d.h. an den bestehenden Prozessen und Gremien orientierte Modellieren war im wesentlichen in der praktischen Orientierung und dem bodenständigen Denken fast aller unserer Gesprächspartner begründet. Ein Modellieren radikaler Sichtweisen von 'Planung in der HHA' schien in diesem Umfeld sinnlos, da diese Modelle von den in der Problemsituation vorherrschenden Beurteilungsstrukturen zu weit entfernt gewesen wären. Das methodische Gebot, an die herrschenden Beurteilungsstrukturen anzuknüpfen, führte daher im beschriebenen Fall zu einem eher harten Modellieren, das den Bedürfnissen der Beteiligten angepaßt war und das unserer Einschätzung nach der entscheidende Grund dafür war, daß die Projektergebnisse für sie bedeutungsvoll waren.

Schließlich bestätigte sich im Verlauf des beschriebenen Projekts, wie einfach Systeme mit Wesens-Definitionen benannt und in konzeptionellen Modellen modelliert werden können. Nur so war es möglich, eine Vielzahl von Sichtweisen schnell durchzuformulieren, ohne sie auszuarbeiten und als vorzeigbaren Projektoutput zu benutzen. Gerade weil die in WSM <u>empfohlenen Instrumente</u> derart <u>einfach</u> anzuwenden sind, sind sie geeignet, den wenig gradlinigen und mit vielen Sackgassen gekennzeichneten Prozeß des Lernens in einer komplexen Problemsituation des Managements zu begleiten. Wie positiv dies zu bewerben ist, kann anhand des folgenden Zitats von Ansoff betont werden:

Die Kultur eines Praktikers ist unverwechselbar und gleichzeitig unterschiedlich von der des Wissenschaftlers. Die Ergebnisse, die der Wissenschaftler als Ergebnis seiner Arbeit anbietet, sind typischerweise und fast schon definitionsgemäß in der Kultur seines Klienten sowohl unverständlich als auch technologisch zu fortentwickelt, als daß sie vom Klienten akzeptiert werden könnten.[9]

---

[9] Ansoff,1986,22; Übers. der Verf.

Daß die in WSM empfohlenen Techniken der Kultur eines Praktikers aufgrund ihrer Einfachcheit sehr nahe kommen, ist als eine der zentralen Stärken der Weichen Systemmethodik anzusehen.

Einen zusammenfassenden Überblick über die Aussagen der Weichen Systemmethodik zur Grenzproblematik gibt Abb. 7.3, in der die in Kapitel 6 herausgearbeiteten Aspekte um die Projekterfahrungen ergänzt wurden. Abb. 7.3 ist insofern eine Fortführung von Abb. 6.5b. Die dort gesondert aufgeführten Ergebnisse der Teile 1 und 2 der vorliegenden Arbeit wurden zu einer Spalte zusammengefaßt.

7.3: Grenzproblematik vor dem Hintergrund der Projekterfahrungen

Hinweise aus problembedingter und systemtheor. Sicht	Aussagen in der Weichen Systemmethodik	Konsequenzen aus dem Projekt für die Aussagen in der Weichen Systemmethodik
<u>Wahl</u> einer für die Problemsituation <u>relevanten Sichtweise</u>.	Konzepte 'Problembesitzer' und 'Weltanschauung'; methodische Regel, viele <u>Humane Handlungssysteme</u> als Ausdruck verschiedener Sichtweisen zu modellieren.	Konzept 'Problembesitzer' öffnet das <u>Denken</u>; Konzept 'Weltanschauung' läßt <u>konkrete</u>, für das System bedeutende <u>Sichtweise</u> benennen.
Reflektieren über <u>komplexe Zusammenhänge</u>.	<u>Vergleich</u> von konzeptionellen <u>Modellen</u> mit einer einzigartigen <u>Problemsituation</u>, um zweierlei über eine einzigartige Problemsituation zu lernen: Maßstäbe für Wirklichkeits- und Werturteile; Wirklichkeits- und Werturteile über die Problemsituation	Betonung des idealtypischen Charakters konzeptioneller <u>Modelle</u> generiert <u>Abstand</u> zur Problemsituation und erleichtert das Lernen über Wirklichkeits- und Werturteile und deren Maßstäbe.
<u>Systemdefinition</u> anhand der <u>emergenten Eigenschaft</u> unter Berücksichtigung von <u>drei Hierarchieebenen</u>; u.U. rekonstruierende <u>Einfügung</u> einer zusätzlichen <u>Systemebene</u>; Veränderung als Voraussetzung von Wahrnehmung; > Systemgrenze um die <u>Ganzheit</u>; > <u>Schnittfläche</u> zur <u>Umwelt</u>.	<u>Output</u> des <u>HHS</u> als dessen emergente Systemeigenschaft; emergente Eigenschaft auf der Systemebene; <u>Aktivitäten</u> des konzept. Modells als Systemteile; zweites <u>Kontrollsystem</u> repräsentiert das Obersystem; keine <u>Rekonstruktion</u> eines in der Wirklichkeit bestehenden Systems; verändernde Bewegung des Beobachters durch <u>wechselnde Perspektiven</u> beim Modellieren vieler HHS; prozessuale Ganzheit eines aus Aktivitäten bestehenden HHS durch <u>logische Vollständigkeit</u>; <u>Grenze nicht als Schnittfläche</u>, da das <u>System positiv betont</u> und dessen <u>Um</u>welt vorübergehend <u>vernachlässigt</u> wird; <u>Umgrenzung der Problemsituation</u> mit Hilfe <u>vieler HHS</u>, welche jeweils klare und eindeutige Systemgrenzen besitzen.	<u>Emergente Eigenschaft</u> als <u>Ergebnis zweckorientierter Handlung</u> ist leicht auf die Problemsituation <u>anwendbar</u>; Bewegung des Beobachters wird unterstützt durch Berücksichtigung <u>verschiedener Problembesitzer</u>; restriktive meth. Regeln schaffen <u>Abstand</u> und erlauben Konzentration auf die Logik eines Konzepts; vorübergehende Vernachlässigung der Umwelt läßt <u>intensive Auseinandersetzung</u> mit dem System zu; keine <u>Abgrenzung</u> der Problemsituation ermöglicht, stets Neues aufzugreifen.
<u>Lernbarkeit</u> einer Handlungsmethodik.	unproblematisch wegen - Anknüpfung der WSM an Denkakte; - Anpaßbarkeit von WSM an Benutzer; - Einfachheit der systemischen Werkzeuge.	<u>Anpaßbarkeit</u> des Inhalts an <u>Beurteilungsstrukturen</u> der Beteiligten, der Modellierungstechnik an deren <u>Modellverständnis</u>; <u>Einfachheit</u> als zentrale Stärke von WSM.

8.   Grenzkonzeption für eine Systemmethodik

Dieser Abschnitt des abschließenden vierten Teils der vorliegenden Arbeit widmet sich der Integration der beiden wesentlichen Beiträge zur Handhabung der Grenzproblematik, die in den Teilen 2 und 3 herausgearbeitet wurden. Ausgehend von <u>systemtheoretischen Konzepten</u> wurde in Teil 2 die Grenzdefinition eines Systems als ganzheitliches Konstrukt an zwei Aspekten festgemacht. Es wurde darauf hingewiesen, daß ein System mit dessen Grenzen nur gegen einen <u>Sinnzusammenhang</u> bestimmt werden kann und daß die spezifische Systemganzheit mit Hilfe der dem System direkt <u>über- und untergelagerten Systemebenen</u> zu definieren ist. Es war betont worden, daß die hier in Frage stehenden drei Größen, Sinnzusammenhang, Systemganzheit und Systemgrenzen, simultan in einem zwischen den drei Hierarchieebenen hin- und herschreitenden Interpretationsprozeß festzulegen sind. In Teil 3 wurde die in der <u>Weichen Systemmethodik</u> zur Anwendung kommende Grenzkonzeption herausgearbeitet. Es wurde dort unterschieden zwischen Systemgrenzen und einer Umgrenzung der Problemsituation. <u>Systemgrenzen</u> werden in WSM <u>durch Wesens-Definitionen eindeutig</u> definiert. Sie heben das System positiv gegenüber einem vernachlässigten Hintergrund hervor und sind Werkzeuge, mit deren Hilfe eine bedeutungsvolle Sichtweise der Problemsituation und die in ihr wichtigen Aspekte gelernt werden. Eine <u>Abgrenzung der Problemsituation</u> wird in einer durch WSM angeleiteten Problembearbeitung <u>nicht</u> vorgenommen. Es wird vielmehr die grundsätzliche Offenheit jeder Problembearbeitung betont, immer wieder neue Aspekte als bedeutungsvoll und wichtig festzustellen.

Die Beiträge der Systemtheorie und der Weichen Systemmethodik können nun <u>zu einer Grenzkonzeption integriert</u> werden, welche sich insofern sowohl auf den Gehalt der Systemtheorie als auch auf die Bewährung von WSM stützt. Deren Berührungspunkte liegen zum einen darin, daß in beiden Beiträgen drei hierarchische Ebenen für die Modellierung eines Systems als relevant erachtet werden, zum anderen in der Verwandtschaft des Verweises der Systemtheorie auf einen Sinnzusammenhang mit dem von WSM auf das Konzept der 'Weltanschauung'. Das im vorgestellten Projekt entwickelte 'System, das den Jahresplan erstellt', eignet sich in besonderer Weise, die Zusammenhänge zwischen diesen Punkten aufzuzeigen, denn nicht nur dieses System wurde im Projekt in einer Wesens-Definition benannt und in einem konzeptionellen Modell modelliert, sondern auch dessen Teile, die Subsysteme 1-3. Damit wurden drei, in Abb. 8.a herausgearbeitete hierarchische Ebenen thematisiert[1].

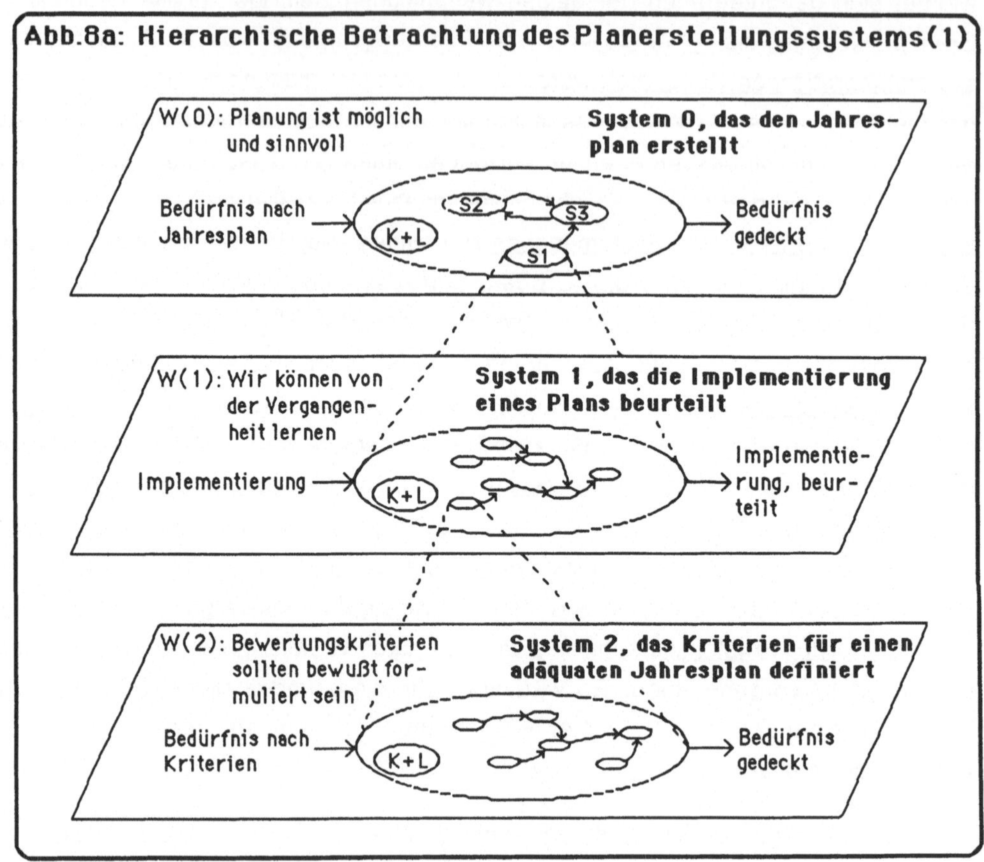

In der vorstehenden Abbildung wurden mit T und W die BATWEU-Elemente aufgeführt, die für das im Konzept der Wesens-Definition implizierte Hierarchiekonzept und für das des Sinnzusammenhangs wesentlich sind. Deren Bedeutung ist wie folgt zu umschreiben. Auf einer Hierarchieebene kann nur über ein System als Ganzheit, d.h. über dessen emergente Eigenschaft, nicht aber über dessen Teile gesprochen werden, welche auf der untergeordneten Ebene angesiedelt sind. Der <u>Bedeutungs- rahmen</u>, der auf einer <u>Ebene</u> gilt, wird mit dem auf die Systememergenz ausgerichteten

---

[1] Da die auf den beiden oberen Ebenen angesiedelten Systeme im Verlauf des Projekts ausgearbeitet wurden, stammen deren BATWEU-Elemente aus der Projektarbeit. Diejenigen des 'System, das Kriterien für einen adäquaten Jahresplan definiert', wurden hingegen nachträglich für den Zweck dieser Analyse formuliert. - 'K+L' repräsentiert das zu einem System gehörende Kontroll- und Lenkungssystem.

Namen des Systems und mit der den Hintergrund des Systems bildenden 'Weltanschauung' gesetzt. Er leitet sich ab aus dem Obersystem, denn die Erstellung des Outputs des Systems ist nur sinnvoll aufgrund seines Teilcharakters in diesem Obersystem. So beurteilt das System 1 die Implementierung eines Plans nicht als Selbstzweck, sondern weil es Teil des Systems ist, das einen Jahresplan erstellt. Das System 0 braucht aufgrund des in seiner Wesens-Definition näher bestimmten Charakters der Erstellung des Jahresplans den spezifischen Output des Systems 1, die Beurteilung der letztjährigen Implementierung. Der Bedeutungsrahmen für eine in einem Humanen Handlungssystem modellierte zweckorientierte Handlung ist also in dessen Obersystem begründet. Auf der Systemebene wird er als hinter dem System stehende 'Weltanschauung' expliziert. Die 'Weltanschauung' verknüpft also das System mit dem Obersystem, indem sie die Sicht des Obersystems bezüglich des Systems in der für dessen Ebene angemessenen Sprache formuliert. In diesem Sinne ist W2, 'Bewertungskriterien sollten bewußt definiert sein', der Brückenschlag von den Kriterien, die Gegenstand des Systems 2 sind, zu der Bewertung, die in S 1 vorgenommen wird.

Diese Verknüpfung vom System zum Obersystem, die mit der Explikation der 'Weltanschauung' in BATWEU vorgenommen wird, wird in der anderen Richtung, vom Obersystem zum System, durch das zweite Kontrollsystem hergestellt. Dieses zielt auf die Effektivität des in Frage stehenden Systems ab, d.h. auf die Wünschbarkeit des Systemoutputs aus Sicht des übergeordneten Systems. Bezogen auf das System 2 müßte die Effektivitätsfrage lauten: 'Verhelfen bewußt definierte Kriterien zu einer treffenderen Beurteilung der Implementierung?' Genau dies wird in der Weltanschauung des Systems 2 bejaht. Insofern wird mit der Effektivitätsfrage die einem System zugrundegelegte 'Weltanschauung' hinterfragt.

Diese naheliegende Interpretation der hinter einem System stehenden und in BATWEU explizierten 'Weltanschauung' als Brückenschlag zur übergeordneten Systemebene wird in WSM nicht vorgenommen. Es ist gegen diesen Hintergrund zu sehen, daß auf die Aufführung des zweiten Kontrollsystems großen Wert gelegt wird, da im gegenwärtig in WSM vertretenen Verständnis nur dort die Sichtweise des Obersystems seinen Ausdruck findet. In der jüngsten Veröffentlichung über das Konzept 'Weltanschaunng' in WSM stellen Checkland/Davies fest:

'W' ist das Set der nicht hinterfragten Annahmen über die Wirklichkeit, die eine bestimmte Wesens-Definition sinnvoll machen. Es bildet zusammen mit dem Transformationsprozeß (dem T in BATWEU), der gewählt wurde, um eine relevante zweckorientierte Handlung auszudrücken, das Kernstück der Wesens-Definition, - genügend explizit, um das Systemmodell entwerfen zu können.[2]

Die Erläuterung Checklands, daß W 'das Set der nicht hinterfragten Annahmen über die Wirklichkeit' ist, erscheint problematisch. Jedes Denken über die Relevanz einer zweckorientierten Handlung fußt auf einer wohl kaum explizierbaren Anzahl impliziter Annahmen über die Besonderheiten der Situation, über den Charakter sozialer Zusammenhänge und den der menschlichen Natur. Sie alle in BATWEU zu explizieren, kann sinnvollerweise nicht gefordert werden. Insofern entsprechen die in den Aktionsforschungsprojekten formulierten Wesens-Definitionen mit BATWEU der Umschreibung von Checkland/Davies nicht. Als 'W' in BATWEU wird fast ausschließlich nur eine Annahme aufgeführt, welche eher zufällig aus der großen Zahl der vorausgesetzten Annahmen herausgegriffen scheint. Dies trifft auch auf die im dargestellten Projekt formulierten 'Weltanschauungen' zu. Es wurden häufig mittelbare Annahmen aufgeführt, nicht jedoch die unmittelbar hinter dem System stehende, nicht hinterfragte Annahme.

Aufgrund dieser unsauberen Formulierungen im Projekt wird in den in Abb. 8.a aufgeführten 'Weltanschauungen' der <u>vertikale Sinnzusammenhang</u>, der die drei Ebenen durchzieht, nicht in dem Maß klar, wie es bei deren konsequenteren Formulierung der Fall ist. Er kann deutlicher herausgearbeitet werden, wenn die Weltanschauungen neu, und zwar im vorstehenden Sinn als Brückenschlag zum Obersystem, formuliert werden. Es ist dafür ein Obersystem des Systems 0 zu benennen, wofür hier das 'System, das die Bevölkerung gesundheitlich optimal versorgt' benutzt werden soll. Folgende den drei Systemen zugrundeliegenden Weltanschauungen sind als klare Formulierungen aufzuführen:

W0: Planung ist möglich und verbessert die Bereitstellung gesundheitlicher Leistungen;

W1: Vergangenheitsbeurteilung ist sinnvoll, da man von der Vergangenheit lernen kann;

W2: sorgsam definierte Kriterien sind für eine hilfreiche Beurteilung nötig.

---

[2] Checkland/Davies,1986,112; Übers. der Verf.; die Autoren unterscheiden drei verschiedene Bedeutungen des Konzepts 'Weltanschauung' in WSM. Die hier thematisierte Bedeutung, die sich auf die 'Weltanschauung' als Teil der BATWEU-Definition bezieht, bezeichnen sie aufgrund des rein analytischen, idealtypischen Charakters als 'W'. Die anderen beiden Konzepte betreffen die vielschichtigen, in der Wirklichkeit vertretenen Interpretationen von Beteiligten über die soziale Wirklichkeit. 'Weltanschauung 2' bezieht sich dabei auf die Annahmen, die Interpretationen der Problemsituation zugrundeliegen. 'Weltanschauung 3' auf die komplexeren Annahmen über die fundamentaleren Zusammenhänge der sozialen Wirklichkeit.

Anhand dieser Formulierungen zeigt sich, wie <u>auf jeder Ebene der mit der Modellierung gemeinte Sinnzusammenhang weiter verdeutlicht</u> wird. Der für ein spezifisches System geltende Bedeutungsrahmen ergibt sich dabei aus den Transformationsprozessen und Weltanschauungen der über- und untergelagerten Systeme. Den Sinnzusammenhang mit einem Begriff zu benennen, erscheint nicht möglich, da ein solcher Begriff auf einer der drei Ebenen angesiedelt wäre, die Ebenen aber nicht vertikal durchzöge. Es kann anhand einer zweiten hierarchischen Darstellung des 'System, das einen Jahresplan erstellt', gezeigt werden, wie stark ein Rückgriff auf andere Ober- und Subsysteme den Sinnzusammenhang des Systems ändert. Als dessen Obersystem fungiere nun ein 'System, das die HHA vor kontrollierenden Eingriffen der Region schützt'; und als Subsystem sei eine andere Modellaktivität aufgeführt. Abb. 8b stellt, unter Verwendung präzisierter 'Ws', diese veränderte hierarchische Konzeptionalisierung des 'System, das einen Jahresplan erstellt' dar, die einen gegenüber dem in Abb. 8.a unterschiedlichen Sinnzusammenhang aktualisiert.

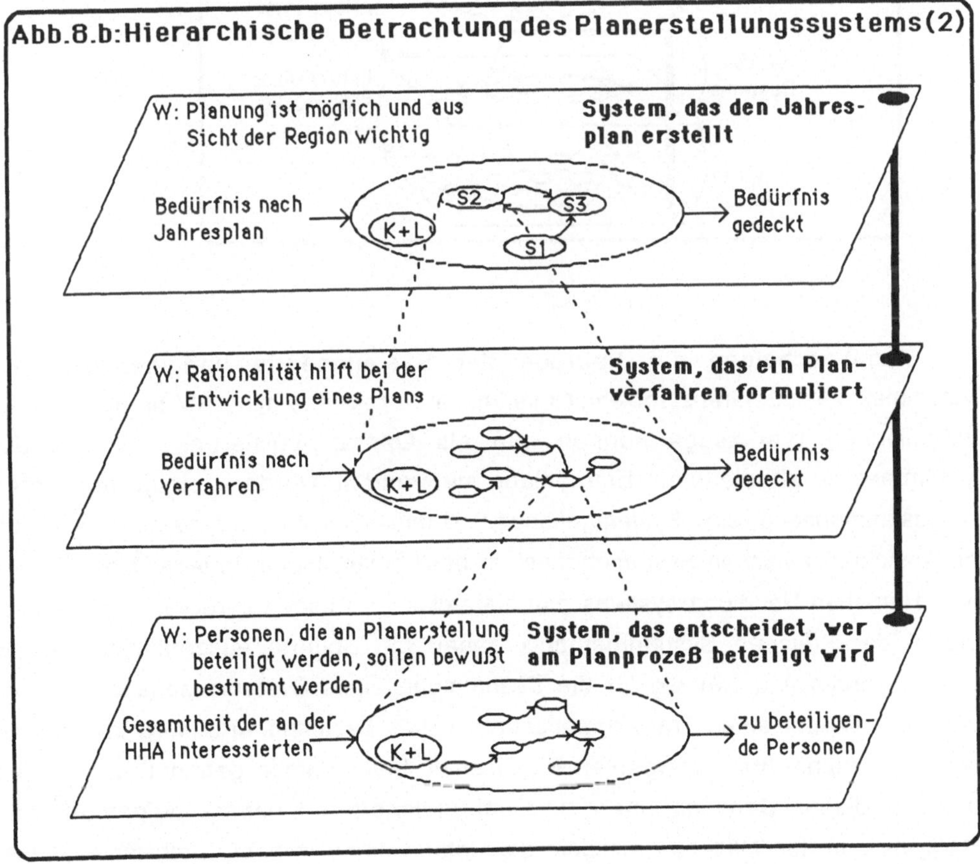

Das Konzept eines Sinnzusammenhangs wird in der Weichen Systemmethodik also wie folgt operationalisiert: aus der expliziten Benennung von Weltanschauungen und von Kontrollsystemen, die einen Bezug zwischen jeweils zwei hierarchischen Ebenen herstellen, resultiert ein Sinnzusammenhang, welcher verschiedene Ebenen vertikal durchzieht. Insofern ist der spezifische, in einem Sinnzusammenhang zu verankernde Charakter eines Systems dann festgelegt, wenn die ihm über- und untergeordneten Systeme anhand ihrer Transformationsprozesse und der für sie geltenden Weltanschauungen entworfen sind. Abb. 8.c veranschaulicht dieses Konzept.

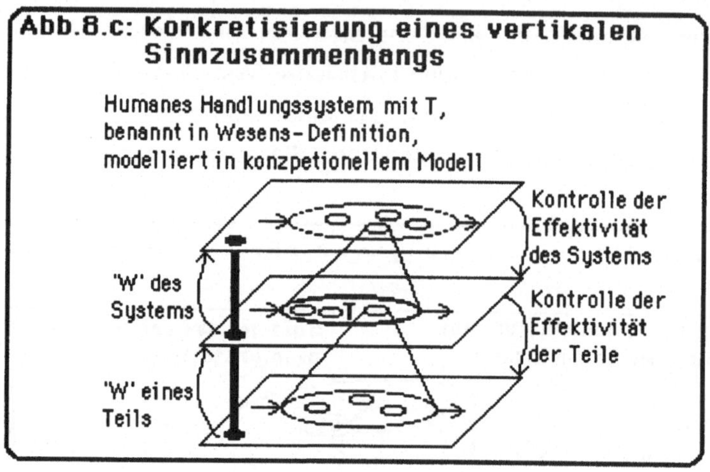

Damit scheinen die Beiträge der Systemtheorie und der Weichen Systemmethodik zur Grenzproblematik verknüpft zu sein. Die mit WSM bereitgestellten systemischen Werkzeuge können nun als Operationalisierung der von der Systemtheorie abgeleiteten Empfehlung verstanden werden, einen relevanten Sinnzusammenhang, eine Systemganzheit und dessen Systemgrenze durch ein 'Auf- und Absteigen zwischen Systemebenen' zu bestimmen. Indem in jeder Modellierung eines Humanen Handlungssystems drei hierarchische Ebenen berücksichtigt werden, sind in der Weichen Systemmethodik genau die Schritte auszuführen, die als systemtheoretisch notwendig für die Bestimmung eines Systems genannt wurden. Indem der Output eines Transformationsprozesses bestimmt wird, wird zuerst eine Ganzheit anhand ihrer emergenten Eigenschaft 'beim Namen genannt'. Es werden dann die dieser Ganzheit über- und untergelagerten Systeme aufgeführt: das Obersystem in der Wesens-Definition; die Untersysteme in dem durch die Wesens-Definition vorgegebenen konzeptionellen Modell, das sowohl den für das System geltenden Sinnzusammenhang, als auch die Systemgrenze eindeutig festlegt. <u>Insofern werden die in der Systemtheorie angesprochenen Aspekte des in drei hierarchischen Ebenen sich konkretisierenden Sinnzusammenhangs, der mit einer emergenten Eigenschaft gekennzeichneten Ganzheit und der Systemgrenze im Konzept des Humanen Handlungssystems abgedeckt.</u>

Gegenüber dem in Teil 2 vorgestellten systemtheoretischen Konzept vereinfachend erscheint die Operationalisierung in WSM jedoch insofern zu sein, als der Suchprozeß nach einer bedeutungsvollen Ganzheit sich hier an vorübergehend fixierten Größen orientiert: Es werden nacheinander die Relevanz von verschiedenen, in Sinnzusammenhänge gestellten und mit emergenten Eigenschaften und Systemgrenzen eindeutig beschriebenen Systemen geprüft. Eine solche vorübergehende Fixierung von Größen scheint gegenüber dem 'grundlos' iterativ zirkelnden Lernprozeß den menschlichen, begrenzten geistigen Kapazitäten entgegenzukommen, ohne daß dem Fehler Vorschub geleistet wird, die zunächst fixierten Größen als endgültig und gültig anzusehen.

Es liegt damit eine Grenzkonzeption vor, die sich weitgehend auf Aussagen der Weichen Systemmethodik und auf die Erfahrungen in ihrer Anwendung stützt, und die in Einklang steht mit den Hinweisen zu Systemgrenzen, die der Systemtheorie entnommen wurden. In ihrem Mittelpunkt steht die <u>Idee, Systemgrenzen als eindeutig definierte Grenzen ganzheitlicher Konzepte zu benutzen, um eine Konzentration auf die in einer Problemsituation bedeutungsvollen Aspekte zu lernen, ohne durch eine Abgrenzung der Situation die Problembearbeitung abzuschließen.</u> Die einzelnen, in den Kapiteln 7.3 und 8. erarbeiteten Aspekte dieser Grenzkonzeption wurden zu Abb. 8.d zusammengefaßt.

Grenzdefinition für ein System als ganzheitliches Konstrukt

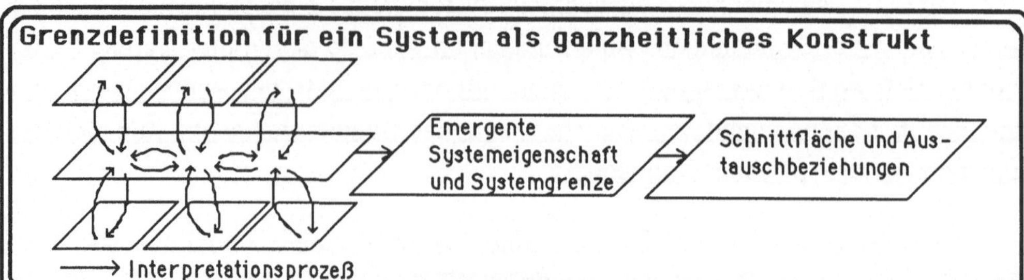

Abb.8.d: Grenzkonzeption für eine Systemmethodik

1. Angesichts der Vielschichtigkeit und Komplexität einer Problemsituation im Management, - lerne Deinen Weg zur Bestimmung einer bedeutungsvollen Sichtweise der Situation und der in ihr wichtigen Aspekte.
2. Benenne und modelliere viele Humane Handlungssysteme mit eindeutigen Systemgrenzen; lege den für das System geltenden Sinnzusammenhang durch die Berücksichtigung von drei hierarchischen Ebenen fest.

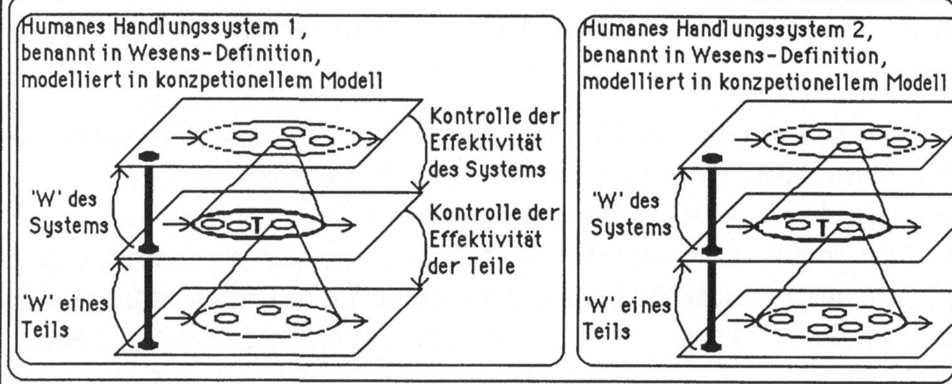

3. Benutze die klaren und einfachen konzeptionellen Modelle als Ausgangspunkte, um wünschbare und machbare Veränderungen der Problemsituation zu erarbeiten.
4. Grenze die Problemsituation nicht ab, sondern betrachte Dein Bild von der Problemsituation als stets offen gegenüber neuen Beurteilungen.

Definition von Systemgrenzen in WSM

Humanes Handlungssystem

idealtypisches Konstrukt einer zweckorientierten Handlung

ein in einer Weltanschauung, die vom Obersystem vorgegeben ist, begründeter Transformationsprozeß als Kern des Systems.

Wesens-Definition (WD) mit BATWEU

Art der Wesens-Definition
- WD der primären Aufgabe: Systemgrenzen = organisatorische Grenzen;
- WD der strittigen Frage: Systemgrenzen ≠ organisatorische oder physische Grenzen;

Reichweite des Systems

Größenordnung des Systems.

Minimum notwendiger Aktivitäten

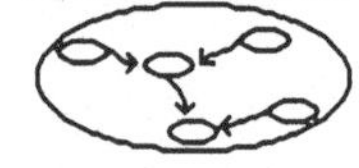

von der WD gefordert; mit Systemgrenze umgrenzt und positiv betont; theoretisch denkbare Umwelt vernachlässigt.

9. Verschiedene Grenzkonzepte

Die Darstellung der von einzelnen Forschern bzw. Forschergruppen formulierten Beiträge zum Problem der Systemgrenzen wurde bis zu diesem Punkt zurückgestellt, weil eine Integration dieser Ansätze zu einer das Management unterstützenden, fruchtbaren Methodik nicht möglich erschien. Insofern sollen im folgenden die besonderen Grenzkonzepte von jedem dieser Ansätze einzeln vorgestellt werden. Jeder Darstellung wird eine kurze Charakterisierung des Gesamtansatzes, dem das Grenzkonzept als Teil angehört, vorausgehen müssen. An diesem Punkt der Arbeit besteht die Möglichkeit, diese in der Literatur vertretenen Grenzkonzepte aus der Sicht der vorstehend entwickelten Konzeption zu diskutieren und zu bewerten, und diesem Überblick damit einen Fokus zu verleihen. Auch wird zur Illustration der Argumentation in einzelnen Punkten auf das dargestellte Projekt zurückgegriffen werden können. Die folgenden Darstellungen werden außerdem dazu beitragen, der zuvor entwickelten Konzeption weiteren Gehalt zu verleihen.

9.1 Grenzdefinition auf der Grundlage der Wirkungsmechanismen natürlicher Ökosysteme

Ein sehr <u>klares Grenzkonzept</u> legen Vester/v. Hesler in ihrer Systemmethodik vor, welche unter dem Titel 'Sensitivitätsmodell' veröffentlicht wurde:

(Es, IvB) lassen sich solche für die Systemplanung sinnvollen Abgrenzungen ermitteln, und zwar letztlich nach dem gleichen Prinzip, welches in der Biologie zur Bildung von Unterstrukturen führt, nämlich indem man Grenzlinien entlang der Minima bereichsüberschreitender 'Flüsse' (Materiefluß, Energiefluß, Informationsfluß) legt.[1]

Das Sensitivitätsmodell ist auf den Problembereich ausgerichtet, dem Vester sich in einer großen Zahl von Veröffentlichungen widmet: auf die Überlebensfähigkeit des Ökosystems. Es soll einen Anwender befähigen, über <u>Lenkungsmaßnahmen eines urbanen Ökosystems</u> fundiert zu entscheiden, indem er dessen <u>Überlebensfähigkeit anhand von kybernetischen, in natürlichen Ökosystemen geltenden Regeln interpretiert und bewertet</u>[2].

Für die geographische Abgrenzung einer selbständigen, von der Umwelt möglichst unabhängigen Zelle, für die es sinnvoll ist, Selbstregulierung und Stabilität anzustreben, stehen Grenzen politischer Gemeinden im Vordergrund. Über den oben aufgeführten Verweis auf die 'Minima bereichsüberschreitender Flüsse' hinaus wird eine den Anwender unterstützende Checkliste angeboten, die die Aufmerksamkeit auf Aspekte wie die Existenzgrundlage des Systems, unmittelbar beschreibbare Belastungen und Schäden, Reaktionen des Systems auf externe Veränderungen und Systemelemente und Eingriffs- und Regulierungsmöglichkeiten lenkt[3]. Im folgenden Schritt ist ein Systemmodell zu entwickeln, das die ökologisch wesentlichen Zusammenhänge des geographisch abgegrenzten Gebietes darstellt. Dem Benutzer stehen mit der neutralen Variablenliste und der Sichtlochmatrix zwei Hilfsmittel zur Verfügung, um Systemgrenzen eines Modellvariablensatzes von nur 30-40 Variablen zu bestimmen. Die <u>neutrale Variablenliste</u> ist eine Zusammenstellung von 180 Variablen, die sieben sich überschneidende, für ein urbanes Ökosystem wesentliche Bereiche repräsentieren. Diese Lebensbereiche (vgl. Abb. 9.1a) sollen im Modellvariablensatz ausgewogen abgedeckt sein[4]. Im weiteren ist bei der Definition der Modellgrenzen zu gewährleisten, daß im Modell fünf systemrelevante Kriteriengruppen berücksichtigt sind. Es soll damit ein Aussagegehalt des Variablensatzes erreicht werden, der über

---

[1] Vester/v. Hesler,1980,35
[2] Vgl. Vester/v. Hesler,1980,5,7,37
[3] Vgl. Vester/v. Hesler,1980,36
[4] Vgl. Vester/v. Hesler,1980,38ff

Abb.9.1a: **Kriteriengruppen für einen Variablensatz eines Systemmodells**

1. Lebensbereiche
Wirtschaft
Bevölkerung
Flächennutzung
Humanökologie
Naturhaushalt
Infrastruktur
Gemeinwesen
Randbedingungen

2. Kybernetische Grundkategorien
vorwiegend Output (aktiv)
vorwiegend Input (reaktiv)
Speichergröße
besitzt Grenzwert (Raum, Ressourcen)
besitzt Schwellenwert
besitzt Schrumpfungstendenz
besitzt Wachstumstendenz
nichtregulierbare Größe
einfache Irreversibilität

3. Physikalische Grundkategorien
Materie
Energie
Information
(quantifizierbar)
(Blockvariable)

4. Dynamische Grundkategorien
Flußgröße
Strukturgröße
weist vorwiegend zeitliche Dynamik auf
weist vorwiegend räumliche Dynamik auf
Bezugsgröße, 'Konstante'

5. Systembeziehung
öffnet das System vorwiegend durch Input
öffnet das System vorwiegend durch Output
durch innere Entscheidungsprozesse
    beeinflußbar
durch äußere Entscheidungsprozesse
    beeinflußbar

6. Variablenentwicklung
statisch
linear
exponentiell
logarithmisch
mit Grenz- und Schwellenwert
mit zeitlicher Verzögerung
periodisch (Fourier-Analyse)
Gauss-Funktion
Irreversibilitäten (Hysterese)

die einzelnen Variablen hinausgeht und weitergehende, mit den Variablen verknüpfte Aspekte abdeckt[5]. Die Sichtlochmatrix stellt ein einfaches Instrument zur Prüfung des Variablensatzes auf Redundanz dar. Mit ihr ist der Variablensatz auch so zu reduzieren, daß er lediglich die in Abb. 9.1a aufgelisteten Variablentypen ausgewogen abdeckt[6]. Nachdem der Modellvariablensatz sorgsam ausgewählt worden ist, ist er zu einem Wirkungsgefüge zu entwickeln, welches sodann interpretiert und bewertet

---

[5] Die Beziehungen, die mit einzelnen Daten einhergehen, werden mittels eines Variablenerfassungsbogens herausgearbeitet, in dem z.B. folgende Fragen gestellt werden: 1.) Umfeld der Variablen - verwandte Variablen und Daten mit ähnlicher Aussage; weitere Daten, die zur Beurteilung der Variablen mit erhoben werden müßten. 2.) Die Variable wird direkt beeinflußt von folgenden anderen Variablen ... 3.) Die Variable beeinflußt direkt folgende andere Variable ... 4.) Vermutliche Rolle im Wirkungsgefüge (puffernd, verzögernd, statisch, verknüpfend). Vgl. Vester/v. Hesler,1980,215f.

[6] Eine Karte ist durch eine Anzahl von Löchern gekennzeichnet, welche jeweils ein Kriterium darstellen. Nachdem für jede Variable eine Karte angelegt wurde, werden mit Etiketten die Löcher der Karte zugeklebt, die durch die betreffende Variable abgedeckt sind. Werden die Karten eines Variablensatzes aufeinandergelegt und gegen das Licht gehalten, so sind zum einen fehlende Kriterien unmittelbar ersichtlich. Zum anderen kann durch Fortnahme verschiedener Karten ausprobiert werden, mit welchem minimalen Variablensatz alle Kriterien abgedeckt sind.

werden kann[7]. Auf der Grundlage von acht bio-kybernetischen Grundregeln[8] wurden eine Genealogie kybernetischer Kenngrößen[9], fünf Interpretationsmodelle[10] und, unter Berücksichtigung thermodynamischer und strukturmathematischer Gesetze[11], weitere fünf Bewertungsmodelle[12] entwickelt, mit denen die Überlebensfähigkeit des Systems in den allgemeinen ökologischen Zusammenhang gestellt und mittels <u>operationalisierter, mathematischer Ausdrücke</u> bestimmt werden kann. Das Erklärungsmodell eignet sich darüber hinaus für 'Policy Tests' zur Beurteilung verschiedener Lenkungsmaßnahmen[13].

Dieser kurze Überblick über die Vorgehensweise des Sensitivitätsmodells mag ausreichen, um als <u>Besonderheit und Stärke dieser Systemmethodik</u> die Einfachheit der in ihr bereitgestellten Werkzeuge und die sehr weitgehende Operationalisierung von Begriffen, welche in der Managementliteratur meist nur in vager Form vorliegen, deutlich werden zu lassen. Herausstechend in ihrer <u>Handlichkeit</u> sind die Sichtlochmatrix als Instrument zur Reduzierung von Daten und die Wirkungsmatrix, mit der ein Beobachter die Rolle einzelner Variablen in einem Wirkungsgefüge bestimmen kann[14]. Hinsichtlich der weitgehenden <u>Operationalisierung</u> ist auf die in den Interpretations- und Bewertungsmodellen zur Anwendung kommenden mathematischen Ausdrücke zu verweisen, mit denen Vester/v. Hesler so komplexe Begriffe wie Selbstregulation und Stabilität definieren, indem sie sich an den in natürlichen Ökosystemen geltenden Regeln orientieren[15].

Gerade diese Eindeutigkeit der bereitgestellten Werkzeuge deutet jedoch auf Schwierigkeiten eines Versuchs hin, dieses auf die Regelmäßigkeiten der Natur ausgerichtete Konzept auf soziale Zusammenhänge zu übertragen. Während in Problemsi-

---

[7] Vgl. Vester/v. Hesler,1980,202

[8] Es handelt sich hier um die Grundregeln der negativen Rückkoppelung, der Unabhängigkeit einer Funktion vom quantitativen Wachstum, der Funktionsorientierung statt Produktorientierung, des Jiu-Jitsu-Prinzips der Nutzung vorhandener Kräfte, der Mehrfachnutzung von Produkten, Funktionen und Organisationen, des Recycling, der Symbiose und des biologischen Design. Zur Erläuterung der Regeln und ihrer Bedeutung im Sensitivitätsmodell vgl. Vester/v. Hesler,1980,167; Vester,1983,81ff.

[9] Vester/v. Hesler,1980,265

[10] Dies sind die Interpretationsmodelle Einflußindex, Rückkoppelung, Diversität, Dependenz und Durchfluß (vgl. Vester/v. Hesler,1980,137ff,267).

[11] Vester/v. Hesler,1980,165

[12] Zu den an die Interpretationsmodelle anknüpfenden Bewertungsmodellen vgl. Vester/v. Hesler,1980,174ff,267.

[13] Vgl. Vester/v. Hesler,1980,139,164,210

[14] Vester/v. Hesler,1980,275ff; in der Wirkungsmatrix sind die Wirkungen einer Schlüsselvariablen auf jede andere Variable einzustufen. Anhand dieser Einflußstärken kann sodann die Tendenz jeder Variablen errechnet werden, beeinflußbar zu sein und/oder beeinflussend zu wirken. Eine Verknüpfung dieser beiden Dimensionen gibt Aufschluß darüber, ob jede Variable als aktive, passive, kritische oder puffernde Größe im Wirkungsgefüge einzustufen ist.

[15] Vgl. Vester/v. Hesler,1980,269

tuationen des Managements gerade deren besondere Problemstellung und die in ihr wichtigen Zusammenhänge im einzelnen Fall erarbeitet werden müssen, können Vester/v. Hesler von einer eindeutigen Problemstellung, der Überlebensfähigkeit des Ökosystems, und von weitgehender Einigkeit über wesentliche Wirkungsbeziehungen ausgehen[16]. Auf dieser Basis ist es den Autoren möglich, dem Anwender erhebliche Unterstützung für die Abgrenzung des geographischen Gebietes und für die Entwicklung eines Modells an die Hand zu geben. Diese beiden Grenzhinweise sind in Abb. 9.1b illustriert.

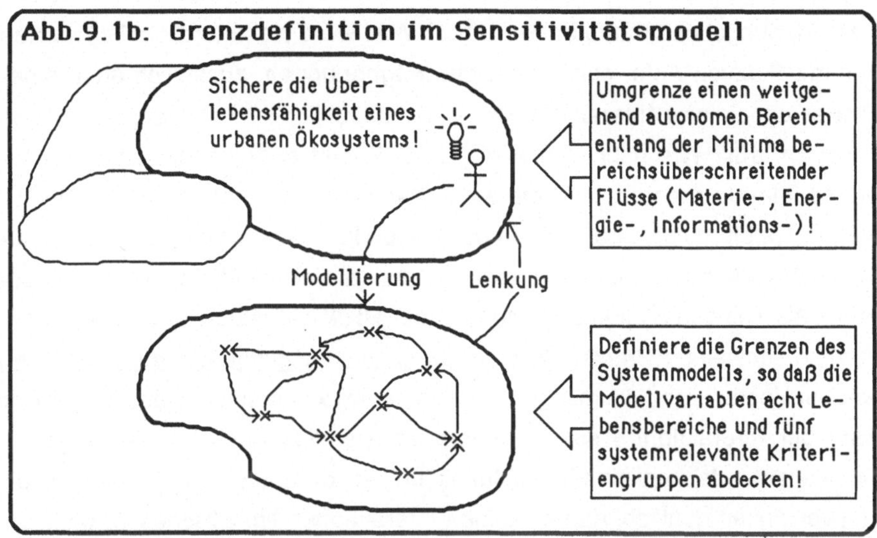

    Schwierigkeiten, die in der Übertragung dieses Konzepts in den Management-zusammenhang angelegt sind, können anhand des in Kapitel 7 dargestellten Projekts diskutiert werden. Zunächst ist der <u>Abgrenzung des interessierenden Bereichs anhand der Minima bereichsüberschreitender Flüsse</u> nachzugehen, das dem für soziale Zusammenhänge bedeutungsvolleren Kriterium der minimalen Interaktionsdichte entspricht[17]. Der zu untersuchende Bereich war bereits zu Beginn des Projekts

---

[16] Daß auch die Bestimmung der zentralen Subsysteme des Weltmodells auf allgemein aner-kannte Zusammenhänge aufbauen konnte, darauf weist Forrester hin: "Unsere Annahmen erscheinen wohl kaum überraschend. Sie bewegen sich durchaus im Rahmen der Vorstellungen, welche die meisten von uns ohnehin im Handeln leiten und im wesentlichen auch die gesellschaftlichen und politischen Maßnahmen bestimmen, mit denen unser Weltsystem verwaltet wird." (Forrester,1971,64). Die im Weltmodell thematisierten fünf Bereiche Bevölkerungszahl, Kapitalinvestition, Rohstoffreserven, in der Landwirtschaft investiertes Kapital und Umweltverschmutzung (Forrester,1971,38), mit denen die Abgrenzung des Systems weitgehend vorgegeben ist, wird also ebenso ohne weitere Begrün-dung angegeben, wie die sieben Lebensbereiche und die neutrale Variablenliste bei Vester.

[17] Zu einem an der Interaktionsdichte orientierten Grenzkonzept aus systemtheoretischer Sicht, vgl. die kritischen Anmerkungen oben unter 5.4., S. 91ff, 98f.

bestimmt als 'Planung in der HHA', ohne daß damit jedoch eine klare Abgrenzung vorgelegen hätte. Eine Umgrenzung dieses Bereichs entlang der minimalen Interaktionsdichte hätte eine Erfassung der Gesamtheit der Kontakte vorausgesetzt, die die mit Planung Beauftragten in einem bestimmten Zeitraum ausführen. Es hätte sodann ein Schwellenwert für die Zahl der Kontakte bestimmt werden müssen, mit dem schließlich darüber zu entscheiden gewesen wäre, welche Kontaktierten als Teil des Systems 'Planung' anzusehen wären[18]. Schon beim ersten Schritt der <u>Erfassung von Kontakten</u> scheinen mannigfache Probleme vorzuliegen: wer hätte als 'die mit Planung Beauftragten' angesehen werden sollen, - Mr. Keighley, zusätzlich das DPD, das DPT und/ oder Planungsbeauftragte in den Units? Was wäre als 'Interaktion' zu werten, - jegliche kommunikativen Akte, nur persönliche Begegnungen, zusätzlich auch eine von einem Planer antizipierte Interaktion, die eine tatsächliche Interaktion nicht mehr zustande kommen läßt? Wie auch immer der erste Schritt operationalisiert worden wäre, - das dichte Interaktionsnetz, mit dem wir in der Arbeit an 'Planung in der HHA' konfrontiert waren, spricht dafür, daß viele an der Gesundheitsversorgung Beteiligten, d.h. viele der im DHSS-Zylinder abgebildeten Gremien, als wesentliche Interaktionspartner und damit als Teil des Systems 'Planung in der HHA' aufgeführt worden wären. Das zweite, ebenso schwierige Problem liegt in der <u>Gewichtung der aufgeführten Kontakte</u>. Wird, wie bei Vester, von 'Minima' gesprochen, so wird von einer quantitativen Erfassung der Zahl der Interaktionen ausgegangen, so wie dies auch bei der Bestimmung eines Schwellenwerts impliziert wird. Im Licht des dargestellten Projekts wird jedoch die Notwendigkeit deutlich, den einzelnen Interaktionen spezifisches Gewicht zuzumessen. So mögen zwischen den Planern der Yorkshire Region Health Authority und der Huddersfield Health Authority nur zwei persönliche Kontakte im Jahr stattfinden. Diese haben für jegliche künftige Aktivitäten in der Huddersfield Health Authority aber eine solche Bedeutung, daß sie unmöglich mit anderen Planungskontakten auf eine Stufe gestellt werden können. Eine Gewichtung von Kontakten kann aber erst vorgenommen werden, nachdem der interessierende Bereich, in diesem Fall 'Planung', <u>in einen spezifischen Sinnzusammenhang gestellt</u> ist. So wurde im dargestellten Projekt zunächst den Kontakten zwischen den Planern des District und denen der Local Authority besonderes Gewicht beigemessen, da 'Planung' zunächst in den Sinnzusammenhang 'Care in the Community-Programme' gestellt worden war. Erst nachdem wir 'Planung' dem Sinnzusammenhang 'Gestaltung der neuen organisatorischen Struktur der HHA' zugeordnet hatten, mußten die Kontakte zwischen District und Units besonders gewichtet werden. An dieser Stelle wird außerdem in dritter problematischer Aspekt des

---

[18] Zum 'Faktor k' im Werk Lewins, der einen Schwellenwert für die Definition von Subsystemgrenzen darstellt, vgl. oben 5.4, 'Methodische Hinweise zur Definition von Systemgrenzen', S. 98, Fußnote 40.

Kriteriums 'Minima bereichsüberschreitender Flüsse' deutlich. Mit dem erläuterten Projektfokus versuchten wir, ein künftig sich möglicherweise verschärfendes Problem vorwegzunehmen. Eine Analyse gegenwärtiger Kontakte und eine Grenzdefinition an der geringsten Kontaktdichte hätte uns diese Sichtweise der Problemsituation nicht erlaubt.

Auf dem Hintergrund der Projekterfahrungen können zusammenfassend drei wesentliche Aspekte festgehalten werden, die es als unzureichend erscheinen lassen, die Absteckung eines problematischen Bereichs im sozialen Kontext methodisch allein mit dem Verweis auf die Interaktionsdichte zu unterstützen. Bei diesem Hinweis wird erstens vernachlässigt, daß sowohl der Entscheid, welche Kontakte erfaßt, wie auch der, wie diese Kontakte gewichtet werden sollen, eine Bewertung voraussetzt. Eine solche Bewertung muß, zweitens, auf einem vorgängig zugeordneten Sinnzusammenhang fußen. Drittens erlaubt das genannte Kriterium nicht, Probleme, die sich noch nicht in veränderten Interaktionen niederschlagen, zu antizipieren.

Der zweite Schritt der Grenzdefinition im Sensitivitätsmodell, mit dem die Grenzen eines Systems im Sinne eines geistigen Konstrukts, nicht einer räumlichen Einheit thematisiert werden, entspricht der im vorangehenden Teil dieser Arbeit diskutierten Fragestellung. Die methodische Unterstützung dieses Schritts im Sensitivitätsmodell ist eine Kriterienliste, die bei der Zusammenstellung des Modellvariablensatzes zu berücksichtigen ist. Zunächst ist diese Vorgehensweise insofern als systemisch anzusehen, als hier der Bereich des Erlaubten eingeschränkt, die spezifische Zusammensetzung des Modellvariablensatzes aber offengelassen wird[19]. Dieser Ansatz, das Erlaubte einzuschränken, erschien zu Beginn der vorliegenden Arbeit als der geeignete Weg, die Grenzdefinition im Verlauf einer Problembearbeitung zu unterstützen. Auch hier wurden jedoch grundsätzlich problematische Aspekte deutlich, die durch die Projekterfahrungen bestätigt werden.

Die spezifische, im Sensitivitätsmodell angebotene Kriterienliste ist auf die Überlebensproblematik eines urbanen Ökosystems ausgerichtet. Sollte eine analoge für Managementprobleme geeignete Kriterienliste formuliert werden, so wären die in jener aufgeführten acht Lebensbereiche durch Bereiche zu ersetzen, welche für das Management zentrale Bedeutung haben. Unter Beibehaltung der fünf übrigen Kriteriengruppen, die systemrelevante Grundkriterien aufführen, läge dann eine Kriterienliste vor, die geeignet wäre, ein Systemmodell daraufhin zu untersuchen, ob mit ihm auf die Überlebensfähigkeit einer Institution hingearbeitet werden kann. Die Hauptproblematik bei dieser Vorgehensweise scheint in der Frage zu liegen, inwieweit es nützlich

---

19 Zur Erläuterung von 'Negativregeln' vgl. oben 5.22, 'Systemgrenzen im Perspektivismus'.

st, Problemsituationen im Management ungeachtet von deren Besonderheit anhand
von Aspekten zu betrachten, die für die Stabilität und die Überlebensfähigkleit der
gesamten Institution relevant sind. Es kann theoretisch argumentiert werden, daß die
Auswirkungen einer spezifischen Problembearbeitung auf die Überlebensfähigkeit der
institution stets mitzubedenken sind. Auf der anderen Seite ist der oben dargestellte
Fall ein Beispiel dafür, wie eine Problembearbeitung nicht von diesem Fokus ausging,
wie ihr Ergebnis aber dennoch zur Funktionsfähigkeit der gesamten Institution beitrug.
Soll mit der kaum je spezifizierten Überlebensfähigkeit einer Institution argumentiert
werden, so wird von jeder erfolgreichen Problembearbeitung gesagt werden können,
daß sie zur Überlebensfähigkeit der Institution beiträgt. Entscheidend ist jedoch, wie
eine 'erfolgreiche' Problembearbeitung anzuleiten ist. Gerade das Anknüpfen an die
Beurteilungssysteme der Betroffenen und die Besonderheiten der Problemsituation hat
sich im dargestellten Projekt als so entscheidender Schritt erwiesen, daß die explizite
Ausrichtung der Problembearbeitung auf die weit abgehobene Frage der 'Überlebensfähigkeit der Institution' eher dazu angetan scheint, an den Beteiligten vorbeizugehen
und kaum nachhaltige Veränderungen in der Institution auszulösen, als einen nützli-
chen Ausgangspunkt für eine Problembearbeitung darzustellen.

Das Gesagte führt zu folgenden Feststellungen über die <u>Einschränkung des
Erlaubten</u> hinsichtlich der <u>Definition der Grenzen eines Systemmodells</u>. Ausgehend
von der im Sensitivitätsmodell entwickelten Kriterienliste kann eine für das
Management gültige Liste formuliert werden, mit der die mit einer Modellgrenze eingefaßten Modellvariablen daraufhin zu untersuchen wären, ob sie eine system-kyberne-
tische Bewertung der Überlebensfähigkeit der Institution zulassen. Eine solche Aufstel-
lung wäre für eine auf das Management ausgerichtete Systemmethodik aber nur dann
von Bedeutung, wenn im Mittelpunkt der Problemstellung die Frage nach der Überlebensfähigkeit der Institution steht. Bei allen anderen Problembearbeitungen sollte das
Systemmodell gerade die Aspekte abdecken, die -auch aus Sicht der Beteiligten- für
die spezifische Situation bedeutungsvoll und wesentlich sind. Da gerade die Einzigartigkeit der Problemsituation bei der Modellierung von Systemmodellen im Mittelpunkt
stehen sollte, scheint es für eine umfassend anwendbare Systemmethodik unmöglich
zu sein, die Validität von Grenzen eines Systemmodells in allgemeiner Form zu umschreiben.

Die Beiträge zur Diskussion von Systemgrenzen, die dem Sensitivitätsmodell zu
entnehmen sind, sind fruchtbar für die Problemstellungen, in denen die Überlebensfähigkeit eines urbanen Ökosystems im Mittelpunkt steht. Bei dieser Problemstellung stehen überwiegend Flüsse im Mittelpunkt des Interesses, die sich -wie z.B.

Verkehrs-, Auswanderungs-, Abfallströme- sichtbar niederschlagen. Über die Bedeutung dieser Flüsse liegt außerdem ein gut entwickeltes Verständnis vor. Anders ist die Situation bei Managementproblemen, die in sozialen Bezügen verankert sind. Sie zeichnen sich durch einen Mangel an allgemein akzeptierten Vorstellungen darüber aus, was genau problematisch ist und welche Aspekte dafür zu berücksichtigen sind. Gerade die Erarbeitung dieser beiden Punkte, die entscheidende Weichenstellungen für die Abgrenzung eines Systemmodells darstellen, muß eine Systemmethodik unterstützen, statt sie, wie im Sensitivitätsmodell, vorauszusetzen.

9.2 Grenzdefinition durch Integration verschiedener Perspektiven

In besonderer Weise gewichten Gomez/Probst den ersten Schritt, 'Abgrenzung des Problems', in der von ihnen unter dem Titel 'Vernetztes Denken im Management' vorgelegten Methodik[1]. Die 'Methodik des ganzheitlichen Problemlösens' stellen sie wie folgt vor:

Bei dieser Methodik hat sich das Schwergewicht von der eigentlichen Problemlösung zu einer sorgfältigen Problemerkennung verschoben. Ein Problem erkennen heißt, es in seiner Verknüpfung mit einer Vielzahl von Einflußfaktoren zu erfassen.[2]

Absicht der Autoren ist, eine 'Hilfe zur Selbsthilfe' zu geben. Die Methodik ist mit einfach zu benutzenden Instrumenten ausgestattet, so daß Manager ihre Probleme damit selbst bearbeiten können, sofern sich diese durch eine Vielzahl von Abhängigkeiten und Verknüpfungen auszeichnen[3]. Für entscheidend halten die Autoren den Lernprozeß, den die Benutzer der Methodik während der Problembearbeitung durchlaufen und der ihnen ein vertieftes Verständnis der in der Situation bestehenden Vernetzungen verleiht. Die im Zuge der Problembearbeitung zu erstellenden Darstellungen geben die Basis für einen Dialog, um geeignete Problemlösungsstrategien zu erarbeiten und für Mitarbeiter nachvollziehbar zu machen[4].

Der Hinweis der Autoren auf die Verwandtschaft der von ihnen vorgelegten Methodik zu dem Ansatz Vesters spiegelt sich wider in einer sehr analogen Ausrichtung und Ausgestaltung dieser Methodik des ganzheitlichen Problemlösens zu der des Sensitivitätsmodells. Gomez/Probst vollziehen jedoch den entscheidenden Schritt, die bei Vester auf ökologische Zusammenhänge ausgerichtete Methodik hinsichtlich der Besonderheiten sozialer Zusammenhänge zu öffnen. Innerhalb einer Problembearbeitung sind die für eine Problemstellung wesentlichen Zusammenhänge zunächst in einem Netzwerk-Diagramm darzustellen. Indem die zeitliche Komponente von Wirkungszusammenhängen und die besondere Rolle einzelner Variable im Wirkungsgefüge

---

[1] Es handelt sich hierbei um den jüngsten Schritt der innerhalb des St. Galler Systemansatzes unternommenen Arbeit an der Entwicklung einer Systemmethodik. Den Ausgangspunkt dieser Arbeit bildete eine Gemeinschaftsdissertation zum Thema 'Systemmethodik' aus dem Jahr 1975 (vgl. Gomez/Malik/Oeller,1975), welche dann von Gomez (vgl. Gomez,1981) und Malik (vgl. Malik,1984) in unterschiedlichen Richtungen fortgeführt wurde. Da der nun von Gomez zusammen mit Probst veröffentlichte Beitrag unmittelbar an die vorangehende Arbeit an einer Systemmethodik von Gomez anschließt, wird auch auf diese im folgenden Bezug genommen werden.
[2] Gomez/Probst,1987,3
[3] Gomez/Probst,1987,3
[4] Gomez/Probst,1987,43

bestimmt[5] und Szenarien über mögliche künftige Entwicklungen des dargestellten Bereichs aufgestellt werden, können auf der Grundlage der Unterscheidung zwischen lenkbaren Größen, nichtlenkbaren Größen und Indikatoren für das Ergebnis von Maßnahmen Lenkungseingriffe erarbeitet werden, welche mit einer Handvoll Regeln für das Funktionieren komplexer, lebensfähiger Systeme[6] auf ihre Tragfähigkeit überprüft werden. Bei der Umsetzung eines Lenkungseingriffs sind gleichzeitig Vorkehrungen dafür zu treffen, daß neu auftretenden Schwierigkeiten und grundlegenden Veränderungen im Problembereich erfolgreich begegnet werden kann. Gomez/Probst nennen dies die Reparatur- und Entwicklungsfähigkeit einer Problemlösung, neben die sie als drittes Element die Frühwarnung stellen, anhand der das künftige Funktionieren des bearbeiteten Problembereichs sichergestellt werden soll[7].

Die <u>Problemsituation</u> wird in den ersten beiden methodischen Schritten <u>umgrenzt</u>. Ausgehend von einer Problemstellung sind zunächst die wesentlichen Bestimmungsgrößen im Problembereich aufzuführen. Eine integrale, ganzheitliche Sicht wird dadurch angestrebt, daß der Problembearbeiter die Situation von verschiedenen Interessenlagen aus beleuchtet, aus jeder dieser Sichtweisen die Funktion des Systems bestimmt und die für jede Funktion wesentlichen Einflußgrößen benennt[8]. Aus diesen Einflußgrößen soll der Problembearbeiter dann eine repräsentative Auswahl zusammenstellen, um die perspektivischen Sichtweisen zu einer umfassenden Betrachtung zu integrieren[9]. Die Berücksichtigung verschiedener Beobachterstandpunkte wirkt insofern einer verengenden, einseitigen oder symptombezogenen Betrachtung entgegen. Der zweite methodische Schritt dient der Entwicklung eines Netzwerks, in dem die zuvor zusammengestellten Variablen verknüpft werden. Sollten Problembearbeiter hier zu der Einsicht gelangen, daß weitere, in Schritt 1 nicht aufgeführte Größen

---

5 Als Instrument für die Ermittlung der Rolle einzelner Größen im Netzwerk führen die Autoren die oben unter 9.1, 'Grenzdefinition auf der Grundlage der Wirkungsmechanismen natürlicher Ökosysteme', vorgestellte Wirkungsmatrix von Vester an (Gomez/Probst,1987, 24ff).

6 Gomez/Probst,1987,29; die Autoren geben u.a. das Werk von Vester als eine der Quellen an, die sie bei der Formulierung der folgenden Regeln benutzt haben: 1.) Passe deine Lenkungseingriffe der Komplexität der Problemsituation an. 2.) Richte deine Maßnahmen auf die aktiven und kritischen Einflußgrößen aus. 3.) Vermeide unkontrollierte Entwicklungen mit Hilfe stabilisierender Rückkoppelungen. 4.) Nutze die Eigendynamik und die Synergien der Problemsituation. 5.) Finde ein harmonisches Gleichgewicht zwischen Bewahrung und Wandel. 6.) Fördere die Autonomie der kleinsten Einheit. 7.) Erhöhe mit jeder Problemlösung die Lern- und Entwicklungsfähigkeiten.

7 Gomez/Probst,1987,31ff

8 Gomez/Probst,1987,8

9 Gomez/Probst,1987,18

für den betrachteten Bereich wesentlich sind, sind diese dem Netzwerk hinzuzufügen[10].

Aus den von Gomez/Probst gegebenen Anwendungsbeispielen können drei Hinweise herausgelesen werden, wie im ersten methodischen Schritt der Umgrenzung der Problemsituation verschiedene Sichtweisen zu formulieren sind. Daß zum einen auf die funktionalen Bereiche einer Institution Bezug genommen werden kann, ergibt sich aus den Perspektiven, die Gomez/Probst in ihrem ersten Beispiel einer Verlagsunternehmung nennen: Finanzen, Redaktion, Verlag, Druck, Soziales[11]. Anleitung für das Wechseln zwischen verschiedenen Perspektiven können zum anderen Dimensionen geben, wie Ulrich sie zur Erfassung der für eine Unternehmung wichtigen Entwicklungen vorstellt[12]. Diesem Verständnis folgend führen Gomez/Probst in einem Anwendungsbeispiel aus dem Gesundheitswesen folgende Dimensionen auf, anhand derer verschiedene Perspektiven zu formulieren sind: ökonomisch, technologisch, sozial, politisch, ethisch, ökologisch, ästhetisch[13]. Einen dritten Bezugspunkt für die Formulierung verschiedener Perspektiven können Anspruchsgruppen bilden, d.h. die Gruppen, zu denen eine Institution bilaterale Beziehungen unterhalten muß, um die Ressourcen zu erhalten, die zur Leistungserstellung benötigt werden[14]. Auf der Grundlage dieses Konzepts erscheint es als zentrale Aufgabe des Managements, als Voraussetzung für die Leistungserstellung die zwischen den Gruppen widerstreitenden Ansprüche zu befriedigen. Die Unternehmung wird aufgrund der wechselseitigen Abhängigkeit als Koalition von Anspruchsgruppen aufgefaßt.

Allgemein kann gesagt werden, daß in jedem Fall die folgenden sieben Typen von Anspruchsgruppen untersucht werden müssen: die Eigentümer, das Management und die Mitarbeiter als interne Anspruchsgruppen und die Lieferanten, die Kunden sowie Staat und Gesellschaft als externe Anspruchsgruppen.[15]

Es sind genau die hier aufgeführten Gruppen, die Gomez/Probst als relevante Perspektiven in ihrem zweiten, auf die Ertragsprobleme einer Buchhandlung ausge-

---

[10] Diese Vorgehensweise ist sowohl aus den aufgeführten Beispielen, wie auch aus der Erläuterung der Autoren zu schließen, daß die methodischen Schritte nicht sequentiell, sondern iterativ und vor- und zurückschreitend zu durchlaufen sind (vgl. Gomez/Probst,1987,17f, 36).

[11] Gomez/Probst,1987,19; klarer wird die Möglichkeit, verschiedene Perspektiven anhand der Funktionsbereiche einer Unternehmung zu formulieren, in einer um zwei Jahre älteren Veröffentlichung von Gomez, in der er für das System 'Anzeigen' die Perspektiven "Führung/ Organisation, Markt/Produkt, Produktion, Finanzen, Soziales" nennt (Gomez,1985a,244).

[12] H.Ulrich,1978,66f

[13] Gomez/Probst,1987,44,63

[14] Zu einer Darstellung des Anspruchsgruppenkonzepts vgl. Dyllick,1984.

[15] Dyllick,1984,74f

richteten Anwendungsfall nennen[16]. Ohne daß sich die Autoren explizit auf dieses Konzept beziehen, scheint es innerhalb der hier vorgestellten Methodik einen methodischen Baustein in der Umgrenzung der Problemsituation abzugeben. Mit Bezug auf eines von den Autoren gegebenen Anwendungsbeispiels illustriert Abb. 9.2a die in der Methodik des ganzheitlichen Problemlösens expliziten und impliziten Aussagen zur Grenzdefinition[17]:

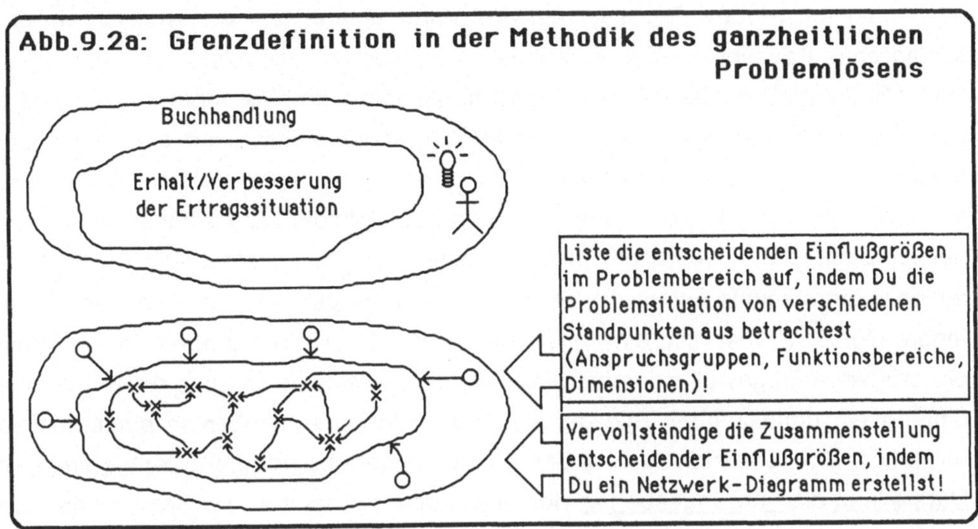

Der Zweck der ersten beiden Schritte in der Methodik des ganzheitlichen Problemlösens liegt darin, das im Problembereich bestehende Netzwerk aufzuzeichnen und zu 'durchschauen'[18]. Indem die <u>Gesamtheit aller Aspekte</u> betrachtet wird, die für die <u>Ausführung einer Funktion</u> wesentlich sind, soll von einem Symptom

---

[16] Der Unterschied zwischen dem Konzept der Anspruchsgruppen und dem des Problembesitzers bei Checkland scheint darin zu liegen, daß mit ersterem ein allgemeingültiger Leitfaden dafür erstellt werden soll, welche Beziehungen in jeder Managementsituation zu berücksichtigen sind, während der Blick bei der Bestimmung eines 'Problembesitzers' auf eine einzigartige Person oder Personengruppe und ihre spezifischen Bedürfnisse gelenkt werden soll.

[17] Die Unterscheidung von Dyllick in interne und externe Anspruchsgruppen (siehe Zitat) wird in der Abbildung nicht aufgenommen. Vielmehr werden in ihr alle Anspruchsgruppen als Teil der Institution dargestellt. Dies folgt der mit dem Anspruchsgruppenkonzept vertretenen Sichtweise, eine Unternehmung als Koalition der verschiedenen, in ihrer Gesamtheit für die Unternehmung bedeutenden Anspruchsgruppen anzusehen. Eine Unterscheidung in interne und externe Anspruchsgruppen scheint demgegenüber dem traditionelleren Verständnis zu folgen, die Grenze der Unternehmung an den Mitgliedern der Unternehmung zu orientieren, und alle Mitarbeiter und Kapitalgeber als 'Mitglieder' zu verstehen.

[18] Gomez/Probst,1987,8

ausgehend das eigentliche Problem erarbeitet werden[19]. In der oben unter 6.3 eingeführten Terminologie ist diese Fragestellung als eine der primären Aufgabe zu bezeichnen: die Führung steht im Mittelpunkt des Interesses. Dies läßt sich an drei Aspekten
zeigen. Erstens läßt die Forderung, die im ersten Schritt aufgeführten Perspektiven zu
integrieren, ein umfassendes Bild der Aufgaben entstehen, denen bei der Führung
einer Institution nachgekommen werden muß. Dies ist unabhängig davon der Fall, ob
die Perspektiven anhand von Funktionsbereichen, Dimensionen oder Anspruchsgruppen entwickelt werden. Bei jeder der drei Vorgehensweisen wird lediglich ein unter-
schiedliches Konzept darüber zugrundegelegt, was die zentralen Führungsaufgaben
sind. Die Integration aller Perspektiven ist für jedes der drei Konzepte wesentlich. Nach
dem Anspruchsgruppenkonzept ist es für das Management einer Institution überle-
benswichtig, mit allen Anspruchsgruppen beidseitig zufriedenstellende Beziehungen
aufrechtzuerhalten. Aus einer die einzelnen Funktionsbereiche einer Institution beto-
nenden Sicht ist die Integration der funktionalen Bereiche unentbehrlich. Ein systemorientiertes Verständnis betont die Erfassung der Entwicklungen in allen Dimensionen.
Indem Gomez/Probst also eine Integration von Perspektiven empfehlen, die anhand
der erörterten Fragestellungen entwickelt werden, lassen sie im Zuge der Problembearbeitung ein umfassendes Bild der primären Führungsaufgaben in einer Institution
entstehen. Zweitens stellt das von den Autoren gegebene Beispiel einer hierarchischen
Darstellung die Führungsebenen des Gesundheitswesens in der Schweiz dar. Oben
unter 5.21 und 8. wurde jedoch erläutert, daß Sichtweisen sozialer Zusammenhänge in
unterschiedliche hierarchische Zusammenhänge eingegliedert werden können.
Drittens können die von Gomez/Probst aufgeführten Problemstellungen, denen die drei
Anwendungsbeispiele gewidmet sind, als Problemstellungen der primären Aufgabe
betrachtet werden. Die Entwicklung eines Frühwarnsystems für einen Zeitschrif-
tenverlag[20], die Erhaltung oder Verbesserung der Ertragssituation einer Buchhandlung[21] und die Herstellung eines Gleichgewichts zwischen Ärzten und Patientinnen im
Versorgungsbereich <Gynäkologie>[22] sind ausnahmslos Fragestellungen, die auf das
engste mit den allgemein akzeptierten Führungsaufgaben der drei angesprochenen

---

[19] Gomez/Probst,1987,18,46; zu derselben Grundposition vgl. Gomez,1981,215,223f;
Gomez,1985a,241; Gomez,1985b,127,131f; zur theoretisch problematischen Unterschei-
dung zwischen 'Symptom' und 'Problem' in komplexen Zusammenhängen vgl. oben S. 22,
Fußnote 37.

[20] Gomez/Probst,1987,18; ein Frühwarnsystem ist definitionsgemäß darauf ausgerichtet, alle
die Aspekte abzudecken, die für die Ausführung der primären Funktion einer Institution
Bedeutung haben.

[21] Gomez/Probst,1987,34; die Ertragssituation ist als Kennzeichen dafür zu werten, ob eine
Unternehmung die primäre Funktion der Bereitstellung von Leistung zufriedenstellend
erfüllt.

[22] Gomez/Probst,1987,44; das hier angesprochene Gleichgewicht ist für die Erhaltung eines
ausbalancierten Gesundheitswesen wesentlich und steht somit unmittelbar in Beziehung mit
der primären Funktion.

Bereiche verknüpft sind. Diese Argumente unterstützen die Feststellung, daß die von Gomez/Probst vorgestellte Methodik auf Probleme zugeschnitten ist, die in den Sinnzusammenhang 'Führung' gestellt sind.

Der zweite methodische Schritt, mit dem die Umgrenzung der Problemsituation näher bestimmt wird, kann nur auf dem Hintergrund der Ausrichtung der Methodik des ganzheitlichen Problemlösens auf Führungsprobleme durchgeführt werden. In ihm werden die auf der Grundlage verschiedener Perspektiven im ersten Schritt formulierten wesentlichen Einflußgrößen zu einem Netzwerk-Diagramm integriert. Eine solche Integration verschiedener Sichtweisen ist aber nur möglich, wenn eine neue, allgemein akzeptierte Sichtweise zugrundegelegt wird, auf die ein integrierendes Netzwerk-Diagramm aufbaut. Bei Gomez/Probst ist dies der Sinnzusammenhang 'Führungsproblem'. Die Unmöglichkeit, einen komplexen Zusammenhang ohne zunächst vorliegenden Sinnzusammenhang bildlich darzustellen, zeigte sich im dargestellten Projekt, als unser Verständnis von 'Planung in der HHA' weit über das facettenreiche Bild der Problemsituation (Abb. 7.2a) hinausgegangen war, wir jedoch noch keine Problemstellung bestimmt hatten, die der Vielzahl von Informationen einen Sinn und uns eine Struktur für eine Abbildung gegeben hätte. Da wir eine bedeutungsvolle Abbildung aufgrund des Mangels eines Sinnzusammenhangs nicht erstellen konnten, bildete der DHSS-Zylinder einen Ausweg, da er weitgehend neutral und ohne Aussagegehalt die für die Planungsfunktion in der HHA wichtigen Gremien auflistet.

In dieser Ausrichtung der Methodik auf die primäre Aufgabe der Führung einer Institution zeigt sich die Nähe der Methodik des ganzheitlichen Problemlösens zu der des Sensitivitätsmodells. Wie im Sensitivitätsmodell geht es in dieser Methodik darum, die wesentlichen Aspekten eines spezifischen Bereichs zu nennen. Während bei Vester ein urbanes Ökosystem die Bezugsgröße ist, steht bei Gomez/Probst die Führung einer Institution im Mittelpunkt des Interesses. In beiden Fällen kann über die in den jeweiligen Bereichen spielenden Wirkungsbeziehungen weitgehend Einverständnis erzielt werden. So wird die im Netzwerk-Diagramm für einen Buchhandel aufgeführte positive Verknüpfung zwischen Marketing und der Zahl der Käufer und die negative Verknüpfung zwischen Marktsättigung und Zahl der Käufer kaum von jemandem bestritten werden.

Der entscheidende Unterschied der Methodik ganzheitlichen Problemlösens zu der Weichen Systemmethodik liegt gerade in dem der ersteren zugrundliegenden

Ansatz, eine Problemstellung stets als Führungsproblem zu konzipieren[23]. Für die Umgrenzung der Problemsituation heißt dies, daß die Größen umgrenzt werden, über deren Bedeutung für die Führung des in Frage stehenden Bereichs Einverständnis erzielt werden kann. In der Weichen Systemmethodik werden hingegen spezielle und ausschnitthafte Sichtweisen ausformuliert. Es wird versucht, die in der spezifischen Situation von Beteiligten eingenommenen Perspektiven aufzugreifen, um diese Sichtweisen und Veränderungen, die vor der spezifischen Problemsituation sinnvoll erscheinen, zu debattieren. Im Gegensatz zu der Methodik von Gomez/Probst wird hier also nicht auf zentrale Führungsgrößen konzentriert, sondern auf Aspekte, die nur im Hinblick auf eine einzigartige Problemsituation mit ihren spezifischen problematischen Konstellationen als problematisch und wichtig deutlich werden. So muß es als höchst unwahrscheinlich eingestuft werden, daß die oben aufgeführten, im Projekt erarbeiteten konzeptionellen Modelle zu den in der Huddersfield Health Authority politisch sensiblen Fragen für irgendeine andere Problembearbeitung bedeutungsvoll sein könnten. Hingegen sind die Netzwerk-Diagramme, die von Gomez/Probst beispielhaft aufgeführt werden, durchaus generalisierbare Darstellungen der für die Führung bestimmter Unternehmungen wesentlichen Führungsgrößen, - ebenso wie das im dargestellten Projekt als Modell der primären Aufgabe entworfene konzeptionelle Modell zur Erstellung der Jahresplans.

Die in WSM verfolgte Konzentration auf verschiedene situationsspezifische Sichtweisen macht es unmöglich, das Instrument des Netzwerk-Diagramms in einer Problembearbeitung zu verwenden: Ein Einverständnis über konfliktträchtige individuelle Sichtweisen kann nur Ergebnis einer Problembearbeitung, nicht aber ihr Ausgangspunkt sein. Unterschiedliche, in der Problemsituation bestehende Weltanschauungen lassen ein allgemein akzeptiertes Netzwerk-Diagramm nicht zu. So waren im dargestellten Projekt die Einschätzungen der Beziehungen zwischen District und Units

---

[23] Auf diese Unterschiedlichkeit zwischen den beiden Methodiken in der damaligen Entwicklungsphase weisen Gomez/Malik/Oeller bereits 1976 hin: "Diese Vorgehensweise (der Konzentration auf Einfluß- und Gestaltungsmöglichkeiten, IvB) scheint durch die Überlegung gerechtfertigt zu sein, daß es im Management nicht nur auf die geistige Durchdringung der Probleme ankommt, sondern eine Problemsituation in der Regel im Hinblick auf die verfügbaren Handlungsweisen analysiert werden muß." (Gomez/Malik/Oeller,1976,357) Die in diesem Zitat betonte Notwendigkeit von Handlungsmöglichkeiten stellt jedoch keinen Gegensatz zwischen der von Gomez/Malik/Oeller vertretenen und der Weichen Systemmethodik dar. Die unterschiedliche Sichtweise liegt vielmehr darin, von wem diese Handlungen ausgeführt werden und wer daher von der Notwendigkeit spezifischer Veränderungen überzeugt sein sollte. In der Weichen Systemmethodik werden die Beteiligten besonders berücksichtigt. Deshalb wird an deren Beurteilungssystemen angeknüpft: Die Aspekte der Situation sollen verändert werden, die aus Sicht der Beteiligten bei der Ausführung der primären Aufgabe problematisch sind.

so konträr, daß ein Netzwerk-Diagramm auf keine geteilte Sichtweise hätte aufgebaut werden können.

Das Netzwerk-Diagramm ist das von systemorientierten Autoren am häufigsten genannte Werkzeug für die Umgrenzung einer Problemsituation[24]. Es wird zumeist implizit nahegelegt, mit Hilfe des Netzwerk-Diagramms die für einen Problembereich wichtigen Größen und deren Verknüpfungen zu erarbeiten, sich auf die im Netzwerk-Diagramm aufgeführten Größen zu konzentrieren und eine denkbare Umwelt zu vernachlässigen. Dies wurde oben als wichtige Funktion einer Grenze bezeichnet. Es scheint hier geeignet, auf drei mit Bezug auf das <u>Netzwerk-Diagramm</u> problematische Aspekte hinzuweisen: die Frage nach dem systemischen Ganzheitscharakter eines Netzwerks, nach der Bedeutung methodischer Regeln für die Erstellung eines Netzwerks und nach dessen erkenntnistheoretischem Stellenwert.

Zunächst soll der Frage nachgegangen werden, ob die <u>mit dem Netzwerk-Diagramm implizierte Grenze</u> als eine Systemgrenze aufgefaßt werden kann[25], ob das dargestellte Wirkungsgefüge also eine emergente Eigenschaft besitzt, welche sich aus dem Zusammenspiel des Systems mit einer über- und einer untergeordneten Ebene ergibt[26]. In der Methodik des ganzheitlichen Problemlösens wird für die Erstellung eines Netzwerk-Diagramms weder auf hierarchische Ebenen hingewiesen, noch auf die Benennung einer emergenten Systemeigenschaft, welche auf der Verknüpfung der im Netzwerk-Diagramm aufgeführten Teile fußt. Daher ist ein solches Netzwerk-Diagramm nicht als System aufzufassen, dessen implizierte Grenze <u>nicht</u> als <u>Systemgrenze</u>. Zwar ist der Verweis auf die Erstellung eines Netzwerk-Diagramms als ein Anerkennen der vom Systemdenken betonten Komplexität eines Problembereichs zu werten, weil die Erarbeitung eines solchen Diagramms eine Auseinandersetzung mit den komplexen Zusammenhängen verlangt. Für die Reduktion der Komplexität kommt jedoch nicht das systemtheoretische Kernkonzept einer Systemganzheit mit einer emergenten Eigenschaft, sondern ein akzeptiertes Verständnis über die für Führungsfragen wesentlichen Zusammenhänge zur Anwendung.

Daß Gomez/Probst die von ihnen vorgestellte Methodik dennoch als 'Methodik des ganzheitlichen Problemlösens' bezeichnen, obwohl sie das spezifische Ganzheits-konzept der Systemtheorie nicht verwenden, läßt ein <u>Mißverständnis zwischen 'Ganz-heiten' und der 'Gesamtheit', 'wholes' and 'the whole'</u>, deutlich werden, auf das

---

[24] Vgl. Forrester,1971,34f; Gomez/Malik/Oeller,1975,751ff; Mosard,1983,18f
[25] Gomez/Probst bringen dieses Verständnis in ihrer Empfehlung zum Ausdruck, "Netzwerke in ihren Eigenschaften und als Ganzheit zu verstehen." (Gomez/Probst,1987,8)
[26] Vgl. oben 5.3, 'System als ganzheitliches Konstrukt'.

Checkland immer wieder hinweist[27]. 'Ganzheiten' im systemischen Sinn sind Systeme mit emergenten Eigenschaften. Die 'Gesamtheit' zielt hingegen auf alle Aspekte ab, die für eine Problemstellung relevant sind[28]. Das Anliegen, alle Aspekte zu erfassen, die für einen Problembereich wichtig sind oder werden können, führt bei gleichzeitiger Anerkennung einer überaus vernetzten Wirklichkeit aber, wie oben unter 5.21 gezeigt wurde, zu immer weiter expandierenden Systemgrenzen[29]. Es sei an dieser Stelle lediglich auf die Gefahr hingewiesen, daß sich Problembearbeiter bei einer solchen Ausrichtung auf 'die Gesamtheit' in der Komplexität der Problemsituation verlieren, wenn nicht spezifische Ausgangspunkte formuliert werden, auf die Bezug genommen werden kann.

---

[27] Auch Popper arbeitet diese Unterscheidung in seiner Auseinandersetzung mit holistischen Tendenzen des Utopismus heraus (Popper,1979,61f), scheint aber zur Verwirrung beizutragen, indem er den Begriff 'Holismus' zunächst benutzt, um den ganzheitlichen Charakter von z.B. Gruppen zu bezeichnen (Popper,1979,14f), dann aber auf die Gesamtheit gesellschaftlicher Problemstellungen anwendet (Popper,1979,65ff).

[28] Dieses Mißverständnis zwischen 'Ganzheiten' und 'dem Ganzen' zieht eine Rezeption der Arbeit Checklands nach sich, die die Stoßrichtung der Weichen Systemmethodik verkennt. Bezogen auf die Wesens-Definitionen in WSM stellt Gomez fest: "Mit der Technik der Root-Definition steht ein Instrument zur Verfügung, das eine möglichst weitgefaßte und von den bestehenden Regelungen unabhängige Systemabgrenzung ermöglicht." (Gomez,1985b,132; vgl. Gomez, 1985a,243) Entgegen dem Hinweis auf eine möglichst weitgefaßte Systemabgrenzung wurde oben unter 6.3, 'Systemgrenzen in der Weichen Systemmethodik', herausgearbeitet, daß im Konzept der Wesens-Definition durch die Wahl eines Transformationsprozesses und die Spezifizierung des Umwelt-Elements in BATWEU die Möglichkeit besteht, die Größenordnung und die Reichweite eines Systems entsprechend den Bedürfnissen der Problembearbeitung zu bestimmen. Die Humanen Handlungssysteme mit ihren beliebig definierbaren Systemgrenzen sind dabei lediglich ganzheitliche Werkzeuge, mit denen eine angemessene Absteckung des Problembereichs gelernt wird.

[29] Ein Zitat von Jenkins/Youle sei hier als Beispiel dieser expansiven Tendenz angeführt: "Um mit den anstehenden Problemen fertigzuwerden, müssen (Manager, IvB) zunehmend den Ansatz des Systems Engineering anwenden, und im Kern ist die Essenz dieses Ansatzes, alle Systeme in ihrer Totalität zu untersuchen." (Jenkins/Youle,1971,9; Übers. der Verf.). Daß dieselbe Tendenz zu einer Ausweitung der Grenzen auch bei Gomez/Probst besteht, zeigt ihre Erläuterung eines einfachen Netzwerks eines industriellen Unternehmens: "Diese Darstellung kann natürlich beliebig erweitert werden, und mit jedem Ausbau ergibt sich ein besseres Modell der komplexen Unternehmenszusammenhänge." (Gomez/Probst,1987,21)

Hinweise darauf, wie in einem Netzwerk-Diagramm eine systemische Ganzheit mit Systemgrenzen modelliert werden kann, gibt Jones[30]. Einen ersten Schritt hin zu einem anhand von Regeln erstellten und damit <u>kritisierbaren Netzwerk-Diagramm</u> tut Jones, indem er festsetzt, daß nur das als 'Element' angesehen und somit im Netzwerk enthalten sein soll, was sich verändert[31]. Es muß damit ein Zeithorizont der Untersuchung angenommen und expliziert werden, denn fast jede Variable kann über einen langen Zeitraum als variabel gelten. Als Systemelement sollen erstens die Elemente angesehen werden, die das 'interessierende Verhalten' darstellen. Zweitens sollen die Elemente Teil des Systems sein, die vom Klienten kontrolliert oder beeinflußt werden können und die mit dem interessierenden Verhalten verknüpft sind, und drittens die Elemente, die der Wirkungskette zwischen den interessierenden und den beeinflußbaren Elementen angehören. Ein anhand dieser Regeln entworfenes System hat die emergente Eigenschaft, die Gesamtheit der Einflußmöglichkeiten darzustellen, die einem Klienten hinsichtlich eines ihn interessierenden Verhaltens offenstehen. Indem Jones diese drei Regeln für die Bestimmung einer Systemgrenze formuliert, eröffnet er die Möglichkeit, innerhalb einer Problembearbeitung Einverständnis darüber zu erarbeiten, über welche Aktionsmöglichkeiten der Klient für die Beeinflussung des interessierenden Verhaltens verfügt. Die Stärke einer durch klare Richtlinien geregelten Erstellung eines Netzwerk-Diagramms, das Systeme und deren Grenzen darstellt, sieht Jones wie folgt:

> Es hat erhebliche Vorteile, Kriterien dafür festzusetzen, was als System, Grenze und Umwelt angesehen wird. Dies erlaubt vor allem, eine damit spezifizierte Systemdarstellung zu interpretieren, so daß eine echte Debatte entstehen kann.

---

[30] Vgl. Jones,1982; auf die Bedeutung klarer Regeln für die Erstellung von Diagrammen weist Anderton hin: "Diagramme, in denen einfach eine Anzahl von Variablen mit vage definierten Pfeilen verknüpft sind, sind für eine ernsthafte Systemuntersuchung wenig nützlich (Anderton,1980,120; Übers. der Verf.); auch Martin widmet sich der Ausarbeitung klarer Netzwerk-Diagramme (vgl. Martin,1980). Aus seinem Beitrag ist hier zum einen der Hinweis wertvoll, daß die in einem Diagramm aufgeführten Elemente derselben hierarchischen Betrachtungsebene angehören sollten, denn erst die Befolgung dieser Regel eröffnet die Möglichkeit, mehrere hierarchische Ebenen darzustellen und damit eine Systembetrachtung vorzubereiten, die auf diesen Ebenen hin- und herschreitet (vgl. oben 8. 'Grenzkonzeption für eine Systemmethodik'). Zum zweiten weist Martin darauf hin, daß jedes Netzwerk-Diagramm als eine 'Projektion' aufzufassen ist, d.h. als eine einen spezifischen Blickwinkel zum Ausdruck bringende Darstellung von Wirkungszusammenhängen, wie es oben in der Diskussion des Beitrags von Gomez/Probst betont wurde. - Zu verschiedenen Methoden der Darstellung hierarchischer Strukturen vgl. Waddington, 1977,48ff.

[31] Mit dieser Festsetzung wird eine Beschränkung der Variablen vorgenommen, die praktisch bedeutend ist, von der aber keine Fehlleitung in der Erfassung der Zusammenhänge ausgeht: "Ich schlage außerdem vor, daß ein Systemelement sich normalerweise verändern können muß - d.h. es muß eine entscheidende Eigenschaft haben, die sich ändern kann. Dies ist weniger eine logische Notwendigkeit als eine praktische Hilfe; - statische Elemente sind von geringem Interesse. Insofern sind die physikalischen Gesetze entscheidende Beschränkungen für jedes denkbare reale System, aber es besteht kein Anlaß, sie als Elemente im System oder in der Umwelt zu berücksichtigen." (Jones,1982,44f; Übers. der Verf.).

Meiner Erfahrung nach ist dies bei der großen Mehrheit von System-darstellungen nicht der Fall, da solche Konventionen nicht expliziert wurden; fast alle diese Darstellungen erscheinen plausibel, aber sie sind weder kritisierbar, noch können sie sinnvoll verteidigt werden.[32]

Als letzter problematischer Aspekt hinsichtlich der Erstellung von <u>Netzwerk-Diagrammen</u> ist die Frage aufzugreifen, <u>was</u> mit einem solchen Diagramm modelliert wird. Gomez/Probst und auch Jones sehen es als Ziel der Entwicklung eines Diagramms an, das in einer Problemsituation tatsächlich bestehende Wirkungsgefüge zu durchschauen und abzubilden, - es wird also vom <u>ontologischen Charakter</u> der abgebildeten Verknüpfungen ausgegangen. Diese Annahme eines Wirkungsgefüges in sozialen Zusammenhängen, das unabhängig besteht und von neutralen Beobach-tern entdeckt werden kann, stellen Gomez/Probst jedoch als ersten Denkfehler im Umgang mit komplexen Unternehmungsproblemen dar:

Probleme sind nicht einfach etwas Gegebenes, sondern sie werden von jemandem als Problem abgegrenzt und definiert. Je nach dem Gesichtspunkt, der Perspektive, den Werthaltungen, der sozialen Stellung usw. wird dieselbe Situation anders definiert. ... In den Problemsituationen in der Unterneh-mungsführung ... finden wir ... häufig unvereinbare Standpunkte.[33]

Einen Ansatz, die in der klaren Aussagekraft liegenden Vorteile eines graphischen Netzwerk-Diagramms zu nutzen und gleichzeitig den rein epistemo-logischen Charakter eines Diagramms über soziale Zusammenhänge deutlich werden zu lassen, legen Eden et al. mit der Technik des <u>'Kognitiven Darstellens'</u> vor[34]. Mit diesem Verfahren soll herausgearbeitet werden, welche Bedeutung (im Sinne von 'Sinn') einzelne Beteiligte einem Problem zuordnen, um Klarheit darüber zu gewinnen, welche Veränderungen eine problematische Situation verbessern würden[35]. Mit der kognitiven Darstellung sollen dabei sowohl kausale Verknüpfungen erfaßt werden, wie sie von einzelnen gesehen werden, wie auch die Bedeutung geklärt werden, die die Beteiligten einzelnen Begriffen zuordnen. Letzteres erfolgt dadurch, daß jeder Aussage eine Alternative gegenübergestellt wird, die die befragte Person für zufriedenstellend hält. Eine solche Arbeit in Gegensatzpaaren beruht auf der Annahme, daß Individuen ihre Erlebniswelt durch ein fortlaufendes Unterscheiden strukturieren. Abb. 9.2b läßt

---

[32] Jones,1982,48; Übers. der Verf.
[33] Gomez/Probst,1987,7
[34] Vgl. Eden/Jones/Sims,1983,39ff; als theoretische Grundlage dieser Technik geben die Autoren Kelly's Personal Construct Theory an. Vgl. dazu Kelly,1963.
[35] Eden/Jones/Sims,1983,44,55

anhand eines einfachen Beispiels das Prinzip der kognitiven Darstellung deutlich werden[36].

Kognitive Darstellungen bilden in der Problemsituation relevante, in Werten verankerte Konzepte und Vorstellungen ab[37]. Sie können insofern als Darstellungen der Beurteilungssysteme von Beteiligten verstanden werden. Auf dem Hintergrund des oben im Exkurs zum Werk von Vickers Gesagten müssen kognitive Darstellungen damit als vielversprechende Variante eines Netzwerk-Diagramms angesehen werden, mit denen Veränderungen erarbeitet werden können, die von den entscheidenden Beteiligten getragen und umgesetzt werden[38].

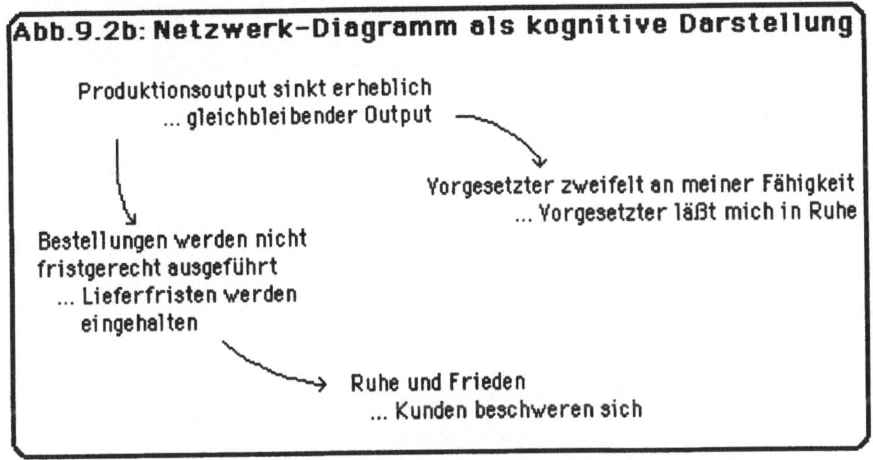

Damit liegen am Ende dieses Abschnitts <u>zwei sehr unterschiedliche Grenzkonzeptionen</u> vor. Mit dem Ansatz des kognitiven Darstellens, einer Variante des Netzwerk-Diagramms, wird eine Grenze impliziert, die die in ihrem Sinngehalt verdeutlichten <u>Konzepte und Vorstellungen</u> und deren Verknüpfungen umschließt und positiv betont, <u>welche von den in der Problemsituation Beteiligten benutzt</u> werden. Das von Gomez/ Probst vorgestellte Konzept zielt hingegen darauf ab, die <u>Größen</u> zu umgrenzen, die <u>für die Führung einer Institution oder eines Bereichs wesentlich</u> sind. Einem Problembearbeiter wird dafür empfohlen, die Situation von verschiedenen Perspektiven aus zu betrachten und ein Netzwerk-Diagramm zu erarbeiten, das das Wirkungsgefüge des zu führenden Bereichs darstellt. Die Komplexität der Problemsituation wird dabei durch die Führungsperspektive reduziert. Es wurde festgestellt, daß in der Ausrichtung auf

---

36 Eden/Jones/Sims,1983,40
37 Eden/Jones/Sims,1983,49
38 Eden/Jones/Sims,1983,107

'die Gesamtheit' der relevanten Aspekte die Gefahr immer weiter expandierender Grenzen und damit des Verlustes eines Problemfokus angelegt ist. Dieser Gefahr kann mit der Berücksichtigung des Konzepts der Ganzheit begegnet werden. Innerhalb des Netzwerk-Diagramms wäre eine Systemgrenze zu definieren, die ein System mit einer emergenten Eigenschaft umgrenzt. Ein Beispiel für die Vorgehensweise zur Definition eines solchen Fokus stellen die von Jones formulierten Regeln dar. Mit ihnen wird darauf abgezielt, die Ganzheit der Einflußmöglichkeiten darzustellen, die ein Klient hinsichtlich eines ihn interessierenden Verhaltens besitzt.

9.3   Ablehnung des Bemühens um eine sinnvolle Grenzdefinition

Eine skeptische Haltung gegenüber dem Versuch, Handeln in einer Problemsituation durch geistige Auseinandersetzung und Umgrenzung der bedeutenden Aspekte in der Situation vorzubereiten, nehmen die Autoren ein, die der Stückwerk-Technologie Poppers und des entscheidend von Lindblom ausformulierten Inkrementalismus verpflichtet sind. Die Grundannahme, daß <u>komplexe Zusammenhänge nie geistig erfaßt</u> werden können, steht im Mittelpunkt des systemmethodischen Beitrags von Malik:

> Die wichtigste These der bisherigen Ausführungen besteht in der Behauptung, daß wir nur in den seltensten Fällen über ein ausreichendes Maß an Wissen verfügen, um eine im konstruktivistischen Sinne rationale Entscheidung zu treffen, oder um in diesem Sinne ein Problem rational lösen zu können. Diese Auffassung führt zu einer gewissen Bescheidenheit mit Bezug auf die Leistungsfähigkeit der Vernunft, die nicht mehr als ein Instrument mit unbegrenzten Möglichkeiten angesehen wird. Unser Wissen und unsere Vernunft sind unvermeidbaren Beschränkungen unterworfen.[1]

Als eine theoretische Basis für diese Position der Beschränktheit jedes geistig erworbenen Verständnisses wird neben dem Werk v. Hayeks[2] <u>Poppers evolutionäre Theorie der Erkenntnis</u> angesehen[3], deren Kern die Hypothese bildet, daß Wissen auf allen Stufen des Lebens durch einen Versuchs- und Irrtums-Prozeß entsteht[4]. Mit Bezug auf ein Problem kann lediglich eine hinsichtlich ihrer Erfolgswahrscheinlichkeit 'blinde' versuchsweise Theorie aufgestellt werden, mit deren Hilfe versucht wird, das Problem zu lösen. Ist dieser Versuch nicht erfolgreich, so ist die Theorie zu eliminieren und eine neue versuchsweise Theorie bezüglich der nun veränderten Problemstellung aufzustellen[5]. Indem Popper immer wieder die strukturelle Gleichheit dieses Lernprozesses auf allen Ebenen des Lebens -von der Amöbe bis zu Einstein[6]- herausstreicht, wird nahegelegt, die geistige Durchdringung eines problematischen Zusammenhangs wenig, das praktische Ausprobieren eines Lösungsversuchs dafür umso stärker zu gewichten. Popper selbst weist auf die Beschränktheit unserer Fähigkeit hin, in einer problematischen Situation relevante Aspekte zu erfassen. An die Stelle des Versuchs, den Zusammenhang einer Situation zu durchschauen und einen Gesamtentwurf für ihre Verbesserung zu erstellen, soll ein Ausprobieren treten. Es sollen <u>kleine Schritte</u>

---

1   Malik,1984,309; vgl. Malik,1984,257; mit 'konstruktivistisch' bezeichnet Malik das synoptische Rationalitätsideal der klassischen Entscheidungstheorie.
2   Vgl. oben 2.1, 'Systemorientierte Grundperspektive'.
3   Vgl. unten S. 236, Fußnote 17
4   Popper,1984,274
5   Vgl. z.B. Popper,1984,170
6   Popper,1984,25,257

gegangen werden, deren Konsequenzen zwar ungeklärt, dafür aber <u>begrenzt</u> sind, und die darauf auszurichten sind, <u>bestehendes Übel abzuwenden, anstatt großen Entwürfen entgegenzustreben</u>[7]:

> Wie Sokrates weiß der Stückwerk-Ingenieur, wie wenig er weiß. Er weiß, daß wir nur aus unseren Fehlern lernen können. Daher wird er nur Schritt für Schritt vorgehen und die erwarteten Resultate stets sorgfältig mit den tatsächlich erreichten vergleichen, immer auf der Hut vor den bei jeder Reform unerwünschten Nebenwirkungen. Er wird sich auch davor hüten, Reformen von solcher Komplexität und Tragweite zu unternehmen, daß es ihm unmöglich wird, Ursachen und Wirkungen zu entwirren und zu wissen, was er eigentlich tut.[8]

Diese Position wird weitgehend auch im Inkrementalismus vertreten. Ausgehend von den äußerst begrenzten Informationsverarbeitungskapazitäten[9] wird von dem Versuch abgeraten, Konsequenzen von Handlungen abzuklären und eine sinnvolle Umgrenzung der Problemsituation anzustreben[10]. Ein Handelnder kann sich laut Braybrooke/Lindblom vielmehr darauf verlassen, <u>unvorhergesehenen Entwicklungen erfolgreich begegnen</u> zu können, was auch dem moralisch Denkenden Handeln ermöglicht:

> Auch handeln Agenten in der Wirklichkeit gewöhnlich nicht unwiderruflich. Warum sollten sie in Situationen normaler moralischer Tragweite vergessen, daß in der Zukunft Möglichkeiten des Intervenierens liegen, die sie im Auge behalten und nutzen können? Selbst wenn jeder Agent völlig auf sich gestellt wäre, könnte er sich doch zu einem guten Teil auf seine Fähigkeit verlassen, aufkommende Gefahren abzuwenden.[11]

Der Kern des in diesem Abschnitt vorgestellten Arguments ist, daß über komplexe Problemsituationen in der geistigen Auseinandersetzung grundsätzlich keine wesentliche Einsicht gewonnen werden kann. Statt sich dem vergeblichen Versuch zu widmen, relevante Aspekte in der Situation zu erforschen und zu umgrenzen, sind

---

[7] Vgl. Popper,1979,37,40,49,52f; sowie, zur gleichen Position Braybrooke/Lindblom,1963, 102ff; Lindblom/Cohen,1979,26; Malik,1984,333. - Werhahn weist auf die hier in Erscheinung tretende Asymmetrie von Glück und Unglück im Werk Poppers sowie auf Poppers Erläuterung hin, dies als Parallele zur Asymmetrie von Falsifikation und Verifikation in der Erkenntnistheorie zu sehen (Werhahn,1980,56).

[8] Popper,1979,54

[9] Zur Position des Inkrementalismus vgl. Brauchlin,1978,156ff; vgl. auch Malik,1984,269, 327; Malik/Gomez,1976,308.

[10] Braybrooke/Lindblom,1963,238

[11] Braybrooke/Lindblom,1963,237f; Übers. der Verf.

kleine Schritte mit beschränkten Konsequenzen auszuprobieren, um unerwünschte Aspekte nach und nach zu reduzieren.

Gegenüber dieser Position wurde oben unter 2.22 dem von Dörner et al. formulierten und anhand von Fallstudien untermauerten Argument größere Bedeutung beigemessen, daß es nicht darauf ankommt, in einer Situation irgendwie zu handeln, sondern daß entscheidend ist, situationsgerecht zu handeln, indem auch die weniger offensichtlichen Konsequenzen des Handelns berücksichtigt werden. Dörner et al. wenden sich entschieden gegen das von Popper vertretene Argument, das Handeln vorrangig gegen die herrschenden Mißstände auszurichten, sehen dies allerdings als 'Prinzip der Überwertigkeit des aktuellen Motivs' in der motivationalen Organisation des Menschen verankert, das sie wie folgt umschreiben:

Menschen bemühen sich um die Beseitigung derjenigen Mißstände, die sie haben und kümmern sich nicht um diejenigen Mißstände, die sie nicht haben. - Dieser Satz mag bei erstem Anhören trivial klingen; als Formulierung einer uninteressanten Selbstverständlichkeit. Im Hinblick aber auf die Vernetztheit der Lebensbereiche ist der Satz nichts weniger als uninteressant. Denn er impliziert unmittelbar die Folgerung, daß Menschen die Neigung haben, von einem Problem in das andere zu fallen, sich durch jede Problemlösung u.U. tiefer in ein Netzwerk ungelöster neuer Probleme zu verstricken, die durch die Lösung des ersten Problems entstanden sind.[12]

Die in überschaubaren Zusammenhängen möglicherweise tragfähige inkrementalistische Konzentration auf die Abwendung gegenwärtiger Mißstände[13] ist in komplexen Bereichen deshalb problematisch, weil es nie im voraus abzusehen ist, ob ein Schritt 'klein'[14] ist und ausschließlich überschaubare Konsequenzen nach sich zieht[15]. Es scheint hier aufschlußreich, auf die Beispiele hinzuweisen, die Popper als Stückwerk-Experimente anführt, wenn sie auch einen "etwas größeren Maßstab darstellen: die Entscheidung eines Monopolisten, den Preis der Ware zu ändern, die Einführung einer neuartigen Kranken- und Arbeitslosenversicherung durch eine private oder öffentliche Versicherungsgesellschaft, die Einführung einer neuen Umsatzsteuer

---

[12] Dörner/Kreuzig/Reither/Stäudel,1983,24; vgl. Rittel/Webber,1973,19ff; Vester/ v. Hesler,1980,6f

[13] Watzlawick et al. streichen für die psychotherapeutische Behandlung die Bedeutung kleiner Schritte hin zu unmittelbar positiv erlebbaren Zielen heraus: "... daß langsames und schrittweises Vorgehen auf kleine und konkrete Ziele hin viel mehr Aussicht auf Erfolg hat als weitreichende, vage Zielsetzungen, deren Wünschbarkeit zwar niemand in Frage stellt, deren Erreichbarkeit aber auf einem anderen Blatt steht." (Watzlawick/Weakland/Fisch,1984, 185)

[14] Zur Annäherung an den Begriff 'kleine Veränderung' vgl. Braybrooke/Limdblom,1963,62ff.

[15] Zu dieser Kritik vgl. Rittel/Webber,1973,165; Vickers,1983b,144f.

und die Durchführung konjunkturpolitischer Maßnahmen". Die offensichtliche Tragweite dieser Stückwerk-Experimente stellt den Verweis von Braybrooke/Lindblom radikal in Frage, unerwünschten Handlungskonsequenzen korrigierend begegnen zu können[16]. Für die vorliegende Arbeit ist das Argument von Dörner et al. wesentlich, daß auch die Problemsituationen im Management bereits so komplex sind, daß die Reichweite von Handlungskonsequenzen im voraus nur sehr schwierig abzusehen ist. Handeln in sozialen Zusammenhängen und insbesondere in Multiplikatorpositionen kann immer weitreichende Auswirkungen haben, die sowohl in ihrer Wünschbarkeit aus Sicht des Handelnden, wie auch in ihrer Bedeutung für Betroffene abgeschätzt und beurteilt werden müssen[17]. Waddington bezeichnet dies schlicht als gesunden und tragfähigen Menschenverstand[18].

Für systemorientierte Beiträge eröffnet sich hier eine paradoxe Situation: aufgrund der Komplexität und Vielschichtigkeit der Wirkungszusammenhänge in einer sozialen Situation wird davon ausgegangen, daß diese nur unzureichend erfaßt werden können. Gleichzeitig ergibt sich aber die Notwendigkeit, die Wirkungszusammenhänge soweit wie möglich zu erfassen, um Handlungskonsequenzen abzuschätzen, die sich gerade aufgrund der Komplexität in wenig offensichtlichen Bereichen ergeben.

---

[16] Die von Popper genannten Beispiele können insofern für das Argument von Braybrooke /Lindblom herangezogen werden, weil diese Autoren sich primär politischen Entscheidungen widmen.

[17] Popper,1979,68; es sei an dieser Stelle darauf hingewiesen, daß es problematisch erscheint, die Argumentation Poppers zur Stückwerk-Technologie auf das Handeln im Management zu beziehen (vgl. Gomez/Malik/Oeller,1976,190ff). Mit seiner Schrift 'Das Elend des Historizismus', in der Popper die Stückwerktechnologie erläutert, thematisiert er gesellschaftspolitische Handlungsentwürfe, nicht solche, die sich auf kleinere Zusammenhänge ausrichten. Poppers Warnung vor großangelegten Vorhaben ist insofern eine Warnung ausschließlich vor totalitären Tendenzen (vgl. Popper,1979,53,55f,60,71,76). Popper selbst erläutert den Hintergrund dieser Veröffentlichung in seiner Autobiographie wie folgt: "'Das Elend des Historizismus' und 'Die offene Gesellschaft' waren meine Kriegsunterfangen. Ich dachte, Freiheit könnte wieder eines der zentralen Probleme werden, besonders nach dem verstärkten Einfluß des Marxismus und der Idee groß angelegter 'Planung' (oder 'Dirigismus'); und insofern waren diese Bücher als Verteidigung der Freiheit gegen totalitaristische und autoritaristische Ideen und als Warnung gegen die Gefahren historizistischen Aberglaubens gedacht. Beide Bücher ... können als Bücher über die politische Philosophie verstanden werden." (Popper,1986,115; Übers. der Verf.) - Poppers Werk scheint außerdem deshalb keine tragfähige Grundlage für eine sich auf das Handeln im Management beziehende inkrementalistische Argumentation darzustellen, weil Popper immer wieder herausstreicht, daß Handlungen erst nach kritischer Analyse und Prüfung und nach vorsichtiger Abschätzung der Wirkungen auszuführen sind (vgl. Popper,1979,47f,55,70). Auch mit dem Hinweis, daß der entscheidende Unterschied zwischen dem Wissenserwerb einer Amöbe und Einsteins in der kritischen Einstellung gegenüber versuchsweisen Theorien liegt, rückt Popper schließlich immer wieder von seinem Schlagwort von der Strukturgleichheit des Lernens 'von der Amöbe bis zu Einstein' ab. Insofern scheint die These, daß nur das praktische Tun als Quelle des Wissenserwerbs angesehen werden kann, nicht mit dem Werk Poppers gestützt werden zu können.

[18] Waddington,1977,224; zu der ethischen Bedeutung dieser Abschätzung und Beurteilung vgl. unten 9.6., 'Offenlegung des normativen Gehalts einer Grenzdefinition'.

Während die in diesem Abschnitt dargestellte Gruppe von Autoren den ersten Aspekt stärker als den zweiten betont, wurden mit der Weichen Systemmethodik, dem Netzwerk-Diagramm und der Kognitiven Darstellung Hilfestellungen angeführt, mit denen die uns offenstehenden Möglichkeiten zur Durchdringung komplexer Zusammenhänge genutzt werden können und mit denen erarbeitet werden kann, auf welche Aspekte einer Situation sich eine Problembearbeitung konzentrieren sollte. Daß der Inkrementalismus mit einer Leugnung des problematischen Charakters des Handelns in komplexen, sozialen Zusammenhängen keine tragfähige Grundlage für methodische Hinweise darstellt, darauf weist W.Ulrich hin:

> Das Problem des Inkrementalismus ist klar: er vermeidet einfach die moralische und politische Frage danach, wie ein besseres Ganzes aus den inkrementalen Verbesserungen kleiner und abgetrennter Segmente resultieren soll.[19]

---

[19] W.Ulrich,1980,35; Übers. der Verf.

9.4 Grenzdefinition für ein selbstreferentielles System

Mit der Theorie autopoietischer Systeme legen Maturana und Varela ein Systemmodell vor, mit dem das notwendige Grundmerkmal von 'Leben' formuliert und 'Leben' damit hinreichend beschrieben wird[1]. Die emergente Eigenschaft eines autopoietischen Systems ist mit dem Begriff 'Autopoiese' bereits umschrieben[2]: das System (re)produziert sich selbst. Es ist durch ein Netzwerk von Produktionsprozessen gekennzeichnet, die ihre eigenen Komponenten, das Netzwerk und die Systemgrenze generieren[3]. Die Identität des Systems ist in seiner autopoietischen Organisation angelegt, d.h. in den zwischen den Produktionsprozessen bestehenden Relationen. Sie kann sich in verschiedenen spezifischen Produktionsprozessen und Komponenten, d.h. in verschiedenen Strukturen, realisieren. Während ein autopoietisches System Veränderungen seiner Struktur durchlaufen kann, ohne seine Identität zu verlieren, löst es sich auf, wenn es Veränderungen an seiner spezifischen autopoietischen Organisation erfährt. Der Aufrechterhaltung dieser Organisation, die das System einer spezifischen Klasse von Systemen zuweist, sind daher alle im System stattfindenden Prozesse untergeordnet. Gleichzeitig sind nicht einzelne Bestandteile und Eigenschaften im System für die Aufrechterhaltung der Organisation maßgeblich, sondern alle Bestandteile und deren Eigenschaften. Insofern sind die durch eine Reproduktion des Systems ermöglichte Aufrechterhaltung einer spezifischen autopoietischen Organisation und die darin angelegte <u>Autonomie</u> die emergenten Eigenschaften eines autopoietischen Systems:

Autonomie ist die entscheidende Phänomenologie, die aus der autopoietischen Organisation resultiert: die Realisation der autopoietischen Organisation ist das Produkt ihrer Operation. So lange ein autopoietisches System existiert, bleibt seine Organisation invariant; wenn das Netzwerk der Produktionsprozesse der Komponenten, die die Organisation definieren, gestört wird, löst sich die Einheit auf.[4]

---

[1] Maturana/Varela,1980,71; vgl. zur folgenden Darstellung Maturana,1987; Maturana,1982; Maturana/Varela,1980; Maturana/Varela,1987,49ff; Varela,1987; Varela/Maturana/Uribe,1974; sowie die zusammenfassende Darstellung und Beurteilung der Theorie autopoietischer Systeme hinsichtlich anderer Ansätze zur Selbstorganisation und hinsichtlich der Bedeutung für eine sozialwissenschaftliche Interpretation bei Semmel,1982.

[2] Der Begriff 'Autopoiese' wurde von Maturana und Varela geschöpft, um einerseits inhaltliche Mehrdeutigkeiten, die mit einer Wiederverwendung bereits besetzter Begriffe einhergehen würden, zu vermeiden und um andererseits durch den Rückgriff auf die beiden griechischen Worte autos (selbst) und poiein (machen) zum Ausdruck zu bringen, daß die Selbstproduktion das Kernmerkmal lebender Systeme ist (Maturana,1982,141f).

[3] Maturana/Varela,1980,135

[4] Varela/Maturana/Uribe,1974,188; Übers. der Verf.

Von Bedeutung ist das autopoietische Systemmodell für die vorliegende Arbeit, weil die Systemgrenze unverzichtbarer Bestandteil des selbstreferentiellen Prozesses der (Re)Produktion des autopoietischen Systems ist[5]: das Netzwerk von Produktionsprozessen erzeugt seine eigenen Teile, das Netzwerk und auch die Grenze; das Funktionieren dieser Produktionsprozesse setzt die Grenze ebensosehr wie die Teile und das Netzwerk voraus. Diese auch für die Systemgrenze geltende Zirkularität eines autopoietischen Systems, die es aufrechterhalten muß, um ein lebendes System zu bleiben und um seine Identität durch verschiedene Interaktionen hindurch zu bewahren[6], erläutern Varela/Maturana an einer Zelle:

> Diese (Membran als, IvB) häutchenartige Grenze ist aber kein Produkt des Zellstoffwechsels, wie etwa ein Tuch das Produkt einer Webmaschine ist, und zwar deshalb nicht, weil die Membran nicht nur die Ausdehnung des seine eigenen Bestandteile erzeugenden Netzwerkes von Transformationen begrenzt, sondern ebenfalls an diesen Transformationsprozessen teilnimmt. Gäbe es diese räumliche Architektur nicht, würde sich der zelluläre Stoffwechsel in eine molekulare Brühe auflösen, die überall diffundieren und keine getrennte Einheit wie die Zelle konstituieren würde. In bezug auf die Relationen von chemischen Transformationen haben wir hier eine ganz besondere Situation vor uns: Auf der einen Seite sehen wir ein dynamisches Netzwerk von Transformationen, das seine eigenen Bestandteile erzeugt und das die Bedingung der Möglichkeit einer Grenze ist. Auf der anderen Seite sehen wir eine Grenze, die die Bedingung der Möglichkeit des Operierens eines Netzwerkes von Transformationen ist, welches das Netzwerk als Einheit erzeugt.[7]

Da das Modell des autopoietischen Systems auf biologische Fragestellungen ausgerichtet ist, bildet die Anforderung einer räumlichen Systemgrenze das zweite konstitutive Definitionselement eines autopoietischen Systems[8] neben dem Netzwerk von Produktionsprozessen, das die Komponenten und das Netzwerk regeniert:

> Aus dem Begriff der Erzeugung von Bestandteilen folgt, daß die Fälle von Autopoiese, die wir tatsächlich vorzeigen können, ... eine topologische Grenze als Unterscheidungskriterium aufweisen, und daß die Prozesse, die sie

---

5   Maturana,1982,142f; Maturana,1987,94; Maturana/Varela,1987,53f
6   Maturana/Varela,1980,9
7   Maturana/Varela,1987,53; der in der Übersetzung von K. Ludewig benutzte Begriff 'Rand' wurde durch den der 'Grenze' ersetzt. Auch ohne auf den spanischen Originaltext Bezug nehmen zu können, scheint dies angesichts anderer Texte möglich. So wird in englischen Veröffentlichungen stets der Begriff 'boundary' benutzt (vgl. z.B. Varela/Maturana/Uribe, 1974,192f).
8   Maturana,1982,150; Varela,1987,120

bestimmen, entweder in einem tatsächlich oder in einem computersimulierten Raum physikalischer Art ablaufen. <u>Daher ist die Vorstellung der Autopoiese per definitionem beschränkt auf Produktionsbeziehungen einer bestimmten Art und bezieht sich auf topologische Grenzen</u>.[9]

Ausgehend von diesen beiden Grundanforderungen an ein Modell eines autopoietischen Systems, daß nämlich eine Einheit aus vernetzten Produktionsbeziehungen besteht und daß sie durch eine räumliche Grenze abgehoben ist[10], wurde ein 'Schlüssel' ausgearbeitet, anhand dessen zu prüfen ist, ob eine bestimmte Einheit ein autopoietisches System ist. Abb. 9.4a zeigt diesen 'Schlüssel'[11].

Abb.9.4a: Schlüssel, um eine Einheit auf ihren autopoietischen Charakter zu prüfen

1. Stelle durch Interaktionen fest, ob die Einheit genau angebbare Grenzen hat und insofern beschreibbar ist.

2. Stelle fest, ob die Einheit durch Elemente konstitutiert wird, d.h. ob sie Bestandteile aufweist und die Einheit insofern analysierbar ist.

3. Stelle fest, ob die Einheit ein mechanistisches System ist, d.h. ob die Eigenschaften der Bestandteile gewissen Relationen genügen, die die Interaktionen und Transformationen dieser Bestandteile innerhalb der Einheit determinieren.

4. Stelle fest, ob die Bestandteile, die die Grenzen der Einheit bilden, diese Grenzen durch präferentielle Nachbarschaftsrelationen und Interaktionen untereinander konstituieren, wie sie durch ihre Eigenschaften im Raum ihrer Interaktionen determiniert werden, ob also die Grenzen durch die Einheit selbst, nicht durch die Untersuchung determiniert werden.

5. Stelle fest, ob die Bestandteile der Grenzen der Einheit durch die Interaktionen der Bestandteile der Einheit erzeugt werden, sei es durch Transformationen und/oder Verkoppelung von Elementen, die nicht den Bestandteilen angehören, durch die Grenzen der Einheit jedoch in diese eindringen.

6. Wenn alle die anderen Bestandteile der Einheit auch durch die Interaktionen ihrer Bestandteile -wie unter Punkt 5.- erzeugt werden, und wenn alle jene, die nicht durch die Interaktionen anderer Bestandteile erzeugt werden, als notwendige, permanent konstitutive Bestandteile an der Erzeugung anderer Bestandteile mitwirken, <u>dann handelt es sich um eine autopoietische Einheit in dem Raum, in dem ihre Bestandteile sich befinden.</u>

In diesen Anforderungen an die Anwendung des Modells eines autopoietischen Systems wird die <u>konstitutive Bedeutung einer klaren, von der Einheit selbst, nicht vom</u>

<u>9</u> Varela,1987,120; Betonung hinzugefügt
10 Varela,1987,120
11 Vgl. Maturna,1982,164f

<u>Beobachter determinierten Systemgrenze</u> deutlich (vgl. Punkt 5). Da die Grenzen autopoietischer Systeme außerdem offen gegenüber den Austauschströmen sind, die für die Produktionsprozesse des Systems benötigt werden[12], scheint ein Verweis zurück zu den Ausführungen zum Grenzverständnis aus organismischer Systemsicht sinnvoll. Während dort festgestellt wurde, daß das Verständnis von Systemgrenzen, die vom Organismus selbst vorgegeben sind, durch die stärkere Gewichtung der grenzüberschreitenden Flüsse untergraben wurde, erhält es in der Theorie autopoietischer Systeme nicht nur eine neue theoretische Basis, sondern insofern auch eine Betonung, als die Systemgrenze einen konstitutiven Beitrag zur Selbst-Produktion des autopoietischen Systems leistet.

Die Ausrichtung des autopoietischen Systemmodells auf abgegrenzte biologische Phänomene macht es jedoch problematisch, das Modell auf soziale Fragestellungen im allgemeinen und auf einen methodischen Beitrag zur Definition von Systemgrenzen im Management im besonderen anzuwenden, weshalb Varela ein Modell autonomer Systeme vorlegte[13]. Indem das zweite, für autopoietische Systeme geltende Definitionselement einer topologischen Systemgrenze fallengelassen wurde, ist das Modell eines autonomen, organisationell geschlossenen Systems ausschließlich auf die Selbstreferenz eines Systems ausgerichtet und insofern auf soziale Fragestellungen anwendbar[14]. Auch für autonome Systeme gilt , daß die <u>Systemgrenze unlösbar mit der Arbeitsweise des Systems verbunden</u> ist:

---

[12] Die 'Geschlossenheit' eines autopoietischen Systemmodells bezieht sich also nicht auf Austauschströme, auf die eine im physikalischen Raum bestehende biologische Einheit angewiesen ist, sondern darauf, daß die Reaktionen eines autopoietischen Systems gegenüber externen Einflüssen nicht durch die Einflüsse, sondern durch die interne Struktur des Systems determiniert ist: das System ist 'geschlossen' hinsichtlich Lenkungsversuchen von außen (vgl. Maturana/Varela,1987,106).

[13] Die Positionen von Varela und Maturana sind in diesem Punkt unterschiedlich. Während Maturana das autopoietische Systemmodell sehr bald auf gesellschaftliche Fragen anwendete, stand Varela derartigen Übertragungen zunächst skeptisch gegenüber (vgl. Semmel,1982,2f; sowie die dort aufgeführten Hinweise auf Maturana,1980; Maturana,1981) und schlug dann eine Theorie autonomer Systeme vor, die der Selbstreferenz von Systemen gewidmet ist, von den biologischen Besonderheiten autopoietischer Systeme aber abstrahiert und insofern auf Fragestellungen außerhalb des Bereichs des Lebendigen angewendet werden kann: "In ähnlicher Weise hat es Versuche gegeben, bestimmte menschliche Systeme, etwa Institutionen, als autopoietisch zu verstehen.... Nach meinen bisherigen Überlegungen glaube ich, daß solche Vorschläge auf Kategorienfehlern beruhen, da sie Autonomie mit Autopoiese verwechseln. Statt dessen schlage ich vor, die Einsichten aus dem Studium der Autonomie lebender Systeme zum Zweck einer operationalen Kennzeichnung von Autonomie im allgemeinen (d.h. innerhalb und außerhalb des Bereichs des Lebendigen) heranzuziehen. Autonome Systeme sind mechanistische (dynamische) Systeme, die durch ihre Organisation bestimmt sind. Allen autonomen Systemen gemeinsam ist die Tatsache, daß sie <u>organisationell geschlossen</u> sind." (Varela,1987,121; Hervorhebung im Original)

[14] Eine weitere Modifikation gegenüber dem Modell eines autopoietischen Systems liegt darin, daß die im System ablaufenden Prozesse jede Art von Interaktion sein können: "Beispiele ... sind etwa die Herstellung von Bestandteilen, die Beschreibung von Ereignissen, das Umarrangement von Elementen, sowie ganz allgemein (Be)Rechnungen." (Varela,1987,121)

Wenn jedoch -bei näherem Zusehen- eine solche Unterscheidung (=Systemgrenze, IvB) nicht unlösbar an die Arbeitsweise des Systems gebunden ist, dann handelt es sich entweder nicht um eine organisationell geschlossene Einheit, oder die Beobachtung beschreibt sie nicht in dem Bereich, in dem die organisationellen Prozesse ablaufen. Nur wenn Organisation und Unterscheidung aufeinander bezogen sind, haben wir es mit einem autonomen System zu tun, und dieses kann nur aus organisationeller Geschlossenheit hervorgehen.[15]

Auf der Grundlage dieses Konzepts eines selbstreferentiellen autonomen Systems, dessen Grenzen an die Arbeitsweise des Systems gebunden sind, kann der oben aufgeführte 'Schlüssel' zur Bestimmung eines autopoietischen Systems modifiziert werden, so daß er für das Problembearbeiten im Management relevant wird. Die in dem 'Schlüssel' enthaltenen Aussagen lassen sich zu folgender methodischen Anleitung verdichten: die Grenze eines autonomen, selbstreferentiellen Systems ist in einem iterativen Prozeß simultan zu bestimmen mit den Systemteilen und den Relationen zwischen den Prozessen, welche aus den Systemteilen bestehen und welche die Systemgrenze, die Systemteile und die Verknüpfung der Prozesse erzeugen[16]. Abb. 9.4b illustriert dieses Konzept.

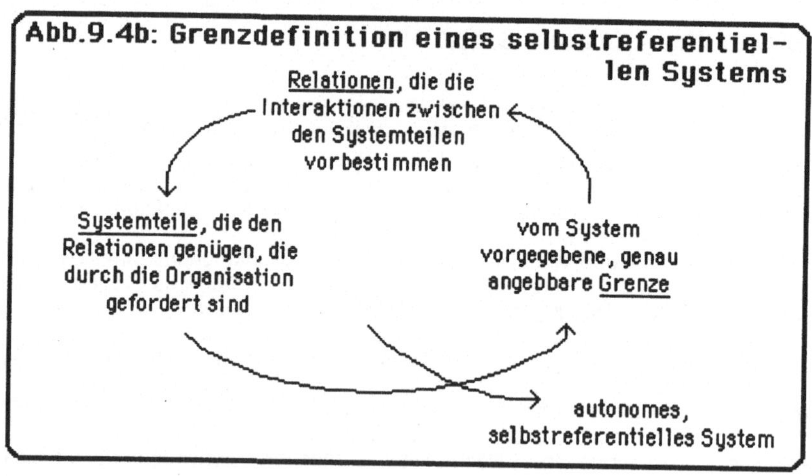

---

[15] Varela,1987,122

[16] Mit dieser Anleitung sind die in Abb. 9.4a aufgeführten Punkte 1-4 und 6 erfaßt. Punkt 5 zielt auf das vorgehend nicht erläuterte Konzept der strukturellen Koppelung ab: ein autopoietisches System kann seinen Interaktionsbereich dadurch erweitern, daß es eine strukturelle Koppelung mit anderen autopoietischen Systemen eingeht, die die Strukturen beider Systeme, nicht aber deren Organisationen verändert (Maturana/Varela,1987,84ff, 105ff). Dieser Punkt wurde daher nicht berücksichtigt, da mit ihm das Grenzkonzept komplizierter und seine Bedeutung für den sozialen Kontext umso unklarer wird.

Drei Anmerkungen sind zu dieser in der Theorie autonomer Systeme begründeten methodischen Anleitung zur Grenzdefinition in Problemsituationen des Managements zu geben. Der Theorie autonomer Systeme sind, erstens, keine Hinweise darüber zu entnehmen, welche Aspekte einer Problemsituation zu modellieren sind. Mit ihr werden <u>ausschließlich Hinweise auf die Struktur des Systemmodells</u> zur Verfügung gestellt, mit dessen Hilfe die Komplexität der Problemsituation auf ganzheitliche Weise reduziert werden kann. Insofern ist dieses Modell systemmethodisch als eine Alternative zum Humanen Handlungssystem in WSM anzusehen. Verschiedene, als autonome Systeme entworfene, ganzheitliche Modelle hätten Werkzeugcharakter, um die relevanten Aspekte in einer spezifischen Problemsituation und damit eine Umgrenzung dieser Situation zu lernen. Zweitens kann die methodische Anleitung wie folgt in Bezug gesetzt werden zu der unter 8. vorgestellten Grenzkonzeption. Zunächst ist ein autonomes System konzeptionell als <u>Gegenpol zu einem Humanen Handlungssystem</u> anzusehen. Die emergente Eigenschaft eines autonomen Systems ist seine (Re)Produktion, - der Output des Systems ist das System selbst. Einem Humanen Handlungssystem liegt demgegenüber die Struktur eines Input-Output-Modells zugrunde, dessen emergente Eigenschaft die Produktion eines vom Selbst verschiedenen Outputs ist[17]. Im übrigen werden mit dem Modell eines autonomen Systems <u>lediglich zwei Hierarchieebenen</u> thematisiert, wie sie in Abb. 9.4b illustriert wurden: die Systemebene, auf der die Relationen zwischen den Prozessen, d.h. die Organisation, anzusiedeln ist, weil diese unauflösbar an die Aufrechterhaltung der emergenten Systemeigenschaft, an die (Re)Produktion des Selbst gebunden ist; und die Struktur, d.h die Systemteile und die Systemgrenze, die die Organisation realisiert. Eine dritte, dem System übergeordnete Ebene widerspricht dem Grundkonzept des autonomen Systems, das ausschließlich um seiner (Re)Produktion willen besteht und nicht einem übergeordneten Zusammenhang dient. Drittens scheint das Hindernis für eine Anwendung der aufgeführten methodischen Anleitung deren mangelnde Konkretisierung zu sein, die im <u>gegenwärtigen Entwicklungsstand der Theorie autonomer Systeme</u> begründet ist. Es herrscht

---

[17] Ein Input-Output-Modell wird in der Theorie autopoietischer Systeme als allopoietisches System bezeichnet und dem autopoietischen System kontrastierend gegenübergestellt (vgl. Maturana/Varela,1980,81). - Auf diesem Hintergrund erscheint die von Checkland in jüngster Zeit mündlich vorgetragene These, daß ein konzeptionelles Modell in WSM ein autopoietisches Systemmodell darstellt, gegenwärtig kaum haltbar (vgl. in ähnlicher Richtung Hinweise von Checkland auf Parallelen zwischen den in der Entwicklung von WSM immer bedeutender werdenden komplementären Beziehungen und dem Denken in der neueren Biologie [Checkland,1984b,102]). Checkland bezieht sich dabei auf die 'organisationelle Geschlossenheit' der Modellstruktur: Das Kontrollsystem, das zu jedem Systemmodell gehört, bildet zusammen mit dem System einen geschlossenen Regelkreis, - aus Checklands Sicht generieren sich das System und das Kontrollsystem gegenseitig. Bereits die Überlegung, daß dieser Argumentation zufolge jeder geschlossene Regelkreis als autopoietisches System anzusehen wäre, läßt Zweifel an ihrer Schlüssigkeit aufkommen. Entscheidendes Gegenargument ist aber der Input-Output-Charakter eines Humanen Handlungssystems.

weithin Unklarheit darüber, was -in sozialen Zusammenhängen- als konstante Relationen angesehen werden könnten, an welche die Identität des Systems gebunden ist, und was im Gegensatz dazu eine Struktur und die in ihr manifestierten Systemteile sein könnten, deren Veränderung die Identität des autonomen Systems nicht berührt[18]. Gerade diese Aspekte sind aber, wie Abb. 9.4b illustriert, entscheidend für eine Grenzdefinition. Eine methodische Anleitung dazu, wie ein Problembearbeiter Grenzen eines autonomen Systems definieren könnte, um dann mit Hilfe solcher Systemmodelle eine komplexe und vielschichtige Problemsituation zu erforschen und sinnvoll zu umgrenzen, wird insofern solange nicht deutlicher herausgearbeitet werden können, wie unklar bleibt, wie das Modell autonomer Systeme auf soziale Zusammenhänge angewendet werden kann.

---

[18] Gomez/Probst zeigen die Anwendung des Modells des autonomen Systems auf soziale Systeme anhand der Beispiele einer Unternehmung und der katholischen Kirche (vgl. Gomez/Probst, 1985,24). Im ersten Fall bezeichnen sie die in der Unternehmungskultur verankerten Überzeugungen oder Glaubenssätze als konstante autopoietische Organisation, im zweiten Fall die im katholischen Glauben verankerten Werthaltungen und Überzeugungen und die Kurie. Als Struktur gilt bezogen auf die Unternehmung "alles andere, was sich verändert" (Gomez/Probst,1985,26), bezogen auf die katholische Kirche "gelegentliche Veränderungen, z.B. an der Form der Messe" (Gomez/Probst,1985,27). Die Systemgrenzen gelten in beiden Fällen als unscharf, den Mitgliedern jedoch intuitiv bekannt. Dieser Anwendung des Konzepts eines autonomen Systems sprechen die Autoren "eine gewisse intuitive Attraktivität" zu (Gomez/Probst,1985,25). - Während der Versuch, das Konzept eines autonomen Modells umzusetzen, zum gegenwärtigen Zeitpunkt kaum überzeugender auszuführen wäre, so melden sich an dessen Bewertung Zweifel. Ist es notwendig, das biologische Konzept autonomer Systeme zu bemühen, um eine Darstellung sozialer Institutionen zu geben, in der die Dauerhaftigkeit einzelner Aspekte gegenüber der schnelleren Wandelbarkeit anderer Aspekte herausgearbeitet wird? Ist es sinnvoll, das durch seine konzeptionelle Schärfe bestechende Konzept autonomer Systeme intuitiv zu übertragen und dabei Kernaussagen des Konzepts unklar werden zu lassen, wie z.B. die dreifache Bedingung von klar definierter Grenze, Organisation und Struktur? - Daß in der vorliegenden Arbeit von einer Konkretisierung der methodischen Anleitungen abgesehen wird, folgt aus einer negativen Beantwortung der vorstehenden Fragen.

9.5 Definition von Sinngrenzen

Systemgrenzen stehen im Kern von Luhmanns Entwurf einer Systemtheorie: Als Handlungssysteme konzipierte soziale Systeme[1] bilden ihre Identität[2], indem sie eine System/Umwelt-Differenz schaffen und aufrechterhalten[3]:

Als Ausgangspunkt jeder systemtheoretischen Analyse hat ... die <u>Differenz von System und Umwelt</u> zu dienen. Systeme sind nicht nur gelegentlich und nicht nur adaptiv, sie sind strukturell an ihrer Umwelt orientiert und können ohne Umwelt nicht bestehen. Sie konstituieren und sie erhalten sich durch Erzeugung und Erhaltung einer Differenz zur Umwelt, und sie benutzen ihre Grenzen zur Regulierung dieser Differenz. ... In diesem Sinne ist <u>Grenz</u>erhaltung (boundary maintenance) Systemerhaltung.[4]

Fokus für Luhmanns Auseinandersetzungen ist die unendliche Komplexität der Welt, das nicht faßbare Universum an Möglichkeiten[5]. Bestehen kann in dieser Komplexität nur, was zur <u>Komplexitätsreduktion</u> fähig ist. Soziale Systeme leisten dies durch ihre <u>Sinngrenze</u>. Die Schaffung und Aufrechterhaltung dieser Sinngrenze stellt gleichzeitig das System, die nur mit Bezug auf das System denkbare Umwelt und das <u>Komplexitätsgefälle zwischen System und Umwelt</u> her:

Sinngrenzen -und räumliche Grenzen können natürlich auch Sinngrenzen symbolisieren- ordnen ... ein Gefälle in Komplexität. Sie trennen System und Umwelt als Möglichkeitsbereiche von verschiedener Komplexität. Die Umwelt hat immer höhere Komplexität als das System und letztlich die unbestimmte Komplexität der Welt überhaupt. Sinngrenzen markieren diesen Unterschied und machen ihn für die Orientierung des Erlebens verfügbar. Sie zeigen an, daß

---

1 Während Luhmann in seinen früheren Schriften sehr klar darin war, daß Systeme als Handlungssysteme aufzufassen sind (vgl. Luhmann,1978,213f; Luhmann,1971a,80f,90; Luhmann,1970a,115; Luhmann,1970b,45), wird dies in seiner jüngsten großen Veröffentlichung überlagert durch den Ansatz, Systeme als selbstreferentielle Systeme zu verstehen. Die Ausrichtung auf Handlungssysteme durchzieht jedoch auch diesen Entwurf einer allgemeinen Theorie sozialer Systeme. So weist Luhmann z.B. darauf hin, daß soziale Systeme sich im Handeln reproduzieren (Luhmann,1984,124; vgl. auch Luhmann,1984,248,269, 272).

2 Vgl. Luhmann,1984,243,252,277

3 Vgl. Luhmann,1970a,115; während Luhmann nur an einer Stelle der Interpretationsmöglichkeit nachgeht, die Systemgrenze als etwas 'Drittes' zwischen System und Umwelt aufzufassen (Luhmann,1984,53), versteht er diese ansonsten durchgängig als von System geschaffene Grenze, was insbesondere im Rahmen seiner Absicht unumgänglich wird, seinen Systementwurf auf die Selbstreferenz von Systemen auszurichten (vgl. Luhmann,1984,31).

4 Luhmann,1984,35; Betonung im Original; vgl. auch Luhmann,1984,10,22f,26,242ff.

5 Komplexität ist für Luhmann in der Anzahl von Elementen und Relationen begründet (Luhmann,1984,45,73,291) und damit ein Maß für Unbestimmtheit (Luhmann,1984,50).

im System spezifizierte und bekannte Bedingungen der Möglichkeit des Handelns gelten, außerhalb des Systems dagegen 'irgendwelche' andere.[6]

Neben die Komplexität tritt die <u>Kontingenz</u> als zweites Problem: die Möglichkeiten können immer zu anderen werden; es herrscht stets eine risikobeladene Ungewißheit[7]. Um dieser Enttäuschungsgefahr begegnen zu können, ist es entscheidend, daß Komplexität durch die Sinngrenze nicht vernichtet, sondern lediglich 'ausgeklammert' wird. Insofern weist die Sinngrenze, die eine selektiv verdichtete Ordnung ermöglicht, stets über die abgegrenzten Zusammenhänge hinaus[8]. Sie trennt das System von seiner Umwelt und verbindet es gleichzeitig mit ihr[9]. Sie bietet die Möglichkeit des <u>reflexiven Negierens</u>: der Negation des Universums an Potentialitäten und der Negation dieser Negation[10]. Das System kann sich damit stets neue Handlungsmöglichkeiten schaffen und damit auf Unerwartetes reagieren[11]:

> Grenzziehung und Grenzerhaltung benutzen die beiden Leistungskomponenten der Negation: Generalisierung im Sinne einer Pauschalabweisung der jeweils neutralisierten anderen Möglichkeiten und Reflexivität im Sinne einer 'Aufhebbarkeit' des Negierten. ... Abgrenzbare Systeme machen, mit anderen Worten, eine Lebensführung möglich, die sich einer äußerst komplexen, kontingenten Welt aussetzt und doch jeweils nur zwischen wenigen, bewußt kontrollierbaren Möglichkeiten des Verhaltens zu wählen hat.[12]

Luhmanns Verständnis zufolge integrieren Systeme Handlungen auf der Basis von Sinn. Sie sind sowohl sinnkonstituierte wie auch sinnkonstituierende Handlungssysteme, die gleichzeitig über ihre Grenzen hinausweisen[13]. <u>Sinngrenze und System sind zwei sich gegenseitig bedingende Aspekte des Umgangs mit der Komplexität und der Kontingenz der Welt</u>. Die entlastende Wirkung der Sinngrenze entfaltet sich dabei

---

[6] Luhmann,1971a,73; vgl. Luhmann,1971b,11f; vgl. auch die Ausführungen zum gegenseitigen Bedingtsein von System und Umwelt (z.B. Luhmann,1984,36f146,242ff) und zu den Komplexitätsgraden von System, Umwelt und Welt (z.B. Luhmann,1984,47,249ff,283).

[7] Vgl. Luhmann,1984,152; Luhmann,1971a,32f,61; Kontingenz in der sozialen Welt bezeichnet Luhmann als 'doppelte Kontingenz'. Sie ist im wechselseitigen Wissen um die Offenheit der Handlungsmöglichkeiten des Gegenüber begründet (vgl. Luhmann,1984,165; Luhmann, 1971a,62f).

[8] Vgl. Luhmann,1984,93

[9] Vgl. Luhmann,1984,52f,64,93ff,142

[10] Vgl. Luhmann,1971a,31

[11] Diese Sichtweise scheint einen Hintergrund für folgende schlagwortartige Verknüpfung Luhmanns darzustellen: "Komplexität in dem angegebenen Sinne heißt Selektionszwang, Selektionszwang heißt Kontingenz, und Kontingenz heißt Risiko." (Luhmann,1984,47).

[12] Luhmann,1971b,75; vgl. Luhmann,1978,217; Luhmann,1971a,34f; Luhmann,1970a,130

[13] Vgl. Luhmann,1984,283; Luhmann,1971b,30,94; vgl. die Darstellungen bei Dyllick, 1984a,173; Weber,1985,64ff; Willke,1982,28ff.

besonders bei einer Dauerhaftigkeit des Sinnzusammenhangs, d.h. dann, wenn eine spezifische Systemgrenze gegenüber der Umwelt realtiv stabil gehalten wird[14].

Laut Luhmann ist das vorstehende Grenzkonzept für die Analyse von in der Realität bestehenden Systemen zu benutzen[15], welche insofern an der von einem System selbst vorgenommenen Differenz zwischen der eigenen Identität und der Umwelt zu orientieren wäre. Da die Sinngrenze des Systems und das System aufeinander verweisen und einen Sinnzusammenhang begründen, bedeutet die Rekonstruktion eines sozialen Systems gleichzeitig die Rekonstruktion des von ihm konstituierten Sinnzusammenhangs und von dessen Grenze[16]. Es wurde bereits darauf hingewiesen[17], daß das oben entwickelte Grenzkonzept[18] den von Luhmann ausgearbeiteten Aspekt der doppelten Negation widerspiegelt: eine Problemsituation sollte danach nicht abgegrenzt werden; es sollte vielmehr der offene Charakter des Lernens über eine Problemsituation betont werden, in dem jederzeit die Möglichkeit bestehen muß, etwas zuvor Vernachlässigtes aufzugreifen. In Luhmanns Worten ist dies die Negation der Negation. Trotz dieser Parallele scheint die <u>Konzeption von Luhmann auf die Bearbeitung von Problemsituationen im Management nur dann anwendbar</u> zu sein, wenn diese auf eine Institution als Ganzheit ausgerichtet ist. In diesem Fall kann mit ihrer Hilfe das <u>Beurteilungssystem der Institution abgeklärt</u> und im Verlauf der Problembearbeitung an dieses angeknüpft werden.

Luhmann selbst weist auf die Schwierigkeiten hin, die sich bei dem Versuch einer empirischen Erfassung von Systemgrenzen ergeben[19]. Da er selbst jedoch keine methodische Anleitungen gibt, soll auf eine in der Familientherapie entwickelte Grenzkonzeption zurückgegriffen werden[20], die zum einen eine theoretisch ergiebige und operationalisierte Unterscheidung einführt, zum anderen zum Grenzkonzept Luhmanns in Beziehung gesetzt werden kann. In ihrer Arbeit an einem Konzept für Familiengrenzen gehen Wood/Talmon von Minuchins Grenzansatz aus, der auf <u>Regeln</u> konzentriert, wer am Familienleben wann und wie teilnimmt[21]. Sie unterscheiden die

---

[14] Vgl. Luhmann,1971a,94; Luhmann,1970a,117,123
[15] Vgl. Luhmann,1984,244f
[16] Vgl. Weber,1985,64ff
[17] Vgl. oben 7.3, 'Bedeutung des Projekts für die Aussagen der Weichen Systemmethodik', S. 198, Fußnote 6.
[18] Vgl. oben 7.3, 'Bedeutung des Projekts für die Aussagen der Weichen Systemmethodik', S. 196f.
[19] Vgl. Luhmann,1971a,73
[20] Die Berücksichtigung familientherapeutischer Ansätze ist insofern naheliegend, als der Systemansatz in diesem Feld seit geraumer Zeit angewendet und hier notwendigerweise auf Sinnzusammenhänge ausgerichtet wird (vgl. z.B. Selvini Palazzoli,1983).
[21] Vgl. Minuchin,1978,53ff

beiden Konzepte 'Grenze' und 'Territorium', die sie als zwei Aspekte derselben Sache verstehen:

> Das Konzept einer Grenze (boundary) verlangt die Vorstellung eines Territoriums für ihre Definition. Eine Grenze (boundary) ist die Begrenzung (limit) eines bestimmten Territoriums (oder die Trennlinie zwischen zwei Territorien).[22]

Unter den Begriff 'Grenze' fassen die Autoren die logische Unterscheidung von Klassen von Verhalten, die zu Rollen- bzw. Subsystemdifferenzierung führen. Mit Bezug auf diese logische 'Grenze' kann beurteilt werden, wie klar, mehrdeutig, rigide usw. die Verhaltensmöglichkeiten der Subsysteme in einer Familie umgrenzt sind[23]. Das zweite Konzept des 'Territoriums' zielt auf die interpersonellen Barrieren ab, die mit den durch die logischen Grenzen definierten Rollen geschaffen werden. Mit ihm können Durchlässigkeit und Nähe von Subsystemen beschrieben werden[24]:

> So wie das Konzept einer Grenze heute benutzt wird, umfaßt es jedoch zwei völlig unterschiedliche Phänomene. Die Bezeichnung 'diffuse Grenzen' bezieht sich z.B. nicht nur auf die mangelnde Klarheit von Rollen, wer in welchem Subsystem partizipiert, sondern wird auch hinsichtlich extremer Formen familiärer Nähe angewandt, die durch extremes Zusammensein und Teilen charakterisiert ist, was zu einem Mangel an Privatsphäre und Autonomie der einzelnen Familienmitglieder führt. Die Metapher 'Grenze' enthält insofern zumindest zwei konzeptionell unterscheidbare Komponenten, diejenige der 'Rolle' (d.h. Subsystemgrenzen) und diejenige der 'Nähe' (d.h. interpersonelle Grenzen).[25]

Auch Luhmanns Grenzkonzept scheint beide von Wood/Talmon unterschiedenen Komponenten abzudecken. Zum einen leuchtet die Idee des Territoriums dort auf, wo Luhmann darauf verweist, anhand der Sinngrenze Systemhandlungen von einer Umwelt nicht dazugehöriger Handlungen abgrenzen zu können[26]. Zum anderen können die Sinngrenzen als Regeln über die Erlebnis- und Verhaltensweisen des Systems

---

[22] Wood/Talmon,1983,348; Übers. der Verf.

[23] Die Autoren nennen vier Aspekte, anhand derer die Klarheit der Grenzen in einem Familiensystem zu untersuchen sind: Wer sorgt für wen? Wer gehorcht wem? Wer geht mit wem Koalitionen ein?

[24] Die Autoren operationalisieren beide Konzepte, indem sie für die Beurteilung der Grenzen und Territorien in Familien Aspekte nennen, die zu berücksichtigen sind (vgl. Wood/Talmon, 1983,349ff). - Während diese Autoren damit von einer allgemeingültigen Erfaßbarkeit von Grenzen und Territorien in einer Familie ausgehen, betont Wilkinson, daß diese lediglich in der von Mitglied zu Mitglied unterschiedlichen Wahrnehmung bestehen (Wilkinson,1985, 100). Als Ergänzung des Ansatzes Luhmanns scheinen jedoch die erstgenannten Autoren passender, da auch Luhmann den Sinngrenzen einen subjekt-unabhängigen Stellenwert zuordnet (Luhmann,1984,245ff).

[25] Wood/Talmon,1983,348; Übers. der Verf.

[26] Luhmann,1971a,83

aufgefaßt werden[27], die das Systemverhalten in der gleichen Weise anleiten, wie Wood/Talmon dies hinsichtlich der für Subsysteme geltenden logischen Grenzen feststellen[28].

Bezüglich der nur schwierig zu bewältigenden Problematik, diese in sozialen Systemen geltenden sinnkonstituierten und sinnkonstituierenden Regeln in positiver Form herauszuarbeiten, kann möglicherweise umgangen werden, wenn dem Konzept der Grenzreaktion in diesem Kontext Bedeutung verliehen werden kann. Die Idee wäre hier, Grenzreaktionen, die beim Eindringen in ein durch das logische Grenzkonzept abgesteckte Territorium auftreten, zu erfassen und von diesen zurück auf die Regeln zu schließen, die angesichts spezifischer Grenzreaktionen bestehen müssen[29]. Auf die Bedeutung von Grenzreaktionen weist Marquard im Zusammenhang mit der System/ Umwelt-Differenzierung bei Luhmann hin:

> Die systemtheoretische Fundamentalisierung der System-Umwelt-Differenz ... ist fruchtbar für Analysen der Reaktion des Begrenzten auf ihm zugestoßene Grenzgefährdungen: als derartige 'Grenzreaktionen' können begriffen werden: beim Lebendigen das Immunsystem (Thomas A. Sebeok), beim Menschen die Angst (Thure v. Uexküll), Lachen und Weinen (Helmuth Plessner), die 'Kontingenzerfahrungskultur der Geschichte' (Hermann Lübbe), literarische Texte als Verarbeitung einer 'Ereignis' genannten Grenzverletzung (Jurij M. Lotmann), und so fort. All diese 'Grenzreaktionen' aber leben davon, daß es Grenzen ... gibt.[30]

Da sich hier die Frage stellt, was mit Bezug auf Institutionen als 'Grenzreaktionen' zu werten ist, ist der Verweis auf dieses Konzept eher im Sinne einer vollständigen Darstellung der in der Literatur vertretenen Grenzkonzepte als als methodischer Hinweis für das Problembearbeiten im Management zu verstehen.

Soll aber der Ansatz Luhmanns methodisch genutzt werden, so könnten die Ambivalenz von logischer Grenze und dem von dieser Grenze abgesteckten Territorium und der Hinweis auf Grenzreaktionen konzeptionelle Ergänzungen sein, mit

---

[27] Vgl. Luhmann,1984,247,267ff; Luhmann,1971b,40,65,70,73f
[28] Der Hinweis von Wood/Talmon auf den dynamischen Charakter einer logischen Grenze (Wood/Talmon,1983,352,354) kann in Bezug gesetzt werden zu der von Luhmann betonten Erfordernis, daß Komplexität lediglich 'ausgeklammert', nicht aber vernichtet wird. Gerade die Möglichkeit des Wandels der logischen Grenzen erlaubt, auf kontingente, in der Zukunft liegende Anforderungen flexibel antworten zu können.
[29] Ähnlich schlägt Schein als eine unter vier Vorgehensweisen zur Analyse einer Organisationskultur 'Analyzing Responses to Critical Incidents in the Organization's History' vor (Schein,1984).
[30] Marquard,1981,121

denen in der Realität bestehende Sinnzusammenhänge, die Sinngrenzen im Luhmannschen Sinne, aufzudecken sind. Für eine Problembearbeitung im Management wäre dieses Konzept dann von Interesse, wenn ein die ganze Institution betreffendes Problem vorliegt und ein Verständnis des Beurteilungssystems der Institution wünschenswert ist. Abb. 9.5 faßt diese Überlegungen zusammen.

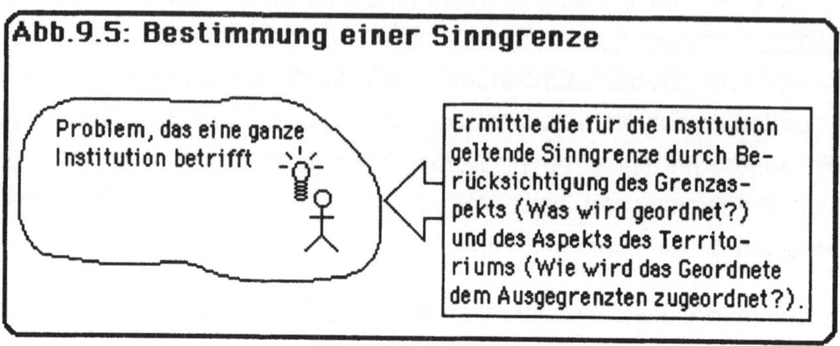

9.6 Offenlegung des normativen Gehalts einer Grenzdefinition

Abgrenzungsurteile stehen im Zentrum von W.Ulrichs Entwurf einer Kritischen Heuristik, die darauf abzielt, praktische Vernunft dort umzusetzen, wo sie am meisten benötigt wird, wo nämlich Entscheidungen von Personen getroffen werden, die andere betreffen[1]. Problematisch ist diese Situation, da aufgrund unterschiedlicher Normen ein Handlungsentwurf aus Sicht der Entscheidenden ein rationales Mittel zu einem vernünftigen Zweck sein, aus Sicht der Betroffenen aber einem unvernünftigen Zweck dienen und damit irrational sein kann. Soll hier ein Handlungsentwurf gefunden werden, der von allen als zweck- und wertrational angesehen wird, so sind zunächst die Wertmaßstäbe zwischen Beteiligten und Betroffenen zur Übereinstimmung zu bringen. Da die Gruppe der von praktischen Handlungsentwürfen potentiell Betroffenen aber nie mit absoluter Gewißheit im voraus bestimmt werden kann, ergibt sich die Forderung nach Verallgemeinerungsfähigkeit der Handlungsnormen. Sie dürfen nicht willkürlich, sondern müssen aufgrund guter Gründe, d.h. vernünftig, bestimmt werden. Diesem Ziel dient die 'Kritische Heuristik'. Mit ihr soll praktische Vernunft in die Praxis von Planungs- bzw. Problembearbeitungsprozessen gebracht werden.

Mit der Namensgebung 'Kritische Heuristik' und dem Verweis auf die Bedeutung dieser Begriffe bei Kant bezieht W.Ulrich bereits eine klare Position[2]. 'Kritisch sein' bedeutet, die Annahmen zu reflektieren, die einer theoretischen Feststellung oder einem praktischen Handlungsentwurf vorausgehen und die diesen einen normativen Gehalt verleihen. Dieses selbst-reflektierende Verständnis von 'Kritik' ist für W.Ulrich auch im Heuristik-Begriff enthalten. Wird Heuristik zunächst verstanden als Anleitung für das Entdecken, so muß, um nicht einer objektivistischen Illusion zu erliegen, mitgedacht werden, daß in jeder Entdeckung eine Täuschungsgefahr liegt. W.Ulrich verweist hier beispielhaft auf Christoph Kolumbus. Eine auf den Begriffen der Kritik und der Heuristik begründete Methodik ist insofern darauf ausgerichtet, den problematischen Charakter der empirischen und theoretischen Gültigkeit jedes nur hypotheti-

---

[1] Zur folgenden Darstellung vgl. W.Ulrich,1984; W.Ulrich,1983; W.Ulrich,1981b; zu einer Einordnung des Beitrags von W.Ulrich in die neuere Diskussion des Rationalitätsbegriffs vgl. Steinmanns Rezension von W.Ulrich,1983 in Steinmann,1987.

[2] Vgl. W.Ulrich,1983,19ff

schen Urteils mitzudenken und dessen darin begründeten normativen Gehalt zu reflektieren[3]:

> Ein Ansatz zu 'rationaler Planung', der sowohl kritisch als auch praktisch ist, ist
> daher notwendigerweise ein nur heuristischer Ansatz, d.h. er kann seine eigenen Grundkonzepte und seinen normativen Gehalt theoretisch nicht rechtfertigen, sondern muß gegenüber seinem theoretisch problematischen und praktisch
> normativen Charakter selbstkritisch bleiben.[4]

Mit der Kritischen Heuristik wird also das Anliegen verfolgt, den normativen Gehalt eines Handlungsentwurfs transparent zu machen. Sie macht diesen an den Begründungsabbrüchen fest, die mit jeder theoretischen und mit jeder auf das Ausführen eines Handlungsentwurfs ausgerichteten Rede einhergehen. Immer bleiben Prämissen unbegründet, mögliche Konsequenzen von Handlungsentwürfen unberücksichtigt[5]. Insofern nennt W.Ulrich diese Begründungsabbrüche Abgrenzungsurteile: das, was berücksichtigt wird, wird abgegrenzt gegenüber dem Unberücksichtigten. Die nur ausschnitthafte Berücksichtigung der Konsequenzen eines Handlungsentwurfs läßt dabei die imminente normative Bedeutung dieser Abgrenzungsurteile aufleuchten. Die

---

[3] Vgl. W.Ulrich,1983,20; in der jüngeren Tradition folgt W.Ulrich mit diesem Verständnis von Kritik als Selbst-Reflektion der jedem Denken anhaftenden Beschränkungen Churchman, wie seiner eigenen Einführung zu Churchmans Buch 'Der Systemansatz und seine Feinde' zu entnehmen ist, der Veröffentlichung, mit der Churchman "den Systemansatz sowohl als 'Täuschungstheorie' als auch selbstreflektiv als Täuschungsquelle versteht." (W.Ulrich, 1981,26) Wird mit dem Systemansatz angestrebt, 'die Gesamtheit' zu erfassen, öffnet sich die Gefahr, dem notwendig standpunktbedingten und selektiven Charakter jeder, auch der nach 'Ganzheitlichkeit' strebenden Erkenntnis und damit ihrem normativen Gehalt unkritisch gegenüberzustehen. Dieser Gefahr ist die szientistische, allein der theoretischen Vernunft gewidmete Version des Systemansatzes ausgesetzt. Zur Täuschungstheorie wird er, wenn er auf die Grundlage des Kantschen Systembegriffs gestellt wird, "der lediglich ein anderer Begriff für den als allgemeines Vernunftprinzip formulierten kritischen Standard ist, demzufolge es die Aufgabe der Vernunft ist, die Einheit des Verstehens dadurch zu vervollständigen, daß über die Totalität der in sie einfließenden Voraussetzungen reflektiert wird." (W.Ulrich,1983,223; Übers. der Verf.) Ein solcher, im Kantschen Systembegriff begründeter Systemansatz, der stets die in seine Erkenntnis einfließenden Voraussetzungen mitdenkt, führt nicht nur zur Erkenntnis über sein Erkenntnisobjekt, sondern gleichzeitig zur Erkenntnis der Beschränkungen seiner Erkenntnis. Er wird so zu einer kritischen Instanz (Vgl. W.Ulrich,1983,224f,292f,295; W.Ulrich,1981b,31ff; vgl. auch Churchman, 1981,65, der den 'Feinden' des Systemansatzes, der Politik, Moral, Ästhetik und Religion, die wichtige Rolle zuschreibt, die Beschränkungen des Systemansatzes aufzuzeigen: "Diese Feinde sind für mich eine bedeutsame Quelle des Lernens über den Systemansatz, gerade weil sie den rationalen Denker dazu veranlassen, aus seinem eigenen Gedankenkreis herauszutreten (they enable the rational mind to step outside itself) und sich selbst (vom Standpunkt der Feinde aus) zu beobachten.").

[4] W.Ulrich,1983,23; Übers. der Verf.

[5] Daß W.Ulrich auch für theoretische Diskurse die beiden Formen von Begründungsabbrüchen feststellt, also auch denjenigen hinsichtlich der praktischen Konsequenzen, beruht auf seinem vom philosophischen Pragmatismus übernommenen Ansatz, die Bedeutung einer Aussage als die Gesamtheit ihrer lebenspraktischen Konsequenzen aufzufassen. Insofern sind auch in 'theoretischen' Diskursen die Bedeutungen von Aussagen an deren lebenspraktischen Konsequenzen zu erarbeiten (Vgl. W.Ulrich,1984,327).

nicht berücksichtigten Konsequenzen einer praktischen Handlung sind immer <u>Konsequenzen für jemanden</u>, und die nicht begründeten Prämissen haben Konsequenzen für jemanden:

> Wenn wir (als Entscheidungsträger, Planer oder Bürger) ein 'Problem haben', so meinen wir damit, daß irgendein uns interessierender oder betreffender Teil der realen Welt verbesserungsbedürftig ist oder es in absehbarer Zukunft sein wird. Das 'Problem definieren' heißt dann in erster Linie, jenen Realitätsausschnitt gedanklich abzugrenzen, der Planungsobjekt sein soll. Indem wir dieses Planungsobjekt als <u>System</u> bezeichnen, erinnern wir uns jederzeit daran, daß am Anfang aller rationalen Planung ein normativer Entscheid über die gedanklichen <u>Systemgrenzen</u> liegt, welche das zu gestaltende bzw. zu verbessernde soziale System zu seiner Umwelt in verschiedener Hinsicht abgrenzen. Das 'Problem lösen' schließlich bedeutet, das definitorisch abgegrenzte System so neu zu gestalten, daß es einen erwünschten Zielzustand erreichen kann bzw. bestimmte Leistungen für jene Gruppe von Bürgern erbringen wird, denen die Planung dienen soll (den 'Planungskunden', wie wir sagen werden). Daß solche Systemgestaltung neben Wissen auch Wertungen voraussetzt, ist offensichtlich: Nicht jeder Bürger kann im selben Maß zum Planungskunden gehören - manche werden materielle oder ideelle Nachteile zu tragen haben, ohne gleichzeitig an den Vorteilen teilzuhaben. Diese Verteilungswirkungen -denn um solche handelt es sich- werden je nach der ursprünglichen Abgrenzung des problemrelevanten Systems unterschiedlich ausfallen und verschiedene Bürger betreffen. Da nun aber die 'richtigen' Systemgrenzen bzw. die 'richtigen' Verteilungswirkungen nicht objektiv begründbar sind, wird klar, daß die an der Planung beteiligten Experten ihre unvermeidlichen Abgrenzungskriterien nicht unter Berufung auf ihre 'Expertise' als 'objektiv notwendig' darstellen können. Anders gesagt: <u>Kein Experte kann alle Abgrenzungsurteile</u>, die er bei der Anwendung seiner Expertise voraussetzen muß, <u>durch seine Expertise zureichend begründen</u>. Expertise schützt nicht vor Werturteilen, sondern setzt sie voraus.[6]

Es liegt hier also ein <u>Dilemma</u> vor: es ist praktisch und theoretisch unmöglich, alle Konsequenzen von Handlungsentwürfen zu berücksichtigen und alle Prämissen einer Argumentation zu begründen, und gleichzeitig ist es eine Forderung der praktischen Vernunft, 'vernünftig' in den Wertentscheiden zu sein, d.h. konkret: mit guten Gründen bestimmte Interessen in der Beurteilung eines Handlungsentwurfs zu erfassen und andere zu vernachlässigen. Dieses Dilemma löst W.Ulrich durch eine

---

[6] W.Ulrich,1984,337; Betonung im Original; vgl. W.Ulrich,1983,20,288

kritische Lösung, die darauf abzielt, <u>den apriorischen Abgrenzungsurteilen den Anschein der Objektivität zu nehmen</u>. Indem ihre Werthaftigkeit aufgedeckt wird, wird ein kritischer Umgang mit diesem Begründungsdefizit ermöglicht[7].

Dem Anspruch folgend, mit seinem Beitrag einen Schritt hin zu einer vernünftigeren Praxis zu tun, legt W.Ulrich <u>zwölf Fragen</u> vor, deren Beantwortung den normativen Gehalt eines Handlungsentwurfs deutlich werden läßt (Abb. 9.6[8]):

Die Liste (stellt, IvB) die verschiedenen Formen von Abgrenzungsurteilen zusammen, die unvermeidlich in jede handlungsbezogene Entscheidung, jeden Plan oder Systementwurf, einfließen. (Sie ist, IvB) damit eine intersubjektiv nachvollziehbare Vorgehenssystematik (eine 'Checkliste')..., mittels derer Beteiligte und Betroffene den normativen Gehalt der Planung Schritt für Schritt hinterfragen können.[9]

Zunächst können die zwölf Fragen als <u>Reflexionshilfe</u> für die Problembearbeiter verstanden werden, da sie diesen einen kritischen Umgang mit den <u>normativen</u>

---

[7] Dem Vorschlag der kritisch-heuristischen Lösung geht eine an dieser Stelle in keiner Weise anzudeutende Auseinandersetzung W.Ulrichs mit den Beiträgen von Kant und von Habermas zur praktischen Philosophie voraus. Als eine für seinen Beitrag wesentliche Fortentwicklung zwischen diesen Entwürfen nennt W.Ulrich den Schritt von einem, bei Kant, monologischen zu einem, bei Habermas, dialogischen Modell der praktischen Vernunft (vgl. W.Ulrich,1983, 142ff). Dennoch schließt W.Ulrich sich nicht dem in der Kritischen Theorie vorgeschlagenen Diskursmodell an, das eine Argumentationslogik zur Begründung von Normen unter den Bedingungen einer idealen Sprechsituation aufstellt. An dieser Stelle seien zwei zentrale Argumente W.Ulrichs genannt. Erstens wird bei diesem Diskursmodell (wie auch bei dem von Lorenzen ausformulierten Konstruktivismus) der Wille zur Rationalität in den Bedingungen einer idealen Sprechsituation vorausgesetzt (bei Lorenzen in den linguistischen Normen). Mit dem Transsubjektivitätsprinzip ("Keine subjektiven Argumente! Transzendiere deine Subjektivität!") wird also das Vorliegen dessen angenommen, was mit dem Diskursmodell (bzw. den linguistischen Normen) geschaffen werden soll: eine Rationalität, mit der ein Konsens über Normen herbeigeführt werden kann. Zweitens besteht die Tendenz, rationale Praxis nicht anzuleiten, sondern durch einen Diskurs zu ersetzen, da das Problem der Argumentationsabbrüche nicht bewältigt wird. (Vgl. W.Ulrich,1983,30ff,148f,157ff, 163ff; W.Ulrich,1984,330ff; sowie die äußerst prägnanten Ausführungen zu den Positionen der Kritischen Theorie und des Konstruktivismus als Versuche, praktische Vernunft umzusetzen, indem der seit Weber vorherrschende Gegensatz zwischen der Ökonomie der Mittelwahl und der Rationalität der Zwecke dialektisch aufgelöst wird, in W.Ulrich,1981b.)

[8] W.Ulrich,1984,338

[9] W.Ulrich,1984,337

<u>Voraussetzungen der Problembearbeitung</u> ermöglichen[10]. Die Beantwortung der in Abb. 9.6 aufgeführten Fragen führt zunächst dazu, daß diese Voraussetzungen expliziert werden. Werden sodann die gleichen, von einer Soll- in eine Ist-Formulierung umgewandelten Fragen beantwortet, können Problembearbeiter darüber hinaus klären, inwieweit ihre Problembearbeitung den beabsichtigten Rahmenannahmen folgt. Sie können anhand dieser Instrumente also den normativen Gehalt der angestrebten und der tatsächlich vollzogenen Problembearbeitung transparent machen, der sonst hinter einer Objektivitätsillusion in den impliziten Abgrenzungsurteilen verborgen bleibt.

Abb.9.6: Liste von Abgrenzungsurteilen (in Form von Fragen), die (in Form von Antworten) als normative Prämissen unvermeidlich in jeden Plan (jeden Systementwurf) einfließen

(Motivation der Planung; Wertbasis)

1. Wer soll <u>Planungskunde</u> sein, d.h. wem soll das zu gestaltende System dienen?
2. Was soll <u>Planungszweck</u> sein, d.h. welche Zielzustände soll das System erreichen, um dem Kunden zu dienen?
3. Welcher Indikator soll als <u>Erfolgsmaßstab</u> für das zu gestaltende System dienen?

(Kontrolle der Planung; Machtbasis)

4. Wer soll <u>Entscheidungsträger</u> sein, d.h. das Recht haben, den Erfolgsmaßstab (Planungszweck) zu ändern?
5. Welche <u>Systemkomponenten</u> (Mittel und Bedingungen) sollen unter der Kontrolle des Entscheidungsträgers sein?
6. Was soll für den Entscheidungsträger <u>Systemumwelt</u> sein, d.h. nicht von ihm kontrolliert sein?

(Know-How der Planung; Wissensbasis)

7. Wer soll als <u>Planer</u> beteiligt sein?
8. Welche <u>Expertise</u> ist zur Planung des Systems erforderlich, wer soll Experte sein, und welche Rolle sollen die Experten spielen?
9. Worin soll die <u>Garantie</u> dafür gesucht werden, daß die Planung implementiert wird und wirksam ist?

(Umgang mit den von der Planung Betroffenen; Legitimationsbasis)

10. Welche <u>Zeugen</u> der Planungsbetroffenen sollen deren Anliegen vertreten, d.h. welche Betroffenen sollen beteiligt werden?
11. In welchem Ausmaß und wie soll die <u>Emanzipation</u> der Planungsbetroffenen von den Beteiligten gefördert werden?
12. Auf welche <u>Weltanschauung(en)</u> der verschiedenen Gruppen von Beteiligten und Betroffenen soll sich die Planung stützen?

---

[10] Es sei außerdem hingewiesen auf die drei quasi-transzendentalen Fragen, die W.Ulrich - ausgehend von den drei transzendentalen Ideen bei Kant (vgl. W.Ulrich,1983,257ff)- dem Problembearbeiter als weitere Reflexionshilfe an die Hand gibt. Diese zielen nicht ausschließlich auf den normativen Gehalt eines Handlungsentwurfs, sondern primär auf dessen Adäquanz angesichts des Bildes der Wirklichkeit ab, das ihm zugrundeliegt. Die Fragen sind ausgerichtet auf den umfassenden Charakter dieses Bildes, d.h. die Reflexion von dessen Grenzen wird gefordert, auf die moralische Tragbarkeit, d.h. es soll reflektiert werden, ob die Betroffenen als selbstverantwortliche moralische Wesen verstanden werden, und auf die Implementationsaussichten, d.h. Hindernisse für die Umsetzung des Handlungsentwurfs sollen reflektiert werden (vgl. W.Ulrich,1983,262).

Bei dieser den Problembearbeitern an die Hand gegebenen Reflexionshilfe bleibt W.Ulrich jedoch nicht stehen, sondern vollzieht mit seinem Konzept, gegenüber Habermas, eine dialektische Wendung: es reicht nicht aus, einen Handlungsentwurf ausschließlich auf das konzeptionelle Denken der Planer zu gründen[11]. Soll zwischen Vernunft und gelebter sozialer Praxis vermittelt werden, so sind beide Aspekte in einem Dialog miteinander zu verbinden. Rationalität in die gelebte soziale Praxis zu bringen, bedarf daher eines <u>dialektischen Prozesses des Diskurses zwischen den Planern</u>, die die apriorischen, auf Systemrationalität fußenden Konzepte vertreten, <u>und den Betroffenen</u>, welche die aposteriori der Erfahrung, die soziale Realität, einbringen[12]. Nur wenn die lebenspraktische Beurteilung eines Handlungsentwurfs in dessen Bewertung berücksichtigt wird -und dies kann ausschließlich von den Betroffenen geleistet werden- kann dieser als praktisch vernünftig gelten.

Das Problem, daß die Betroffenen bzw. die Zeugen, die die Betroffenen vertreten, eine gegenüber den als Experten auftretenden Planern schwächere Rolle einzunehmen tendieren, löst W.Ulrich durch einen Rückgriff auf den bei Kant eingeführten <u>'polemischen Vernunftgebrauch'</u>. Die Betroffenen sollen nicht den Planern ebenbürtig werden, indem sie sich in die Rolle der objektiven Experten zu versetzen versuchen. Die Gleichwertigkeit zwischen beiden sollen sie vielmehr dadurch herstellen, daß sie den von Experten vorgeschützten Objektivitätsanspruch als eine Illusion entschleiern. Ausgehend von den in Abb. 9.6 angesprochenen Punkten können die Betroffenen kritische Fragen und Klarstellungen hinsichtlich der Abgrenzungsurteile des Handlungsentwurfs formulieren. Sie nehmen diesem damit die 'Objektivitätsillusion', ohne selbst alles über das in Frage stehende System wissen zu müssen. Die von W.Ulrich erarbeitete Frageliste ist insofern auch eine Argumentationswaffe, mit der Betroffene den normativen Gehalt eines Handlungsentwurfs aufzeigen und damit eine Symmetrie der Argumentation zwischen den Planungsexperten und den Betroffenen herstellen können[13]: in normativen Fragen sind sie alle gleichermaßen Laien. W.Ulrich schafft mit diesem Rückgriff auf den polemischen Gebrauch von Abgrenzungsurteilen einen <u>Brückenschlag zwischen den Anforderungen einer rationalen Argumentation von Handlungsentwürfen und dem Streben nach einer demokratischen Partizipation der Betroffenen</u>.

Für seinen Entwurf sieht W.Ulrich die beiden Lösungsansätze, die Liste der Abgrenzungsurteile und den polemischen Argumentationsgebrauch, als gleichgewich-

---

[11] Vgl. W.Ulrich,1983,162,191,276ff,294ff

[12] Zur Begründung der Notwendigkeit einer dialektischen Wende gegenüber Habermas und zu deren Herleitung aus den apriorischen und aposteriorischen Konzepten bei Kant vgl. W.Ulrich,1983,162ff,188ff,280ff.

[13] Vgl. W.Ulrich,1983,305ff

tig an: nur die Umsetzung beider Konzepte führt aus seiner Sicht zu einem vernünftigen Umgang mit Abgrenzungsurteilen. Da die vorliegende Arbeit jedoch dem geistig-reflektierenden Problembearbeiten gewidmet ist, soll lediglich das erste Konzept diskutiert werden. Aufschlußreich scheint hier eine <u>Gegenüberstellung der von W.Ulrich formulierten zwölf Abgrenzungsurteile zu den in der Weichen Systemmethodik mit BATWEU und der Probleminhalts-Problembearbeitungsanalyse berücksichtigten Aspekten</u>.

Die zwölf Abgrenzungsurteile gliedern sich in vier Gruppen, von denen jeweils die erste Frage darauf abzielt, spezifische Personen bzw. -gruppen den Rollen der Planungsbeteiligten und -betroffenen zuzuweisen[14], die zweite Frage auf das besondere Anliegen eines jeden Rollenträgers ausgerichtet ist und mit der dritten Frage das jeweilige Schlüsselproblem bei der Verwirklichung der Anliegen genannt werden soll[15].

Zwei dieser Abgrenzungsurteile sind in WSM in der Probleminhalts-Problembearbeitungsanalyse zu explizieren, in welcher der Klient ('Planungskunde') und der Problembearbeiter ('Planer') aufzuführen sind. Die Abgrenzungsfragen 8. und 9., die auf die Expertise und die Garantie der Planung abzielen, werden im Rahmen einer Problembearbeitung mit WSM nicht beantwortet, sind aber in deren konzeptionellen Grundlagen berücksichtigt: diejenigen sollen zu der Problembearbeitung herangezogen werden, die an der Umsetzung eines Handlungsentwurfs beteiligt sein werden. Alle übrigen Abgrenzungsurteile, d.h. der Planungszweck, der Erfolgsmaßstab, die Entscheidungsträger, die Systemkomponenten, die Umwelt und die Weltanschauungen, sind in WSM in der Modellierung der Systemmodelle zu explizieren. Damit wird jedoch gleichzeitig ein wesentlicher Unterschied zwischen beiden Ansätzen deutlich. Systemmodelle und die ihnen zugrundegelegten Entscheidungsträger ('Eigentümer' in BATWEU), der Systemzweck (Output des Transformationsprozesses in BATWEU), der Erfolgsmaßstab ('Effektivität', 'Erfolg' und 'Effizienz' in den Kontrollsystemen), die Umwelt ('U' in BATWEU), die Systemkomponenten (die Aktivitäten des Systemmodells)

---

[14] Die Bezugnahme auf die Beteiligten und Betroffenen bildet für W.Ulrich den Ausgangspunkt für die Entwicklung der zwölf Abgrenzungsurteile. Da die Abgrenzungsurteile den gesamten normativen Gehalt der Problembearbeitung abdecken sollen, scheint es W.Ulrich am schlüssigsten, die Quellen dieses normativen Gehalts zu benennen, was offensichtlich intentionale, mit freiem Willen ausgestattete und damit normenbezogene Menschen sein müssen, und zwar diejenigen, die einen Bezug zu der Problembearbeitung haben (vgl. W.Ulrich,1983,244f).

[15] Eine fruchtbare Ausgangsbasis für diese Gliederung der auf die Rollen bezogenen Fragen bildete für W.Ulrich Churchmans 'Anatomie eines zielsuchenden Systems' (vgl. Churchman, 1973,37f), von der aus W.Ulrich, unter Berücksichtigung der genannten Quellen normativen Gehalts, im Verlauf von drei Anwendungsfällen die in der Kritischen Heuristik formulierten Abgrenzungsfragen entwickelte (vgl. W.Ulrich,1983,245ff).

und die Weltanschauung ('W' in BATWEU)[16], werden in WSM nicht als Handlungsentwürfe aufgefaßt. Die mit ihnen modellierten Aspekte sind nicht notwendigerweise unmittelbar in Beziehung zu setzen zu in der Problemsituation stehenden Personen und deren Interessen. Die Systemmodelle dienen vielmehr dazu, die Vielfalt denkbarer Handlungsentwürfe zu erfassen und auf dem Hintergrund dieser Vielfalt einen Entwurf zu bestimmen, der die Situation aus Sicht der Beteiligten verbessern könnte.

Während also in der Weichen Systemmethodik und in der Kritischen Heuristik denselben Aspekten in der Bestimmung eines Handlungsentwurfs Bedeutung zugemessen wird[17], werden mit ihnen unterschiedliche Absichten verfolgt. Mit WSM wird versucht, die Erarbeitung eines Handlungsentwurfs dadurch zu unterstützen, daß verschiedene Entscheide bezüglich der genannten Aspekte 'durchgespielt' werden. Mit der Kritischen Heuristik sollen die am Ende einer Problembearbeitung stehenden Entscheide anhand der zwölf Abgrenzungsurteile auf ihren normativen Gehalt durchleuchtet werden. Eine Ergänzung beider Ansätze, d.h. im Sinne W.Ulrichs eine Problembearbeitung mit WSM mit der Kritischen Heuristik abzuschließen, erscheint aufgrund ihres gemeinsamen Hintergrunds besonders unproblematisch. Diejenigen, die eine Problembearbeitung mit Hilfe von WSM vollzogen haben, sind mit den in den Fragen der Kritischen Heuristik angesprochenen Kategorien bereits so vertraut, daß sie diese Fragen problemlos beantworten und damit den normativen Gehalt des erarbeiteten Handlungsentwurfs offenlegen und einer Debatte zugänglich machen können.

Die Gegenüberstellung von der Kritischen Heuristik und WSM führt jedoch auch zu einer offenen Frage an die Kritische Heuristik: Können das von WSM operationalisierte Paradigma eines <u>fortlaufenden Lernprozesses</u> und die in der Kritischen Heuristik <u>implizierte Anforderung eines Anfangs und eines Endes einer Problembearbeitung</u>, an dem zum einen die Abgrenzungsfragen in ihrer 'Soll'-Form beantwortet werden sollen, zum anderen diejenigen in der 'Ist'-Form sowie der Dialog mit den Betroffenen abgehalten werden sollen, in Einklang gebracht werden? Wird das Verständnis eines fortlaufenden Lernprozesses ernst genommen, d.h. werden die Veränderungen der Beurteilungssysteme der Beteiligten zum Bezugspunkt der Problembearbeitung gemacht, dann muß von einem sich <u>im Verlauf der Planung</u> entfaltenden und sich potentiell laufend ändernden normativen Gehalt der Planung ausgegangen werden. Sofern eine Problembearbeitung sich nicht im resultierenden Handlungsentwurf

---

[16] Zu der Probleminhalts-Problembearbeitungsanalyse und zu BATWEU vgl. oben 6.2., 'Methodische Schritte der Weichen Systemmethodik'.

[17] Die hier aufgezeigten Parallelen zwischen den Beiträgen von W.Ulrich und von Checkland können damit erklärt werden, daß sich beide in der Entwicklung ihrer Konzepte auf Churchmans 'Anatomie eines zielsuchenden Systems' stützten.

erschöpft, sondern deren wesentliche Ergebnisse im Bearbeitungsprozeß selbst liegen, kann dessen Werthaftigkeit nicht in der Beurteilung des erarbeiteten Handlungsentwurfs erfaßt werden.

Abschließend sei festgehalten, daß die Kritische Heuristik als überaus gewichtiger Beitrag zur Diskussion der Grenzproblematik im Problembearbeiten zu bewerten ist, da mit ihr nicht nur der normative Charakter der Grenzurteile herausgearbeitet wurde, sondern da sie darüber hinaus eine praktikable Methodik zu einer vernünftigen Handhabung dieses normativen Gehalts darstellt.

10. Fazit

Die folgende Fragestellung stand am Anfang dieser Arbeit:

Können auf systemischem Gedankengut fußende, methodische Hinweise dafür gegeben werden, welche Aspekte einer vernetzten Problematik jemand, der mit Management von Institutionen befaßt ist, bei einer Problembearbeitung berücksichtigen sollte, selbst wenn zunächst noch keine Klarheit darüber besteht, welche Veränderung mittels welchem geeignetem Handeln herbeigeführt werden soll?

Eine kurzgefaßte Antwort lautet:

Nein, - die Frage nach einer sinnvollen Umgrenzung einer Problemsituation im Management ist zu schwierig, als daß sie mit einer Faustregel, z.B. einer allgemeingültigen Variablenliste, gelöst werden könnte. Weil eine Institution in komplexe und soziale Zusammenhänge eingebunden ist, und weil daher vielfältige Interpretationen einer Problemsituation und die Freiheit menschlichen Handelns zu berücksichtigen sind, ist jede Problemsituation einzigartig und vielschichtig und kann nicht mit einem Federstrich erfaßt und abgegrenzt werden.

Aber, - wenn schon nicht in allgemeiner Form gesagt werden kann, welche Aspekte zu berücksichtigen sind, so kann doch folgende, auf systemischem Gedankengut fußende Vorgehensweise empfohlen werden, mit der ein mit Management Befaßter sich eine Umgrenzung der Problemsituation erarbeiten kann:

Lernen Sie Ihren Weg zu den bedeutenden Aspekten einer Problemsituation anhand von Systemmodellen, denen ein klares, inhaltsleeres Systemkonzept zugrundeliegt. Sie nehmen Ihnen das Urteil über eine bedeutungsvolle Sichtweise der Situation nicht ab, zwingen Sie aber zu Klarheit in Ihrer Argumentation über die Situation. Sind sie einfach, so haben Sie die Möglichkeit, Systemmodelle schnell zu entwickeln und auch zu verwerfen, - und so 'zu lernen'. Auch laufen Sie nicht Gefahr, das Modell für ein Abbild der oder für einen Entwurf für die Problemsituation zu halten. Ein solches Modell würde der Vielschichtigkeit der Situation nie gerecht werden. Benutzen Sie die mit klaren Grenzen markierten Systemmodelle vielmehr als rein gedankliche Konstrukte, die für Sie Bezugspunkte im Lernen über eine sinnvolle Umgrenzung der Problemsituation sind. Sie sollen vor allem verhindern, daß Sie sich in der Vielschichtigkeit der Problemsituation verlieren. Ihr vorläufiger Charakter wird Sie außerdem davor bewahren, ihr Bild von der Problemsituation als abgeschlossen und endgültig zu verstehen.

Mit der Weichen Systemmethodik wurde eine praktisch bewährte Handlungsmethodik vorgestellt, die dieses Grenzverständnis umsetzt. Als ganzheitliches Systemmodell steht in ihr das 'Humane Handlungssystem' zur Verfügung, mit dem eine zweckorientierte Handlung modelliert wird als ein aufgrund einer 'Weltanschauung' sinnvoller Transformationsprozeß. Dieses Modell spiegelt den Kern des Systemkonzepts wider, daß ein System eine von einem Beobachter in einen Sinnzusammenhang gestellte Ganzheit mit einer emergenten Eigenschaft ist, welche in den Beziehungen dieser Systemebene zu der ihr untergeordneten Ebene der Teile und zu der ihr übergeordneten Ebene des Obersystems begründet ist. Es wurde argumentiert, daß die Herstellung dieser Systembezüge zu spezifischen Ober- und Untersystemen durch den Beobachter das ist, was zuvor als 'Einordnen in einen Sinnzusammenhang' genannt wurde. Insofern kann ein mit Management Befaßter eine Problemsituation mit Modellen des Humanen Handlungssystems 'systemisch' bearbeiten. Er kann Sichtweisen, die er für die Problemsituation für bedeutend hält, zu ganzheitlichen, klar umgrenzten Systemmodellen ausformulieren. Anhand dieser Modelle kann er lernen, welche Aspekte der Situation aufgrund welcher Sichtweise wichtig sind und einer vertieften Bearbeitung bedürfen, ohne daß er die Möglichkeit ausschließt, im weiteren Verlauf der Auseinandersetzung mit der Situation andere Sichtweisen oder andere Aspekte für bedeutungsvoller einzuschätzen.

Als Alternative zu diesem Modell des Humanen Handlungssystems konnte lediglich auf das Modell eines autonomen, selbstreferentiellen Systems hingewiesen werden, das sich ebenfalls durch Klarheit der ihm zugrundegelegten systemischen Konzepte, auch des Konzepts der Systemgrenze, auszeichnet. Jedoch erlaubt der noch unscharfe Bedeutungsgehalt dieses aus der Biologie stammenden Konzepts für soziale Zusammenhänge seine methodische Umsetzung für das Management nicht. Dasselbe wurde hinsichtlich des Versuchs festgestellt, anhand einer Zusammenstellung von systemrelevanten Variablentypen eine Minimalanforderung dafür zu formulieren, was innerhalb eines abgegrenzten Systemmodells berücksichtigt sein muß. Eine solche Liste, die für ökologische Problemstellungen vorliegt, wurde für den Managementzusammenhang noch nicht entwickelt.

Zur Umgrenzung einer Problemsituation wurden drei Ansätze vorgestellt, in denen das systemische Kernkonzept der emergenten Eigenschaft jedoch nicht zur Anwendung kommt. Der Ansatz, Grenzen einer Problemsituation anhand der minimalen Interaktionsdichte zu bestimmen, wurde als untauglich für die Arbeit in Problemsituationen in sozialen Zusammenhängen bewertet, da in ihm nicht thematisiert wird, welche Bedeutung und welches Gewicht Interaktionen zuzusprechen ist. Die Arbeit mit einem <u>Netzwerk-Diagramm</u> ermöglicht demgegenüber das Argumentieren über bedeutungsvolle Beziehungen in einer Problemsituation und damit auch über deren Umgrenzung. Ausgehend von einer Führungsperspektive können diese Beziehungen entweder im klassischen Netzwerk-Diagramm dargestellt werden, oder aber sie werden in <u>Kognitiven Darstellungen</u> als Beschreibung und Umgrenzung persönlicher Sichtweisen der Problemsituation entworfen. Solche auf die Wirkungsbeziehungen in einer Problemsituation ausgerichteten Ansätze scheinen sinnvoll ergänzt werden zu können durch das Systemkonzept einer durch Systemgrenzen markierten Ganzheit mit einer emergenten Eigenschaft. Dieses Konzept könnte der Gefahr einer immer weiter expandierenden Umgrenzung der Problemsituation entgegenwirken. Der dritte Ansatz, mit der <u>Sinngrenze einer Institution</u> das in ihr herrschende Beurteilungssystem zu bestimmen, konnte -wie der des selbstreferentiellen Systems- methodisch nicht umgesetzt werden.

Mit der Kritischen Heuristik wurde schließlich eine Methodik vorgestellt, mit <u>der der normative Gehalt der Umgrenzung einer Problemsituation</u> aufgedeckt werden kann: die Konzentration in der Problembearbeitung auf bestimmte Aspekte ist nicht in vermeintlichen Fakten vorgegeben, sondern stellt einen Entscheid dar, dem Wertvorstellungen über 'das Wichtige' und 'das Richtige' zugrundeliegen. Auch dieser wertende Entscheid sollte im Rahmen einer Problembearbeitung ebenso kritisch reflektiert werden wie die Frage, ob eine Umgrenzung den in einer Situation bestehenden Wirkungsbeziehungen gerecht wird.

Am Ende dieser Arbeit liegen damit verschiedene methodische Hinweise zur Handhabung der Grenzproblematik im Problembearbeiten im Management vor, die in Abb. 10 zusammengestellt wurden[1]. Sie können sich insofern ergänzen, als in ihnen 'Grenzen' verschieden aufgefaßt werden: als Grenzen von ganzheitlichen, gedanklich entworfenen Systemmodellen; als Grenzen um die Problemsituation; als normativer Gehalt der Problembearbeitung.

---

[1] Die Abbildung soll eine Wiederholung der im Verlauf der Arbeit entwickelten Argumentation an dieser Stelle ersetzen, indem auf die betreffenden Kapitel verwiesen wird. - Nicht berücksichtigt wurde in der Abbildung die in Abschnitt 9.3 erläuterte inkrementalistische Position, eine Grenzdefinition nicht zu reflektieren.

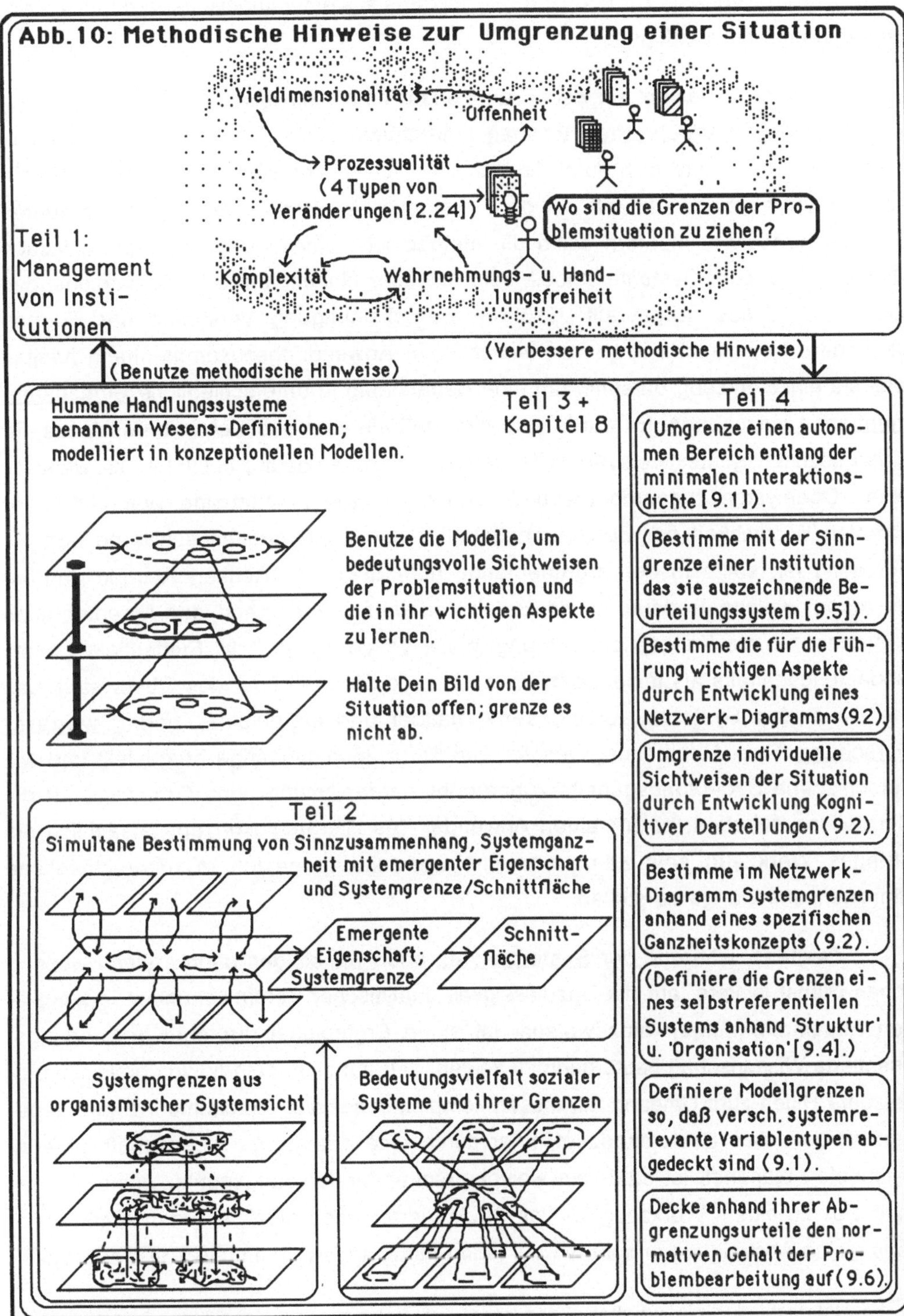
Abb.10: Methodische Hinweise zur Umgrenzung einer Situation
Vieldimensionalität
Offenheit
Prozessualität
(4 Typen von
Veränderungen [2.24])
Wo sind die Grenzen der Problemsituation zu ziehen?
Teil 1: Management von Institutionen
Komplexität
Wahrnehmungs- u. Handlungsfreiheit
(Verbessere methodische Hinweise)
(Benutze methodische Hinweise)
Humane Handlungssysteme benannt in Wesens-Definitionen; modelliert in konzeptionellen Modellen.
Teil 3 + Kapitel 8
Teil 4
(Umgrenze einen autonomen Bereich entlang der minimalen Interaktionsdichte [9.1]).
Benutze die Modelle, um bedeutungsvolle Sichtweisen der Problemsituation und die in ihr wichtigen Aspekte zu lernen.
Halte Dein Bild von der Situation offen; grenze es nicht ab.
(Bestimme mit der Sinngrenze einer Institution das sie auszeichnende Beurteilungssystem [9.5]).
Bestimme die für die Führung wichtigen Aspekte durch Entwicklung eines Netzwerk-Diagramms (9.2).
Umgrenze individuelle Sichtweisen der Situation durch Entwicklung Kognitiver Darstellungen (9.2).
Teil 2
Simultane Bestimmung von Sinnzusammenhang, Systemganzheit mit emergenter Eigenschaft und Systemgrenze/Schnittfläche
Emergente Eigenschaft; Systemgrenze
Schnittfläche
Bestimme im Netzwerk-Diagramm Systemgrenzen anhand eines spezifischen Ganzheitskonzepts (9.2).
(Definiere die Grenzen eines selbstreferentiellen Systems anhand 'Struktur' u. 'Organisation' [9.4].)
Systemgrenzen aus organismischer Systemsicht
Bedeutungsvielfalt sozialer Systeme und ihrer Grenzen
Definiere Modellgrenzen so, daß versch. systemrelevante Variablentypen abgedeckt sind (9.1).
Decke anhand ihrer Abgrenzungsurteile den normativen Gehalt der Problembearbeitung auf (9.6).

Diesem Ergebnis zur Grenzproblematik aus systemmethodischer Sicht sind zwei Bemerkungen hinzuzufügen:

Erstens, es besteht ein Bedarf an methodischen Hinweisen, die ein <u>Denken auf verschiedenen hierarchischen Ebenen</u> unterstützen. Die Unterscheidung hierarchischer Ebenen, welche sich durch logisch unterschiedliche Begrifflichkeiten auszeichnen, ist untrennbar verknüpft mit dem systemischen Kernkonzept der emergenten Systemeigenschaft. Insofern sollte die methodische Umsetzung des hierarchischen Denkens Teil jeder Systemmethodik sein. Darüber hinaus wurde in der vorliegenden Arbeit die These aufgestellt, daß die Berücksichtigung verschiedener Ebenen besondere heuristische Kraft im menschlichen Anwendungszusammenhang besitzt, weil sie ein Werkzeug darstellt, um eine Betrachtung in unterschiedliche <u>Sinnzusammenhänge</u> einzubetten. Es wurde vertreten, daß ein vom Beobachter entworfenes, für einen sozialen Kontext relevantes System erst dann eindeutig bestimmt ist, wenn es einem Obersystem zugeordnet ist und wenn seine Teile benannt sind. Während in der sozialen Wirklichkeit der Bedeutungsgehalt aller Gegebenheiten schillernd und nie eindeutig ist, sollte in der Argumentation über diese Wirklichkeit Klarheit darüber bestehen, welche Bedeutung die Beteiligten dem Gegenstand der Argumentation zuordnen. Ob die Konzeptionalisierung, diese Vieldeutigkeit bzw. Eindeutigkeit eines Bedeutungsgehalts als fehlende bzw. vorliegende Einigkeit über das Obersystem und die Teile des Systems aufzufassen[2], haltbar und ergiebig ist, bedarf <u>weiterer Forschung</u>. Eine Aufarbeitung dessen, wie Sinnzusammenhänge hergestellt und wie verschiedene Bedeutungsgehalte zugeordnet werden, müßte eine Grundlage für die Beurteilung schaffen, ob für einen Anwender das Hierarchiekonzept tatsächlich ein griffiges Werkzeug sein kann, um eine Betrachtung gezielt in unterschiedliche Sinnzusammenhänge zu stellen.

Zweitens, während der <u>Systemansatz</u> noch vor einigen Jahren einen wesentlichen Dienst leistete, auf die Unzulässigkeit analytischer Vereinfachungen in komplexen Zusammenhängen hinzuweisen, ist seine Ergiebigkeit für eine anwendungsorientierte Wissenschaft heute darin zu zeigen, daß auf seiner Grundlage praktisch umsetzbare Hilfen zum Umgang mit diesen komplexen sozialen Zusammenhängen gegeben werden. Das Systemkonzept einer durch eine emergente Eigenschaft gekennzeichneten Ganzheit ist dafür ein vielversprechender Ausgangspunkt: Seine Klarheit macht es zu einem Werkzeug für das Strukturieren eines reflektierenden Argumentierens, seine Abstraktheit erlaubt, es auf jeden Inhalt anzuwenden. Gerade die Deutlich-

---

[2] Im Unterschied dazu arbeiten Eden et al. im Rahmen des Kognitiven Darstellens mit Gegensatzpaaren, um den Bedeutungsgehalt einer Aussage klar festzulegen (vgl. oben 9.2, 'Grenzdefinition durch Integration verschiedener Perspektiven').

keit scheint aber seinen wesentlichen Beitrag in der Auseinandersetzung mit der überaus undeutlichen Wirklichkeit des Managements darzustellen. Mit folgender, den konkreten Ergebnissen zur Grenzproblematik übergeordneten Schlußfolgerung über den Stand des Systemansatzes und einem illustrierenden Zitat von Ackoff soll die vorliegende Arbeit beschlossen werden:

Weil es mittlerweile Teil des gesunden Menschenverstandes ist, daß die Wirklichkeit vernetzt und komplex ist, muß die Bedeutung des Systemansatzes sich nun darin beweisen, daß eine eindeutige, für das Management sinnvolle Operationalisierung des Konzepts einer systemischen Ganzheit mit einer emergenten Eigenschaft etabliert und damit eine klare Sprache für das Argumentieren und Debattieren über schwer faßbare Problemsituationen geschaffen wird.

Defining concepts is frequently treated by scientists as an annoying necessity to be completed as quickly and thoughtlessly as possible. A consequence of this disinclination to define is often research carried out like surgery performed with dull instruments. The surgeon has to work harder, the patient has to suffer more, and the chances for success are decreased. Like surgical instruments, definitions become dull with use and require frequent sharpening and, eventually, replacement ... A sientific field can arise only on the base of a system of concepts. Systems science is not an exception. Systems thinking, if anything, should be carried out systematically[3].

---

[3] Ackoff,1971,671

Literaturverzeichnis

Ackoff, Russell L., 1971: Towards a System of Systems Concepts, in: Management Science, Vol. 17, Nr. 11, S. 661-671

Ackoff, Russell L., 1974a: Redesigning the Future - A Systems Approach to Societal Problems, New York

Ackoff, Russell L., 1974b: Beyond Problem Solving, in: General Systems, Yearbook, Vol. 19, S. 237-239

Ackoff, Russell L., 1979: The Future of O.R. is Past, in: Journal of the Operational Research Society, Vol. 30, Nr. 2, S. 93-104

Aldrich, Howard/Herker, Diane, 1977: Boundary Spanning Roles and Organizational Structure, in: Academy of Management Review, April, S. 217-230

Anderegg, Johannes, 1985: Sprache und Verwandlung, Göttingen

Anderton, Ronald H., 1980: The Use of Systems Ideas in Consultancy Interventions, in: Journal of Applied Systems Analysis, Vol. 7, S. 117-122

Ansoff, H. Igor, 1986: The Pathology of Applied Research in Social Science, in: Heller, Frank (Hrsg.), The Use and Abuse of Social Science, London

Arbib, Michael A., 1972/73: Complex Systems - The Case for a Marriage of Science and Intuition, in: The American Scholar, Vol. 42, Nr. 1, S. 46-56

Ashby, W. Ross, 1974: Einführung in die Kybernetik, Frankfurt

Atkinson, Chris J., 1986: Towards a Plurality of Soft Systems Methodology, in: Journal of Applied Systems Analysis, Vol.13, S. 19-31

Barnett, T.R./Mackness, J.R., 1983: An Action Research Study of Small Firm Management, in: Journal of Applied Systems Analysis, Vol. 10, S. 63-82

Bateson, Gregory, 1984: Geist und Natur, Frankfurt

Bateson, Gregory, 1985: Ökologie des Geistes, Frankfurt

Bechtler, Thomas W. (Hrsg.), 1986: Management und Intuition, Zürich

Beer, Stafford, 1972: Brain of the Firm, Chichester, New York

Berger, Peter L./Luckmann, Thomas, 1982: Die gesellschaftliche Konstruktion der Wirklichkeit, Frankfurt

Berresford, A./Dando, M.R.,1978: Operational Research for Strategic Decision-Making - The Role of World-View, in: Journal of Operational Research Society, Vol. 29, Nr. 2, S. 137-146

v. Bertalanffy, Ludwig, 1968: General Systems Theory, Harmondsworth

v. Bertalanffy, Ludwig, 1970: ... aber vom Menschen wissen wir nichts, Düsseldorf, Wien

v. Bertalanffy, Ludwig, 1972: General Systems Theory - A Critical Review, in: Beishon, John/Peters, Geoff (Hrsg.), Systems Behaviour, Open University Press, London, New York, Evanston, San Francisco, S. 29-49

v. Bertalanffy, Ludwig, 1981a: The Theory of Open Systems in Physics and Biology, in: Emery, F.E. (Hrsg.), Systems Thinking, Harmondsworth, S. 83-99

v. Bertalanffy, Ludwig, 1981b: A Systems View of Man, Boulder, Colorado

Blauberg, I.V./Sadovsky, V.N./Yudin, E.G., 1977: Systems Theory - Philosophical and Methodological Problems, Moskau

Bleicher, Knut, 1979: Unternehmungsentwicklung und organisatorische Gestaltung, Stuttgart, New York

Bleicher, Knut, 1983: Organisation, in: Bea, F.X./Dichtl, E./Schweitzer, M. (Hrsg.), Allgemeine Betriebswirtschaftslehre, Stuttgart, New York, S. 37-100

Bleicher, Knut, 1984: Auf dem Wege zu einer Kulturpolitik der Unternehmung, in: zfo, Nr. 8, S. 494-500

Bleicher, Knut, 1985: Meilensteine auf dem Weg zur Vertrauensorganisation, in: Thexis, Nr. 4, S. 2-7

Bleicher, Knut/Meyer, Erik, 1976: Führung in der Unternehmung, Reinbek
Blunden, Margaret, 1985: Vickers' Contribution to Management Thinking, in: Journal of Applied Systems Analysis, Vol. 12, S. 107-112
zur Bonsen, Matthias, 1985: Die Strategie des indirekten Weges, in: gdi impuls, Nr. 3, S. 70-84
Boulding, Kenneth E., 1956: General Systems Theory - The Skeleton of Science, in: Management Science, Vol. 2, Nr. 3, S. 197-208
Boulding, Kenneth E., 1983: Foreword, in: Vickers, Geoffrey, 1983a, The Art of Judgment, London, S. 7f
Brauchlin, Emil, 1978: Problemlösungs- und Entscheidungsmethodik, Bern
Brauchlin, Emil, 1981: Betriebswirtschaftliche Entscheidungslehre, in: Wirtschaftswissenschaftliches Studium, Heft 7, S. 305-310
Braun, Wolfram, 1975: Praktische Grundlagen einer normativen Sozialwissenschaft und der Beitrag der Systemtheorie (Programm und normative Implikationen), in: Jehle, Egon (Hrsg.), Systemforschung in der Betriebswirtschaftslehre, Stuttgart, S. 23-34
Braybrooke, David/Lindblom, Charles E., 1963: A Strategy of Decision - Policy Evaluation as a Social Process, New York, London
Brown, W.B., 1966: Systems, Boundaries and Information Flow, in: Academy of Management Journal, Vol. 9, S. 318-327
Bryer, R.A./Kistruck R., 1976: Systems Theory and Social Science, Working Paper 735, Warwick University, School of Industrial and Business Studies
Buckley, Walter, 1972: Society as a Complex Adaptive System, in: Beishon John/Peters, Geoff (Hrsg.), Systems Behaviour, Open University Press, London, New York, Evanston, San Francisco, S. 155-178
Bühner, Rolf, 1977: Zum Situationsansatz in der Organisationsforschung, in: zfo, Nr. 2, S. 67-74
v. Bülow, Irmela, 1986: Planning in the Huddersfield Health Authority - A Systems Study, (MA Dissertation, Lancaster)
v. Bülow, Irmela/Checkland, Peter B./Inderwick, Ross, 1986: Final Report on the Systems Study 1986 in the Huddersfield Health Authority, Lancaster
Burrel, G./Morgan, Gareth, 1985: Sociological Paradigms and Organizational Analysis, London
Capra, Fritjof, 1979: Quark Physics Without Quarks - A Review of Recent Developments in S-Matrix Theory, in: American Journal of Physics, Vol. 47, Nr. 1, S. 11-23
Capra, Fritjof, 1983: Wendezeit, Bern, München, Wien
Cavallo, Roger E., 1979: The Role of Systems Methodology in Social Science Research, Boston, The Hague, London
Cavallo, Roger E./Klir, George J., 1978: A Conceptual Foundation for Systems Problem Solving, in: International Journal of Systems Science, Vol. 9, Nr. 2, S. 219-236
Checkland, Peter B., 1970: Systems and Science, Industry and Innovation, in: Journal of Systems Engineering, Vol. 1, Nr. 2, S. 3-17
Checkland, Peter B., 1972: Towards a Systems Based Methodology for Real-World Problem Solving, in: Journal of Systems Engineering, Vol. 3, Nr. 2, S. 87-115
Checkland, Peter B., 1976: Science and the Systems Paradigm, in: International Journal of General Systems, Vol. 3, Nr. 2, S. 127-134
Checkland, Peter B., 1978: The Origins and Nature of 'Hard' Systems Thinking, in: Journal of Applied Systems Analysis, Vol. 5, Nr. 2, S. 99-110
Checkland, Peter B., 1979a: The Problem of Problem Formulation in the Application of a Systems Approach, in: Bayraktar, B.A./Müller-Merbach, H./Roberts, J.E./ Simpson, M.G. (Hrsg.), Education in System Science, London, S. 318-326
Checkland, Peter B., 1979b: Techniques in 'Soft' Systems Practice, Part 2: Building Conceptual Models, in: Journal of Applied Systems Analysis, Vol. 6, S. 41-49

Checkland, Peter B., 1979c: Techniques in 'Soft' Systems Practice, Part 1: Systems Diagrams - Some Tentative Guidelines, in: Journal of Applied Systems Analysis, Vol. 6, S. 33-40

Checkland, Peter B., 1980: The Systems Movement and the 'Failure' of Management Science, in: Cybernetics and Systems - An International Journal, Vol. 11, S. 317-324

Checkland, Peter B., 1981: Rethinking a Systems Approach, in: Journal of Applied Systems Analysis, Vol. 8, S. 3-14

Checkland, Peter B., 1982: Soft Systems Methodology as Process - A Reply to M.C.Jackson, in: Journal of Applied Systems Analysis, Vol. 9, S. 37-39

Checkland, Peter B., 1983: O.R. and the Systems Movement - Mappings and Conflicts, in: Journal of the Operational Research Society, Vol. 36, Nr. 9, S. 661-675

Checkland, Peter B., 1984a: Systems Thinking, Systems Practice, Chichester

Checkland, Peter B., 1984b: Systems Thinking in Management - The Development of Soft Systems Methodology and Its Implications for Social Science, in: Ulrich, Hans/Probst, Gilbert J.B. (Hrsg.), Self-Organization and Management of Social Systems, Berlin, Heidelberg, S. 94-104

Checkland, Peter B., 1985a: Systemdenken im Management - Die Entwicklung der 'weichen' Systemmethodik und die Bedeutung für die Sozialwissenschaften, in: Probst, Gilbert J.B./Siegwart, Hans (Hrsg.), Integriertes Management, Bern, Stuttgart, S. 217-234

Checkland, Peter B., 1985b: Achieving 'Desirable and Feasible' Change - An Application of Soft Systems Methodology, in: Journal of the Operational Research Society, Vol. 36, Nr. 9, S. 821-831

Checkland, Peter B., 1986: The M.A.-Project, Internes Papier

Checkland, Peter B., 1987: Weiches Systemdenken, in: Die Unternehmung, Nr. 2, S. 117-133

Checkland, Peter B./Casar, Alejandro, 1986: Vickers' Concept of an Appreciative System - A Systemic Account, in: Journal of Applied Systems Analysis, Vol. 13, S. 3-17

Checkland, Peter B./Davies, Lynda, 1986: The Use of the Term 'Weltanschauung' in Soft Systems Methodology, in: Journal of Applied Systems Analysis, Vol. 13, S. 109-115

Checkland, Peter B./Jenkins, Gwylym M., 1974: Learning by Doing - Systems Education at Lancaster University, in: Journal of Systems Engineering, Vol. 4, Nr. 1, S. 40-51

Checkland, Peter B./Wilson, Brian, 1980: 'Primary Task' and 'Issue-Based' Root Definitions in Systems Studies, in: Journal of Applied Systems Analysis, Vol. 7, S. 51-54

Churchman, C. West, 1973: Die Konstruktion von Erkenntnissystemen, Frankfurt, New York

Churchman, C. West, 1981: Der Systemansatz und sein <Feinde>, Bern, Stuttgart,

Cohen, Michael D./March, James G./Olsen, Johan P., 1972: A Garbage Can Model of Organizational Choice, in: Administrative Science Quarterly, Vol. 17, Nr. 1, S. 1-25

Dachler, H. Peter, 1984: On Refocussing Leadership from a Social Systems Perspective of Management, in: Hunt, James/Hosking, Dian-Marie/ Schriesheim, Chester A./Stewart, Rosemary (Hrsg.), Leaders and Managers, New York, S. 100-108

Dachler, H. Peter, 1985a: Allgemeine Betriebswirtschafts- und Managementlehre im Kreuzfeuer verschiedener sozialwissenschaftlicher Perspektiven, in: Wunderer, Rolf (Hrsg.), Betriebswirtschaftslehre als Management- und Führungslehre, Stuttgart, S. 203-235

Dachler, H. Peter, 1985b: Der Widerspruch zwischen individual-partikularistischem und ganzheitlichem Denken über Humansysteme - Konsequenzen für Management- und Führungsprobleme auf der Mikroebene, in: Probst, Gilbert J.B./Siegwart, Hans (Hrsg.), Integriertes Management, Bern, Stuttgart, S. 351-363

Dachler, H. Peter, 1986: Constraints on the Emergence of New Vistas in Leadership and Management Research - An Epistemological Overview, unveröffentlichtes Manuskript, Hochschule St. Gallen

Daenzer, Walter F., 1986: Systems Engineering, Zürich

Davis, Morton, 1986: The Art of Decision Making, New York, Berlin, Heidelberg

Dewey, John, 1951: Wie wir denken, Zürich

Dörner, C. Dietrich, 1975: Wie Menschen die Welt verbessern wollten und sie dabei zerstörten, in: Bild der Wissenschaft, Nr. 12, Heft 2, S. 48-53

Dörner, Dietrich, 1981: Über die Schwierigkeiten menschlichen Umgangs mit Komplexität, in: Psychologische Rundschau, 32. Jahrgang, Heft 3, S. 163-179

Dörner, Dietrich/Kreuzig, Heinz W./Reither, Franz/Stäudel, Thea, 1983: Lohhausen - Vom Umgang mit Unbestimmtheit und Komplexität, Bern, Stuttgart, Wien

Dreyfus, Hubert, 1985a: Die Grenzen künstlicher Intelligenz, Königstein

Dreyfus, Hubert, 1985b: Die Grenzen der künstlichen Intelligenz, in: gdi impuls, Nr. 2, S. 7-16

Dreyfus, Hubert L./Dreyfus, Stuart E., 1986: Coping with Change - Why People Can and Computers Can't, in: Nagl, Ludwig/Heinrich, Richard (Hrsg.), Wo steht die analytische Philosophie heute?, Wien, München

Dyllick, Thomas, 1982: Gesellschaftliche Instabilität und Unternehmungsführung, (Diss. St. Gallen), Bern

Dyllick, Thomas, 1983: Management als Sinnvermittlung, in: gdi impuls, Nr. 3, S. 3-12

Dyllick, Thomas, 1984a: Management von Humansystemen in sozialwissenschaftlicher Sicht, in: Ulrich, Hans/Malik, Fredmund/Probst, Gilbert J.B./Semmel, Markus/Dyllick, Thomas/Dachler, Peter/Walter-Busch, Emil, Grundlegung einer allgemeinen Theorie der Gestaltung, Lenkung und Entwicklung zweckorientierter sozialer Systeme, St. Gallen, S. 162-189

Dyllick, Thomas, 1984b: Das Anspruchsgruppen-Konzept - Eine Methodik zum Erfassen der Umweltbeziehungen, in: Industrielle Organisation, Jahrgang 53, Nr. 2, S. 74-78

Dyllick, Thomas/Probst, Gilbert J.B., 1984: Einführung in die Konzeption der systemorientierten Managementlehre von Hans Ulrich, in: Ulrich, Hans, Management, Bern, Stuttgart

Eberle, Thomas S., 1984: Sinnkonstruktion in Alltag und Wissenschaft, (Diss. St. Gallen), Bern

Eden, Colin/Harris, J., 1975: Management Decision and Decision Analysis, London

Eden, Colin/Jones, Sue/Sims, David, 1983: Messing about in Problems, Oxford

Eden, Colin/Sims, David, 1976: Problem Definition Between Consultant and Client, University of Bath

Eden, Colin/Sims, David, 1979: On the Nature of Problems in Consulting Practice, in: OMEGA, Vol. 7, Nr. 2, S. 119-127

Emery, F.E. (Hrsg.), 1981: Systems Thinking, Harmondsworth

Emery, F.E./Trist, E.L., 1965: The Causal Texture of Organizational Environments, in: Human Relations, Vol. 18, Nr. 1, S. 21-32

Fairtlough, Gerard, 1982: A Note on the Use of the Term 'Weltanschauung' (W) in Checkland's 'Systems Thinking, Systems Practice', in: Journal of Applied Systems Analysis, Vol. 9, S. 131-132

Feigenbaum, Edward, 1968: Artificial Intelligence - Themes in the Second Decade, IFIP Congress, Final Supplement

v. Foerster, Heinz, 1968: From Stimulus to Symbol - The Economy of Biological Computation, in: Buckley, Walter (Hrsg.), Modern Systems Research for the Behavioral Scientist, Chicago, S. 170-181

Forrester, Jay W., 1971: Der teuflische Regelkreis, Stuttgart
Forrester, Jay W., 1974: Das intuitionswidrige Verhalten komplexer Systeme, in: Meadows, Dennis L./Meadows, Donella H. (Hrsg.), Das globale Gleichgewicht, Stuttgart, S. 13-37
Frankl, Viktor E., 1978: Der Mensch vor der Frage nach dem Sinn, in: Huber, Hans/Schatz, Oskar (Hrsg.), Glaube und Wissen, Wien, Freiburg, Basel, S. 25-50
Frayn, Michael, 1974: Constructions, London
Gadalla, Ibrahim E./Cooper, Robert, 1978: Toward an Epistemology of Management, in: Social Science Information, Vol. 17, Nr. 3, S. 349-383
Gaitanides, Michael/Oechsler, Walter A./Remer, Andreas/Staehle, Wolfgang H., 1975: Forschungsziele der systemorientierten Betriebswirtschaftslehre, in: Jehle, Egon (Hrsg.), Systemforschung in der Betriebswirtschaftslehre, Stuttgart, S. 107-132
Gerard, R. W., 1958: Concepts and Principles of Biology, in: Behavioral Science, Nr. 3, S. 95-102
Gergen, Kenneth J., 1980: The Emerging Crisis in Life-Span Development Theory, in: Baltes, P./Brim, O. (Hrsg.), Life-Span Development and Behavior, Vol. 3, New York, S. 31-63
Gergen, Kenneth J., 1982: Toward Transformation in Social Knowledge, New York, Heidelberg, Berlin
Giddens, Anthony, 1976: New Rules of Sociological Method, London
v. Glasersfeld, Ernst, 1981: Einführung in den radikalen Konstruktivismus, in: Watzlawick, Paul (Hrsg.), Die erfundene Wirklichkeit, München, Zürich, S. 16-38
v. Glasersfeld, Ernst, 1984: Konstruktion der Wirklichkeit und des Begriffs der Objektivität, unveröffentlichtes Manuskript, University of Georgia, USA
Gomez, Peter, 1981: Modelle und Methoden des systemorientierten Managements, Bern, Stuttgart
Gomez, Peter, 1985a: Systemorientiertes Problemlösen im Management - Von der Organisationsmethodik zur Systemmethodik, in: Probst, Gilbert J.B./Siegwart, Hans (Hrsg.), Integriertes Management, Bern, Stuttgart, S. 235-260
Gomez, Peter, 1985b: Die Organisationsmethodik auf neuen Wegen, in: Ulrich, Hans/Probst, Gilbert J.B. (Hrsg.), Unternehmungsorganisation, Bern, Stuttgart, S. 124-136
Gomez, Peter/Malik, Fredmund/Oeller, Karl-Heinz, 1975: Systemmethodik - Grundlagen einer Methodik zur Erforschung und Gestaltung komplexer soziotechnischer Systeme, (Diss. St. Gallen), Bern
Gomez, Peter/Malik, Fredmund/Oeller, Karl-Heinz, 1976: Vorgehensweisen zur organischen Lösung von Management-Problemen, in: Zeitschrift für Organisation, Nr. 6, S. 353-358
Gomez, Peter/Probst, Gilbert J.B., 1985: Organisationelle Geschlossenheit im Management sozialer Institutionen - ein komplementäres Konzept zu den Kontingenz-Ansätzen, in: Delfin, September, S. 22-29
Gomez, Peter/Probst, Gilbert J.B., 1987: Vernetztes Denken im Management - Eine Methodik des ganzheitlichen Problemlösens, Die Orientierung, Nr. 89, Bern
Graf, Hans-Georg, 1978: 'Muster-Voraussagen' und 'Erklärungen des Prinzips' bei F. A. v. Hayek - eine methodologische Analyse, Tübingen
Haken, Hermann, 1984: Erfolgsgeheimnisse der Natur, Frankfurt, Berlin, Wien
Hall, A.D./Fagen, R.E., 1968: Definition of Systems, in: Buckley, Walter (Hrsg.), Modern Systems Research for the Behavioral Scientist, Chicago, S. 81-92
Hartmann, Nikolai, 1949: Der Aufbau der realen Welt, Berlin
Hassenstein, Bernhard, 1972: Element und System - geschlossene und offene Systeme, in: Kurzrock, Ruprecht (Hrsg.), Systemtheorie, Berlin, S. 29-38
v. Hayek, Friedrich A., 1967: Degrees of Explanation, in: v. Hayek, Friedrich A., Studies in Philosophy, Politics and Economics, Chicago, London, Toronto
v. Hayek, Friedrich A., 1972: Die Theorie komplexer Phänomene, Tübingen
v. Hayek, Friedrich A., 1975: Die Anmaßung von Wissen, in: Ordo, S. 12-21

Heinze, Thomas, 1987: Qualitative Sozialforschung, Opladen
Hill, Wilhelm,1985: Betriebswirtschaftslehre als Führungslehre, in: Wunderer, Rolf (Hrsg.), Betriebswirtschaftslehre als Management- und Führungslehre, Stuttgart, S.111-146
Hill, Wilhelm/Fehlbaum, Raymond/Ulrich, Peter, 1981: Organisationslehre, 1. Band, Bern, Stuttgart
Hinterhuber, Hans H.,1977: Strategische Unternehmungsführung, Berlin
Hoefert, Hans-Wolfgang, 1985: Entscheidungshandeln - wo es noch möglich ist, in: zfo, Nr. 2, S. 123-129
Höffe, Otfried, 1984: Sittlichkeit als Rationalität des Handelns?, in: Schnädelbach, Herbert (Hrsg.), Rationalität, Frankfurt, S. 141-174
Irle, Martin: Beziehungen zwischen Strukturen und Aktivitäten, in: Kurzrock, Ruprecht (Hrsg.), Systemtheorie, Berlin, S. 170-177
Jackson, K. F., 1975: The Art of Solving Problems, London
Jackson, Michael C., 1982: The Nature of 'Soft' Systems Thinking - The Work of Churchman, Ackoff and Checkland, in: Journal of Applied Systems Analysis, Vol. 9, S. 17-29
Jackson, Michael C., 1985: Social Systems Theory and Practice - The Need for a Critical Approach, in: International Journal for General Systems, Vol. 10, S. 135-151
Jackson, Michael C./Keys, P.,1984: Towards a System of Systems Methodologies, in: Journal of the Operational Research Society, Vol. 35, Nr. 6, S. 473-486
Jenkins, Gwilym M., 1969: The Systems Approach, in: Journal of Systems Engineering, Vol. 1, Nr. 1, S. 3-49
Jenkins, Gwilym M., 1971: On the Definition of 'Systems' in Systems Engineering - Some Comments, in: Journal of Systems Engineering, Vol. 2, Nr. 2, S. 169-173
Jenkins, Gwilym M./Youle, Philip V., 1971: Systems Engineering - A Unifying Approach in Industry and Society, London
Jones, Lyn M., 1978: The Conflicting Views of Knowledge and Control Implied by Different Systems Approaches, in: Journal of Applied Systems Analysis, Vol. 5, Nr. 2, S. 143-147
Jones, Lyn M., 1982: Defining Systems Boundaries in Practice - Some Proposals and Guidelines, in: Journal of Applied Systems Analysis, Vol. 9, S. 41-55
Kast, F.E./Rosenzweig, J.E., 1972: The Modern View - A Systems Approach, in: Beishon, John/Peters, Geoff (Hrsg.), Systems Behaviour, Open University Press, London, New York, S. 14-28
Kelly, George A., 1963: A Theory of Personality, New York
Kirsch, Werner, 1984: Wissenschaftliche Unternehmensführung oder Freiheit von der Wissenschaft?, München
Kirsch, Werner, 1985: Evolutionäres Management und okzidentaler Rationalismus, in: Probst, Gilbert J.B./Siegwart, Hans (Hrsg.), Integriertes Management, Bern, Stuttgart, S. 331-350
Koestler, Arthur, 1978: Der Mensch - Irrläufer der Evolution, Gütersloh
Kramer, Friedhelm, 1987: Problemlösungs-, Zielsetzungs- und Entscheidungssystematik in der Führungspraxis, Die Orientierung, Nr. 90, Bern
Krieg, Walter, 1985: Management- und Unternehmungsentwicklung - Bausteine eines integrierten Ansatzes, in: Probst, Gilbert J.B./Siegwart, Hans (Hrsg.), Integriertes Management, Bern, Stuttgart, S. 261-277
Krüger, Felix, 1953: Zur Philosophie und Psychologie der Ganzheit, Berlin, Göttingen, Heidelberg
Krüger, Wilfried, 1983: Grundlagen der Organisationsplanung, Gießen
Kubicek, Herbert/Thom, Norbert, 1976: Umsystem, betriebliches, in: Grochla, Erwin/Wittmann, Waldemar (Hrsg.), Handwörterbuch der Betriebswirtschaft, Stuttgart, 3977-4017

Kühn, Richard, 1978: Entscheidungsmethodik und Unternehmungspolitik, Bern, Stuttgart

Kühn, Richard/Grünig, Robert, 1986: Aktionsforschung und ihre Anwendung in der praktisch-normativen Betriebswirtschaftslehre, in: Die Unternehmung, Nr. 2, S. 118-133

Lawrence, P.R./Lorsch, J.W., 1969: Organization and Environment - Managing Differentiation and Integration, Homewood (Ill.)

Lenk, Hans, 1978: Wissenschaftstheorie und Systemtheorie, in: Lenk, Hans/Ropohl, Günter (Hrsg.), Systemtheorie als Wissenschaftsprogramm, Königstein/Ts., S. 239-269

Lenk, Hans, 1986: Zwischen Wissenschaftstheorie und Sozialwissenschaft, Frankfurt

Lewin, Kurt, 1963: Feldtheorie in den Sozialwissenschaften, Bern, Stuttgart

Lindblom, Charles E./Cohen, David K., 1979: Usable Knowledge, New Haven, London

Lindemann, Peter, 1975: Steuerung und Regelung im Wirtschaftsunternehmen, in: Baetge, Jörg (Hrsg.), Grundlagen der Wirtschafts- und Sozialkybernetik, Opladen, S. 105-114

Lindsay, Peter H./Norman, Donald A., 1977: Human Information Processing, Orlando, San Diego

Lorenz, Konrad, 1982: Die Rückseite des Spiegels - Versuch einer Naturgeschichte menschlichen Erkennens, München

Luhmann, Niklas, 1970a: Soziologie als Theorie sozialer Systeme, in: Luhmann, Niklas, Soziologische Aufklärung, Köln, Opladen, S. 113-136

Luhmann, Niklas, 1970b: Funktionale Methode und Systemtheorie, in: Luhmann, Niklas, Soziologische Aufklärung, Köln, Opladen, S. 31-53

Luhmann, Niklas, 1971a: Sinn als Grundbegriff der Soziologie, in: Habermas, Jürgen/Luhmann, Niklas, Theorie der Gesellschaft oder Sozialtechnologie - Was leistet die Systemforschung?, Frankfurt, S. 25-100

Luhmann, Niklas, 1971b: Moderne Systemtheorien als Form gesamtgesellschaftlicher Analyse, in: Habermas, Jürgen/Luhmann, Niklas, Theorie der Gesellschaft oder Sozialtechnologie - Was leistet die Systemforschung?, Frankfurt, S. 7-24

Luhmann, Niklas, 1978: Handlungstheorie und Systemtheorie, in: Kölner Zeitschrift für Soziologie und Sozialpsychologie, Jahrgang 30, S. 211-227

Luhmann, Niklas, 1984: Soziale Systeme, Frankfurt

Mackie, John L., 1977: Ethics - Inventing Right and Wrong, Harmondsworth

Malik, Fredmund, 1984: Strategie des Managements komplexer Systeme, Bern, Stuttgart

Malik, Fredmund/Gomez, Peter, 1976: Evolutionskonzept für unternehmerische Entscheide, in: Industrielle Organisation, Jahrgang 45, Nr. 9, S. 308-312

Marquard, Odo, 1981: Frage nach der Frage, auf die die Hermeneutik die Antwort ist, in: Marquard, Odo, Abschied vom Prinzipiellen, Stuttgart, S. 117-146

Martin, John N.T., 1980: On Mapping Real Systems, in: Journal of Applied Systems Analysis, Vol. 7, S. 151-156

Maturana, Humberto R., 1980: Man and Society, in: Bonseler, F./Hejl, P.M./Köck, W.K. (Hrsg.), Autopoiesis, Communication and Society, Frankfurt, New York, S. 11-31

Maturana, Humberto R., 1981: Autopoiesis, in: Zeleny, M (Hrsg.), Autopoiesis - A Theory of Living Organization, New York, S. 21-33

Maturana, Humberto R., 1982: Erkennen - Die Organisation und Verkörperung von Wirklichkeit, Braunschweig, Wiesbaden

Maturana, Humberto R., 1987: Kognition, in: Schmidt, Siegfried (Hrsg.), Der Diskurs des Radikalen Konstruktivismus, Frankfurt, S. 89-118

Maturana, Humberto R./Varela, Francisco J., 1980: Autopoiesis and Cognition, Dordrecht, Boston, London

Maturana, Humberto R./Varela, Francisco J., 1987: Der Baum der Erkenntnis, Bern, München, Wien

Miller, James G., 1969: Living Systems - Basic Concepts, in: Gray, William/Duhl, D.F./Rizzo, N. (Hrsg.), General Systems Theory, Boston
Miller, James G., 1978: Living Systems, New York
Minuchin, Salvador, 1974: Families and Family Therapy, Cambridge, Mass.
Mitroff, Ian I., 1983: Stakeholders of the Organizational Mind, San Francisco
Mitroff, Ian I./Mason, Richard O./Barabba, Vincent P., 1982: Policy as Argument - A Logic for Ill-Structured Decision Problems, in: Management Science, Vol. 28, Nr. 12, S. 1391-1404
Mosard, Gil, 1983: Problem Definition - Tasks and Techniques, in: Journal of Systems Management, June, S. 16-21
Murray, H.A., 1959: Preparation for the Scaffold of a Comprehensive System, in: Koch, S. (Hrsg.), Psychology - A Study of Science, Vol. 3
Nagel, Ernst, 1980: Über die Aussage: 'Das Ganze ist mehr als die Summe seiner Teile', in: Topitsch, Ernst (Hrsg.), Logik der Sozialwissenschaften, Königsstein, S. 241-251
Naughton, John, 1979: Functionalism and Systems Research - A Comment, in: Journal of Applied Systems Analysis, Vol. 6, S. 69-73
Neisser, Ulric, 1976: Cognition and Reality, San Francisco
Oefinger, Thomas, 1986: Interne oder externe Beratung, (Diss. Augsburg)
Optner, S.L., 1965: Systems Analysis for Business and Industrial Problem Solving, Englewood Cliffs
Osterloh, Margit, 1985: Zum Begriff des Handlungsspielraums in der Organisations- und Führungstheorie, in: zfbf 37, Nr. 4, S. 291-310
Peters, Thomas J./Waterman, Robert H., 1982: In Search of Excellence, New York
Pfeffer, Jeffrey/Salancik, Gerald R., 1978: The External Control of Organizations - A Ressource Dependance Perspective, New York
Polanyi, Michael, 1957: Problem Solving, in: The British Journal for the Philosophy of Science, Vol. 8, Nr. 30, S. 89-103
Popper, Karl R., 1979: Das Elend des Historizismus, Tübingen
Popper, Karl R., 1984: Objektive Erkenntnis - ein evolutionärer Entwurf, Hamburg
Popper, Karl R., 1986: Unended Quest - An Intellectual Autobiography, Glasgow
Pounds, William F., 1969: The Process of Problem Finding, in: Industrial Management Review, Vol. 11, S. 1-19
Prévost, Paul, 1976: 'Soft' Systems Methodology, Functionalism and the Social Sciences, in: Journal of Applied Systems Analysis, Vol. 5, Nr. 1, S. 65-73
Probst, Gilbert J. B., 1981: Kybernetische Gesetzeshypothesen als Basis für Gestaltungs- und Lenkungsregeln, (Diss. St. Gallen), Bern
Putnam, Hilary, 1981: Reason, Truth and History, Cambridge, New York, Melbourne
Quade, Edward S., 1975: Analysis for Public Decisions, New York, London, Amsterdam
Radford, K.J., 1977: Complex Decision Problems, Reston, Virginia
Rapoport, Anatol, 1985: Die wissenschaftlichen und methodologischen Grundlagen der allgemeinen Systemtheorie, in: Probst, Gilbert J.B./Siegwart, Hans (Hrsg.), Integriertes Management, Bern, Stuttgart, S. 147-163
Rapoport, Anatol, 1986: General Systems Theory, Cambridge
Rapoport, Robert N., 1970: Three Dilemmas of Action Research, in: Human Relations, Vol. 23, S. 499-513
Riedl, Rupert, 1985: Die Spaltung des Weltbildes - Biologische Grundlagen des Erklärens und Verstehens, Berlin, Hamburg
Riedl, Rupert, 1987: Begriff und Welt - Biologische Grundlagen des Erkennens und Begreifens, Berlin, Hamburg
Rittel, Horst, 1972: On the Planning Crisis - Systems Analysis of the 'First and Second Generations', in: Bedriftsøkonomen, Nr. 8, S. 390-396
Rittel, Horst W. J./Webber, Melvin M., 1973: Dilemmas in a General Theory of Planning, in: Policy Sciences, Vol. 4, S. 155-169

Ropohl, Günter, 1978: Einführung in die allgemeine Systemtheorie, in: Lenk, Hans/Ropohl, Günter (Hrsg.), Systemtheorie als Wissenschaftsprogramm, Königstein/Ts., S. 9-49

de Rosnay, Joël, 1979: Das Makroskop - Systemdenken als Werkzeug der Ökogesellschaft, Stuttgart

Sampson, Edward E., 1983: Deconstructing Psychology's Subject, in: Journal of Mind and Behavior, Vol. 4, Nr. 2, S. 135-164

Schein, Edgar H.,1984: Coming to a New Awareness of Organizational Culture, in: Sloan Management Review, S. 3-16

Schneider, Dieter J.G., 1974: Systemtheoretisch orientierte Betriebswirtschaftslehre?, in: Zeitschrift für Betriebswirtschaft, Jahrgang 44, Nr. 1, S. 53-57

Schön, Donald A., 1983: The Reflective Practitioner, New York

Schwemmer, Oswald, 1978: Verstehen als Methode - Vorüberlegungen zu einer Theorie der Handlungsdeutung, in: Steinmann, Horst (Hrsg.), Die Betriebswirtschaftslehre als normative Handlungswissenschaft, Wiesbaden, S. 33-56

Selvini Palazzoli, Mara, 1983: The Emergence of a Comprehensive Systems Approach, in: Journal of Family Therapy, Vol. 5, S. 165-177

Semmel, Markus, 1982: Diskussionspapier zum Thema 'Theorie autopoietischer Systeme' (erstellt im Rahmen des Nationalfonds-Projektes 'Systemorientiertes Management'), St. Gallen

Semmel, Markus, 1984: Die Unternehmung aus evolutionstheoretischer Sicht, (Diss. St. Gallen), Bern, Stuttgart

Sievers, Burkard, 1978: Organisationsentwicklung als Aktionsforschung, in: zfo, Nr. 4, S. 209-218

Simon, Herbert A., 1960: The New Science of Management Decision, New York

Simon, Herbert A., 1978: Die Architektur der Komplexität, in: Türk, Klaus (Hrsg.), Handlungssysteme, Opladen, S. 94-120

Small, Michele Geslin, 1981: What's Wrong with Systems?, in: General Systems Bulletin, Vol. 11, Nr. 2, S. 25-31

Smyth, David S./Checkland, Peter B., 1976: Using a Systems Approach - The Structure of Root Definitions, in: Journal of Applied Systems Analysis, Vol. 5, Nr. 1, S. 75-83

Spaemann, Robert/Löw, Reinhard, 1981: Die Frage Wozu, München, Zürich

Staehle, Wolfgang H., 1976: Der situative Ansatz der Betriebswirtschaftslehre, in: Ulrich, Hans (Hrsg.), Zum Praxisbezug der Betriebswirtschaftslehre, Bern, S. 33-50

Steinmann, Horst, 1978: Die Betriebswirtschaftslehre als normative Handlungswissenschaft, in: Steinmann, Horst (Hrsg.), Betriebswirtschaftslehre als normative Handlungswissenschaft, Wiesbaden, S. 73-102

Steinmann, Horst, 1987: Rezension des Buches 'Critical Heuristics of Social Planning' von W. Ulrich, in: zfbf 39, Nr. 1, S. 94-96

Steinmann, Horst/Schreyögg, Georg, 1986: Zur organisatorischen Umsetzung der Strategischen Kontrolle, in: zfbf 38, Nr. 9, S. 747-765

Stimson, David H./Thompson, Ronald P., 1975: The Importance of 'Weltanschauung' in Operations Research - The Case of the School Busing Problem, in: Management Science, Vol. 21, Nr. 10, S. 1123-1132

Strombach, Werner, 1983: Wholeness, Gestalt, System - On the Meaning of these Concepts in German Language, in: International Journal of General Systems, Vol. 9, S. 65-72

Susman, Gerald I./Evered, Roger D., 1978: An Assessment of the Scientific Merits of Action Research, in: Administrative Science Quarterly, Vol. 23, S. 582-603

Sutton, S.B., 1983: Sir Geoffrey Vickers - An Affectionate Portrait, in: Vickers, Geoffrey, Human Systems are Different, London, S. v - xvi, Einleitung

Taschdijan, Edgar, 1977: Time Horizon - The Moving Boundary, in: Behavioural Science, Vol. 22, S. 41-48

Ulrich, Hans, 1970: Die Unternehmung als produktives soziales System, Bern, Stuttgart

Ulrich, Hans, 1978: Unternehmungspolitik, Bern

Ulrich, Hans, 1981: Die Betriebswirtschaftslehre als anwendungsorientierte Sozialwissenschaft, in: Geist, Manfred N./Sandig, Curt (Hrsg.), Die Führung des Betriebes, Stuttgart, S. 3-25

Ulrich, Hans, 1982: Anwendungsorientierte Wissenschaft, in: Die Unternehmung, Nr. 1, S. 1-10

Ulrich, Hans, 1984a: Management - eine unverstandene gesellschaftliche Funktion, in: Ulrich, Hans, Management, Bern, S. 110-129

Ulrich, Hans, 1984b: Skizze eines allgemeinen Bezugsrahmens für die Managementlehre, in: Ulrich, Hans/Malik, Fredmund/Probst, Gilbert J.B./Semmel, Markus/Dyllick, Thomas/Dachler, Peter/Walter-Busch, Emil, Grundlegung einer allgemeinen Theorie der Gestaltung, Lenkung und Entwicklung zweckorientierter sozialer Systeme, St. Gallen, S. 1-30

Ulrich, Hans, 1984c: Systemorientiertes Denken und Management, in: Ulrich, Hans, Management, Bern, S. 49-63

Ulrich, Hans, 1984d: Entwicklungstendenzen im Management, in: Ulrich, Hans, Management, Bern, S. 252-260

Ulrich, Hans, 1984e: Grundauffassungen über Unternehmungsführung und ihre Konsequenzen, in: Ulrich, Hans, Management, Bern, S. 223-232

Ulrich, Hans, 198af: Systemorientiertes Denken und Management, in: Ulrich, Hans, Management, Bern, S. 49-63

Ulrich, Hans, 1985a: Organisation und Organisieren in der Sicht der systemorientierten Managementlehre, in: zfo, Nr. 1, S. 7-11

Ulrich, Hans, 1985b: Unternehmungspolitik - Instrument und Philosophie ganzheitlicher Unternehmungsführung, in: Die Unternehmung, Nr. 4, S. 389-404

Ulrich, Hans, 1985c: Plädoyer für ganzheitliches Denken, Aulavorträge, Nr. 32, Hochschule St. Gallen für Wirtschafts- und Sozialwissenschaften

Ulrich, Hans, 1985d: Wandlungen im Unternehmungsbild und ihre Konsequenzen für das Organisationskonzept, in: Ulrich, Hans/Probst, Gilbert J.B. (Hrsg.), Unternehmungsorganisation, Bern, Stuttgart, S. 10-18

Ulrich, Hans, 1985e: Von der Betriebswirtschaftslehre zur systemorientierten Managementlehre, in: Wunderer, Rolf (Hrsg.), Betriebswirtschaftslehre als Management- und Führungslehre, Stuttgart, S. 3-32

Ulrich, Peter, 1986: Transformation der ökonomischen Vernunft, Bern, Stuttgart

Ulrich, Werner, 1980: The Metaphysics of Design - A Simon-Churchman 'Debate', in: Interfaces, Vol. 10, Nr. 2, S. 35-40

Ulrich, Werner, 1981a: A Critique of Pure Cybernetic Reason - The Chilean Experience with Cybernetics, in: Journal of Applied Systems Analysis, Vol. 8, S. 33-59

Ulrich, Werner, 1981b: Systemrationalität und praktische Vernunft - Gedanken zum Stand des Systemansatzes, Einleitung des Übersetzers, in: Churchman, C. West, Der Systemansatz und seine <Feinde>, Bern, Stuttgart, S. 7-37

Ulrich, Werner, 1983: Critical Heuristics of Social Planning - A New Approach to Practical Philosophy, Bern, Stuttgart

Ulrich, Werner, 1984: Management oder die Kunst, Entscheidungen zu treffen, die andere betreffen, in: Die Unternehmung, Nr. 4, S. 326-346

Varela, Francisco J./Maturana, Humberto/Uribe, R., 1974: Autopoiesis - The Organization of Living Systems - Its Characterization and a Model, in: BioSystems, Vol. 5, S. 187-196

Varela, Francisco J., 1987: Autonomie und Autopoiese, in: Schmidt, Siegfried (Hrsg.), Der Diskurs des Radikalen Konstruktivismus, Frankfurt, S. 119-132

Vester, Frederic, 1978: Unsere Welt - ein vernetztes System, Stuttgart

Vester, Frederic, 1983: Neuland des Denkens, Stuttgart

Vester, Frederic, 1985: Ökologisches Systemmanagement, in: Probst, Gilbert J.B./Siegwart, Hans (Hrsg.), Integriertes Management, Bern, Stuttgart, S. 299-330

Vester, Frederic/v. Hesler, Alexander, 1980: Sensitivitätsmodell, Frankfurt
Vickers, Geoffrey, 1968a: Appreciative Behaviour, in: Vickers, Geoffrey, Value System and Social Process, London, S. 135-157
Vickers, Geoffrey, 1968b: The Normative Process, in: Vickers, Geoffrey, Value System and Social Process, London, S. 159-175
Vickers, Geoffrey, 1968c: The Limits of Government, in: Vickers, Geoffrey, Value System and Social Process, London, S. 83-98
Vickers, Geoffrey, 1970: Freedom in a Rocking Boat, London
Vickers, Geoffrey, 1974: Brief an Peter B. Checkland, in: Checkland, Peter B., 1987, Weiches Systemdenken, S. 124f
Vickers, Geoffrey, 1978: Some Implications of Systems Thinking, in: General Systems Bulletin, Nr. 8, S. 9-16
Vickers, Geoffrey, 1980a: Stability and Quality in Social Systems, in: Vickers, Geoffrey, Responsibility - Its Sources and Limits, Seaside, California, S. 67-77
Vickers, Geoffrey, 1980b: Education in Systems Thinking, in: Vickers, Geoffrey, Responsibility - Its Sources and Limits, Seaside, California, S. 91-103
Vickers, Geoffrey, 1981: The Poverty of Problem Solving, in: Journal of Applied Systems Analysis, Vol. 8, S. 15-21
Vickers, Geoffrey, 1983a: The Art of Judgment, London
Vickers, Geoffrey, 1983b: Human Systems are Different, London
Waddington, Conrad H., 1977: Tools for Thought, New York
Warfield, John N., 1976: Societal Systems - Planning, Policy and Complexity, New York
Waterman, Robert H., 1986: Geleitwort, in: Bechtler, Thomas W. (Hrsg.), Management und Intuition, Zürich
Watzlawick, Paul, 1981a: Selbsterfüllende Prophezeiungen, in: Watzlawick, Paul (Hrsg.), Die erfundene Wirklichkeit, München, S. 91-110
Watzlawick, Paul (Hrsg.), 1981b: Die erfundene Wirklichkeit, München
Watzlawick, Paul, 1985: Management oder - Konstruktion von Wirklichkeiten, in: Probst, Gilbert J.B./Siegwart, Hans (Hrsg.), Integriertes Management, Bern, Stuttgart, S. 365-376
Watzlawick, Paul/Weakland, John H./Fisch, Richard, 1984: Lösungen, Bern, Stuttgart, Wien
Weber, Johannes, 1985: Unternehmensidentität und unternehmenspolitische Rahmenplanung, (Diss. München), München
Weick, Karl E., 1969: The Social Psychology of Organizing, Reading/Mass.
Weick, Karl E., 1977: Enactment Processes in Organizations, in: Staw, B.M./Salancik, Gerald R. (Hrsg.), New Directions in Organizational Behavior, Chicago, Illinois, S. 268-300
Weick, Karl E., 1986: Kosmos versus Chaos - Sinnstiftung und Sinnverlust bei der Arbeit mit elektronischen Medien, in: gdi impuls, Nr. 2, S. 45-56
Wellek, Albert, 1955: Ganzheitspsychologie und Strukturtheorie, Bern
Werhahn, Peter H., 1980: Menschenbild, Gesellschaftsbild und Wissenschaftsbegriff in der neueren Betriebswirtschaftslehre, (Diss. St. Gallen), Bern, Stuttgart
Wilden, Anthony, 1980: System and Structure - Essays in Communication and Exchange, New York
Wilkinson, Simon, 1985: Drawing up Boundaries - A Technique, in: Journal of Family Therapy, Vol. 7, S. 99-111
Willke, Helmut, 1982: Systemtheorie, Stuttgart, New York
Wilson, Brian, 1979: The Design and Improvement of Management Control Systems, in: Journal of Applied Systems Analysis, Vol. 6, S. 51-67
Wilson, Brian, 1980: The Maltese Cross - A Tool for Information Systems Analysis and Design, in: Journal of Applied Systems Analysis, Vol. 7, S. 55-65
Wilson, Brian, 1984: Systems - Concepts, Methodologies and Applications, Chichester, New York

Wood, Beatrice/Talmon, Moshe, 1983: Family Boundaries in Transition - A Search for Alternatives, in: Family Process, Vol. 22, S. 347-357

Woodburn, Ian, 1979: System Study of a University Career Service, Supplement to the Silver Jubilee Meeting of the Society of General Systems Research, London

Woodburn, Ian, 1985: Some Developments in the Building of Conceptual Models, in: Journal of Applied Systems Analysis, Vol. 12, S. 101-106

Wulkop, Hans, 1988: Zielbegriff und Managementlehre (Arbeitstitel), (Diss. St. Gallen; in Vorbereitung)

Wunderer, Rolf (Hrsg.), 1985a: Betriebswirtschaftslehre als Management- und Führungslehre, Stuttgart

Wunderer, Rolf, 1985b: Betriebswirtschaftslehre und Führung, in: Wunderer, Rolf (Hrsg.), Betriebswirtschaftslehre als Management- und Führungslehre, Stuttgart, S. 237-267

Wymore, A.W., 1976: Systems Engineering Methodology for Interdisciplinary Teams, New York